U0381449

高等数学

（微课版）

王 妍 斯日古冷 主编

张瑞亭 吴桂兰 王永庆 齐 敏 李安楠 副主编

清华大学出版社
北 京

内 容 简 介

本书的主要内容包括函数的极限与连续、导数与微分、不定积分与定积分、多元函数微分学与积分学、常微分方程及级数等。本书突出“数学为根本，应用为导向”的特点，内容难易适中，语言通俗易懂，逻辑清晰。本书每节重点内容均配套微课讲解视频，每章附有详细的思维导图以梳理脉络，易教利学。每节后附有“基础训练”与“提升训练”分层练习，每章结束配套总结提升习题，同时提供参考答案。本书配套习题题型丰富，可满足学生参加高等教育自考、专升本等进一步的升学要求。

本书可作为高职公共基础课教材使用，也可供感兴趣的读者阅读参考。

图书在版编目(CIP)数据

高等数学：微课版/王妍，斯日古冷主编 .—北京：清华大学出版社，2023.2(2023.8 重印)
ISBN 978-7-302-61451-7

Ⅰ.①高… Ⅱ.①王… ②斯… Ⅲ.①高等数学—高等学校—教材 Ⅳ.①O13

中国版本图书馆 CIP 数据核字(2022)第 134866 号

责任编辑：吴梦佳
封面设计：傅瑞学
责任校对：李 梅
责任印制：杨 艳

出版发行：清华大学出版社
网 址：http://www.tup.com.cn，http://www.wqbook.com
地 址：北京清华大学学研大厦 A 座 邮 编：100084
社 总 机：010-83470000 邮 购：010-62786544
投稿与读者服务：010-62776969，c-service@tup.tsinghua.edu.cn
质量反馈：010-62772015，zhiliang@tup.tsinghua.edu.cn
课件下载：http://www.tup.com.cn，010-83470410
印 装 者：三河市龙大印装有限公司
经 销：全国新华书店
开 本：185mm×260mm 印 张：20 插 页：10 字 数：484 千字
版 次：2023 年 2 月第 1 版 印 次：2023 年 8 月第 2 次印刷
定 价：59.90 元

产品编号：095835-01

前　言

习近平总书记在党的二十大报告中指出：教育、科技、人才是全面建设社会主义现代化国家的基础性、战略性支撑。为深入贯彻落实总书记关于教育的重要论述，按照教育部《高等学校课程思政建设指导纲要》要求，贯彻现代高等职业教育思想，符合高端技能型人才成长规律，满足社会对应用型人才的需求，突出“数学为根本，应用为导向”的特点，结合我国当前高等职业教育的办学特点以及经济、管理等专业学生实际，我们组织编写了这本教学课时在128课时及以内的高等数学教材。

在编写时，我们遵循高等职业教育“以应用为目的，以必须够用为度”的原则，精心设计教学内容，强化概念，弱化证明，注重应用及为专业服务。本书在内容的深度及广度整合方面，充分考虑了数学学科本身的科学性，慎重地进行取舍。本书较系统地讲述了高等数学中的基本概念、基本理论和基本运算方法。对基本概念和基本理论的教学，注重以实例引入和数学分析能力、数学思维能力建立为前导，结合几何图像进行简要的解释，这不仅可以培养学生初步的数学抽象能力、逻辑思维能力及概括总结能力，而且使教学内容更形象、直观，易于学生理解和掌握。本书从“学以致用”的角度出发，特别注重讲授数学思想，介绍解题思路、解题方法和数学在经济问题中的应用，能够提升学生的运算能力和综合运用所学知识分析解决问题的能力；并使学生初步学会经济分析中的定量分析方法。本书在力求行文严谨和逻辑严密的同时，更注意语言表述通俗易懂，便于学生自学。

在本书的编写过程中，我们做了以下改革尝试。

(1) 努力突出基本数学思想和基本方法，提升数学素养，注重简洁直观，以便学生在学习过程中能较好地了解各部分内容的内在联系。如本书在每一章都设计了思维导图，形象、直观地反映本章所要学习的内容及各部分内容之间的关系。本书注重对基本概念、基本定理和重要公式的几何背景和实际应用背景的介绍，以加深学生对知识的记忆和理解。

(2) 本书坚持“以必须够用为度”的原则，在保持数学学科本身的科学性、思想性与方法性的同时，考虑了高职学生的接受能力。在本书内容的整合上，实现由抽象、逻辑、系统向直观、实用、分层的转换，为提高学生学习数学的兴趣与自觉性，在例题的选择上降低了难度要求。本书中每节后都配有分层的课堂巩固练习题——“基础训练”与“扩展提升”，便于教师教学与学生自学。每章后配有总结提升习题，题型丰富，难度适中，可满足学生参加高等教育自考、专升本等进一步的升学要求。

(3) 本书坚持“以应用为目的”的原则，加强了数学在经济上的应用部分，突出了公共基础课为专业服务的宗旨。“问题导入”和“应用案例”栏目贴近社会，贴近专业，方便学生了解数学知识在专业领域及日常生活中的应用，激发学生的学习兴趣及动力。书中标*的小节为拓展内容，读者可根据自身需要选读。

（4）为适应信息化时代高职学生的认知特点和学习需求，发挥信息化教学的优势，我们对教材进行了一体化建设，开发了线上学习资源。本书为重要知识点及例题配备了相应的微课视频，读者只需扫描书中的二维码，就可以随时随地进行学习。

本书在编写过程中得到了北京财贸职业学院和清华大学出版社多位专家与领导的关心指导及大力支持，并得到北京财贸职业学院出版资助。在编写过程中，我们参阅了James Stewart、周誓达、赵树嫄、顾静相、云连英、李心灿等编著的《微积分》教材，李天民、孙茂竹、宋承先等编著的《管理会计》《西方经济学》等教材，在此对以上编著者一并致以最诚挚的感谢！

由于编者水平有限，书中不足之处在所难免，敬请专家、同行和广大读者不吝赐教，以便日后修订完善，不胜感激！

编　者
2023年7月
北京财贸职业学院

目 录

第1章　预备知识

从有限走向无限——“世界最大旅馆”

数学故事

“世界最大旅馆”——希尔伯特旅馆问题是伟大的数学家大卫·希尔伯特假设出来的，它体现了数学中无限的思想，也反映了有限和无限的区别与联系。

现实中的旅馆房间数量是有限的，当所有的房间都客满时，如果来一位新客，就无法入住。而如果设想一家旅馆，它的房间数量是无限的，当所有的房间也都客满时，如果来了一位新客，是否可以入住呢？

希尔伯特旅馆(图 1.1)的老板回答是：“不成问题！”接着他就把1号房间的旅客移到2号房间，2号房间的旅客移到3号房间，3号房间的旅客移到4号房间……这样，新客就被安排住进了已被腾空的1号房间。

我们再进一步设想，还是这家有无限个房间的旅馆，各个房间也都住满了客人。这时又来了无穷多位客人，是否可以入住呢？

老板回答：“不成问题！”于是他把1号房间的旅客移到2号房间，2号房间的旅客移到4号房间，3号房间的旅客移到6号房间……也就是将原来的客人都移到了双号房间入住，然后继续下去。所有的单号房间都腾了出来，新来的无穷多位客人就可以顺利入住了，问题完美地得到解决。

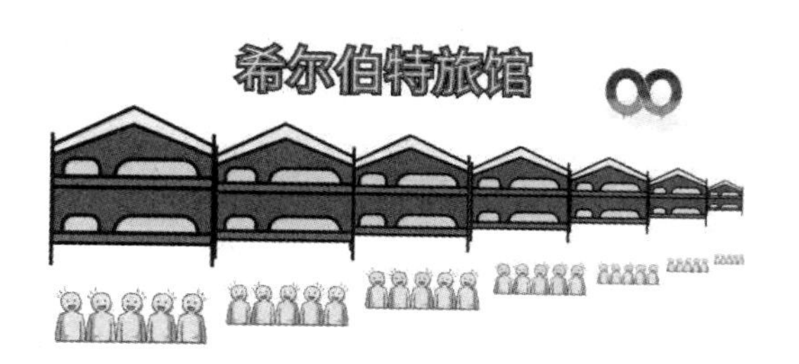

图　1.1

数学思想

哲学上，有限和无限体现了对立统一的辩证思想。数学上，有限和无限也有着千丝万缕的联系。高等数学从主要研究有限的初等数学发展而来，建立了许多研究无限的理论方法，微积分中的极限、微分和积分就是研究无限的有力工具。那么，有限与无限之间的区别与联系又是什么呢？从希尔伯特旅馆的假设中我们可以看出，有限的旅馆在客满后无法安排入住，而无限的旅馆完美解决了这个问题，这就是有限与无限的区别。

这些论述与研究揭示了有限和无限的关系，同时也开启了人类对微积分中无穷、极限、“无限分割”等的探讨，这些都是微积分的中心思想，对微积分的发展有着深远的意义。在极限中，无限的数列的和得到了有限的结果；微分的核心是无穷分割；在定积分中，用无限的“直”代替有限的“曲”来解决面积问题。因此可以看出，有限和无限贯穿整个微积分发展的全过程，是微积分中重要的思想，我们在学习微积分时要时刻发现与体会微积分中的有限和无限的思想，理解高等数学中的无限理论。

数学人物

图 1.2

大卫·希尔伯特（图 1.2）是德国伟大的数学家，他中学时代就对数学表现出了浓厚的兴趣，后来与爱因斯坦的老师闵可夫斯基结为好友，共同进入哥尼斯堡大学深造，并进行数学方面的研究。他在代数、几何、基础数学等多个领域都作出了巨大的贡献，出版的《几何基础》成为近代公理化方法的代表作。数学中也有很多以希尔伯特命名的数学定义或定理，他在数学方面的才华以及他对数学的贡献被世人所称赞，被后人称为“数学世界的亚历山大”。

1900 年，第二届数学家大会在法国巴黎举行，会上希尔伯特做了名为“数学问题”的著名演讲，演讲的内容根据当时数学方面的研究成果和研究趋势提出了著名的 23 个“希尔伯特问题”，这 23 个问题中包括数学基础问题、数论问题、代数和几何问题及数学分析问题。这些问题约有一半已经得到解决，但也有些问题至今仍未解决，这些问题对现代数学的研究产生了深远的影响，推动了现代数学的发展。据统计，在国际最高数学奖——菲尔茨奖中，至少有将近三分之二的获奖人的工作与希尔伯特问题有关。中国著名的数学家陈景润在哥德巴赫猜想的证明中取得了领先世界的成果，证明出了“陈氏定理”，这正是希尔伯特问题中的第 8 个问题。

1.1 函　　数

问题导入

引例 1　出租车定价问题

某市出租车收费标准：起步价为 10 元（3 千米以内），3 千米～15 千米为 2 元每千米，15 千米以外为 3 元每千米。那么可以通过上述收费标准得到行驶路程 x 与车费 y 之间的

关系式为

$$y=\begin{cases}10, & x\leqslant 3\\ 10+(x-3)\times 2, & 3<x\leqslant 15\\ 34+(x-15)\times 3, & x>15\end{cases}$$

那么行驶路程x每取到一个数值，都可以通过关系式计算出应支付的车费。

引例2　生产成本问题

某工厂每天生产某种产品的件数为x件，机械设备等固定成本为1000元，生产每件产品所花费的人工费和原材料费用共为10元，那么每天产量x与每天的生产成本y之间的对应关系为

$$y=1000+10x$$

如果该工厂每天的产量为[0,2000]，那么x每取到一个数值，都可以通过上述关系式计算出当天的生产成本。

上述两个例子有一个共同点：其中一个变量的任意取值，都有另一个变量的一个相应值与其对应，这种对应关系称为函数。

知识归纳

1.1.1　函数的概念

1. 函数的定义

函数——定义域

【定义1.1】　设x,y是两个变量，D是实数集合的一个子集合，如果对D中每一个数值x，按照某种对应法则f，都有唯一确定的一个数值y和它对应，则称变量y是变量x的函数，记作

$$y=f(x)$$

并称x为自变量，y为因变量或自变量x的函数，x的取值范围D叫作函数$f(x)$的定义域。

说明：

(1) 定义域D是自变量x的取值范围，也就是使函数$y=f(x)$有意义的一个数集。

(2) 当x的取值$x_0\in D$时，与x_0相对应的y的数值称为函数在点x_0的函数值，记作

$$f(x_0)\quad 或\quad y|_{x=x_0}$$

当x遍取数集D中的所有数值时，对应的函数值全体所构成的集合称为函数$f(x)$的值域。

(3) 决定一个函数的两个因素是定义域D和对应法则f。每一个函数值都可由一个$x\in D$通过f而唯一确定，所以只要给定定义域D和对应法则f，函数值域也就相应地被确定了。

（4）如果两个函数的定义域D和对应法则f完全相同，那么这两个函数相同。

2. 函数的表示方法

（1）公式法又称为解析式法，能够准确地反映自变量与函数之间的相依关系。如$y=1000+10x$。

（2）列表法如表1.1所示。列表法一目了然，使用起来非常方便，但列出的对应点有限，不易看出自变量与函数之间的对应规律。

表 1.1

x	1	2	3	4	5
y	3	5	7	9	11

（3）图像法形象直观，但只能表达两个变量之间的函数关系。正弦函数图形如图1-3所示。

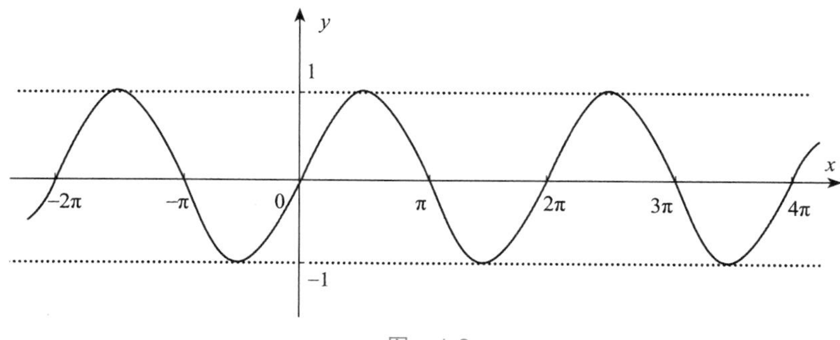

图 1.3

3. 定义域的求解

求解定义域的过程中需要注意以下几点。

（1）分式的分母不能为0。

（2）偶次根式中被开方式不能小于0。

（3）对数的真数位置必须大于0。

（4）同时包含以上情况时需要求交集。

（5）对于现实问题要根据实际需求进行分析。

相关例题见例1.1～例1.3。

1.1.2 函数的性质

1. 奇偶性

对函数$y=x^3$而言，当自变量x取一对相反的数值时，相对应的一对函数值y也恰恰是相反数。如x取-2和2，对应的y是-8和8，即满足$f(-x)=-f(x)$。

对函数$y=x^2$而言，当自变量x取一对相反的数值时，相对应的一对函数值y相等。如x取-2和2，对应的y都是4，即满足$f(-x)=f(x)$。

以上函数所具有的特性，就是函数的奇偶性。

【定义1.2】　设函数$f(x)$的定义域是以原点为对称的数集D,若对所有的$x \in D$,恒有

(1) $f(-x)=-f(x)$,则称函数$f(x)$为奇函数,如图1.4所示。

(2) $f(-x)=f(x)$,则称函数$f(x)$为偶函数,如图1.5所示。

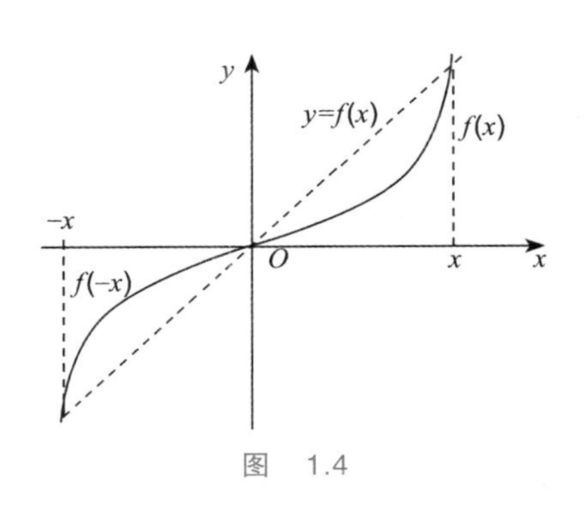

图　1.4

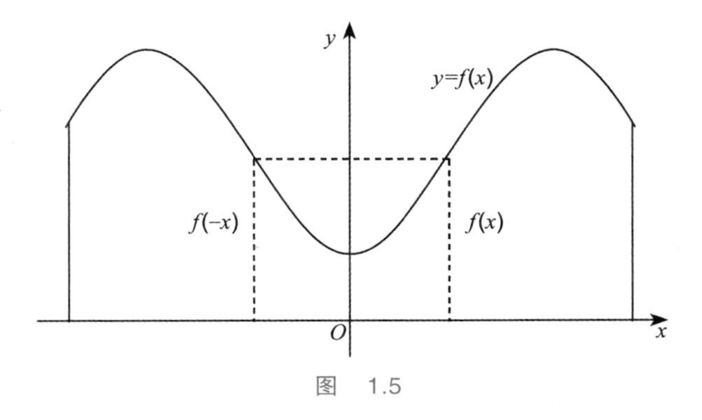

图　1.5

注意:

(1) 既非奇函数也非偶函数的函数,称为非奇非偶函数,如$f(x)=x^2+x$。

(2) 奇函数的图形关于原点对称,偶函数的图形关于y轴对称。

2. 单调性

【定义1.3】　设函数$f(x)$在开区间(a,b)内有定义,若对开区间(a,b)内任意两点x_1,x_2,当$x_1<x_2$时恒有:

(1) $f(x_1)<f(x_2)$,则称函数$f(x)$在(a,b)内单调增加;

(2) $f(x_1)>f(x_2)$,则称函数$f(x)$在(a,b)内单调减少。

如图1.6所示,函数单调增加,说明函数值随自变量的增大而增大,函数曲线由左到右单调递增。

如图1.7所示,函数单调减少,说明函数值随自变量的增大而减少,函数曲线由左到右单调递减。

3. 周期性

正弦函数$y=\sin x$是周期函数,即有

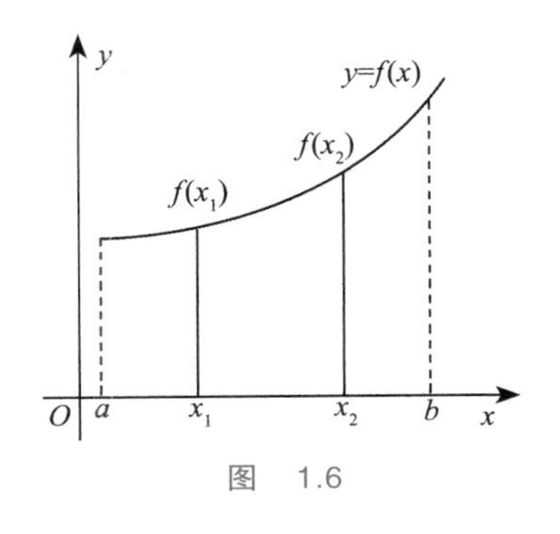

图　1.6

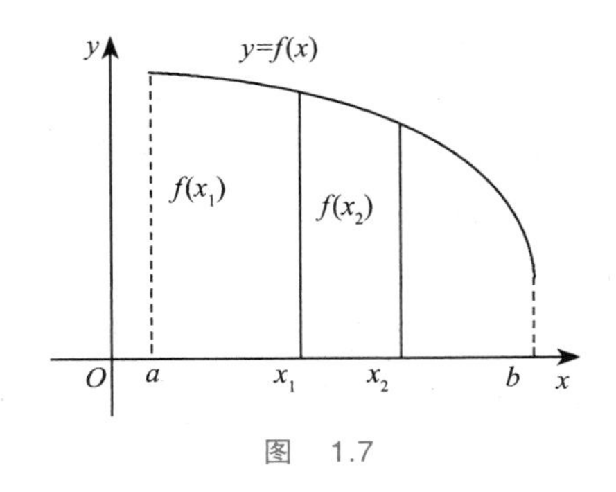

图　1.7

$$\sin(x+2k\pi)=\sin x \quad (k=\pm 1,+2,\cdots)$$

这里$\pm 2\pi$，$\pm 4\pi\cdots$都是$y=\sin x$的周期，而2π是最小正周期，一般就称正弦函数的周期是2π。

【定义 1.4】 设函数$f(x)$的定义域为D，若存在一个不为零的常数T，使得对每一个$x\in D$，都有$x\pm T\in D$，且恒成立

$$f(x\pm T)=f(x)$$

则称函数$f(x)$为周期函数，常数T为函数$f(x)$的周期。

类似地，余弦函数$y=\cos x$，正切函数$y=\tan x$，余切函数$y=\cot x$都是周期函数。

4. 有界性

【定义 1.5】 设函数$f(x)$在区间I上有定义，若存在正数M，使得对于任意的$x\in I$，都满足

$$|f(x)|\leqslant M$$

则称函数$f(x)$在区间I上为有界函数，否则为无界函数。

在区间$(-\infty,+\infty)$上，正弦函数$y=\sin x$的图像（图 1.8）介于两条直线$y=-1$和$y=1$之间，即$|\sin x|\leqslant 1$，从而$y=\sin x$在区间$(-\infty,+\infty)$内为有界函数。

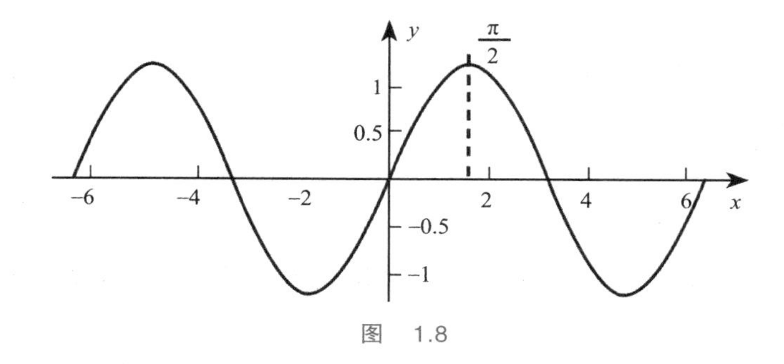

图 1.8

1.1.3 初等函数

1. 基本初等函数

(1) 常函数$y=C$（C是常数）。

(2) 幂函数$y=x^a$（a是常数）。

(3) 指数函数$y=a^x$（a是常数且$a>0$，$a\neq 1$）。

(4) 对数函数$y=\log_a x$（a是常数且$a>0$，$a\neq 1$）。

(5) 三角函数$y=\sin x$，$y=\cos x$，$y=\tan x$，$y=\cot x$。

(6) 反三角函数$y=\arcsin x$，$y=\arccos x$，$y=\arctan x$，$y=\operatorname{arccot} x$。

以上六种函数统称为基本初等函数。

有关基本初等函数的图像及主要性质如表 1.2 所示。

表　1.2

名称	函数	定义域和值域	图　像	特　性
常函数	$y=C$	$x\in(-\infty,+\infty)$ $y\in\{C\}$	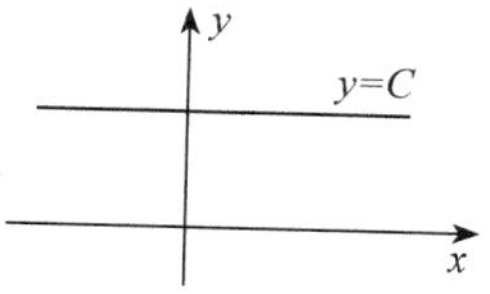	偶函数,有界
幂函数	$y=x$	$x\in(-\infty,+\infty)$ $y\in(-\infty,+\infty)$	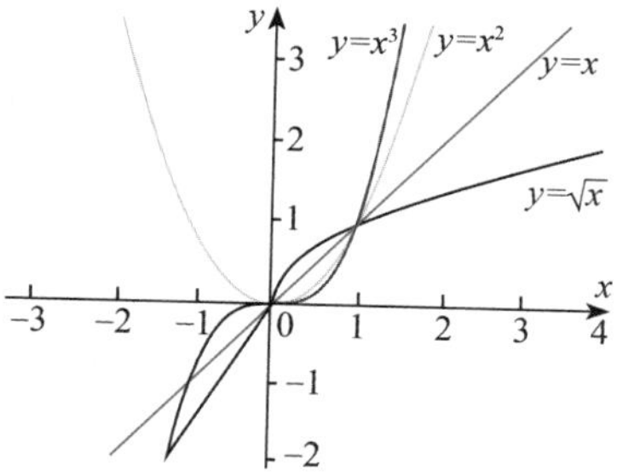	奇函数,单调增加
	$y=x^2$	$x\in(-\infty,+\infty)$ $y\in[0,+\infty)$		偶函数,在$(-\infty,0)$内单调减少,在$(0,+\infty)$内单调增加
	$y=x^3$	$x\in(-\infty,+\infty)$ $y\in(-\infty,+\infty)$		奇函数,单调增加
	$y=\sqrt{x}$	$x\in[0,+\infty)$ $y\in[0,+\infty)$		非奇非偶函数,单调增加
	$y=x^{-1}$	$x\in(-\infty,0)\cup(0,+\infty)$ $y\in(-\infty,0)\cup(0,+\infty)$	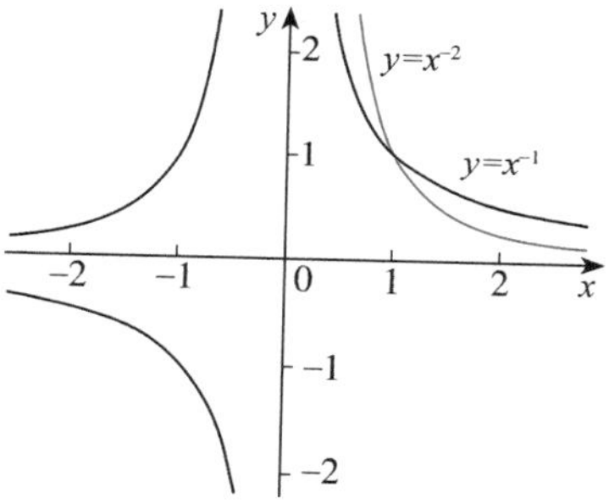	奇函数,在$(-\infty,0)$和$(0,+\infty)$内都是单调减少
	$y=x^{-2}$	$x\in(-\infty,0)\cup(0,+\infty)$ $y\in(0,+\infty)$		偶函数,在$(-\infty,0)$内单调增加,在$(0,+\infty)$内单调减少
指数函数	$y=a^x$ $(a>1)$	$x\in(-\infty,+\infty)$ $y\in(0,+\infty)$	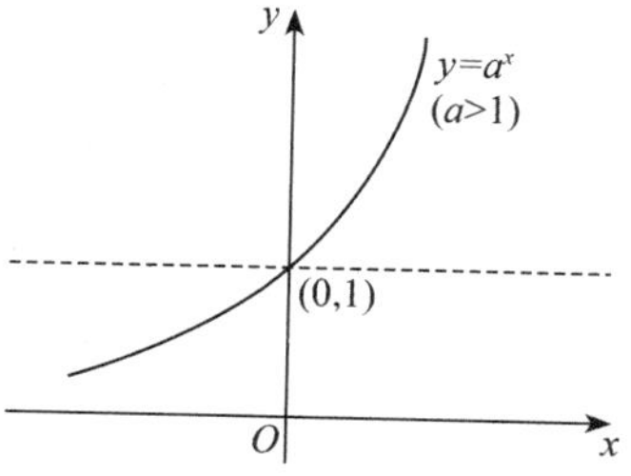	非奇非偶函数,单调增加
	$y=a^x$ $(0<a<1)$	$x\in(-\infty,+\infty)$ $y\in(0,+\infty)$	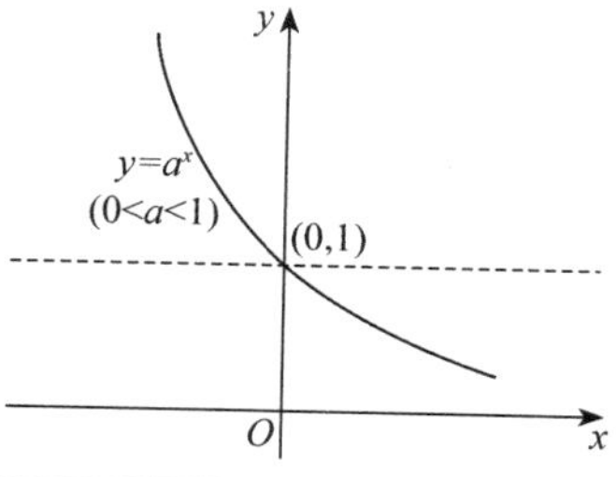	非奇非偶函数,单调减少

续表

名称	函数	定义域和值域	图　像	特　性
对数函数	$y=\log_a x$ $(a>1)$	$x\in(0,+\infty)$ $y\in(-\infty,+\infty)$		非奇非偶函数，单调增加
	$y=\log_a x$ $(0<a<1)$	$x\in(0,+\infty)$ $y\in(-\infty,+\infty)$		非奇非偶函数，单调减少
三角函数	$y=\sin x$	$x\in(-\infty,+\infty)$ $y\in[1,-1]$		奇函数，周期 2π，$\left(2k\pi-\frac{\pi}{2},2k\pi+\frac{\pi}{2}\right)$ 内单调增加，$\left(2k\pi+\frac{\pi}{2},2k\pi+\frac{3\pi}{2}\right)$ 内单调减少，$k\in Z$
	$y=\cos x$	$x\in(-\infty,+\infty)$ $y\in[1,-1]$		偶函数，周期 2π，$(2k\pi,2k\pi+\pi)$ 内单调减少，$(2k\pi+\pi,2k\pi+2\pi)$ 内单调增加，$k\in Z$
	$y=\tan x$	$x\neq k\pi+\frac{\pi}{2}$ $(k\in Z)$ $y\in(-\infty,+\infty)$		奇函数，周期 π，$\left(k\pi-\frac{\pi}{2},k\pi+\frac{\pi}{2}\right)$ 内单调增加，$k\in Z$

续表

名称	函数	定义域和值域	图像	特性
三角函数	$y=\cot x$	$x\neq k\pi(k\in\mathbf{Z})$ $y\in(-\infty,+\infty)$	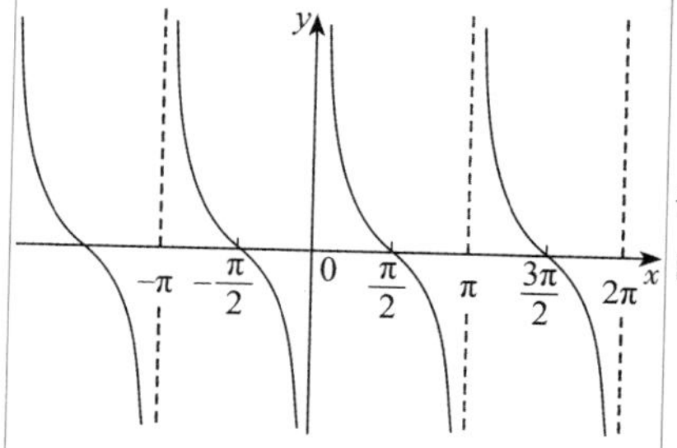	奇函数，周期π，$(k\pi,k\pi+\pi)$内单调减少，$k\in\mathbf{Z}$
反三角函数	$y=\arcsin x$	$x\in[1,-1]$ $y\in\left(-\frac{\pi}{2},\frac{\pi}{2}\right)$	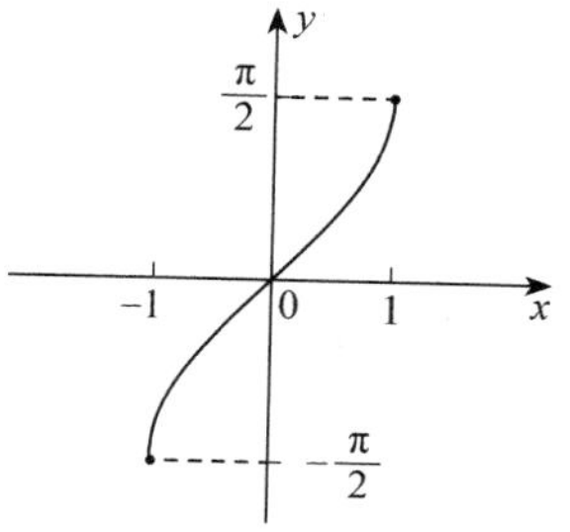	奇函数，单调增加，有界
	$y=\arccos x$	$x\in[1,-1]$ $y\in(0,\pi)$	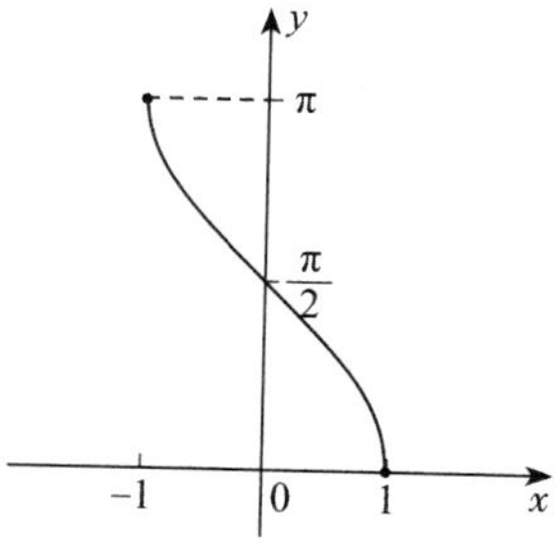	非奇非偶函数，单调减少，有界
	$y=\arctan x$	$x\in(-\infty,+\infty)$ $y\in\left(-\frac{\pi}{2},\frac{\pi}{2}\right)$	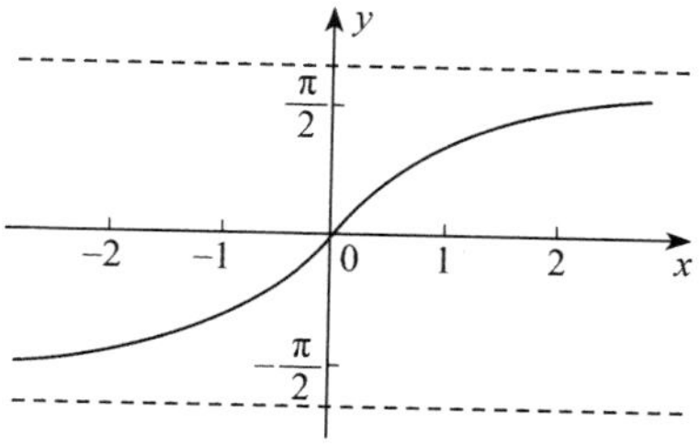	奇函数，单调增加，有界
	$y=\text{arccot}\,x$	$x\in(-\infty,+\infty)$ $y\in(0,\pi)$	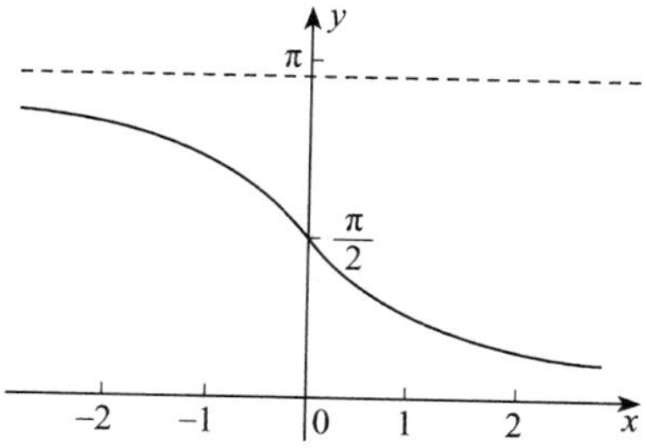	非奇非偶函数，单调减少，有界

2. 常用简单函数

（1）一次函数。形如 $y=kx+b$ 的函数称为一次函数，一次函数的图像是一条直线，如图1.9所示，其中，k 称为斜率，b 称为截距。当 $b=0$ 时，一次函数也称为正比例函数。

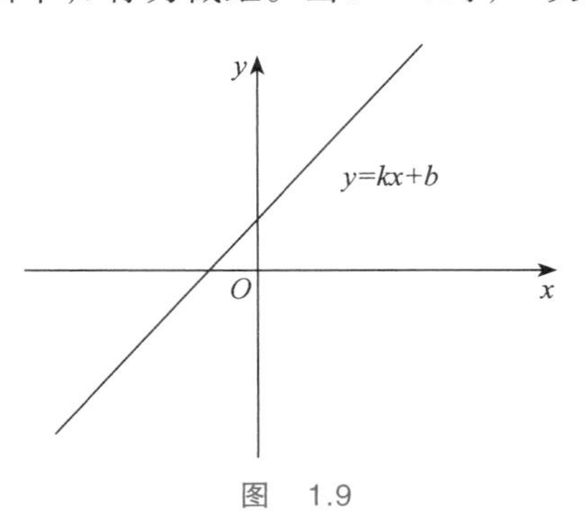

图 1.9

（2）二次函数。形如 $y=ax^2+bx+c$（a,b,c 为常数，$a\neq 0$）的函数称为二次函数。二次函数的图像为抛物线，如表1.3所示。

表 1.3

函数	二次函数 $y=ax^2+bx+c$（a,b,c 为常数，$a\neq 0$）	
图像		
开口方向	开口向上	开口向下
对称轴	$x=-\dfrac{b}{2a}$	
顶点坐标	$\left(-\dfrac{b}{2a},\dfrac{4ac-b^2}{4a}\right)$	

3. 复合函数

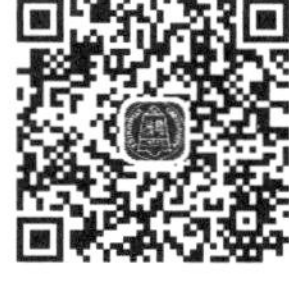

函数——函数的复合

通过加、减、乘、除运算，两个函数 $f(x)$ 和 $g(x)$ 可以组合成新的函数，如 $y=f(x)+g(x)$。

此外，还有其他方法也可以将两个函数组合成为一个新的函数。

例如：假设 $y=f(u)=\sqrt{u}$，$u=g(x)=x^2+1$，因为 y 是 u 的函数，而 u 是 x 的函数，可以看出 y 最终可以是 x 的函数，即

$$y=f(u)=\sqrt{g(x)}=\sqrt{x^2+1}$$

这个过程叫作复合。充分理解函数的复合概念非常重要。

又如：对于函数$y=\sqrt{\sin x}$，我们知道x为自变量，y为x的函数。为了确定y值，对于给定的x值，应先计算$\sin x$，令$u=\sin x$，再由已得到的u值计算$\sqrt{u}$，从而得到y值$y=\sqrt{u}$。这里可把$y=\sqrt{u}$理解为y是u的函数；把$u=\sin x$理解为u是x的函数。那么函数$y=\sqrt{\sin x}$就是把函数$u=\sin x$代入函数$y=\sqrt{u}$中得到的。以上将两个或两个以上的函数组合成一个新的函数的方法具有一般性，这就是复合函数。

【定义1.6】　已知两个函数

$y=f(u)$，u是自变量，y是因变量，$u\in D_1$，$y\in Z$；

$u=g(x)$，x是自变量，u是因变量，$x\in D_2$，$u\in Z_1$。

若$Z_1\cap D_1\neq\varnothing$，则函数$y=f[g(x)]$就是由函数$y=f(u)$和$u=g(x)$经过复合而成的复合函数。通常称$y=f(u)$为外层函数，$u=g(x)$为内层函数或中间变量，如图1.10所示。

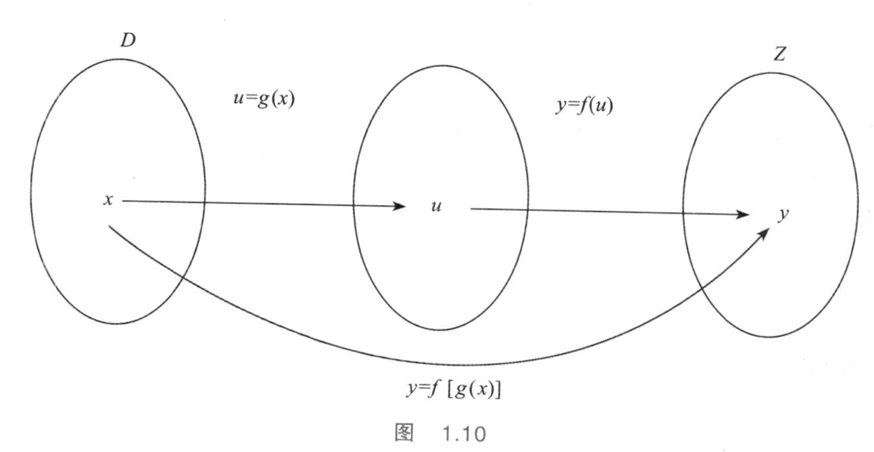

图　1.10

说明：并不是任意两个函数都能构成一个复合函数，根据定义1.6，只有满足条件$Z_1\cap D_1\neq\varnothing$的两个函数才能构成一个复合函数。如$y=\ln u$和$u=(-x^2-1)$就不能构成复合函数。

注意：复合函数涉及以下两方面问题。

(1) 将几个简单函数复合成一个复合函数的问题。

(2) 将一个复合函数分解成几个简单函数的问题。

函数——复合函数的拆分

相关例题见例1.4和例1.5。

4. 初等函数

【定义1.7】　由基本初等函数经过有限次四则运算和复合过程所构成的，并且能够用一个解析式表示的函数统称为初等函数。

例如：$y=\sqrt{x^2-5}+\cos\ln(x^2)-a^{3x}$，$y=5x^3-2x^2+3$都是初等函数。

注意：分段函数一般不是初等函数，但也有例外。

例如：由于分段函数$f(x)=|x|=\begin{cases}-x, & x<0\\ x, & x\geqslant 0\end{cases}$可以用一个数学式子$y=\sqrt{x^2}$表示，所以它也是初等函数。

1.1.4 分段函数

有些函数，对于其定义域区间内自变量x的不同取值，不能用一个统一的数学解析式表示，而要用两个或两个以上的式子表示，这类函数称为分段函数。

例如：函数$f(x)=\begin{cases}x^2, & -2\leqslant x<0\\ 3, & x=0\\ x+1, & 0<x\leqslant 3\end{cases}$ 与“引例1出租车定价问题”中的$y=\begin{cases}10, & x\leqslant 3\\ 10+(x-3)\times 2, & 3<x\leqslant 15\\ 34+(x-15)\times 3, & x>15\end{cases}$都是分段函数。

说明：

(1) 分段函数的定义域是各段函数自变量取值范围的并集。

(2) 求分段函数在某点x_0处的函数值，要根据x_0所属的范围选择相应的解析式求函数的值$f(x_0)$。

相关例题见例1.6。

典型例题

例1.1 试确定函数$y=\dfrac{x-1}{x+3}+\sqrt{16-x^2}$的定义域。

解：要使$y=\dfrac{x-1}{x+3}+\sqrt{16-x^2}$有意义，只需$x+3\neq 0$且$16-x^2\geqslant 0$，即$x\neq -3$且$-4\leqslant x\leqslant 4$，所以函数的定义域为$[-4,-3)\cup(-3,4]$。

例1.2 试确定函数$y=\ln(x+3)$的定义域。

解：要使$y=\ln(x+3)$有意义，只需$x+3>0$，即$x>-3$，所以函数的定义域为$(-3,+\infty)$。

例1.3 下列每组中各对函数是否为相同函数？为什么？

(1) $y=x$与$y=(\sqrt{x})^2$；

(2) $y=x+1$与$y=\dfrac{x^2-1}{x-1}$；

(3) $y=x$与$y=\sqrt{x^2}$；

(4) $y=\ln(x+1)^2$与$y=2\ln(x+1)$；

(5) $y=x$与$y=\sqrt[3]{x^3}$。

解：根据函数的定义域D和对应法则f决定一个函数的原则，判断两个函数是否为相同函数，就是判断定义域D和对应法则f是否皆相同。

(1) 由于$y=(\sqrt{x})^2$的定义域是$[0,+\infty)$，而$y=x$的定义域是$\mathbf{R}$，所以，$y=x$与$y=(\sqrt{x})^2$不是相同的函数。

(2) $y=\dfrac{x^2-1}{x-1}$的定义域是$(-\infty,1)\cup(1,+\infty)$，$y=x+1$的定义域是$\mathbf{R}$，所以，$y=x+1$与$y=\dfrac{x^2-1}{x-1}$不是相同的函数。

(3) $y=x$与$y=\sqrt{x^2}$的定义域都是$\mathbf{R}$，但是$y=\sqrt{x^2}$的对应法则是平方再开方取算术根，因此，$y=x$与$y=\sqrt{x^2}$的对应法则不同，所以，$y=x$与$y=\sqrt{x^2}$不是相同的函数。

(4) $y=2\ln(x+1)$的定义域是$(-1,+\infty)$，$y=\ln(x+1)^2$的定义域是$(-\infty,-1)\cup(-1,+\infty)$，所以，$y=\ln(x+1)^2$与$y=2\ln(x+1)$不是相同的函数。

(5) $y=x$与$y=\sqrt[3]{x^3}$的定义域是$\mathbf{R}$，$y=\sqrt[3]{x^3}$立方再开立方等于x，对应法则也相同，所以，$y=x$与$y=\sqrt[3]{x^3}$是相同的函数。

例1.4　将以下各组函数中的y表示为x的函数：

(1) $y=\ln u$, $u=x^2+2$；

(2) $y=\sqrt{u}$, $u=1+x^2$；

(3) $y=\sqrt{u}$, $u=\ln v$, $v=x+1$；

(4) $y=3^u$, $u=\sqrt{v}$, $v=\sin x$。

解：(1) 把$u=x^2+2$代入$y=\ln u$中得到$y=\ln(x^2+2)$。

(2) 把$u=1+x^2$代入$y=\sqrt{u}$中得到$y=\sqrt{1+x^2}$。

(3) 把$v=x+1$代入$u=\ln v$中得到$u=\ln(x+1)$，再把$u=\ln(x+1)$代入$y=\sqrt{u}$中得到$y=\sqrt{\ln(x+1)}$。

(4) 把$v=\sin x$代入$u=\sqrt{v}$中得到$u=\sqrt{\sin x}$，再把$u=\sqrt{\sin x}$代入$y=3^u$中得到$y=3^{\sqrt{\sin x}}$。

例1.5　将下列复合函数拆分成几个简单函数的形式：

(1) $y=\mathrm{e}^{\cos x}$；

(2) $y=\sin^5 x$；

(3) $y=\sin^2 3x$。

解：(1) 方法1　由内层函数向外层函数分解，就是按由x确定y的顺序进行。先由x获得内层函数$u=\cos x$，再将u替换指数函数y中的$\cos x$得$y=\mathrm{e}^u$。所以函数$y=\mathrm{e}^{\cos x}$可拆分成$u=\cos x$，$y=\mathrm{e}^u$。

方法2　由外层函数向内层函数分解，就是先确定外层函数$y=\mathrm{e}^u$，再将u用$\cos x$表出，得$u=\cos x$。同样可得函数$y=\mathrm{e}^{\cos x}$拆分成$y=\mathrm{e}^u$，$u=\cos x$。

（2）由内层函数向外层函数分解，就是按由x确定y的顺序进行。先由x获得内层函数$u=\sin x$，再将u替换指数函数y中的$\sin x$得$y=u^5$。所以函数$y=\sin^5 x$是由$y=u^5$，$u=\sin x$复合而成的。

（3）函数$y=\sin^2 3x$是由$y=u^2, u=\sin v, v=3x$复合而成的。

例1.6　设$f(x)=\begin{cases} x^2, & -2\leqslant x<0 \\ 3, & x=0 \\ x+1, & 0<x\leqslant 3 \end{cases}$

（1）求$f(x)$的定义域；

（2）求$f(-1), f(2)$；

（3）作出函数图像。

解：（1）这是分段函数，分段点为$x=0$，定义域是各段函数自变量取值范围的并集，即$[-2,0)\cup\{0\}\cup(0,3]$，所以定义域是$[-2,3]$。

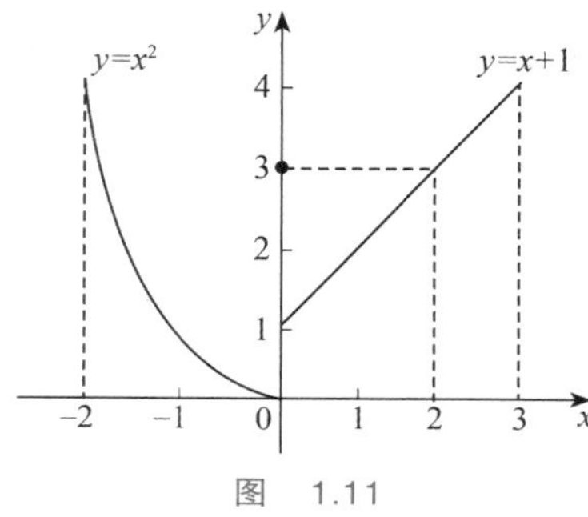

图　1.11

（2）函数的对应法则是：若自变量x在区间$[-2,0)$内取值，则相对应的函数值用$f(x)=x^2$计算；若x取值为0，则对应的函数值是$f(0)=3$；若自变量x在区间$(0,3]$内取值，则对应的函数值用$f(x)=x+1$计算。

因为$-1\in[-2,0)$，所以$f(-1)=(-1)^2=1$；又因为$2\in(0,3]$，所以$f(2)=2+1=3$。

（3）函数图像如图1.11所示。

课堂巩固

基础训练

1．求下列函数的定义域。

（1）$y=\dfrac{1}{1-x^2}$　　（2）$y=\sqrt{x^2-x-6}$

（3）$y=\dfrac{\sqrt{x-1}}{3-x}$　　（4）$y=\dfrac{1}{\ln(1+x)}+\sqrt{100-x^2}$

2．下列各对函数是否相同，试说明理由。

（1）$y=\cos x$与$y=\sqrt{1-\sin^2 x}$　　（2）$y=\sin^2 x+\cos^2 x$与$y=1$

（3）$f(x)=\ln x^2$与$f(x)=2\ln x$　　（4）$f(x)=x$与$g(x)=\sqrt{x^2}$

3．对所给函数，计算相应的函数值。

（1）$f(x)=\dfrac{x+1}{x-1}$，求$f(0), f(-2), f\left(\dfrac{1}{a}\right), f(x+1)$；

(2) $f(x)=n\begin{cases}x+1, & x<0\\0, & x=0\\x-1, & x>0\end{cases}$，求$f(0),f(1),f(-2)$。

4. 将下列函数中的y表示为x的函数。

(1) $y=\sqrt{u},u=\ln v,v=\sqrt{x}$

(2) $y=\sqrt{u},u=\tan v,v=\dfrac{x}{3}$

5. 将下列复合函数拆分为较简单的函数。

(1) $y=\sqrt{1-2x^2}$

(2) $y=e^{x^2}$

(3) $y=\cos\dfrac{1}{x}$

(4) $y=\sqrt{\sin x}$

(5) $y=\sin\dfrac{x^2}{3}$

(6) $y=3^{\lg 2x}$

(7) $y=10^{\sqrt{x+1}}$

(8) $y=\lg\sin x^2$

提升训练

1. 下列函数是否相同？为什么？

(1) $f(x)=\dfrac{x}{x}$与$g(x)=1$

(2) $y=\lg x^2$与$y=2\lg x$

(3) $y=f(x)$与$s=f(t)$

2. 将下列函数拆分成简单函数。

(1) $y=\sin^3 x$

(2) $y=\sin 7x$

(3) $y=\sqrt{1+x^2}$

(4) $y=e^{x^2}$

3. 设$f(x)=x^2,g(x)=\sin x$，求$f[g(x)],g[f(x)]$。

1.2 初等数学常用公式

1. 完全平方、完全立方公式

$$(a+b)^2=a^2+2ab+b^2$$
$$(a-b)^2=a^2-2ab+b^2$$
$$(a+b)^3=a^3+3a^2b+3ab^2+b^3$$
$$(a-b)^3=a^3-3a^2b+3ab^2-b^3$$

2. 因式分解

$$a^2-b^2=(a+b)(a-b)$$
$$x^2+(a+b)x+ab=(x+a)(x+b)$$
$$a^3+b^3=(a+b)(a^2-ab+b^2)$$
$$a^3-b^3=(a-b)(a^2+ab+b^2)$$

3. 一元二次方程

$$x^2+(a+b)x+ab=(x+a)(x+b)$$

$ax^2+bx+c=0$的两个根为$\dfrac{-b+\sqrt{b^2-4ac}}{2a}$、$\dfrac{-b-\sqrt{b^2-4ac}}{2a}$。

$$ax^2+bx+c=a\left(x-\frac{-b+\sqrt{b^2-4ac}}{2a}\right)\left(x-\frac{-b-\sqrt{b^2-4ac}}{2a}\right)$$

4. 一元二次不等式

$(x-x_1)(x-x_2)\geqslant 0$，$(x_1<x_2)$的解为$x\leqslant x_1$或$x\geqslant x_2$；

$(x-x_1)(x-x_2)\leqslant 0$，$(x_1<x_2)$的解为$x_1\leqslant x\leqslant x_2$。

5. 幂运算法则

$$a^n=a\times a\times\cdots\times a\ (n\text{个}a\text{相乘})$$

$$a^{-n}=\frac{1}{a^n}$$

$$a^0=1$$

$$a^{\frac{n}{m}}=\sqrt[m]{a^n}\ (m\text{和}n\text{均为正整数，且}m\text{不为}1)$$

$$a^{-\frac{n}{m}}=\frac{1}{\sqrt[m]{a^n}}\ (m\text{和}n\text{均为正整数，且}m\text{不为}1)$$

$$a^m a^n=a^{m+n}$$

$$\frac{a^m}{a^n}=a^{m-n}$$

$$(a^n)^m=a^{mn}$$

$$(ab)^m=a^m b^m$$

$$\left(\frac{b}{a}\right)^m=\frac{b^m}{a^m}$$

6. 对数运算法则

若$a^y=x(a>0$且$a\neq 1)$，则$y=\log_a x(a>0$且$a\neq 1)$。

$$\log_a mn=\log_a m+\log_a n$$

$$\log_a\frac{m}{n}=\log_a m-\log_a n$$

$$\log_a m^n=n\log_a m$$

$$\log_a 1=0$$

$$\lg 10=1$$

$$\ln 1=0$$

$$\ln \mathrm{e}=1$$

7. 特殊角三角函数值

特殊角三角函数值如表1.4所示。

表　1.4

角 x	$0°$	$30°$	$45°$	$60°$	$90°$	$180°$
弧度	0	$\frac{\pi}{6}$	$\frac{\pi}{4}$	$\frac{\pi}{3}$	$\frac{\pi}{2}$	π
$\sin x$	0	$\frac{1}{2}$	$\frac{\sqrt{2}}{2}$	$\frac{\sqrt{3}}{2}$	1	0
$\cos x$	1	$\frac{\sqrt{3}}{2}$	$\frac{\sqrt{2}}{2}$	$\frac{1}{2}$	0	-1
$\tan x$	0	$\frac{\sqrt{3}}{3}$	1	$\sqrt{3}$	不存在	0

8. 三角函数恒等关系式

$$\sin^2\alpha + \cos^2\alpha = 1$$

$$\tan\alpha = \frac{\sin\alpha}{\cos\alpha}$$

$$\cot\alpha = \frac{\cos\alpha}{\sin\alpha}$$

$$\sin 2\alpha = 2\sin\alpha\cos\alpha$$

$$\cos 2\alpha = \cos^2\alpha - \sin^2\alpha = 2\cos^2\alpha - 1 = 1 - 2\sin^2\alpha$$

9. 直线方程表达式

斜截式：　$y = kx + b$

点斜式：　$y - y_0 = k(x - x_0)$

总结提升1

1. 选择题。

(1) 设 $f(x)=\begin{cases} x+2, & -\infty < x < 0 \\ 2^x, & 0 \leqslant x < 2 \\ (x-2)^2, & 2 \leqslant x < +\infty \end{cases}$ 则下列等式中不成立的是(　　)。

A. $f(0)=f(1)$　　B. $f(2)=f(-2)$

C. $f(0)=f(-1)$　　D. $f(3)=f(-1)$

(2) 设 $f(x)=\sin x$，则 $f\left(-\sin\frac{\pi}{2}\right)=$(　　)。

A. 1　　B. -1　　C. $\sin 1$　　D. $-\sin 1$

(3) 设 $f(x+1)=x^2+5x+3$，则 $f(x)=$(　　)。

A. x^2-3x+1　　B. x^2+3x-1

C. $-x^2+3x+1$　　D. x^2-3x-1

（4）下列函数中有界的是(　　)。

A. $y=\left(\frac{1}{\mathrm{e}}\right)^x$　　B. $y=\mathrm{e}^x$　　C. $y=\frac{1}{x}$　　D. $y=\sin x$

2. 求下列函数的定义域。

（1）$y=\sqrt{3-x}+\frac{1}{\ln(x+1)}$　　（2）$y=\ln\frac{1+x}{1-x}$

3. 设$f(x)=\frac{x^2}{x-1}$,试求$f(-1),f(0),f(2),f(a),f(a+b)$。

4. 将下列函数拆分成简单函数。

（1）$y=\mathrm{e}^{\sqrt{1+\sin x}}$　　（2）$y=(1+2x)^7$

（3）$y=\cos 3x$　　（4）$y=\sin^2\left(3x+\frac{\pi}{4}\right)$

第2章　极限与连续

中西数学的较量——割圆术与穷竭法

数学故事

圆的面积一直是古代数学研究中的热点问题，古埃及时期就对圆的面积有过近似的计算，但当时并没有对圆周率做出详细的解释。后来，古希腊和我国古代的数学家对曲线围成的面积问题特别是圆的面积都分别进行了深入的研究。

穷竭法是由古希腊的安提芬最早提出的，在研究“化圆为方”的问题时，提出使用圆内接正多边形面积来近似代替圆的思想。其后，欧多克斯(Eudoxus，约公元前408—前355年)和阿基米德(Archimedes，公元前287—前212年)改进了这种方法。例如，用圆内接正多边形逼近圆来“穷竭”圆。穷竭法是微积分的核心思想。阿基米德也对“穷竭法”做了进一步的改进，并将其应用到对曲线、曲面和不规则体的体积的研究与讨论上。他在圆锥曲线和二次曲面的面积求解中，利用穷竭法得出了许多重要的求面积公式，为现代积分学打开了神秘之门。

图　2.1

割圆术是用圆内接正多边形的面积无限逼近圆的面积，并以此求出圆周率(图2.1)的方法。早在我国先秦时期的《墨经》中就提出过圆的定义，而后世人更是在此基础上研究了圆的面积问题。我国古代数学经典《九章算术》中也曾有“半周半径相乘得积步”的著名公式。公元三世纪，三国魏人刘徽在撰写《九章算术注》时，对这一公式进行了长达1800字的批注，该注释中就包含著名的割圆术。“割之弥细，所失弥少，割之又割，以至于不可割，则与圆合体，而无所失矣。”刘徽利用割圆术研究圆周率，只要认真、耐心、精确地算出圆周长，就能得出较为准确的圆周率。之后，祖冲之利用该方法将圆周率精确到了3.1415926～3.1415927。

数学思想

割圆术和穷竭法是古代东西方数学的代表，它们既有相同之处，也有诸多的不同。

割圆术和穷竭法都是用圆内接正多边形逼近圆。例如，刘徽的割圆术是从圆的正六边形开始，依次是正十二边形，正二十四变形，以此类推，圆周分割越细，误差就越小，其内接正多边形就越接近于圆周，如此分割下去，一直到无法分割为止。而穷竭法也是从圆内接正四边形开始，依次为正八边形、正十六边形，以此类推。因此，割圆术和穷竭法的推理思想与推理过程不谋而合。

但是它们也存在差别。割圆术体现了极限的思想，他认为圆可以无限分割，分割得越细，误差就越小，损失就越少，分割到最后，就会与圆无限逼近，这时正多边形就与圆合体了。而穷竭法由于其所处的时代和对无限的回避，使穷竭法并没有涉及极限的思想，它始终是一个有限的过程。这也是两种思想在根本上的不同之处。

众所周知，古希腊数学取得了非常高的成就，建立了严密的演绎体系。然而，刘徽的割圆术却在人类历史上首次将极限和无穷小分割引入数学证明，成为人类文明史中不朽的篇章。

数学人物

刘徽（图 2.2 左）是魏晋时期伟大的数学家，他的《九章算术注》和《海岛算经》是中国最宝贵的数学遗产。刘徽自幼热爱数学，并为数学努力研究一生，他主张用逻辑推理研究数学问题。他的主要成就一是形成了较为完整的数系理论，二是利用割圆术研究圆周率，给出了著名的“徽率”和“牟合方盖”的几何模型。刘徽的这些工作不仅给中国数学发展带来了深远的影响，也使中国数学在世界数学史上确立了崇高的地位，所以后人称他为“中国数学史上的牛顿”。

欧多克斯（图 2.2 右）出生在一个医生家庭，年轻时怀揣着梦想和热情来到雅典，就读于当时刚成立的柏拉图学院。柏拉图学院是由古希腊伟大的哲学家柏拉图建立的，柏拉图非常推崇数学的逻辑美，认为数学的严密性和逻辑性可以锻炼思维，因此把通晓数学作为进入柏拉图学院的基本条件，因此，培养出了许多杰出的数学家。欧多克斯就是其中的一位，他被认为是仅次于阿基米德的数学家，在比例论和穷竭法研究上都有杰出的贡献。欧多克斯建立了比例理论，对实数进行了严密的定义，进而处理了无理数的问题，为解决因为无理数带来的第一次数学危机作出了贡献。欧多克斯的第二个重要贡献就是利用穷竭法求解曲面围成的复杂图形的面积和体积，成为微积分理论的基础。

图 2.2

2.1　极限的概念

问题导入

引例1　人影的长度

考虑一个人走向路灯时其影子的长度问题，若其目标总是灯的正下方的点，灯与地面的垂直高度为H，则当此人越来越接近目标时，其影子的长度逐渐趋近于零。

人距灯的正下方的距离为x，人的高度为h，灯高为H，人影长为y，如图2.3所示，则

$$\frac{DB}{DO}=\frac{BC}{OA}$$

即

$$\frac{y}{x+y}=\frac{h}{H}$$

$$y=\frac{h}{H-h}x$$

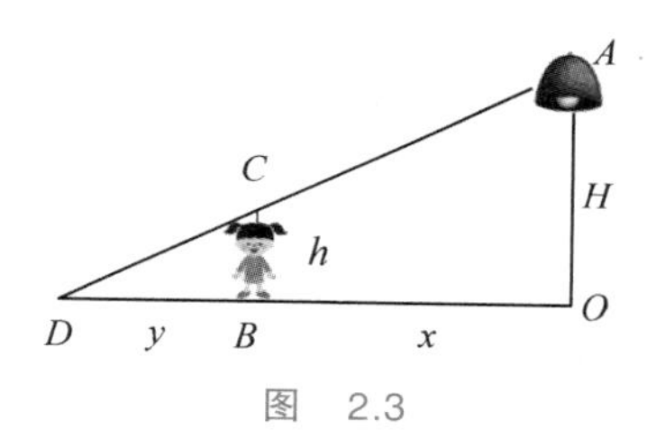

图　2.3

可见影子的长度y是x的函数，当x越来越近于0(无论从左侧还是右侧)时，函数值y也越来越近于0。即当人逐渐走向灯的正下方时，人影的长度逐渐为零。

引例2　割圆术

我国古代数学家刘徽早在公元263年就用“割圆求周长”(即割圆术)的方法算出$\pi\approx 3.14$。割圆术方法的要点就是：先把直径为1的圆均等划分成6等份，12等份，24等份，…，3×2^n等份，以至无穷；内接正六边形的周长为3；内接正十二边形的周长为$12\times\frac{1}{2}\times\frac{\sin 30^\circ}{\sin 75^\circ}\approx 3.10582854$；内接正二十四边形的周长为$24\times\frac{1}{2}\times\frac{\sin 15^\circ}{\sin 82.5^\circ}\approx 3.13262861$……

将以上过程无限地继续下去，如表2.1所示。

由表2.1中数值可看到，内接正多边形的边数越多，多边形的边就越贴近圆周。这正如刘徽所说：“割之弥细，所失弥小，割之又割，以至于不可割，则与圆合体而无所失矣。”

表 2.1

序号	内接正多边形边数	正多边形周长
1	6	3.00000000
2	12	3.10582854
3	24	3.13262861
4	48	3.13935020
5	96	3.14103194
6	192	3.14145247
7	384	3.14155761
8	768	3.14158389
9	1536	3.14159046
10	3072	3.141592106
11	6144	3.141592617
12	12288	3.141592619
13	24576	3.141592645
14	49152	3.141592651
15	98304	3.141592653

这个例子反映了一类数列所具有的共性。即对于数列$\{a_n\}$,存在某一常数A,随着n的无限增大,a_n无限接近于这个常数A。而这就是我们将要学习的极限的概念。

知识归纳

2.1.1 数列极限的概念

一般而言,当n无限增大(记作$n\to\infty$)时,数列$\{a_n\}$的变化趋势有以下三种情形:

(1) a_n的绝对值无限增大;

(2) a_n的变化趋势不确定;

(3) a_n无限接近某个常数A。

【定义 2.1】 对于数列$\{a_n\}$,如果当n无限增大($n\to\infty$)时,a_n无限接近于一个确定的常数A,则称当n趋向于无穷大时,数列$\{a_n\}$以常数A为极限,记作

$$\lim_{n\to\infty} a_n = A \quad 或 \quad a_n \to A(n\to\infty)$$

数列$\{a_n\}$以常数A为极限,也称数列$\{a_n\}$收敛于常数A;如果数列$\{a_n\}$没有极限,则称数列$\{a_n\}$发散。

2.1.2 函数$f(x)$在$x\to\infty$时的极限

若把数列理解为函数，那么数列极限就是讨论自变量$n\to\infty$的变化过程中，函数$a_n=f(n)$的变化趋势的问题。

对于一般函数$y=f(x)$，则需讨论自变量$x\to\infty$过程中，函数$f(x)$的变化趋势的问题。在这里，x作为函数$f(x)$的自变量，在趋向于∞的变化过程中，若取正值且无限增大，则记为$x\to+\infty$，读作“x趋于正无穷”；若x取负值，且其绝对值$|x|$无限增大，则记为$x\to-\infty$，读作“x趋于负无穷”；若x既取正值又取负值，且其绝对值$|x|$无限增大，则记为$x\to\infty$，读作“x趋于无穷”。

1. $x\to\infty$时，函数$f(x)$的极限定义

函数$f(x)=\dfrac{1}{x-1}$的图像如图2.4所示。仔细观察可以看到，当自变量x趋于正无穷($x\to+\infty$)时，$f(x)=\dfrac{1}{x-1}$与0的距离即$\left|\dfrac{1}{x-1}-0\right|$越来越小，此时称0为这个函数当$x\to+\infty$时的极限。

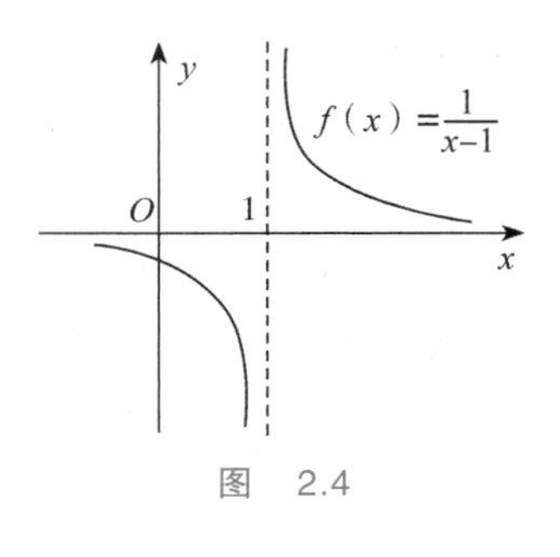

图 2.4

【定义2.2】 设函数$f(x)$在区间$(a,+\infty)$上有定义，当x趋于正无穷大($x\to+\infty$)时，如果$f(x)$无限接近于某个常数A，则称A是函数$f(x)$当$x\to+\infty$时的极限，记作

$$\lim_{x\to+\infty} f(x)=A \quad 或 \quad f(x)\to A(x\to+\infty)$$

同样地，从图2.4可以看出，当自变量x趋于负无穷($x\to-\infty$)时，函数$f(x)=\dfrac{1}{x-1}$也无限趋近于常数0。此时称0为这个函数当$x\to-\infty$时的极限。

【定义2.3】 设函数$f(x)$在区间$(-\infty,b)$上有定义，当x趋于负无穷($x\to-\infty$)时，如果$f(x)$无限接近于某个常数A，则称A是函数$f(x)$当$x\to-\infty$时的极限，记作

$$\lim_{x\to-\infty} f(x)=A \quad 或 \quad f(x)\to A(x\to-\infty)$$

综合定义2.2与2.3，当自变量x既可取正值又可取负值，且其绝对值无限增大($x\to\infty$)时，函数$f(x)$都无限趋近于常数A。此时称A为这个函数当$x\to\infty$时的极限。

【定义2.4】 已知函数$f(x)$在无穷区间$(-\infty,b)\cup(a+\infty)$上有定义，当$|x|$趋于正无穷大($x\to\infty$)时，如果$f(x)$无限接近于某个常数$A$，则称$A$是函数$f(x)$当$x\to\infty$时的极限，记作

$$\lim_{x\to\infty} f(x)=A \quad 或 \quad f(x)\to A(x\to\infty)$$

注意：$x\to\infty$意味着$x\to+\infty$以及$x\to-\infty$，于是有定理2.1。

2. 当$x\to\infty$时，函数$f(x)$的极限存在的充分必要条件

【定理2.1】 极限$\lim\limits_{x\to\infty}f(x)=A$存在的充分必要条件是以下条件同时成立：

(1) $\lim\limits_{x\to+\infty}f(x)=A_1$存在；

(2) $\lim\limits_{x\to-\infty}f(x)=A_2$存在；

(3) $A_1=A_2$。

例如：由上面观察即得$\lim\limits_{x\to\infty}f(x)=\lim\limits_{x\to\infty}\dfrac{1}{x-1}=0$。

相关例题见例2.1和例2.2。

2.1.3 $x\to x_0$时，函数$f(x)$的极限

1. $x\to x_0$时，函数$f(x)$的极限的定义

自变量x的变化趋势除了$x\to\infty$，$x\to+\infty$或$x\to-\infty$以外，还可以是以有限数值x_0为其趋势值。在这里，x作为函数$f(x)$的自变量，在趋向于x_0的变化过程中，若x从大于x_0的方向(x_0的右侧)向x_0无限接近，则记为$x\to x_0^+$，读作“x趋于x_0^+”；若x从小于x_0的方向(x_0的左侧)向x_0无限接近，则记为$x\to x_0^-$，读作“x趋于x_0^-”；若x既可以从大于x_0的方向，也可以从小于x_0的方向向x_0无限接近，则记为$x\to x_0$，读作“x趋于x_0”。

提示：在$x\to x_0$的过程中，x不等于x_0。

相关例题见例2.3。

【定义2.5】 设$f(x)$在点x_0的去心邻域$(x_0-\delta,x_0)\cup(x_0,x_0+\delta)$上有定义，如果当$x$无限趋近于定值$x_0$时，函数值$f(x)$无限趋近于一个确定的常数$A$，则称常数$A$为函数$f(x)$当$x\to x_0$时的极限，记为

$$\lim_{x\to x_0}f(x)=A \quad 或 \quad f(x)\to A\ (x\to x_0)$$

说明：函数$f(x)$在点x_0的极限存在与否与函数$f(x)$在点x_0是否有定义无关。

一般地，对于基本初等函数都有：设基本初等函数$f(x)$在x_0的邻域$(x_0-\delta,x_0+\delta)$内有定义，则当$x\in(x_0-\delta,x_0+\delta)$时，$\lim\limits_{x\to x_0}f(x)=f(x_0)$。

相关例题见例2.4。

2. 单侧极限

分段函数在
分段点的极限

【定义2.6】 设$f(x)$在点x_0的左(右)近旁有定义，如果当$x\to x_0^-$($x\to x_0^+$)时，函数值$f(x)$无限趋近于一个确定的常数A，则称常数A为函数$f(x)$当$x\to x_0$时的左(右)极限，记为

$$左极限\ f(x_0^-)=\lim_{x\to x_0^-}f(x)=A$$

$$右极限\ f(x_0^+)=\lim_{x\to x_0^+}f(x)=A$$

相关例题见例2.5和例2.6。

3. 当$x\to x_0$时,函数$f(x)$的极限存在的充分必要条件

类似于定理2.1,有以下定理。

【定理2.2】 极限$\lim\limits_{x\to x_0}f(x)=A$存在的充分必要条件是以下条件同时成立:

(1) $\lim\limits_{x\to x_0^-}f(x)=A_1$存在;

(2) $\lim\limits_{x\to x_0^+}f(x)=A_2$存在;

(3) $A_1=A_2$。

相关例题见例2.7和例2.8。

2.1.4 极限的基本性质

关于极限的性质很多,以下只列出其中几个供参考。

1. 唯一性

若$\lim\limits_{x\to x_0}f(x)$存在,则极限值唯一。

换言之,函数极限如果存在一定只有一个。

2. 局部有界性

若$\lim\limits_{x\to x_0}f(x)$存在,则函数$f(x)$在$x_0$的某个去心邻域内有界。

3. 保号性及其推论

若$f(x)$在x_0的某个去心邻域内恒有$f(x)\geqslant 0(\leqslant 0)$,则当$\lim\limits_{x\to x_0}f(x)=A$时,必有$A\geqslant 0$(或$A\leqslant 0$)。

反之,若$\lim\limits_{x\to x_0}f(x)=A$,且$A>0$(或$A<0$),则存在$x_0$的某个去心邻域$(x_0-\delta,x_0)\cup(x_0,x_0+\delta)$,使得$f(x)$在此去心邻域内恒有$f(x)>0$(或$f(x)<0$)。

4. 夹逼性

若在x_0的某个去心邻域$(x_0-\delta,x_0)\cup(x_0,x_0+\delta)$内成立着

(1) $f(x)\leqslant h(x)\leqslant g(x)$;

(2) $\lim\limits_{x\to x_0}f(x)=A$, $\lim\limits_{x\to x_0}g(x)=A$;

则$\lim\limits_{x\to x_0}h(x)=A$。

典型例题

例2.1 利用函数的图像,判断下列函数的极限是否存在。

(1) $\lim\limits_{x\to\infty}c$ (2) $\lim\limits_{x\to\infty}\dfrac{1}{x}$ (3) $\lim\limits_{x\to\infty}x^2$

解:观察图2.5可得

(1) $\lim\limits_{x\to\infty}c=c$。

（2）$\lim\limits_{x\to\infty}\dfrac{1}{x}=0$。

（3）$\lim\limits_{x\to\infty}x^2$不存在。

例2.2　试讨论下列函数的极限是否存在，并说明理由。

（1）$\lim\limits_{x\to-\infty}2^x$　（2）$\lim\limits_{x\to\infty}2^x$　（3）$\lim\limits_{x\to+\infty}\left(\dfrac{1}{2}\right)^x$

解：观察图2.6可得

（1）$\lim\limits_{x\to-\infty}2^x=0$。

（2）因为$\lim\limits_{x\to+\infty}2^x$不存在，所以$\lim\limits_{x\to\infty}2^x$不存在。

（3）$\lim\limits_{x\to+\infty}\left(\dfrac{1}{2}\right)^x=0$。

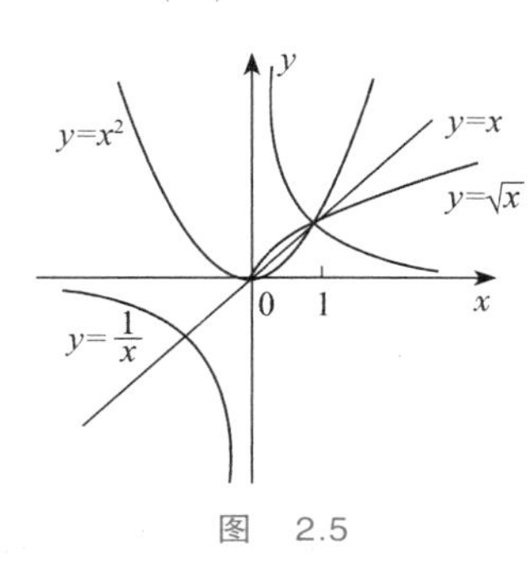

图　2.5

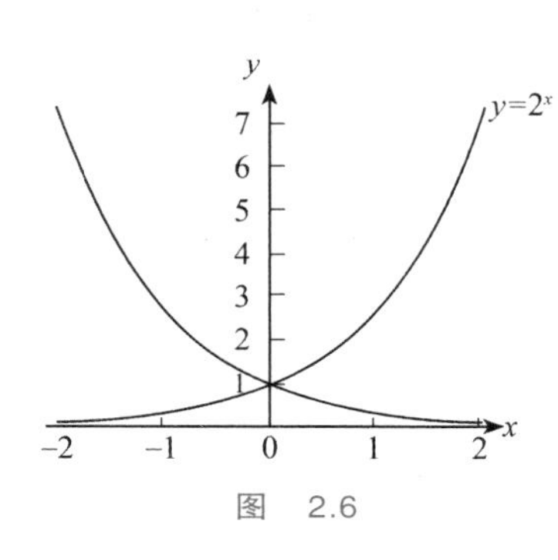

图　2.6

例2.3　讨论$x\to1$时，函数$f(x)=\dfrac{x^2-1}{x-1}$的变化趋势。

解：由图2.7可以看到，当x从点1的左侧无限地接近点1时，函数$f(x)=\dfrac{x^2-1}{x-1}$逐渐增大并接近于2；而当x从点1的右侧无限地接近点1时，函数$f(x)=\dfrac{x^2-1}{x-1}$逐渐减小也接近于2。所以，当$x\to1$时，函数$f(x)=\dfrac{x^2-1}{x-1}$无限趋向于2。

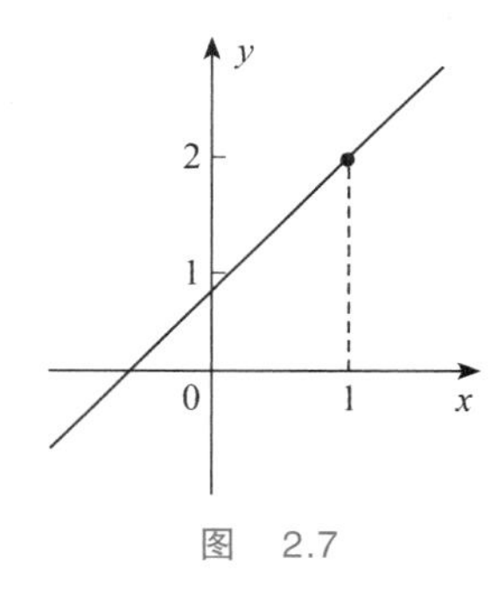

图　2.7

例2.4　求下列函数的极限。

（1）$\lim\limits_{x\to3}\sin x$　（2）$\lim\limits_{x\to2}\mathrm{e}^{-x}$　（3）$\lim\limits_{x\to2}x^5$

解：利用代入法。

（1）$\lim\limits_{x\to3}\sin x=\sin3$。

（2）$\lim\limits_{x\to2}\mathrm{e}^{-x}=\mathrm{e}^{-2}$。

（3）$\lim\limits_{x\to2}x^5=2^5$。

例2.5　设$f(x)=\begin{cases}1-x, & x<0\\ x^2+1, & x\geqslant0\end{cases}$，试求$\lim\limits_{x\to0^-}f(x)$和$\lim\limits_{x\to0^+}f(x)$。

解：由图2.8可知，

$$\lim_{x\to 0^-} f(x)=\lim_{x\to 0^-}(1-x)=1-0=1$$

$$\lim_{x\to 0^+} f(x)=\lim_{x\to 0^+}(x^2+1)=0+1=1$$

$$\lim_{x\to 0^-} f(x)=\lim_{x\to 0^+} f(x)=1$$

由定理2.2得 $\lim\limits_{x\to 0} f(x)=1$。

例2.6　设 $f(x)=\begin{cases}1+x, & x<0\\ x^2, & x\geqslant 0\end{cases}$，试求 $\lim\limits_{x\to 0^-} f(x)$ 和 $\lim\limits_{x\to 0^+} f(x)$。

解：由图2.9可知，

$$\lim_{x\to 0^-} f(x)=\lim_{x\to 0^-}(1+x)=1+0=1$$

$$\lim_{x\to 0^+} f(x)=\lim_{x\to 0^+}(x^2)=0$$

$$\lim_{x\to 0^-} f(x)\neq \lim_{x\to 0^+} f(x)$$

由定理2.2得 $\lim\limits_{x\to 0} f(x)$ 不存在。

例2.7　验证 $\lim\limits_{x\to 0}\dfrac{|x|}{x}$ 不存在。

证明：

$$\lim_{x\to 0^-}\frac{|x|}{x}=\lim_{x\to 0^-}\frac{-x}{x}=\lim_{x\to 0^-}(-1)=-1$$

$$\lim_{x\to 0^+}\frac{|x|}{x}=\lim_{x\to 0^+}\frac{x}{x}=\lim_{x\to 0^+}1=1$$

虽然左、右极限存在，但不相等，如图2.10所示。

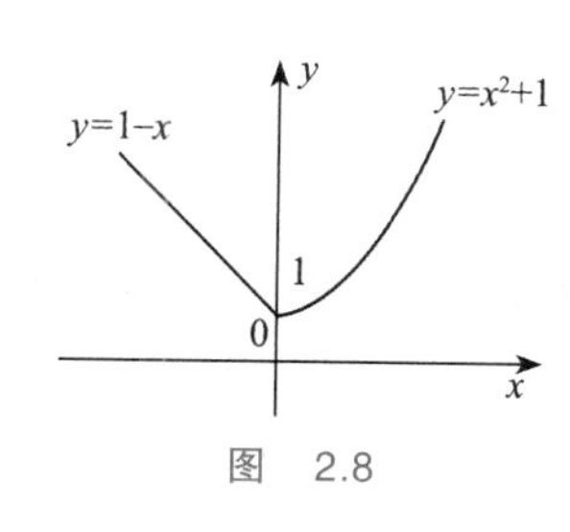

图　2.8

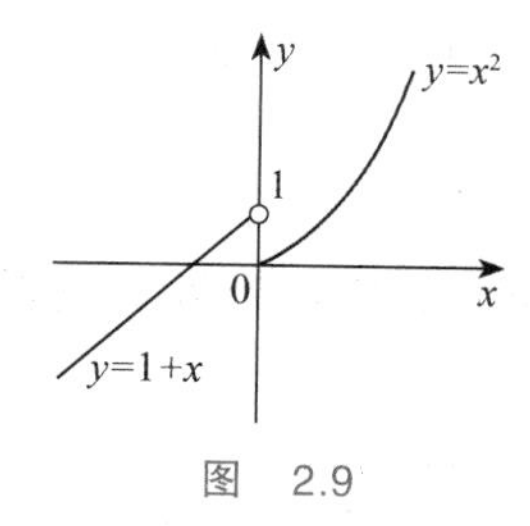

图　2.9

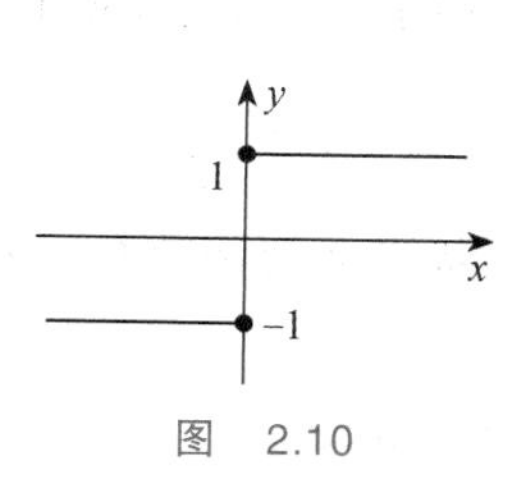

图　2.10

由定理2.2得 $\lim\limits_{x\to 0}\dfrac{|x|}{x}$ 不存在。

例2.8　设 $f(x)=2^{\frac{1}{x}}$，试讨论 $\lim\limits_{x\to 0}2^{\frac{1}{x}}$ 是否存在。

解：当 $x\to 0^-$ 时，$\dfrac{1}{x}\to -\infty$，所以 $\lim\limits_{x\to 0^-}2^{\frac{1}{x}}=0$；

而当 $x\to 0^+$ 时，由于 $\dfrac{1}{x}\to +\infty$，所以 $\lim\limits_{x\to 0^+}2^{\frac{1}{x}}$ 不存在。

由定理2.2得 $\lim\limits_{x\to 0}2^{\frac{1}{x}}$ 不存在。

应用案例

案例2.1　野生动物增长案例

某自然环境保护区内投入一群野生动物，总数为20只，若被精心照料，预计根据野生动物增长规律，第t年后动物总数为

$$N=\frac{220}{1+10\times 0.83^t}$$

当这群野生动物达到80只以后，野生动物即使没有被精心照料，也会进入正常的生长状态，即其群体增长仍然符合上式中的增长规律。那么这群野生动物最后会稳定在多少只？

解：随着时间的推移，由于各种资源的限制，这群野生动物的数量达到饱和，稳定在一个数值，也就是 $\lim\limits_{t\to+\infty}N$

$$\lim_{t\to+\infty}N=\lim_{t\to+\infty}\frac{220}{1+10\times 0.83^t}=220$$

所以这群野生动物最后会稳定在220只。

课堂巩固2.1

基础训练2.1

1. 当$n\to\infty$时，观察并写出下列数列的极限。

(1) $x_n=1-\frac{1}{2^n}$　　(2) $x_n=\frac{n}{n+1}$　　(3) $x_n=\frac{1}{3^n}$

2. 观察下列函数在给定自变量的变化趋势下是否有极限，如有极限，试写出它们的极限。

(1) $\lim\limits_{x\to\infty}\cos x$　　(2) $\lim\limits_{x\to-\infty}10^x$　　(3) $\lim\limits_{x\to 0}\cos x$

(4) $\lim\limits_{x\to 0}x^6$　　(5) $\lim\limits_{x\to 0^-}\frac{|x|}{x}$

3. 设函数$f(x)=\begin{cases}x-1, & x<0\\ 0, & x=0\\ x+1, & x>0\end{cases}$，试讨论当$x\to 0$时，$f(x)$的极限是否存在。

提升训练2.1

1. 设函数$f(x)=\begin{cases}x^2-1, & x<0\\ 0, & x=0\\ 2x+1, & x>0\end{cases}$，试讨论当$x\to 0$时，$f(x)$的极限是否存在。

2．已知$f(x)=\begin{cases}3x+2, & x\leqslant 0\\ x^2+1, & 0<x<1\\ \dfrac{2}{x}, & 1\leqslant x\end{cases}$，求：

（1）$\lim\limits_{x\to 0}f(x)$　（2）$\lim\limits_{x\to 1}f(x)$　（3）$\lim\limits_{x\to +\infty}f(x)$

2.2　无穷小量与无穷大量

问题导入

研究函数极限时，有两种特殊的变量非常重要，这就是无穷小量和无穷大量。它们在极限理论中扮演着十分重要的角色：一种是以0为其极限的变量，这种变量的特征在于可以无限变小；另一种则是在自变量变化过程中可以无限变大的变量。

知识归纳

2.2.1　无穷小量

1．无穷小量的概念

【定义2.7】　若函数$y=f(x)$在自变量x的某个变化过程中以数0为极限，则称$f(x)$为该变化过程中的无穷小量，常用希腊字母α,β,γ等表示。

例如：下列变量皆为不同变化趋势下的无穷小量。

$\lim\limits_{x\to\infty}\dfrac{1}{x}=0\Rightarrow\dfrac{1}{x}$是$x\to\infty$时的无穷小量；

$\lim\limits_{x\to-\infty}\mathrm{e}^x=0\Rightarrow\mathrm{e}^x$是$x\to-\infty$时的无穷小量；

$\lim\limits_{x\to+\infty}\mathrm{e}^{-x}=0\Rightarrow\mathrm{e}^{-x}$是$x\to+\infty$时的无穷小量；

$\lim\limits_{x\to 0}\sin x=0\Rightarrow\sin x$是$x\to 0$时的无穷小量；

$\lim\limits_{x\to x_0}(x-x_0)=0\Rightarrow(x-x_0)$是$x\to x_0$时的无穷小量。

注意：

（1）无穷小量是以零为极限的变量。

（2）无穷小量是变量，不能与很小的数混淆。

（3）无穷小量与自变量的变化过程有关。

（4）零是常数中唯一的无穷小量。

2. 无穷小量的性质

一般数0所具有的性质，无穷小量也有相对应的性质。

性质1　有限个无穷小量的代数和仍然是无穷小量。

注意：无穷多个无穷小量的代数和未必是无穷小量。

性质2　有限个无穷小量的乘积仍然是无穷小量。

性质3　有界变量与无穷小量的积仍然是无穷小量。

推论　常数与无穷小量的乘积是无穷小量。

3. 无穷小量与函数极限的关系

【定理2.3】　在自变量的同一变化过程中，函数$y=f(x)$有极限A的充分必要条件是$f(x)$可以表示为某一常数A与一个无穷小量α之和，即

$$\lim f(x)=A \Leftrightarrow f(x)=A+\alpha$$

其中$\lim \alpha=0$。

例如：$\lim\limits_{x\to\infty}\dfrac{x+1}{x}=1 \Leftrightarrow \dfrac{x+1}{x}=1+\dfrac{1}{x}$，其中$\alpha=\dfrac{1}{x}\to 0(x\to\infty)$。

相关例题见例2.9。

2.2.2　无穷大量

【定义2.8】　如果在某一变化过程中，自变量x所对应函数$f(x)$的绝对值$|f(x)|$无限增大，则称$f(x)$为在该变化过程中的无穷大量，记作

$$\lim f(x)=\infty$$

特殊情形：正无穷大量记作$\lim f(x)=+\infty$；负无穷大量记作$\lim f(x)=-\infty$。

注意：

(1) 无穷大量是变量，不能与很大的数混淆。

(2) $\lim f(x)=\infty$只是一个记号，它并不表示极限存在。

(3) 无穷大量与自变量x的变化过程有关。

相关例题见例2.10。

2.2.3　无穷小量与无穷大量的关系

【定理2.4】　在自变量的同一变化过程中，如果变量y为无穷大量，则变量$\dfrac{1}{y}$为无穷小量；反之，恒不为零的无穷小量y的倒数$\dfrac{1}{y}$为无穷大量。

A比0型

例如：由于$\lim\limits_{x\to 0}\sin x=0$，因此$\lim\limits_{x\to 0}\dfrac{1}{\sin x}=\infty$。

类似地，由于$\lim\limits_{x\to 0}\dfrac{1}{\sin x}=\infty$，因此$\lim\limits_{x\to 0}\sin x=0$。

相关例题见例2.11。

2.2.4　无穷小量的阶

【定义 2.9】　设α,β是自变量在同一变化过程中的两个无穷小量，即$\lim\limits_{x\to x_0}\alpha=0$，$\lim\limits_{x\to x_0}\beta=0$，且$\lim\limits_{x\to x_0}\dfrac{\alpha}{\beta}=c$，则

（1）当$c=0$时，称α是比β高阶的无穷小量，或称β是比α低阶的无穷小量，记为$\alpha=O(\beta)$；

（2）当$c\neq0$时，称α与β为同阶的无穷小量。

特别地，当$c=1$时，称α与β为等价无穷小量，记作

$$\alpha\sim\beta(x\to x_0)$$

因此，等价无穷小量必是同阶无穷小量，反之不然。

说明：

（1）上述$x\to x_0$也可以是$x\to\infty$等其他形式。

（2）无穷小量的阶的比较，反映的是无穷小量趋于0的速度的快慢程度。

例如：当$x\to0$时，$x,2x,x^2$都是无穷小，但它们趋于0的速度却不一样。

由于$\lim\limits_{x\to0}\dfrac{x}{2x}=\dfrac{1}{2}$，所以$x$与$2x$是同阶无穷小。

由于$\lim\limits_{x\to0}\dfrac{x^2}{x}=\lim\limits_{x\to0}x=0$，所以$x$是比$x^2$低阶的无穷小。

相关例题见例2.12。

典型例题

例2.9　自变量x在怎样的变化过程中，下列函数为无穷小。

（1）$y=\dfrac{1}{x-1}$　　（2）$y=2x-1$

（3）$y=2^x$　　（4）$y=\left(\dfrac{1}{4}\right)^x$

解：（1）因为$\lim\limits_{x\to\infty}\dfrac{1}{x-1}=0$，所以当$x\to\infty$时，$\dfrac{1}{x-1}$是无穷小；

（2）因为$\lim\limits_{x\to\frac{1}{2}}(2x-1)=0$，所以当$x\to\dfrac{1}{2}$时，$2x-1$是无穷小；

（3）因为$\lim\limits_{x\to-\infty}2^x=0$，所以当$x\to-\infty$时，$2^x$是无穷小；

（4）因为$\lim\limits_{x\to+\infty}\left(\dfrac{1}{4}\right)^x=0$，所以当$x\to+\infty$时，$\left(\dfrac{1}{4}\right)^x$是无穷小。

例 2.10　自变量x在怎样的变化过程中，下列函数为无穷大。

(1) $y=\frac{1}{x-1}$　　(2) $y=2x-1$　　(3) $y=2^x$

解：(1) 因为$\lim\limits_{x\to 1}(x-1)=0$，所以当$x\to 1$时，$\frac{1}{x-1}$是无穷大；

(2) 因为$\lim\limits_{x\to\infty}\frac{1}{2x-1}=0$，所以当$x\to\infty$时，$2x-1$是无穷大；

(3) 因为$\lim\limits_{x\to+\infty}2^{-x}=0$，所以当$x\to+\infty$时，$2^x$是无穷大。

例 2.11　求$\lim\limits_{x\to 1}\frac{4x-1}{x^2+2x-3}$　$\left(\frac{A}{0}\text{型}\right)$。

解：因为

$$\lim_{x\to 1}(x^2+2x-3)=\lim_{x\to 1}(x+3)(x-1)=0$$

又因为

$$\lim_{x\to 1}(4x-1)=3\neq 0$$

从而

$$\lim_{x\to 1}\frac{x^2+2x-3}{4x-1}=\frac{0}{3}=0$$

所以

$$\lim_{x\to 1}\frac{4x-1}{x^2+2x-3}=\infty$$

例 2.12　当$x\to 0$时，试比较无穷小$(2+x)^2-4$与x的阶。

解：因为

$$\lim_{x\to 0}\frac{(2+x)^2-4}{x}=\lim_{x\to 0}\frac{x^2-4x}{x}=\lim_{x\to 0}(x+4)=4$$

所以当$x\to 0$时，$(2+x)^2-4$与x是同阶无穷小。

应用案例

案例 2.2　投资问题

国家向某企业投资50万元，这家企业将投资作为抵押品向银行贷款，得到抵押品价值75%的贷款，该企业将此贷款进行投资后，再次将投资作为抵押品向银行进行贷款，仍得到相当于抵押品价值75%的贷款，如果这个企业反复进行贷款—投资—抵押再贷款—再投资的模式扩大生产，问该企业共投资多少万元？

解：设S为投资与再投资的总和，a_n表示每次进行的投资，于是得到一个数列：

$$a_1=50$$
$$a_2=50\times 0.75$$
$$a_3=50\times 0.75^2$$
$$\cdots$$
$$a_n=5$$

此数列为一个等比数列，且公比为0.75，所以根据等比数列求和公式

$$S=\lim_{n\to+\infty}\frac{50\times(1-0.75^n)}{1-0.75}=\lim_{n\to+\infty}200\times(1-0.75^n)=200$$

因此，该企业共计投资200万元。

课堂巩固2.2

基础训练2.2

1. 下列变量在$x\to 0$时是无穷小量还是无穷大量？

(1) $\sqrt{x}$　　(2) $\sqrt[3]{x}$

(3) $100x^2$　　(4) $x^2+0.1x$

(5) $\frac{x}{0.01}$　　(6) $\frac{x}{x^2}$

(7) $\frac{x^2}{x}$　　(8) 0.000000001

2. 在下列变量中，当$x\to$？ 时，是无穷小量；当$x\to$？ 时，是无穷大量。

(1) $y=x^2-1$　　(2) $y=\ln x$

(3) $y=\frac{1}{x-1}$　　(4) $y=\frac{x+1}{x-1}$

提升训练2.2

观察下列各题中哪些是无穷小量，哪些是无穷大量。

(1) $y=\frac{1+2x}{x}$　($x\to 0$时)

(2) $y=\frac{1+2x}{x^2}$　($x\to\infty$时)

(3) $y=\tan x$　($x\to 0$时)

(4) $y=\mathrm{e}^{-x}$　($x\to+\infty$时)

(5) $y=2^{\frac{1}{x}}$　($x\to 0^-$时)

(6) $y=\left(\frac{1}{2}\right)^x$　($x\to-\infty$时)

2.3　极限的运算法则

问题导入

根据函数极限的定义，我们已获知基本初等函数在其定义域内点的极限为函数在该

点的函数值。但是对于一般的初等函数，如何求出极限常数A？下面将介绍极限的运算法则，利用这些法则与基本性质，可以求解一些简单的初等函数的极限。

知识归纳

极限的运算法则所涉及的自变量x的变化趋势可以是六种趋势之一。为简化说明，以下谨以趋势$x\to x_0$进行阐述。

极限的四则运算

法则1　若$\lim\limits_{x\to x_0} f(x)=A$，$\lim\limits_{x\to x_0} g(x)=B$，则极限

$$\lim_{x\to x_0}[f(x)\pm g(x)]=\lim_{x\to x_0} f(x)\pm \lim_{x\to x_0} g(x)=A\pm B$$

（代数和的极限等于极限的代数和。）

推论1　当$\lim\limits_{x\to x_0} f_i(x)=A_i$时，$\lim\limits_{x\to x_0}\sum\limits_{i=1}^{n} f_i(x)=\sum\limits_{i=1}^{n} A_i$

相关例题见例2.13。

法则2　若$\lim\limits_{x\to x_0} f(x)=A$，$\lim\limits_{x\to x_0} g(x)=B$，则极限

$$\lim_{x\to x_0}[f(x)\times g(x)]=\lim_{x\to x_0} f(x)\times \lim_{x\to x_0} g(x)=A\times B$$

（乘积的极限等于极限的乘积。）

推论2　如果$\lim\limits_{x\to x_0} f(x)$存在，而$c$为常数，则极限

$$\lim_{x\to x_0}[cf(x)]=c\lim_{x\to x_0} f(x)$$

（常数因子可以提到极限记号外面。）

例如：$\lim\limits_{x\to 1} 3x=3\lim\limits_{x\to 1} x=3\times 1=3$。

推论3　当$\lim\limits_{x\to x_0} f_i(x)=A_i$时，$\lim\limits_{x\to x_0}\prod\limits_{i=1}^{n} f_i(x)=\prod\limits_{i=1}^{n} A_i$。

特别地，$\lim\limits_{x\to x_0}[f(x)]^n=\left[\lim\limits_{x\to x_0} f(x)\right]^n$。

（幂的极限等于极限的幂。）

例如：

$$\lim_{x\to 2} x^{10}=\left(\lim_{x\to 2} x\right)^{10}=2^{10}=1024$$

$$\lim_{x\to 2}\left(x^3+x\right)=\lim_{x\to 2} x^3+\lim_{x\to 2} x=8+2=10$$

法则3　若$\lim\limits_{x\to x_0} f(x)=A$，$\lim\limits_{x\to x_0} g(x)=B$，则极限

$$\lim_{x\to x_0}\frac{f(x)}{g(x)}=\frac{\lim\limits_{x\to x_0} f(x)}{\lim\limits_{x\to x_0} g(x)}=\frac{A}{B}\quad（当B\neq 0时）$$

（商的极限等于极限的商。）

特别地，$\lim\limits_{x \to x_0} \dfrac{c}{g(x)} = \dfrac{\lim\limits_{x \to x_0} c}{\lim\limits_{x \to x_0} g(x)} = \dfrac{c}{B}$　（当$B \neq 0$时）。

注意：运用法则1～法则3时，必须首先判断法则的前提条件$\lim\limits_{x \to x_0} f(x) = A$与$\lim\limits_{x \to x_0} g(x) = B$极限的存在。

相关例题见例2.14。

法则4　若$\lim\limits_{x \to x_0} u(x) = A$，且$f\left[\lim\limits_{x \to x_0} u(x)\right]$有意义，则

$$\lim_{x \to x_0} f\left[u(x)\right] = f\left[\lim_{x \to x_0} u(x)\right]$$

相关例题见例2.15。

法则5　若函数$f(x)$是定义在D上的初等函数，且有限点$x_0 \in D$，则极限

$$\lim_{x \to x_0} f(x) = f(x_0)$$

提示：法则5将求极限的过程转化为求函数在给定点的函数值的问题，提供了较好的求极限的方法。

例如：(1) $\lim\limits_{x \to 1} \sin x = \sin 1$；(2) $\lim\limits_{x \to 0} \sin x = \sin 0 = 0$。

相关例题见例2.16～例2.22。

典型案例

例2.13　求$\lim\limits_{x \to 2}(x^2 - 3x + 5)$。

解：
$$\begin{aligned}\lim_{x \to 2}(x^2 - 3x + 5) &= \lim_{x \to 2} x^2 - \lim_{x \to 2} 3x + \lim_{x \to 2} 5 \\ &= \left(\lim_{x \to 2} x\right)^2 - 3\lim_{x \to 2} x + \lim_{x \to 2} 5 \\ &= 2^2 - 3 \times 2 + 5 = 3\end{aligned}$$

一般地，当$f(x) = a_0 x^n + a_1 x^{n-1} + \cdots + a_n$时，极限

$$\begin{aligned}\lim_{x \to x_0} f(x) &= a_0(\lim_{x \to x_0} x)^n + a_1(\lim_{x \to x_0} x)^{n-1} + \cdots + a_n \\ &= a_0 x_0^n + a_1 x_0^{n-1} + \cdots + a_n \\ &= f(x_0)\end{aligned}$$

例2.14　求$\lim\limits_{x \to 3} \dfrac{x^2 + 1}{x - 4}$。

解：
$$\lim_{x \to 3} \frac{x^2 + 1}{x - 4} = \frac{\lim\limits_{x \to 3}(x^2 + 1)}{\lim\limits_{x \to 3}(x - 4)} = \frac{\lim\limits_{x \to 3} x^2 + \lim\limits_{x \to 3} 1}{\lim\limits_{x \to 3} x - \lim\limits_{x \to 3} 4} = \frac{9 + 1}{3 - 4} = -10$$

当$g(x_0) \neq 0$时，$\lim\limits_{x \to x_0} \dfrac{f(x)}{g(x)} = \dfrac{\lim\limits_{x \to x_0} f(x)}{\lim\limits_{x \to x_0} g(x)} = \dfrac{f(x_0)}{g(x_0)}$。

例2.15 求 $\lim\limits_{x\to 3}\sqrt{\dfrac{x-3}{x^2-9}}$。

解：令 $u=\dfrac{x-3}{x^2-9}$，因为 $\lim\limits_{x\to 3}u=\dfrac{1}{6}$，所以 $\lim\limits_{x\to 3}\sqrt{\dfrac{x-3}{x^2-9}}=\lim\limits_{x\to 3}\sqrt{u}=\sqrt{\dfrac{1}{6}}=\dfrac{\sqrt{6}}{6}$

未定型消去零因式法

例2.16 求 $\lim\limits_{x\to 3}\dfrac{x^2-9}{x-3}$ $\left(\dfrac{0}{0}\text{型}\right)$（消去零因式法）。

解：因为 $(x^2-9)=(x-3)(x+3)$，又因为当 $x\to 3$ 时要求 $x\neq 3$，即 $x-3\neq 0$，所以分子、分母可以同除以 $(x-3)$，即

$$\lim_{x\to 3}\frac{x^2-9}{x-3}=\lim_{x\to 3}\frac{(x+3)(x-3)}{(x-3)}=\lim_{x\to 3}(x+3)=6$$

例2.17 求 $\lim\limits_{x\to 0}\dfrac{\sqrt{x+1}-1}{x}$ $\left(\dfrac{0}{0}\text{型}\right)$（根式有理化法）。

未定型根式有理化法

解：

$$\text{原式}=\lim_{x\to 0}\frac{(\sqrt{x+1}-1)(\sqrt{x+1}+1)}{x(\sqrt{x+1}+1)}$$

$$=\lim_{x\to 0}\frac{1}{\sqrt{x+1}+1}=\lim_{x\to 0}\frac{1}{\sqrt{0+1}+1}=\frac{1}{2}$$

例2.18 求 $\lim\limits_{x\to\infty}\dfrac{2x^2+3}{3x^2+1}$ $\left(\dfrac{\infty}{\infty}\text{型}\right)$（分子、分母同时除以 x 的最高次幂）。

解：当 $x\to\infty$ 时，分子、分母的极限都是无穷大，可以先用 x^2 去除分子分母，分出无穷小，再求极限。

无穷比无穷型

$$\lim_{x\to\infty}\frac{2x^2+3}{3x^2+1}=\lim_{x\to\infty}\frac{2+\dfrac{3}{x^2}}{3+\dfrac{1}{x^2}}=\frac{\lim\limits_{x\to\infty}\left(2+\dfrac{3}{x^2}\right)}{\lim\limits_{x\to\infty}\left(3+\dfrac{1}{x^2}\right)}=\frac{2+0}{3+0}=\frac{2}{3}$$

例2.19 求 $\lim\limits_{x\to\infty}\dfrac{3x^2+x+2}{4x^3+2x+3}$ $\left(\dfrac{\infty}{\infty}\text{型}\right)$（分子、分母同时除以 x 的最高次幂）。

解：当 $x\to\infty$ 时，分子分母的极限都是无穷大，可以先用 x^3 去除分子分母，分出无穷小，再求极限。

$$\lim_{x\to\infty}\frac{3x^2+x+2}{4x^3+2x+3}=\lim_{x\to\infty}\frac{\dfrac{3}{x}+\dfrac{1}{x^2}+\dfrac{2}{x^3}}{4+\dfrac{2}{x^2}+\dfrac{3}{x^3}}$$

$$=\frac{\lim\limits_{x\to\infty}\left(\dfrac{3}{x}+\dfrac{1}{x^2}+\dfrac{2}{x^3}\right)}{\lim\limits_{x\to\infty}\left(4+\dfrac{2}{x^2}+\dfrac{3}{x^3}\right)}=\frac{0}{4}=0$$

例2.20　求$\lim\limits_{x\to\infty}\frac{x^2+x+1}{x+1}$　$\left(\frac{\infty}{\infty}型\right)$(分子、分母同时除以$x$的最高次幂)。

解：用x^2去除分子、分母，分出无穷小，再求极限。

$$\lim_{x\to\infty}\frac{x^2+x+1}{x+1}=\lim_{x\to\infty}\frac{1+\frac{1}{x}+\frac{1}{x^2}}{\frac{1}{x}+\frac{1}{x^2}}$$

因为$\frac{\lim\limits_{x\to\infty}\left(\frac{1}{x}+\frac{1}{x^2}\right)}{\lim\limits_{x\to\infty}\left(1+\frac{1}{x}+\frac{1}{x^2}\right)}=0$，所以$\lim\limits_{x\to\infty}\frac{x^2+x+1}{x+1}=\infty$。

可以发现，例2.18～例2.20属于同一类型问题，都是求多项式的商在$x\to\infty$时的极限。其解题方法可以通过下面的公式，或者以分子、分母中自变量的最高次幂去除分子、分母，以分出无穷小，然后再求极限。

一般地，当$a_0\neq0,b_0\neq0,m$和n为非负整数时，有

$$\lim_{x\to\infty}\frac{a_0x^m+a_1x^{m-1}+\cdots+a_m}{b_0x^n+b_1x^{n-1}+\cdots+b_n}=\begin{cases}\frac{a_0}{b_0}, & 当n=m\\ 0, & 当n>m\\ \infty, & 当n<m\end{cases}$$

例2.21　求$\lim\limits_{x\to1}\left(\frac{1}{x-1}-\frac{2}{x^2-1}\right)$　$(\infty-\infty型)$。

解：$\lim\limits_{x\to1}\left(\frac{1}{x-1}-\frac{2}{x^2-1}\right)=\lim\limits_{x\to1}\left(\frac{x+1}{x^2-1}-\frac{2}{x^2-1}\right)=\lim\limits_{x\to1}\frac{x-1}{x^2-1}=\lim\limits_{x\to1}\frac{1}{x+1}=\frac{1}{2}$

例2.22　求$\lim\limits_{n\to\infty}\left(\frac{1}{n^2}+\frac{2}{n^2}+\cdots+\frac{n}{n^2}\right)$。

解：
$$\lim_{n\to\infty}\left(\frac{1}{n^2}+\frac{2}{n^2}+\cdots+\frac{n}{n^2}\right)=\lim_{n\to\infty}\frac{1+2+\cdots+n}{n^2}=\lim_{n\to\infty}\frac{\frac{1}{2}n(n+1)}{n^2}$$
$$=\frac{1}{2}\lim_{n\to\infty}\left(1+\frac{1}{n}\right)=\frac{1}{2}$$

应用案例

案例2.3　浓度变化案例

一个储水池中有5000L的纯水，现用含盐30g/L的盐水以25L/min的速度注入这个水池，t min后水池中盐的浓度(单位：g/L)为

$$C(t)=\frac{30t}{200+t}$$

请问当$t\to+\infty$时，盐的浓度如何变化？

解：
$$\lim_{t\to+\infty}C(t)=\lim_{t\to+\infty}\frac{30t}{200+t}=\lim_{t\to+\infty}\frac{30}{\frac{200}{t}+1}=30$$

即当$t\to+\infty$时，盐的浓度接近30g/L。

课堂巩固 2.3

基础训练 2.3

求下列函数的极限。

(1) $\lim\limits_{x\to1}(3x^2+5x-2)$

(2) $\lim\limits_{x\to3}\frac{x}{x-3}$

(3) $\lim\limits_{x\to1}\frac{x^2-3}{2x^2-x-1}$

(4) $\lim\limits_{x\to0}\frac{x+1}{x^2+x+2}$

(5) $\lim\limits_{x\to1}\frac{x^2-3x+2}{1-x^2}$

(6) $\lim\limits_{x\to1}\frac{\sqrt{3x+1}-2}{x-1}$

(7) $\lim\limits_{x\to\infty}\frac{2x+3}{x}$

(8) $\lim\limits_{x\to\infty}\frac{5x^2-x-9}{x^2-2x+6}$

(9) $\lim\limits_{x\to\infty}\frac{4x^3-2x^2+4x}{x^2+2x}$

(10) $\lim\limits_{x\to1}\left(\frac{3}{1-x^3}-\frac{1}{1-x}\right)$

提升训练 2.3

1. 求下列函数的极限。

(1) $\lim\limits_{x\to3}\frac{6x}{x-3}$

(2) $\lim\limits_{x\to1}\frac{x^2-2}{4x^2-3x-1}$

(3) $\lim\limits_{x\to0}\frac{x^2}{1-\sqrt{1+x^2}}$

(4) $\lim\limits_{x\to4}\frac{\sqrt{1+2x}-3}{\sqrt{x}-2}$

(5) $\lim\limits_{x\to+\infty}\frac{\sqrt{2x^2+1}}{x+1}$

(6) $\lim\limits_{x\to\infty}\frac{x+4}{x^2+6}\sin x$

(7) $\lim\limits_{x\to\infty}\frac{x+1}{7x}$

2. 设$f(x)=\frac{x^2-4}{x^2-x-6}$，求：

(1) $\lim\limits_{x\to2}f(x)$

(2) $\lim\limits_{x\to-2}f(x)$

(3) $\lim\limits_{x\to3}f(x)$

(4) $\lim\limits_{x\to\infty}f(x)$

3. 若$\lim\limits_{x\to2}\frac{x-2}{x^2-ax-6}=b$，试求非零常数$a,b$的值。

2.4 两个重要极限

问题导入

无理数e在数学理论或实际应用中都有重要的作用，如物体的冷却、放射性元素的衰变、细胞的繁殖等都要用到一个特殊的极限，以此来反映一些事物成长或消失的数量规律。

知识归纳

2.4.1 第一个重要极限 $\lim\limits_{x\to 0}\frac{\sin x}{x}=1$

第一个重要极限

首先看一看在计算机上进行的数值计算结果，如表2.2所示。

表 2.2

$x\to 0$	$\frac{\sin x}{x}\to 1$
0.1	0.99833416646828154750180
0.01	0.99998333334166664533527
0.001	0.99999983333333416367097
0.0001	0.99999999833333334174773
0.00001	0.99999999998333332209320
0.000001	0.99999999999998333555240
0.0000001	1.00000000000000000000000
0.00000001	1

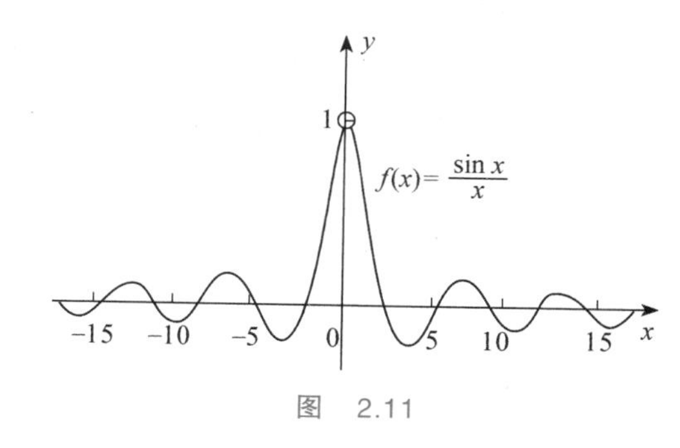

图 2.11

然后观察函数 $y=\frac{\sin x}{x}$ 的图像，从表2.2和图2.11中可以看出：

当 $x\to 0$ 时，$\frac{\sin x}{x}\to 1$，即 $\lim\limits_{x\to 0}\frac{\sin x}{x}=1$。

极限 $\lim\limits_{x\to 0}\frac{\sin x}{x}=1$ 的特点如下。

(1) 它是关于三角函数 $\frac{0}{0}$ 型的极限。

(2) 其结构为 $\lim\limits_{■\to 0}\frac{\sin ■}{■}=1$，其中■表示自变量 x 或 x 的函数。

(3) 其极限值为1。

相关例题见例2.23～例2.28。

第二个重要极限

2.4.2 第二个重要极限 $\lim\limits_{x\to\infty}\left(1+\frac{1}{x}\right)^x=e$

实际上，$\lim\limits_{x\to\infty}\left(1+\frac{1}{x}\right)^x$ 是幂的极限，属于 1^∞ 型，当 $x\to-\infty$ 和 $x\to+\infty$ 时，函数 $y=\left(1+\frac{1}{x}\right)^x$ 的对应值的变化如表2.3所示。

表 2.3

x	…	-100000	-1000	-100	100	1000	100000	…
$\left(1+\frac{1}{x}\right)^x$	…	2.718	2.720	2.732	2.705	2.717	2.718	…

从表2.3中可以看出，当 $x\to\pm\infty$ 时，函数 $y=\left(1+\frac{1}{x}\right)^x$ 的变化趋势是稳定的，并可以证明当 $x\to\infty$ 时，$\lim\limits_{x\to\infty}\left(1+\frac{1}{x}\right)^x$ 存在，且等于e。

极限 $\lim\limits_{x\to\infty}\left(1+\frac{1}{x}\right)^x=e$ 的特点如下。

（1）极限中的底数一定是数1加上一个无穷小量，属于 1^∞ 型极限。

（2）指数与底数中无穷小量具有互为倒数的关系。

（3）当所求极限满足上述两个特征时，所求极限值为e。

相关例题见例2.29～例2.35。

由复合函数极限性质与无穷大和无穷小关系性质，以上极限还可以写成以下三种形式。

（1）$\lim\limits_{x\to 0}(1+x)^{\frac{1}{x}}=e$。

$\left(\text{如果做变换令} u=\frac{1}{x}\text{，则当} x\to\infty \text{时，} u\to 0\text{，于是得到上式。}\right)$

（2）$\lim\limits_{u(x)\to 0}[1+u(x)]^{\frac{1}{u(x)}}=e$。

（3）$\lim\limits_{u(x)\to\infty}\left[1+\frac{1}{u(x)}\right]^{u(x)}=e$ （其中 $u(x)\to\infty$）。

典型例题

例2.23 求 $\lim\limits_{x\to 0}\frac{x}{\sin x}$ $\left(\frac{0}{0}\text{型}\right)$。

解：
$$原式=\lim_{x\to 0}\frac{1}{\frac{\sin x}{x}}=\frac{1}{\lim\limits_{x\to 0}\frac{\sin x}{x}}=1$$

例2.24　求 $\lim\limits_{x\to 0}\frac{\sin 5x}{x}$　$\left(\frac{0}{0}型\right)$。

解：
$$原式=\lim_{x\to 0}\frac{\sin 5x}{5x}\cdot 5=5\cdot\lim_{x\to 0}\frac{\sin 5x}{5x}=5$$

例2.25　求 $\lim\limits_{x\to 0}\frac{\sin 2x}{3x}$　$\left(\frac{0}{0}型\right)$。

解：
$$原式=\lim_{x\to 0}\frac{\sin 2x}{3x}\cdot\frac{2}{2}=\frac{2}{3}\lim_{x\to 0}\frac{\sin 2x}{2x}=\frac{2}{3}$$

例2.26　求 $\lim\limits_{x\to 0}\frac{\tan x}{x}$　$\left(\frac{0}{0}型\right)$。

解：
$$原式=\lim_{x\to 0}\frac{\sin x}{\cos x}\cdot\frac{1}{x}=\lim_{x\to 0}\frac{\sin x}{x}\cdot\frac{1}{\cos x}=\lim_{x\to 0}\frac{1}{\cos x}\cdot\lim_{x\to 0}\frac{\sin x}{x}=1$$

例2.27　求 $\lim\limits_{x\to 0}\frac{1-\cos x}{x^2}$　$\left(\frac{0}{0}型\right)$。

解法1：
$$原式=\lim_{x\to 0}\frac{2\sin^2\frac{x}{2}}{x^2}=\lim_{x\to 0}\frac{\sin\frac{x}{2}}{\frac{x}{2}}\cdot\lim_{x\to 0}\frac{\sin\frac{x}{2}}{\frac{x}{2}}\cdot\frac{1}{2}=\frac{1}{2}$$

解法2：
$$原式=\lim_{x\to 0}\frac{1-\cos x}{x^2}=\lim_{x\to 0}\frac{(1-\cos x)(1+\cos x)}{x^2(1+\cos x)}=\lim_{x\to 0}\frac{1-\cos^2 x}{x^2(1+\cos x)}$$
$$=\lim_{x\to 0}\frac{\sin^2 x}{x^2(1+\cos x)}=\frac{1}{2}$$

例2.28　求 $\lim\limits_{x\to\infty}x\sin\frac{1}{x}$　$(0\cdot\infty型)$。

解：
$$原式=\lim_{x\to\infty}\frac{\sin\frac{1}{x}}{\frac{1}{x}}=1$$

例2.29　求 $\lim\limits_{x\to\infty}\left(1+\frac{1}{x}\right)^{2x}$　$(1^\infty型)$。

解：
$$原式=\lim_{x\to\infty}\left[\left(1+\frac{1}{x}\right)^x\right]^2=\left[\lim_{x\to\infty}\left(1+\frac{1}{x}\right)^x\right]^2=\mathrm{e}^2$$

例2.30　求 $\lim\limits_{x\to\infty}\left(1+\frac{1}{x}\right)^{x+2}$　$(1^\infty型)$。

解：$$原式=\lim_{x\to\infty}\left(1+\frac{1}{x}\right)^x\cdot\left(1+\frac{1}{x}\right)^2=\lim_{x\to\infty}\left(1+\frac{1}{x}\right)^x\cdot\lim_{x\to\infty}\left(1+\frac{1}{x}\right)^2=\mathrm{e}$$

例 2.31　求 $\lim\limits_{x\to\infty}\left(1+\frac{2}{x}\right)^x$ （1^∞型）。

解：$$原式=\lim_{x\to\infty}\left(1+\frac{2}{x}\right)^{\frac{x}{2}\cdot 2}=\lim_{x\to\infty}\left[\left(1+\frac{2}{x}\right)^{\frac{x}{2}}\right]^2=\mathrm{e}^2$$

例 2.32　求 $\lim\limits_{x\to\infty}\left(1-\frac{1}{x}\right)^{x+1}$ （1^∞型）。

解：$$原式=\lim_{x\to\infty}\left(1-\frac{1}{x}\right)^x\cdot\left(1-\frac{1}{x}\right)=\lim_{x\to\infty}\left(1-\frac{1}{x}\right)^x\cdot\lim_{x\to\infty}\left(1-\frac{1}{x}\right)=\lim_{x\to\infty}\left[1+\frac{1}{(-x)}\right]^{(-x)(-1)}$$

$$=\lim_{x\to\infty}\left\{\left[1+\frac{1}{(-x)}\right]^{(-x)}\right\}^{(-1)}=\frac{1}{\mathrm{e}}$$

例 2.33　求 $\lim\limits_{x\to 0}\left(1+\frac{x}{3}\right)^{\frac{2}{x}}$ （1^∞型）。

解：$$原式=\lim_{x\to 0}\left(1+\frac{x}{3}\right)^{\frac{2}{x}\cdot\frac{3}{3}}=\left[\lim_{x\to 0}\left(1+\frac{x}{3}\right)^{\frac{3}{x}}\right]^{\frac{2}{3}}=\mathrm{e}^{\frac{2}{3}}$$

例 2.34　求 $\lim\limits_{x\to\infty}\left(\frac{x}{x+1}\right)^{2x+3}$ （1^∞型）。

解：$$原式=\lim_{x\to\infty}\left(\frac{x}{x+1}\right)^{2x}\cdot\lim_{x\to\infty}\left(\frac{x}{x+1}\right)^3=\lim_{x\to\infty}\frac{1}{\left(1+\frac{1}{x}\right)^{2x}}=\mathrm{e}^{-2}$$

例 2.35　求 $\lim\limits_{x\to\infty}\left(\frac{x-1}{x+1}\right)^{x+2}$ （1^∞型）。

解：$$原式=\lim_{x\to\infty}\left(\frac{x-1}{x+1}\right)^x\cdot\left(\frac{x-1}{x+1}\right)^2=\lim_{x\to\infty}\left(\frac{x-1}{x+1}\right)^x\cdot\lim_{x\to\infty}\left(\frac{x-1}{x+1}\right)^2=\lim_{x\to\infty}\left(\frac{1-\frac{1}{x}}{1+\frac{1}{x}}\right)^2$$

$$=\lim_{x\to\infty}\frac{\left(1-\frac{1}{x}\right)^x}{\left(1+\frac{1}{x}\right)^x}=\frac{\lim\limits_{x\to\infty}\left(1-\frac{1}{x}\right)^x}{\lim\limits_{x\to\infty}\left(1+\frac{1}{x}\right)^x}=\frac{\mathrm{e}^{-1}}{\mathrm{e}}=\mathrm{e}^{-2}$$

应用案例

案例2.4　连续复利问题

所谓连续复利，就是将第一年的利息和本金之和作为第二年的本金，然后反复计算利息。将一笔本金A_0存入银行，设年利率为r，则一年末的本利和为

$$A_1=A_0+A_0r=A_0(1+r)$$

把A_1作为本金存入银行，第二年末的本利和为

$$A_2=A_1+A_1r=A_0(1+r)^2$$

再把A_2作为本金存入银行，如此反复计算，第t年末的本利和为

$$A_t=A_0(1+r)^t$$

这就是以年息为期的复利计算公式。

若把一年均分为n期计息，年利率为r，则每期利息为$\frac{r}{n}$，于是可推得t年末的本息和的离散复利为

$$A_n(t)=A_0\left(1+\frac{r}{n}\right)^{nt}$$

若计息期无限缩短，即期数$n\to\infty$，于是得到计算连续复利的公式为

$$\lim_{n\to\infty}A_n(t)=\lim_{n\to\infty}A_0\left(1+\frac{r}{n}\right)^{nt}=A_0\lim_{n\to\infty}\left(1+\frac{r}{n}\right)^{nt}=A_0\mathrm{e}^{rt}$$

课堂巩固2.4

基础训练2.4

求下列函数的极限。

(1) $\lim\limits_{x\to\infty}\frac{\sin x}{x}$

(2) $\lim\limits_{x\to 0}x\sin\frac{1}{x}$

(3) $\lim\limits_{x\to 0}\frac{\sin 5x}{x}$

(4) $\lim\limits_{x\to 0}\frac{\sin 2x}{\sin 3x}$

(5) $\lim\limits_{x\to 0}\frac{x-\sin x}{x+\sin x}$

(6) $\lim\limits_{x\to\infty}\left(1-\frac{1}{x}\right)^{x}$

(7) $\lim\limits_{x\to 0}(1+3x)^{\frac{1}{x}}$

(8) $\lim\limits_{x\to 0}(1+x)^{\frac{1}{x}+2}$

(9) $\lim\limits_{n\to\infty}\left(1+\frac{2}{n}\right)^{-n}$

(10) $\lim\limits_{x\to\infty}\left(1+\frac{1}{x}\right)^{2x+1}$

(11) $\lim\limits_{x\to\infty}\left(\dfrac{x}{x+2}\right)^{3x}$

(12) $\lim\limits_{x\to\infty}\left(\dfrac{x-2}{x}\right)^{3x}$

(13) $\lim\limits_{x\to\infty}\left(\dfrac{x-1}{x+1}\right)^{\frac{x}{2}+4}$

提升训练 2.4

1. 求下列函数的极限。

(1) $\lim\limits_{x\to 0}\dfrac{\sin\sin x}{\sin x}$

(2) $\lim\limits_{n\to\infty} n\sin\dfrac{4}{n}$

(3) $\lim\limits_{x\to 0}\dfrac{\sin^2 x}{x}$

(4) $\lim\limits_{x\to 1}\dfrac{\sin(x-1)}{x^2-1}$

(5) $\lim\limits_{x\to\infty}\left(1+\dfrac{2}{x}\right)^{x+2}$

(6) $\lim\limits_{x\to 0}\left(1+\dfrac{x}{3}\right)^{\frac{1}{x}}$

(7) $\lim\limits_{x\to\infty}\left(\dfrac{x+2}{x+1}\right)^{x}$

(8) $\lim\limits_{x\to\infty}\left(\dfrac{x}{x+1}\right)^{2x+1}$

2. 已知极限 $\lim\limits_{x\to 0}(1+kx)^{\frac{1}{x}}=3$，求常数$k$的值。

2.5 函数的连续性

问题导入

连续函数是非常重要的一类函数，在客观世界和日常生活中，许多变量的变化都是连续不断的。例如，生物的生长、流体的连续流动以及气温的连续变化等。如果将客观现象表述成函数，则它们的图像都是一条连续不断的曲线，即从起点开始到终点都不间断。为了更好地研究初等函数，有必要对函数的连续性特征给予数量上的刻画。

知识归纳

2.5.1 函数连续的概念

1. 函数的改变量

【定义 2.10】 设函数 $y=f(x)$，则

(1) 当自变量x由初始值x_0改变到终值x_1时，称自变量的差x_1-x_0为自变量x的改变量（或增量），记作Δx，即

$$\Delta x = x_1 - x_0$$

（2）相应地，当函数值由初始值$f(x_0)$改变到终值$f(x_1)=f(x_0+\Delta x)$时，称函数值的差$f(x_0+\Delta x)-f(x_0)$为函数$f(x)$的改变量（或增量），记作Δy（或Δf），即

$$\Delta y=f(x_0+\Delta x)-f(x_0)$$

相关例题见例2.36。

2. 函数连续的定义

观察图2.12和图2.13中两条函数曲线在$x=x_0$处的情况。

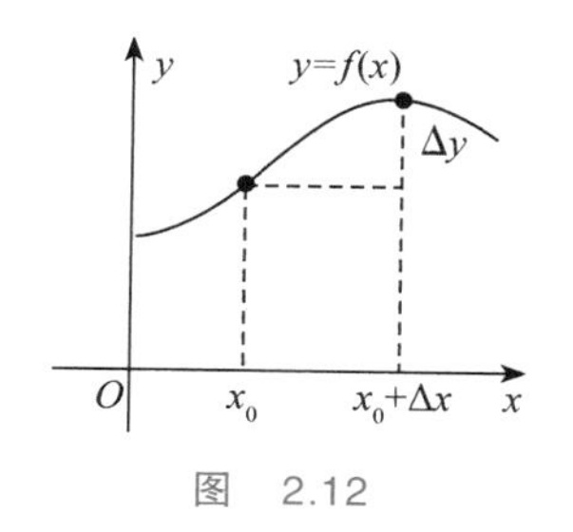

图　2.12

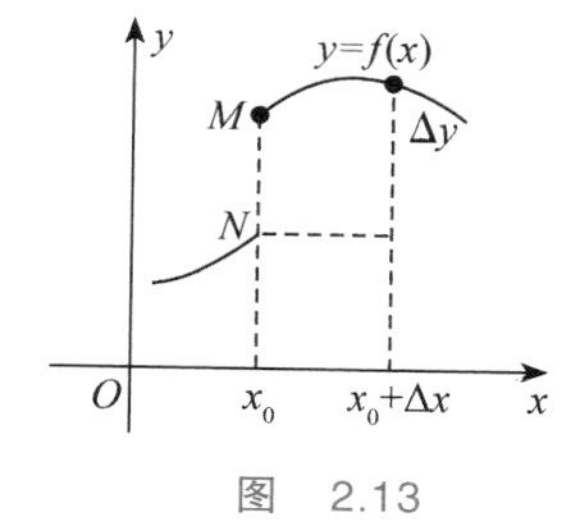

图　2.13

在图2.13中，当自变量的改变量Δx很小时，对应的函数的改变量Δy很小，而在图2.12中，当自变量的改变量Δx很小时，对应的函数的改变量Δy也很小。由此得出函数连续特征的刻画如下。

【定义2.11】　设$y=f(x)$在x_0的某一邻域$(x_0-\delta,x_0+\delta)$内有定义，如果当自变量x在x_0处的改变量Δx趋近于零时，相应的函数$f(x)$的改变量Δy也趋近于零，即

$$\lim_{\Delta x\to 0}\Delta y=0$$

则称函数$y=f(x)$在点x_0连续，称x_0为函数的连续点。函数不连续的点称为间断点。如果函数在定义域中逐点连续，则称函数为定义域上的连续函数。

说明：函数$y=f(x)$在点x_0连续，则必在点x_0有定义。

3. 证明函数在一点连续

证明函数在一点连续的一般步骤如下。

（1）求Δy的表达式。

（2）验证$\lim\limits_{\Delta x\to 0}\Delta y=0$。

函数的连续性

相关例题见例2.37。

4. 函数连续的等价定义

在定义2.11中，将$\Delta x=x-x_0$改写为$x=x_0+\Delta x$，则函数的改变量$\Delta y=f(x)-f\left(x_0\right)$，以及$\Delta x\to 0$意味着$x\to x_0$，从而$\lim\limits_{\Delta x\to 0}\Delta y=0\Leftrightarrow\lim\limits_{x\to x_0}f(x)=f(x_0)$。这就是函数在点$x_0$处连续的另一种表述形式。

【定义2.12】　如果函数$y=f(x)$满足下列三个条件：

（1）$y=f(x)$在x_0的某一邻域内有定义；

（2）$\lim\limits_{x \to x_0} f(x)$存在；

（3）$\lim\limits_{x \to x_0} f(x)=f(x_0)$，

则称函数$y=f(x)$在点x_0连续。

提示：

（1）函数在一点连续的三个条件缺一不可。

（2）利用以上三个条件可以有效验证分段函数在一点是否连续。

相关例题见例2.38。

由定义2.3以及极限内容中左、右极限的概念，可以类似地引入函数在一点左、右连续的概念。这样函数$f(x)$在点x_0连续也就等价于函数$f(x)$既在点x_0左连续，也在点x_0右连续。

【定义2.13】 设函数$f(x)$在闭区间$[a,b]$上有定义，并且满足：

（1）如果函数$f(x)$在区间(a,b)内的每一点都连续，则称函数$y=f(x)$在开区间(a,b)内连续，区间(a,b)称为函数$f(x)$的连续区间。

（2）对于闭区间$[a,b]$的左、右端点，满足

$$\lim_{x \to a^+} f(x)=f(a) \quad (f(x)\text{在点}a\text{右连续})$$

$$\lim_{x \to b^-} f(x)=f(b) \quad (f(x)\text{在点}a\text{左连续})$$

则称函数$f(x)$为闭区间$[a,b]$上的连续函数。

2.5.2 函数的间断点

间断点是指函数在该点不连续的点。

根据定义2.12，函数$f(x)$在点x_0连续的条件是：

（1）$f(x)$在x_0处有定义；

（2）$\lim\limits_{x \to x_0} f(x)$存在；

（3）$\lim\limits_{x \to x_0} f(x)=f(x_0)$。

如任何一个条件不满足，则称函数$f(x)$在点x_0处就是间断的，称点x_0为间断点。

注意：讨论函数的连续性也可以看作是对间断点的讨论。函数的间断点按其特性，可以分为以下几种类型。

可去间断点：满足条件(2)，但不满足(1)或(3)的间断点。

跳跃间断点：左、右极限均存在，但不满足条件(2)的间断点。

无穷间断点：左、右极限中至少有一侧不存在的间断点，且间断点处如果有单侧趋势为∞等。

相关例题见例2.39～例2.41。

2.5.3 初等函数的连续性

1. 连续函数的四则运算法则

【定理2.5】 若函数$f(x)$和$g(x)$都在点x_0处连续,则和函数$f(x)+g(x)$、差函数$f(x)-g(x)$、乘积函数$f(x)g(x)$和商函数$\dfrac{f(x)}{g(x)}(g(x_0)\neq 0)$在点$x_0$处也连续。

2. 复合函数的连续性

【定理2.6】 若函数$u=\varphi(x)$在点x_0处连续,$\varphi(x_0)=u_0$,而函数$y=f(u)$在点u_0处连续,则复合函数$y=f[\varphi(x)]$在点$x=x_0$处也连续。

3. 初等函数的连续性

【定理2.7】 初等函数在其有定义区间内是连续的。

由定理2.7可得:

(1) 求初等函数的连续区间,就是求它的定义区间;

(2) 求初等函数在定义区间内某一点的极限值,就是求它在该点的函数值(初等函数求极限的方法——代入法),即

$$\lim_{x\to x_0} f(x)=f(x_0)=f\left(\lim_{x\to x_0} x\right) \quad (x_0\in D)$$

2.5.4 闭区间上连续函数的性质

1. 最大值和最小值定理

【定义2.14】 设函数$f(x)$在区间D上有定义,如果有$x_0\in D$,使得对于任意$x\in D$都有$f(x)\leqslant f(x_0)(f(x)\geqslant f(x_0))$,则称$f(x_0)$是函数$f(x)$在区间$D$上的最大值(最小值)。

【定理2.8】(最值定理) 如果函数$f(x)$在闭区间$[a,b]$上连续,则它在这个区间上一定有最大值和最小值。

注意:

(1) 最值定理要求的定义区间需为闭区间。

(2) 若闭区间内有间断点,最值定理不一定成立。

2. 介值定理

【定理2.9】(介值定理) 如果函数$f(x)$在闭区间$[a,b]$上连续,M和m分别为$f(x)$在$[a,b]$上的最大值和最小值,则对介于m与M之间的任一实数C,至少存在一点$\xi\in(a,b)$使得$f(\xi)=C$。

推论(零点定理) 如果函数$f(x)$在$[a,b]$上连续,$f(a)\cdot f(b)<0$,则至少存在一点$\xi\in(a,b)$使得$f(\xi)=0$。

相关例题见例2.42。

典型例题

例 2.36　设$f(x)=2x+1$,分别求出满足下列条件的Δx与Δy。

(1) x由2变到2.1　　(2) x由2变到1.8

解：(1) 由于x由2变到2.1,因此

$$\Delta x=2.1-2=0.1$$

$$\Delta y=f(2.1)-f(2)=(2\times 2.1+1)-(2\times 2+1)=5.2-5=0.2$$

(2) 由于x由2变到1.8,因此

$$\Delta x=1.8-2=-0.2$$

$$\Delta y=f(1.8)-f(2)=(2\times 1.8+1)-(2\times 2+1)=4.6-5=-0.4$$

例 2.37　证明函数$f(x)=3x^2-1$在点$x=1$处连续。

证明：因为$f(x)=3x^2-1$的定义域为$(-\infty,+\infty)$,所以函数在$x=1$的某一邻域内有定义。

设自变量在点$x=1$处有改变量Δx,则函数的相应改变量为

$$\begin{aligned}\Delta y&=f(x+\Delta x)-f(x)\\&=3(1+\Delta x)^2-3\times 1^2\\&=3+6\Delta x+3(\Delta x)^2-3=6\Delta x+3(\Delta x)^2\end{aligned}$$

所以
$$\lim_{\Delta x\to 0}\Delta y=\lim_{\Delta x\to 0}[6\Delta x+3(\Delta x)^2]=0$$

由连续的定义,函数$y=3x^2-1$在点$x=1$处连续。

例 2.38　验证$f(x)=\begin{cases}1-x, & x<0\\ x^2+1, & x\geqslant 0\end{cases}$在$x=0$处连续。

证明：因为$f(x)$在$x=0$处有定义,且$f(0)=1$。又因为

$$\lim_{x\to 0^-}f(x)=\lim_{x\to 0^-}(1-x)=1$$

$$\lim_{x\to 0^+}f(x)=\lim_{x\to 0^+}(x^2+1)=1$$

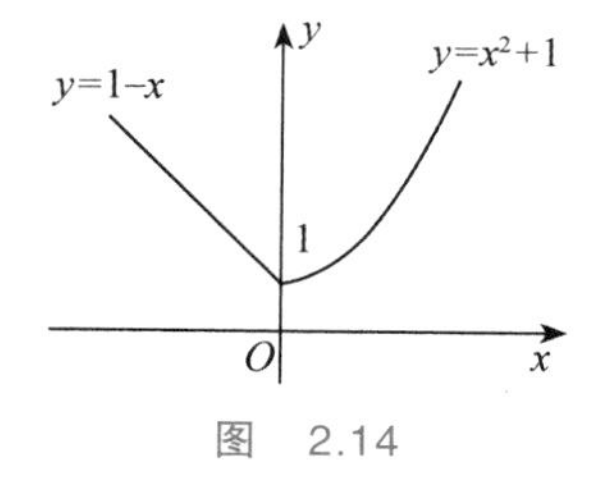

图　2.14

即左、右极限存在且相等,所以$\lim\limits_{x\to 0}f(x)=1$,即$\lim\limits_{x\to 0}f(x)=f(0)$。

由函数在一点连续的定义可知,$y=f(x)$在$x=0$处连续,如图2.14所示。

例 2.39　讨论函数$f(x)=\dfrac{1}{x-1}$在$x_0=1$处的连续性。

解：由于函数$f(x)=\dfrac{1}{x-1}$在$x_0=1$处没有定义,所以$x_0=1$为函数的间断点。

又因为$\lim\limits_{x\to 1}\dfrac{1}{x-1}=\infty$,所以$x_0=1$是$f(x)=\dfrac{1}{x-1}$的无穷间断点。

例2.40　讨论下列函数$y=f(x)$在$x_0=0$处的连续性。

(1) $f(x)=\begin{cases} x-1, & x<0 \\ 0, & x=0 \\ x+1, & x>0 \end{cases}$

(2) $f(x)=\begin{cases} \dfrac{\sin x}{x}, & x\neq 0 \\ 0, & x=0 \end{cases}$

解：(1) 因为$f(0)=0$，$\lim\limits_{x\to 0^-} f(x)=\lim\limits_{x\to 0^-}(x-1)=-1$，$\lim\limits_{x\to 0^+} f(x)=\lim\limits_{x\to 0^+}(x+1)=1$，所以$\lim\limits_{x\to 0^-} f(x)\neq \lim\limits_{x\to 0^+} f(x)$，即$\lim\limits_{x\to 0} f(x)$不存在。所以$f(x)$在$x_0=0$处不连续。如图2.15所示，此间断点为跳跃间断点。

(2) 因为$f(0)=0$，$\lim\limits_{x\to 0} f(x)=\lim\limits_{x\to 0}\dfrac{\sin x}{x}=1$，所以$\lim\limits_{x\to 0} f(x)\neq f(0)$，即$f(x)$在$x_0=0$处不连续。

如图2.16所示，此间断点为可去间断点。

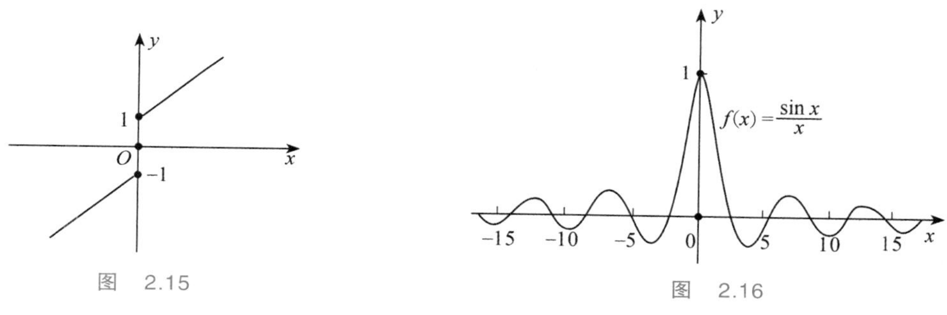

图　2.15　　　　图　2.16

例2.41　已知$f(x)=\begin{cases} \dfrac{x^2-4}{x-2}, & x\neq 2 \\ k, & x=2 \end{cases}$在$x=2$处连续，求$k$。

解：因为$f(2)=k$，$\lim\limits_{x\to 2} f(x)=\lim\limits_{x\to 2}\dfrac{x^2-4}{x-2}=\lim\limits_{x\to 2}(x+2)=4$，又因为$f(x)$在$x=2$处连续，即应满足条件$\lim\limits_{x\to 2} f(x)=f(2)$，所以$k=4$。

例2.42　证明三次方程$x^3-x+3=0$在$(-2,1)$内至少有一个实根。

证明：设$f(x)=x^3-x+3$，则$f(x)$的定义域是$(-\infty,+\infty)$。因为$f(x)$是初等函数，所以$f(x)$在$[-2,1]\subset(-\infty,+\infty)$内连续。又因为$f(-2)=-3<0$，$f(1)=3>0$，由推论可知，在$(-2,1)$内至少有一点$\xi$使得$f(\xi)=0$，即方程$x^3-x+3=0$在$(-2,1)$内至少有一个实根。

应用案例

案例2.5　出租车付费问题

乘坐某种出租汽车，行驶路程不超过3km时，付费13元；行驶路程超过3km时，超过部分每1km付费2.3元，每一运次加收1元的燃油附加费。假定出租汽车行驶中没有拥堵和等候时间，则付费金额$f(x)$与行驶路程x之间的关系为

$$f(x)=\begin{cases}14, & 0<x\leqslant 3\\ 14+2.3(x-3), & x>3\end{cases}$$

考查这个函数在$x=3$处的连续性：

$$\lim_{x\to 3^-}14=\lim_{x\to 3^+}[14+2.3(x-3)]=14$$

所以它在点$x=3$处连续。

课堂巩固2.5

基础训练2.5

1．求函数$y=\sqrt{1+x}$在$x=3,\Delta x=-0.2$时的增量Δy。

2．求下列函数的极限。

(1) $\lim\limits_{x\to 0}\sqrt{1+3x-x^2}$　　(2) $\lim\limits_{x\to -1}\dfrac{\cos(x+1)}{\cot(x+1)}$

(3) $\lim\limits_{x\to 0}\dfrac{\ln(2+x^2)}{\sin(2+x^2)}$　　(4) $\lim\limits_{x\to \frac{1}{2}}x\ln\left(1+\dfrac{1}{x}\right)$

3．讨论$y=|x|,x\in(-\infty,+\infty)$在点$x=0$处的连续性。

4．利用连续函数的定义，判别下列函数在点$x=0$处的连续性。

(1) $f(x)=\begin{cases}\dfrac{x}{x}, & x\neq 0\\ 0, & x=0\end{cases}$　　(2) $f(x)=\begin{cases}x^2\sin\dfrac{1}{x}, & x\neq 0\\ 0, & x=0\end{cases}$

提升训练2.5

1．试确定常数k或a,b的值，使下列分段函数在分断点处连续。

(1) $f(x)=\begin{cases}(1+5x)^{\frac{1}{x}}, & x\neq 0\\ k, & x=0\end{cases}$在$x=0$处连续

(2) $f(x)=\begin{cases}x+2, & -2\leqslant x\leqslant 0\\ x^2+a, & 0<x<1\\ bx, & 1\leqslant x<5\end{cases}$　在$x=0$与$x=1$处连续

2．求下列函数的间断点。

(1) $y=\dfrac{x}{\sin x}$　　(2) $y=\dfrac{\sin x}{x^2-1}$

3．求函数$f(x)=\dfrac{|x+1|}{x+1}$的连续区间。

总结提升2

1．选择题。

(1) 函数$f(x)$在x_0有定义是它在该点处存在极限的(　　)。

A．必要条件但非充分条件　　B．充分条件但非必要条件

C．充分必要条件　　D．无关条件

(2) 设函数$f(x)=x+3,g(x)=\dfrac{x^2-9}{x-3}$,且$\lim\limits_{x\to 3}f(x)=a,\lim\limits_{x\to 3}g(x)=b$,则(　　)。

A．$f(x)$与$g(x)$不同,a与b不同

B．$f(x)$与$g(x)$不同,a与b相同

C．$f(x)$与$g(x)$相同,a与b也相同

D．$f(x)$与$g(x)$相同,a与b不同

(3) 若$\lim\limits_{x\to\infty}\dfrac{x^4(1+a)+2+bx^3}{x^3+x^2-1}=-2$,则(　　)。

A．$a=-3,b=0$　　B．$a=0,b=-2$

C．$a=-1,b=0$　　D．$a=-1,b=-2$

(4) 若$\lim\limits_{x\to\infty}\dfrac{(x-1)(x-2)(x-3)(x-4)(x-5)}{(4x-1)^\alpha}=\beta$,则常数$\alpha,\beta$的值可以是(　　)。

A．$1,\dfrac{1}{5}$　　B．$1,\dfrac{1}{4}$

C．$5,\dfrac{1}{4^5}$　　D．$5,4^5$

(5) $\lim\limits_{x\to 1}\dfrac{|x-1|}{x-1}=$(　　)。

A．1　　B．-1

C．0　　D．不存在

(6) 下列等式中成立的是(　　)。

A．$\lim\limits_{n\to\infty}\left(1+\dfrac{1}{n}\right)^{2n}=\mathrm{e}$　　B．$\lim\limits_{n\to\infty}\left(1+\dfrac{2}{n}\right)^{n}=\mathrm{e}$

C．$\lim\limits_{n\to\infty}\left(1+\dfrac{1}{n}\right)^{2+n}=\mathrm{e}$　　D．$\lim\limits_{n\to\infty}\left(1+\dfrac{1}{2n}\right)^{n}=\mathrm{e}$

(7) 函数$f(x)$在x_0有定义是它在该点处连续的(　　)。

A．必要条件但非充分条件

B．充分条件但非必要条件

C．充分必要条件

D．无关条件

(8) 函数$f(x)$在x_0的极限存在是它在该点处连续的(　　)。

A. 必要条件但非充分条件　　B. 充分条件但非必要条件

C. 充分必要条件　　D. 无关条件

(9) 函数$f(x)=\begin{cases}\dfrac{\ln(1+3x)}{x}, & x>0\\ a, & x=0\\ 2^x+2, & x<0\end{cases}$在$x=0$处连续，则常数$a=$(　　)。

A. 0　　B. 1

C. 2　　D. 3

(10) 已知函数$f(x)$在$x\neq0$时为$f(x)=\dfrac{x^2}{\sqrt{x^2+1}-1}$，若函数$f(x)$在点$x=0$处连续，则函数值$f(0)=$(　　)。

A. 0　　B. 1

C. 2　　D. 无法求解

2. 下列各对函数$f(x)$与$g(x)$，在$x\to1$时的极限是否相同？为什么？

(1) $f(x)=\dfrac{x+1}{2x+1}$，　$g(x)=\dfrac{x^2-1}{2x^2-x-1}$

(2) $f(x)=3x+2$，　$g(x)=\begin{cases}3x+2, & x\neq1\\ -1, & x=1\end{cases}$

3. 设函数$f(x)=\begin{cases}x+2, & x>1\\ a-x, & x<1\end{cases}$，试确定常数$a$的值，使得$f(x)$在$x=1$的极限存在。

4. 在$x\to0$的变化过程中，下列变量中哪些是无穷小量？哪些是无穷大量？

(1) $e^{-\left|\frac{1}{x}\right|}$　　(2) $\sqrt[2]{x}$

(3) $1000x^2$　　(4) $x^2+0.1x$

(5) $\dfrac{2}{x}$　　(6) $\dfrac{x^2}{x}$

5. 在x的何种变化趋势下，下列变量为无穷小量或为无穷大量？

(1) $y=\dfrac{x+1}{x-1}$　　(2) $y=\dfrac{x^2-3x+2}{x^2-x-2}$

(3) $y=\dfrac{ax^3+(b-1)x^2+2}{x^2+1}$

6. 求下列函数的极限。

(1) $\lim\limits_{x\to1}(7x^2-5x+2)$　　(2) $\lim\limits_{x\to5}\dfrac{x-3}{x+3}$

(3) $\lim\limits_{x\to2}\dfrac{x^2-4}{x-2}$　　(4) $\lim\limits_{x\to1}\dfrac{x^2-2x+1}{1-x^2}$

7．求下列函数的极限。

（1）$\lim\limits_{x\to\infty}\dfrac{2x^2-9}{2x^4-2x+9}$　　（2）$\lim\limits_{x\to\infty}\dfrac{(x-2)^{10}(2x-3)^{20}}{(1-3x)^{30}}$

8．设$f(x)=\dfrac{4x^2+3}{x-1}+ax+b$，试求常数$a$，$b$的值，使得$\lim\limits_{x\to\infty}f(x)=0$。

9．求下列函数的极限。

（1）$\lim\limits_{x\to 0}\dfrac{\sin kx}{x}\ (k\neq 0)$　　（2）$\lim\limits_{x\to 0}\dfrac{\sin mx}{\sin nx}$

10．求下列函数的极限。

（1）$\lim\limits_{x\to\infty}\left(1-\dfrac{1}{2x}\right)^x$　　（2）$\lim\limits_{x\to 0}(1-2x)^{\frac{1}{x}}$

11．利用连续函数的定义，判别下列函数在点$x=0$处的连续性。

（1）$f(x)=\begin{cases}2e^x, & x<0\\ x+2, & x\geqslant 0\end{cases}$　　（2）$f(x)=\begin{cases}1+\cos x, & x\leqslant 0\\ \dfrac{\ln(1+2x)}{x}, & x>0\end{cases}$

12．试确定常数k或a，b的值，使函数$f(x)=\begin{cases}x\sin\dfrac{1}{x}+\dfrac{\sin 2x}{x}, & x\neq 0\\ k, & x=0\end{cases}$在点$x=0$处连续。

13．求下列函数的间断点。

（1）$y=\dfrac{x}{(x+1)^2}$　　（2）$y=\dfrac{1+x}{x^3+1}$

第3章　导数与微分

微积分中的“幽灵”——无穷小量

数学故事

历史上，数学的发展经历了三次重大的危机，每次危机都是因为数学的基础内容受到了质疑，每次危机也为数学的发展提供了前进的动力。第二次数学危机是在17世纪牛顿（图3.1左）和莱布尼茨（图3.1中）发明了微积分后到来的，是对微积分中无穷小量的质疑，引出了诸多数学问题。

第二次数学危机的导火索是对微积分中无穷小量的争议。牛顿在研究自由落体运动时，认为t_0时刻的瞬时速度为$\frac{\Delta y}{\Delta t}=gt_0+\frac{1}{2}g(\Delta t)$，牛顿认为$\Delta t$是一个无穷小量，因此$\frac{1}{2}g(\Delta t)$也是一个非常小的量，因此$t_0$时刻的瞬时速度就为$t_0$。牛顿这一发现，解决了很多解决不了的问题，因此非常受欢迎。

但是，英国大主教贝克莱（图3.1右）认为，Δt作为分母是不应为0的，再求瞬时速度时又假设它为0，这是一个悖论。它认为这个理论非常荒谬，还用讥讽的语言称这个无穷小量为“已死量的幽灵”。贝克莱的理论一针见血地指出了问题所在，在之后的200多年的时间里，人们都无法解决这个问题，直到柯西创立了极限理论，才较好地反驳了这个悖论。

图　3.1

数学思想

“无穷小量”的方法在概念和逻辑上都缺乏基础，数学家们相信它是因为它使用起来非常方便有效，并且得出的结果总是对的。例如，当时海王星、冥王星的发现都依赖于牛顿的理论，因为大家都认为实践是检验真理的唯一标准，因此十分相信牛顿理论的正确性。

虽然牛顿提到了极限这个词语，但是没有严格定义和说明极限。德国数学家莱布尼茨也没有说明极限的定义。所以，第二次数学危机的实质是极限的概念不清和理论基础的不牢固。更为糟糕的是，在这个基础上，数学的发展出现了很多错误的理论和方法。比如，在研究无穷级数时，出现了人们在对级数没有严格证明其收敛性的基础上就对其进行求解。

18世纪时，虽然人们已经建立了极限理论，但是当时的极限理论非常粗糙。直到1754年，达朗贝尔利用可靠性理论代替了当时的粗糙极限理论。之后，法国数学家柯西在1821—1823年出版的《分析教程》和《无穷小计算讲义》中对极限给出了精确的定义，然后用它定义了连续、导数、微分、定积分和无穷级数的收敛性。在这些研究基础之上，德国数学家维尔斯特拉斯建立了精确的实数集，并建立起了极限的精确定义，消除了类似"无限趋近于"等模糊语言。在这个语言的基础上，最终解释了Δt极限为0但是不等于0的理论，使贝克莱悖论得到解决，也结束了第二次数学危机。

回顾数学理论建立的历史会发现，微积分的逻辑顺序是实数—极限—微积分，但是微积分的建立顺序则正好相反，是先有微积分，后有极限，最后才是完备的实数理论。这也说明知识的逻辑理论有时跟历史的发展顺序是不同的。了解理论的建立历史对我们掌握理论知识具有重要的意义。

数学人物

奥古斯丁•路易斯•柯西(图3.2)出生于法国巴黎。他的父亲原来是法国波旁王朝的议会律师，但是就在柯西出生前不久，法国大革命爆发，柯西一家逃亡乡下，开始了长达数十年的隐居生活。就是在这样的环境中，柯西的父亲都没有放弃对柯西的教育，在科学知识和人文素养等多个方面培养与教育柯西。在乡下生活时，柯西的邻居就是当时在数学上颇有建树的著名数学家拉普拉斯，年轻的柯西的数学才华一度受到拉普拉斯的赞赏。18世纪末，柯西的父亲回到巴黎罗浮宫工作，柯西也随同父亲一起，期间遇到了父亲的同事——法国著名的数学家、物理学家拉格朗日，他也对柯西的数学才能大为赞赏。在拉格朗日和拉普拉斯的鼓励与帮助下，柯西致力于数学的研究。

图　3.2

在拉格朗日的帮助下，柯西解出了巴黎科学院当时的金奖题目，从此在数学界崭露头角。后来，柯西证明了百年来无人能解的费马多边形猜想，从而获得了法国科学院数学大奖，正式步入一流数学家的行列。而在数学上，柯西最大的贡献就是在微积分中引进了极限的概念，并以极限为基础建立了逻辑清晰的分析体系，后经维尔斯特拉斯的改进，形成了现在所说的柯西极限定义，从此结束了微积分二百多年的混乱局面，并使微积分成为现代数学最基础和最庞大的高等数学学科。

在定积分方面，柯西将定积分定义为和的极限，并做出了最系统的开创性工作。复变函数的微积分就是柯西创立的。柯西的数学论文在数量上仅次于欧拉，据说他在法国科学院时经常发表文章，而那时的印刷费又比较贵，科学院曾一度限制他每篇论文的页数，以至于柯西常常将论文发表在其他的期刊上。但是，这样一位伟大的数学家也有犯错的时候，历史上他在担任评审时因为弄丢了年轻数学家阿贝尔和伽罗华的数学手稿，导致数学中的群论晚了半个世纪面世。

3.1 导数的概念

问题导入

在实际问题中经常遇到求函数的变化率问题，比如一般曲线的切线的斜率，变速直线运动的瞬时速度，某一时刻的电流强度等，这些问题能不能用一种统一而又简便的数学方法解决呢？首先看两个引例。

引例 1　曲线的切线问题

导数的概念——引例

如果是一个圆，可以直接沿用欧几里得的描述方法，即中学中的切线定义：切线是一条与这个圆只有一个交点的直线，如图 3.3 所示。而对于更复杂的曲线，这个定义已经不适用。如图 3.4 所示，通过曲线 C 上一点 P，可以画出多条直线，比如有两条直线 l 与 l_1，直线 l 与 C 只相交一次，但它显然不是我们所想象的切线；而与曲线 C 相交两次的直线 l_1 看起来更像是一条切线。如何求某曲线上任意一点的切线呢？

事实上，曲线在其上任一点 $M_0(x_0, y_0)$ 处的切线，可以看成过曲线上点 M_0 与其邻近一点 M 的割线 M_0M，当点 M 沿着曲线无限趋于点 M_0 时的极限位置为 M_0T，如图 3.5 所示。

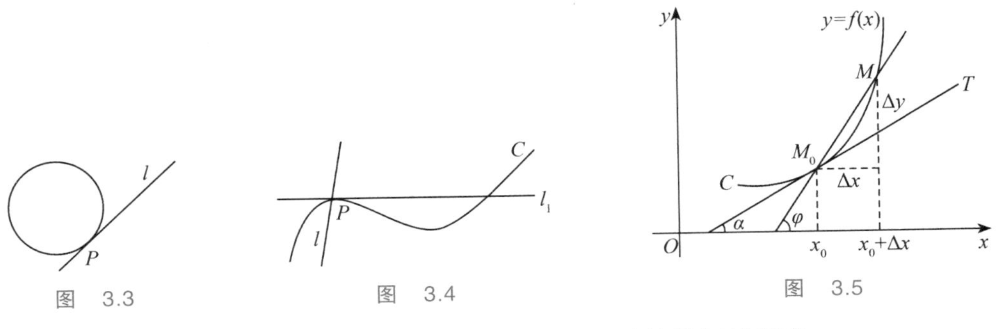

图　3.3　　图　3.4　　图　3.5

问题：已知曲线 $y=f(x)$，如何求它在点 $M_0(x_0, y_0)$ 处的切线斜率？

按上述确定切线的思路，在曲线 $y=f(x)$ 上任取接近于点 $M_0(x_0, y_0)$ 的点 $M(x_0+\Delta x, y_0+\Delta y)$，则割线 M_0M 的倾角为 φ，其斜率是点 $M_0(x_0, y_0)$ 的纵坐标的改变量 Δy 与横坐标的改变量 Δx 之比

$$\tan\varphi=\frac{\Delta y}{\Delta x}=\frac{f(x_0+\Delta x)-f(x_0)}{\Delta x}$$

用割线M_0M的斜率表示切线斜率，这是近似值；显然，Δx越小，点M沿曲线越接近于点M_0，其近似程度越高。

现让点$M(x_0+\Delta x, y_0+\Delta y)$沿着曲线移动，并无限趋于给定的点$M_0(x_0, y_0)$，即当$\Delta x\to 0$时，割线$M_0M$将绕着点$M_0$移动到极限位置成为切线$M_0T$。

所以割线M_0M的斜率的极限为

$$\tan\alpha=\lim_{\Delta x\to 0}\tan\varphi=\lim_{\Delta x\to 0}\frac{f(x_0+\Delta x)-f(x_0)}{\Delta x}$$

如果存在，就是曲线$y=f(x)$在点$M_0(x_0y_0)$处切线M_0T的斜率。上式中的α为切线M_0T的倾角。

以上计算过程可归纳为：先作割线，以求出割线斜率；然后通过取极限，从割线过渡到切线，从而求得切线斜率。

由此可知，曲线$f(x)$过点$M(x_0+\Delta x, y_0+\Delta y)$与$M_0(x_0, y_0)$的割线斜率$\frac{\Delta y}{\Delta x}$是曲线上的点$M_0(x_0, y_0)$的纵坐标$y$对横坐标$x$在区间$[x_0, x_0+\Delta x]$上的平均变化率；而在点$M_0$处的切线斜率是曲线上的点的纵坐标$y$对横坐标$x$在$x_0$处的变化率。显然，后者反映了曲线的纵坐标$y$随横坐标$x$变化而变化，且在横坐标为$x_0$处变化的快慢程度。

引例2　运动物体的瞬时速度问题

又如，当你开车在道路上行驶时，观察汽车的速度表，会发现指针在不停地变动。也就是说，汽车行驶时的速度不是恒定的。通过观察速度表，设想汽车在每一个瞬间都有一个明确的速度，但是“瞬间”速度如何定义呢？

一般地，若物体做匀速直线运动，以t表示经历的时间，S表示所走过的路程，则匀速运动的速度为

$$v=\frac{\text{所走路程}}{\text{经历时间}}=\frac{S}{t}$$

现假设物体做变速直线运动，走过的路程S是经历的时间t的函数，其运动方程为$S=f(t)$。试讨论该物体在时刻t_0的运动速度。

可取邻近于t_0的时刻$t=t_0+\Delta t$，在Δt这段时间内物体走过的路程是

$$\Delta S=f(t_0+\Delta t)-f(t_0)$$

在Δt这段时间内物体运动的平均速度是

$$\bar{v}=\frac{\Delta S}{\Delta t}=\frac{f(t_0+\Delta t)-f(t_0)}{\Delta t}$$

用Δt这段时间内的平均速度表示物体在时刻t_0的运动速度，这是近似值；显然，Δt越小，时刻t越接近于时刻t_0，其近似程度越好。

令$\Delta t\to 0$，平均速度$\bar{v}$的极限就是物体在时刻t_0运动的瞬时速度

$$v(t_0)=\lim_{\Delta t\to 0}\frac{\Delta S}{\Delta t}=\lim_{\Delta t\to 0}\frac{f(t_0+\Delta t)-f(t_0)}{\Delta t}$$

以上计算过程可归纳为：先在局部范围内求出平均速度；然后通过取极限，由平均速度过渡到瞬时速度。

由此可知，若物体做变速直线运动，其运动方程为$S=f(t)$，则在时刻t_0到时刻$t_0+\Delta t$（即在Δt这一段时间间隔）的平均速度$\frac{\Delta S}{\Delta t}$是运动路程$S$对运动时间$t$的平均变化率；而在时刻$t_0$的瞬时速度$v(t_0)$是运动路程$S$对运动时间$t$在时刻$t_0$的瞬时变化率。显然，后者反映了运动路程$S$随运动时间$t$变化而变化，且在时刻$t_0$变化的快慢程度。

以上两个实际问题虽然反映的是两个不同领域的不同问题，但从数学角度看，解决它们的方法却完全一样，都是计算同一类型的极限问题，即函数的改变量与自变量的改变量之比以及当自变量的改变量趋于零时的极限。

对函数$y=f(x)$，要求计算下式的极限问题：

$$\lim_{\Delta x\to 0}\frac{\Delta y}{\Delta x}=\lim_{\Delta x\to 0}\frac{f(x_0+\Delta x)-f(x_0)}{\Delta x}$$

上式中，分母Δx是自变量x在点x_0处取得的改变量，要求$\Delta x\neq 0$；分子$\Delta y=f(x_0+\Delta x)-f(x_0)$是与$\Delta x$相对应的函数$f(x)$的改变量。因此，若上述极限存在，这个极限是函数在点x_0处的变化率，它描述了函数$f(x)$在点x_0变化的快慢程度。

实际上，上述极限表达了自然科学、经济科学中很多不同质的现象在量方面的共性，正是这种共性的抽象引出了函数的导数概念。

知识归纳

3.1.1 导数与导函数

1. 导数的定义

【定义 3.1】 设函数$y=f(x)$在点x_0的某一邻域内有定义，若极限

导数的概念

$$\lim_{\Delta x\to 0}\frac{\Delta y}{\Delta x}=\lim_{\Delta x\to 0}\frac{f(x_0+\Delta x)-f(x_0)}{\Delta x}$$

存在，则称函数$f(x)$在点x_0处可导，并称这一极限值为函数$f(x)$在点x_0的导数，记作

$$f'(x_0),\quad y'|_{x=x_0},\quad \left.\frac{\mathrm{d}y}{\mathrm{d}x}\right|_{x=x_0},\quad \left.\frac{\mathrm{d}f}{\mathrm{d}x}\right|_{x=x_0}$$

若上述极限不存在，则称函数$f(x)$在点x_0处不可导。

按照定义 3.1 所述，记号$f'(x_0)$或$y'|_{x=x_0}$等表示函数$f(x)$在点x_0的导数，它表示一个数值，并有

$$f'(x_0)=\lim_{\Delta x\to 0}\frac{f(x_0+\Delta x)-f(x_0)}{\Delta x} \tag{3.1}$$

若记$x=x_0+\Delta x$，则$\Delta x=x-x_0$，式3.1又可表示为

$$f'(x_0)=\lim_{x\to x_0}\frac{f(x)-f(x_0)}{x-x_0} \tag{3.2}$$

以后讨论函数$f(x)$在点x_0的导数问题时，可以采用式(3.1)或式(3.2)。

函数在x_0的导数的本质意义就是函数在该点处的瞬时变化率。涉及变化率的问题可以转化为导数的问题再解决。

2. 利用定义求导数步骤

(1) 给定自变量的任意增量Δx。

(2) 计算函数值的增量

$$\Delta y=f(x_0+\Delta x)-f(x_0)$$

(3) 求增量的比值$\dfrac{\Delta y}{\Delta x}$。

(4) 求极限

$$f'(x_0)=\lim_{\Delta x\to 0}\frac{\Delta y}{\Delta x}=\lim_{\Delta x\to 0}\frac{f(x_0+\Delta x)-f(x_0)}{\Delta x}$$

相关例题见例3.1和例3.2。

3. 左导数和右导数

函数$f(x)$在点x_0的导数是用极限定义的，而极限问题有左极限、右极限之分，因此，对于导数概念也存在左导数和右导数问题。

【定义3.2】 设$f'_-(x_0)$和$f'_+(x_0)$分别为函数$f(x)$在点x_0的左导数和右导数，则

$$\text{左导数}f'_-(x_0)=\lim_{\Delta x\to 0^-}\frac{\Delta y}{\Delta x}=\lim_{\Delta x\to 0^-}\frac{f(x_0+\Delta x)-f(x_0)}{\Delta x}$$

$$\text{右导数}f'_+(x_0)=\lim_{\Delta x\to 0^+}\frac{\Delta y}{\Delta x}=\lim_{\Delta x\to 0^+}\frac{f(x_0+\Delta x)-f(x_0)}{\Delta x}$$

由函数极限存在的充分必要条件可知，函数在点x_0的导数与在该点的左、右导数的关系有下述定理。

【定理3.1】 $f'(x_0)$存在且等于A的充分必要条件是$f'_-(x_0)$与$f'_+(x_0)$皆存在且$f'_-(x_0)=f'_+(x_0)=A$。

相关例题见例3.3。

4. 导函数

若函数$y=f(x)$在区间(a,b)内的每一点都可导，则称函数$f(x)$在该区间(a,b)内可导。

【定义3.3】 设函数$f(x)$在区间(a,b)上可导，则对每一个$x\in(a,b)$，$f(x)$在点x处均可导，这样对于$x\in(a,b)$都有一个导数值$f'(x)$与之对应，这样就得到了定义在(a,b)上的一个新的函数，该函数称为函数$y=f(x)$的导函数，记作

$$f'(x)\quad\text{或}\quad y'\quad\text{或}\quad\frac{\mathrm{d}y}{\mathrm{d}x}\quad\text{或}\quad\frac{\mathrm{d}f(x)}{\mathrm{d}x}$$

即

$$f'(x)=\lim_{\Delta x\to 0}\frac{\Delta y}{\Delta x}=\lim_{\Delta x\to 0}\frac{f(x+\Delta x)-f(x)}{\Delta x} \tag{3.3}$$

注意：

（1）式(3.3)中的x可取区间(a,b)内的任意值，但在求极限过程中应把x看作常量，Δx则是变量。

（2）显然，函数$f(x)$在点x_0处的导数，正是函数$f(x)$的导函数$f'(x)$在点x_0处的函数值$f'(x_0)$，即

$$f'(x_0)=f'(x)\big|_{x=x_0}$$

（3）导函数简称为导数。在求导数时，若没有特别指明是求在某一定点的导数，都是指求导函数。

相关例题见例3.4和例3.5。

3.1.2 可导与连续的关系

在例3.3中讨论绝对值函数$f(x)=|x|$的可导性，虽然函数$f(x)$在$x=0$处连续，但是函数$f(x)=|x|$在$x=0$处是不可导的，即连续不一定可导。

然而，如果函数$f(x)$在$x=x_0$处可导，那么$f'(x)=\lim\limits_{\Delta x\to 0}\frac{\Delta y}{\Delta x}(\Delta x\neq 0)$存在，从而

$$\lim_{\Delta x\to 0}\Delta y=\lim_{\Delta x\to 0}\frac{\Delta y}{\Delta x}\cdot\Delta x=\lim_{\Delta x\to 0}\frac{\Delta y}{\Delta x}\cdot\lim_{\Delta x\to 0}\Delta x=0$$

即函数$f(x)$在$x=x_0$处连续。这就是定理3.2。

【定理3.2】 若函数$f(x)$在点x_0处可导，则它在点x_0处连续。

定理3.2的逆否命题：函数在点x_0处不连续，则函数$f(x)$在点x_0处不可导。

相关例题见例3.6。

典型例题

例3.1 求函数$y=f(x)=x^2$在$x=1$的导数。

解法1：运用式(3.1)，在$x=1$处，当自变量有改变量Δx时，函数相应的改变量为

$$\Delta y=f(1+\Delta x)-f(1)=(1+\Delta x)^2-1^2=2\Delta x+(\Delta x)^2$$

于是，在$x=1$处的导数为

$$f'(1)=\lim_{\Delta x\to 0}\frac{f(1+\Delta x)-f(1)}{\Delta x}=\lim_{\Delta x\to 0}\frac{2\Delta x+(\Delta x)^2}{\Delta x}=2$$

解法2：运用式(3.2)，由于$\Delta x=x-1$，相应的函数的改变量为

$$\Delta y=f(x)-f(1)=x^2-1^2$$

于是，在$x=1$处的导数为

$$f'(1)=\lim_{x\to 1}\frac{f(x)-f(1)}{x-1}=\lim_{x\to 1}\frac{x^2-1}{x-1}=2$$

例3.2　已知$f'(x_0)=2$，求$\lim\limits_{\Delta x\to 0}\dfrac{f(x_0-3\Delta x)-f(x_0)}{\Delta x}$。

解：因为$\lim\limits_{\Delta x\to 0}\dfrac{f(x_0-3\Delta x)-f(x_0)}{\Delta x}=-3\lim\limits_{\Delta x\to 0}\dfrac{f(x_0-3\Delta x)-f(x_0)}{-3\Delta x}=-3f'(x_0)$

所以

$$\lim_{\Delta x\to 0}\frac{f(x_0-3\Delta x)-f(x_0)}{\Delta x}=-6$$

例3.3　讨论函数$f(x)=|x|$在$x=0$处的导数。

解：按绝对值定义，

$$|x|=\begin{cases}x, & x\geqslant 0\\ -x, & x<0\end{cases}$$

这是分段函数，$x=0$是其分段点，如图3.6所示。

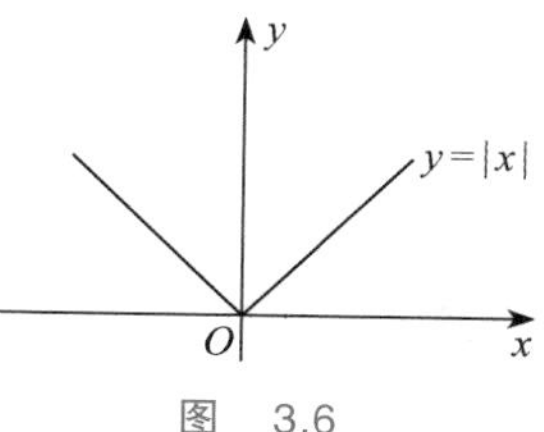

图　3.6

先考察函数在$x=0$的左导数和右导数。由于$f(0)=0$，且

$$f'_-(0)=\lim_{\Delta x\to 0^-}\frac{f(0+\Delta x)-f(0)}{\Delta x}=\lim_{\Delta x\to 0^-}\frac{-\Delta x-0}{\Delta x}=-1$$

$$f'_+(0)=\lim_{\Delta x\to 0^+}\frac{f(0+\Delta x)-f(0)}{\Delta x}=\lim_{\Delta x\to 0^+}\frac{\Delta x-0}{\Delta x}=1$$

虽然该函数在$x=0$处的左导数和右导数都存在，但$f'_-(0)\neq f'_+(0)$，所以函数$f(x)=|x|$在$x=0$处不可导。

但绝对值函数$f(x)=|x|$在$x=0$处连续，这样就获得了连续不一定可导的结论。

例3.4　求$y=x^3$的导数y'，并求$y'|_{x=2}$。

解：先求函数的导函数。

对任意点x，当自变量的改变量为Δx时，相应的y的改变量为

$$\Delta y=(x+\Delta x)^3-x^3=3x^2\Delta x+3x(\Delta x)^2+(\Delta x)^3$$

由式(3.3)，导函数为

$$y'=\lim_{\Delta x\to 0}\frac{(x+\Delta x)^3-x^3}{\Delta x}=\lim_{\Delta x\to 0}\left[3x^2+3x\cdot\Delta x+(\Delta x)^2\right]=3x^2$$

由导函数再求指定点的导数值即得

$$y'\big|_{x=2}=3x^2\big|_{x=2}=12$$

例3.5　求常值函数$y=c$的导数。

解：对任意一点x，若自变量的改变量为Δx，则总有$\Delta y=c-c=0$。于是，由导函数的表示式(3.3)得

$$y'=\lim_{\Delta x\to 0}\frac{\Delta y}{\Delta x}=\lim_{\Delta x\to 0}\frac{0}{\Delta x}=0$$

即常数的导数等于零。

例3.6　讨论函数$f(x)=\begin{cases} x\sin\dfrac{1}{x}, & x\neq 0 \\ 0, & x=0 \end{cases}$在点$x=0$处的连续性与可导性。

解：无穷小量与有界变量的乘积仍是无穷小量，故

$$\lim_{x\to 0} f(x)=\lim_{x\to 0} x\sin\frac{1}{x}=0=f(0)$$

由函数在一点连续的定义可知，$f(x)$在$x=0$处连续。

再来考察可导性。在$x=0$处，由于

$$\frac{f(0+\Delta x)-f(0)}{\Delta x}=\frac{\Delta x\sin\dfrac{1}{\Delta x}-0}{\Delta x}=\sin\frac{1}{\Delta x}$$

显然，当$\Delta x\to 0$时，上式的极限不存在，所以$f(x)$在$x=0$处不可导。

应用案例

案例3.1　电流强度模型

单位时间内通过导线横截面的电量叫作电流强度。设非恒定电流从0到t这段时间通过导线横截面的电量为$Q=Q(t)$，则该电流在t_0时刻的瞬时电流强度为多少？

解：电流强度实质上就是变化率问题，根据函数在一点的导数的概念可知，t_0时刻的瞬时电流强度$I(t_0)$为

$$I(t_0)=Q'(t_0)=\lim_{\Delta t\to 0}\frac{Q(t_0+\Delta t)-Q(t_0)}{\Delta t}$$

案例3.2　化学反应速度模型

在化学反应中，某种物质的浓度和时间的关系为$N=N(t)$，则该物质在t_0时刻的瞬时反应速度为多少？

解：根据函数在一点的导数的概念可知，t_0时刻的瞬时反应速度为

$$N'(t_0)=\lim_{\Delta t\to 0}\frac{N(t_0+\Delta t)-N(t_0)}{\Delta t}$$

课堂巩固3.1

基础训练3.1

1. 已知$f'(x_0)=3$，则$\lim\limits_{\Delta x\to 0}\dfrac{f(x_0+2\Delta x)-f(x_0)}{\Delta x}=$________。

2. 已知函数$f(x)$在点x_0处可导，则$\lim\limits_{\Delta x\to 0}\dfrac{f(x_0+3\Delta x)-f(x_0)}{\Delta x}=$________。

3．已知$f'(x_0)=1$，则$\lim\limits_{h\to 0}\dfrac{f(x_0-5h)-f(x_0)}{h}=$________。

4．若$\lim\limits_{h\to 0}\dfrac{f(x_0+2h)-f(x_0)}{h}=6$，则$f'(x_0)=$________。

提升训练 3.1

1．已知$f'(x_0)=5$，且$\lim\limits_{\Delta x\to 0}\dfrac{f(x_0)-f(x_0-k\Delta x)}{\Delta x}=-10$，则$k=$________。

2．设函数$f(x)$在$x=0$处可导，且$f(0)=0$，则$\lim\limits_{x\to 0}\dfrac{f(4x)}{x}=$________。

3．利用导数定义求下列函数的导函数$f'(x)$与$f'(4)$。

(1) $f(x)=x^2+1$　　　　(2) $f(x)=\sqrt{x}$

4．讨论函数$f(x)=\begin{cases} x^2\cos\dfrac{1}{x}, & x>0 \\ 0, & x\leqslant 0 \end{cases}$在$x=0$处的连续性与可导性。

3.2　导数的基本公式与运算法则

问题导入

导数的定义中不仅阐明了导数概念的实质，也给出了根据定义求已知函数在给定点的导数的方法，即计算极限$\lim\limits_{\Delta x\to 0}\dfrac{f(x+\Delta x)-f(x)}{\Delta x}$的方法。但是，如果每一个函数都直接用定义求它的导数，那将是极为复杂与困难的。因此，我们希望找到一些基本公式与运算法则，借助它们简化求导数的计算。

在3.1节中，我们已经证明了常值函数的导数为零，即$(c)'=0$，那么幂函数、指数函数、对数函数、三角函数等基本初等函数有没有固定的导数公式呢？有哪些求导法则呢？

知识归纳

3.2.1　基本初等函数的导数公式

1．幂函数的导数

设$y=x^n$（n为正整数），由二项式定理可知，

$$\begin{aligned}\Delta y&=f(x+\Delta x)-f(x)=(x+\Delta x)^n-x^n\\&=x^n+nx^{n-1}\Delta x+\frac{n(n-1)}{2}x^{n-2}(\Delta x)^2+\cdots+(\Delta x)^n-x^n\\&=nx^{n-1}\Delta x+\frac{n(n-1)}{2}x^{n-2}(\Delta x)^2+\cdots+(\Delta x)^n\end{aligned}$$

于是

$$\frac{\Delta y}{\Delta x}=nx^{n-1}+\frac{n(n-1)}{2}x^{n-2}(\Delta x)+\cdots+(\Delta x)^{n-1}$$

因此

$$y'=\lim_{\Delta x\to 0}\frac{\Delta y}{\Delta x}=nx^{n-1}$$

即

$$(x^n)'=nx^{n-1}$$

事实上，当指数为任意实数时，上述公式也是成立的，即

$$(x^a)'=ax^{a-1}\quad(a\text{为任意实数})$$

相关例题见例3.7。

2. 指数函数的导数

设 $y=a^x(a>0$ 且 $a\neq 1)$，则

$$\Delta y=f(x+\Delta x)-f(x)=a^{x+\Delta x}-a^x=a^x(a^{\Delta x}-1)$$

$$\frac{\Delta y}{\Delta x}=\frac{a^x(a^{\Delta x}-1)}{\Delta x}$$

设 $u=a^{\Delta x}-1$，则 $\Delta x=\log_a(1+u)$。所以

$$\begin{aligned}y'&=\lim_{\Delta x\to 0}\frac{\Delta y}{\Delta x}=\lim_{\Delta x\to 0}\frac{a^x(a^{\Delta x}-1)}{\Delta x}\quad(a^x\text{视为常量})\\&=a^x\lim_{\Delta x\to 0}\frac{a^{\Delta x}-1}{\Delta x}\quad(\text{令 }a^{\Delta x}-1=u)\\&=a^x\lim_{u\to 0}\frac{u}{\log_a(1+u)}\quad(\text{当}\Delta x\to 0\text{时},u\to 0)\\&=a^x\lim_{u\to 0}\frac{1}{\log_a(1+u)^{\frac{1}{u}}}\\&=a^x\frac{1}{\log_a e}=a^x\ln a\end{aligned}$$

即

$$(a^x)'=a^x\ln a\quad(a>0,\ a\neq 1)$$

特别地，

$$(e^x)'=e^x$$

3. 对数函数的导数

设 $y=\log_a x(a>0$ 且 $a\neq 1)$，则

$$\begin{aligned}\Delta y &= f(x+\Delta x)-f(x)=\log_a(x+\Delta x)-\log_a x\\ &=\log_a\frac{x+\Delta x}{x}=\log_a\left(1+\frac{\Delta x}{x}\right)\end{aligned}$$

由于

$$\frac{\Delta y}{\Delta x}=\frac{\log_a\left(1+\dfrac{\Delta x}{x}\right)}{\Delta x}=\log_a\left(1+\frac{\Delta x}{x}\right)^{\frac{1}{\Delta x}}$$

$$\begin{aligned}y' &= \lim_{\Delta x\to 0}\frac{\Delta y}{\Delta x}=\lim_{\Delta x\to 0}\log_a\left(1+\frac{\Delta x}{x}\right)^{\frac{1}{\Delta x}}\\ &=\log_a\lim_{\Delta x\to 0}\left(1+\frac{\Delta x}{x}\right)^{\frac{x}{\Delta x}\cdot\frac{1}{x}}=\log_a e^{\frac{1}{x}}\\ &=\frac{1}{x}\log_a e=\frac{1}{x\ln a}\end{aligned}$$

即

$$(\log_a x)'=\frac{1}{x\ln a}\quad (a>0,\ a\neq 1)$$

特别地，

$$(\ln x)'=\frac{1}{x}$$

4. 三角函数的导数

设 $y=\sin x$,则

$$\begin{aligned}\Delta y &= f(x+\Delta x)-f(x)=\sin(x+\Delta x)-\sin x\\ &=2\sin\frac{\Delta x}{2}\cos\frac{2x+\Delta x}{2}\end{aligned}$$

由于

$$\frac{\Delta y}{\Delta x}=\frac{2\sin\dfrac{\Delta x}{2}\cos\dfrac{2x+\Delta x}{2}}{\Delta x}$$

所以

$$y'=\lim_{\Delta x\to 0}\frac{\Delta y}{\Delta x}=\lim_{\Delta x\to 0}\frac{\sin\dfrac{\Delta x}{2}\cos\dfrac{2x+\Delta x}{2}}{\dfrac{\Delta x}{2}}=\cos x$$

即

$$(\sin x)'=\cos x$$

同理可得

$$(\cos x)'=-\sin x$$

基本初等函数的导数公式是进行导数运算的基础,在求导数的练习中要求熟记,以提高求导数的速度。

表3.1为基本初等函数的导数公式表，公式表中未证明的公式有兴趣的读者可自行推导。

表 3.1

序号	公　式	序号	公　式
1	$(c)'=0$	8	$(\cos x)'=-\sin x$
2	$(x^a)'=ax^{a-1}$ （a为任意实数）	9	$(\tan x)'=\dfrac{1}{\cos^2 x}$
3	$(a^x)'=a^x\ln a$ （$a>0$，$a\neq 1$）	10	$(\cot x)'=-\dfrac{1}{\sin^2 x}$
4	$(e^x)'=e^x$	11	$(\arcsin x)'=\dfrac{1}{\sqrt{1-x^2}}$
5	$(\log_a x)'=\dfrac{1}{x\ln a}$ （$a>0$，$a\neq 1$）	12	$(\arccos x)'=-\dfrac{1}{\sqrt{1-x^2}}$
6	$(\ln x)'=\dfrac{1}{x}$	13	$(\arctan x)'=\dfrac{1}{1+x^2}$
7	$(\sin x)'=\cos x$	14	$(\text{arccot}\, x)'=-\dfrac{1}{1+x^2}$

3.2.2　求导法则

基本初等函数的导数公式及导数的四则运算法则会为求解较为复杂的初等函数的导数提供便捷的方法。

1. 代数和的导数

法则1　设函数$u=u(x)$，$v=v(x)$都是可导函数，则$y=u\pm v$也是可导函数，并且$(u\pm v)'=u'\pm v'$。

证明：当x取得改变量Δx时，函数$u(x)$和$v(x)$分别取得改变量Δu和Δv，于是函数y取得改变量

$$\begin{aligned}\Delta y&=[u(x+\Delta x)\pm v(x+\Delta x)]-[u(x)\pm v(x)]\\&=[u(x+\Delta x)-u(x)]\pm[v(x+\Delta x)-v(x)]\\&=\Delta u\pm\Delta v\end{aligned}$$

因此

$$\frac{\Delta y}{\Delta x}=\frac{\Delta u\pm\Delta v}{\Delta x}$$

所以

$$y'=\lim_{\Delta x\to 0}\frac{\Delta y}{\Delta x}=\lim_{\Delta x\to 0}\frac{\Delta u\pm\Delta v}{\Delta x}=\lim_{\Delta x\to 0}\frac{\Delta u}{\Delta x}\pm\lim_{\Delta x\to 0}\frac{\Delta v}{\Delta x}=u'\pm v'$$

2. 乘积的导数

法则2　设函数$u=u(x)$，$v=v(x)$都是可导函数，则$y=uv$也是可导函数，并且

$(u\cdot v)'=u'v+uv'$。

证明：设函数 $y=u(x)v(x)$ 在点 x 取得改变量 Δx，函数 $u(x)$ 和 $v(x)$ 分别取得改变量 Δu 和 Δv，则相应的 y 的改变量为

$$\begin{aligned}\Delta y&=u(x+\Delta x)v(x+\Delta x)-u(x)v(x)\\&=u(x+\Delta x)v(x+\Delta x)-u(x)v(x+\Delta x)+u(x)v(x+\Delta x)-u(x)v(x)\\&=[u(x+\Delta x)-u(x)]\cdot[v(x+\Delta x)-v(x)+v(x)]-u(x)[v(x+\Delta x)\\&\quad-v(x+\Delta x)]\\&=\Delta u\cdot v(x)+u(x)\cdot\Delta v+\Delta u\cdot\Delta v\end{aligned}$$

因此

$$\frac{\Delta y}{\Delta x}=v(x)\frac{\Delta u}{\Delta x}+u(x)\frac{\Delta v}{\Delta x}+\frac{\Delta u}{\Delta x}\Delta v$$

由于 $u(x)$，$v(x)$ 可导，且可导必连续，于是 $\lim\limits_{\Delta x\to 0}\Delta v=0$。所以

$$y'=\lim_{\Delta x\to 0}\frac{\Delta y}{\Delta x}=v\lim_{\Delta x\to 0}\frac{\Delta u}{\Delta x}+u\lim_{\Delta x\to 0}\frac{\Delta v}{\Delta x}+\lim_{\Delta x\to 0}\frac{\Delta u}{\Delta x}\lim_{\Delta x\to 0}\Delta v=u'v+uv'$$

3. 商的导数

法则3　设函数 $u=u(x)$，$v=v(x)$ 都是可导函数，且 $v(x)\neq 0$，则 $y=\dfrac{u}{v}$ 也是可导函数，并且

$$\left(\frac{u}{v}\right)'=\frac{u'v-uv'}{v^2}$$

证明：设函数 $y=u(x)$，$v(x)$ 在点 x 取得改变量 Δx，函数 $u(x)$ 和 $v(x)$ 分别取得改变量 Δu 和 Δv，相应的 y 的改变量为

$$\begin{aligned}\Delta y&=\frac{u(x+\Delta x)}{v(x+\Delta x)}-\frac{u(x)}{v(x)}\\&=\frac{u(x+\Delta x)v(x)-u(x)v(x+\Delta x)}{v(x+\Delta x)v(x)}\\&=\frac{[u(x+\Delta x)-u(x)]\cdot v(x)}{v(x+\Delta x)v(x)}-\frac{u(x)\cdot[v(x+\Delta x)-v(x)]}{v(x+\Delta x)v(x)}\\&=\frac{\Delta u\cdot v(x)-u(x)\cdot\Delta v}{v(x+\Delta x)v(x)}\end{aligned}$$

即

$$\frac{\Delta y}{\Delta x}=\frac{1}{v(x+\Delta x)\cdot v(x)}\left(v(x)\cdot\frac{\Delta u}{\Delta x}-u(x)\cdot\frac{\Delta v}{\Delta x}\right)$$

因为 $v(x)$ 可导，且可导必连续，于是 $\lim\limits_{\Delta x\to 0}v(x+\Delta x)=v(x)$，所以

$$y'=\lim_{\Delta x\to 0}\frac{\Delta y}{\Delta x}=\lim_{\Delta x\to 0}\frac{1}{v(x+\Delta x)\cdot v(x)}\left(v(x)\cdot\frac{\Delta u}{\Delta x}-u(x)\cdot\frac{\Delta v}{\Delta x}\right)=\frac{u'v-uv'}{v^2}$$

综上所述，表3.2为导数的四则运算法则公式表。

表　3.2

序号	导数的四则运算法则	有常数项的导数运算法则
1	$(u\pm v)'=u'\pm v'$	$(u\pm c)'=u'$（c为任意常数）
2	$\left(u_1+u_2+\cdots+u_n\right)'=u_1'+u_2'+\cdots+u_n'$	
3	$(u\cdot v)'=u'v+uv'$	$(cu)'=cu'$（c为任意常数）
4	$(uvw)'=u'vw+uv'w+uvw'$	
5	$\left(\dfrac{u}{v}\right)'=\dfrac{u'v-uv'}{v^2}$	$\left(\dfrac{c}{v}\right)'=-\dfrac{cv'}{v^2}$

相关例题见例3.8～例3.13。

3.2.3　导数的几何意义

在3.1节引例1“切线问题”的讨论中，根据导数的定义可知：函数$f(x)$在$x=x_0$的导数$f'(x_0)$表示曲线$y=f(x)$在点$(x_0,f(x_0))$处的切线的斜率。如果曲线$y=f(x)$在$x=x_0$的切线倾角为α，那么$f'(x_0)=\tan\alpha$（图3.3）。

根据导数的几何意义及解析几何中直线的点斜式方程，若函数$f(x)$在x_0处可导，则曲线$y=f(x)$在点$(x_0,f(x_0))$处的切线方程为

$$y-f(x_0)=f'(x_0)(x-x_0)$$

导数的几何意义

相应地，法线方程为（当$f'(x_0)\neq 0$时）

$$y-f(x_0)=-\frac{1}{f'(x_0)}(x-x_0)$$

特别地，当$f'(x_0)=0$时，曲线$y=f(x)$在点$(x_0,f(x_0))$处的切线方程为$y=y_0$；当$f'(x_0)$不存在时，曲线$y=f(x)$在点$(x_0,f(x_0))$处的切线方程为$x=x_0$或切线不存在。

相关例题见例3.14和例3.15。

典型例题

例3.7　填空题。

$(x)'=$__________　　$(x^{10})'=$__________

$\left(\dfrac{1}{x}\right)'=$__________　　$\left(\dfrac{1}{x^2}\right)'=$__________

$(\sqrt{x})'=$__________　　$\left(\sqrt[3]{x^2}\right)'=$__________

$\left(\frac{1}{\sqrt{x}}\right)'=$__________　　　　$\left(\frac{1}{\sqrt[3]{x}}\right)'=$__________

解：$(x)'=1$

$(x^{10})'=10x^{10-1}=10x^9$

$\left(\frac{1}{x}\right)'=(x^{-1})'=-x^{-2}=-\frac{1}{x^2}$

$\left(\frac{1}{x^2}\right)'=(x^{-2})'=-2x^{-3}=-\frac{2}{x^3}$

$(\sqrt{x})'=\left(x^{\frac{1}{2}}\right)'=\frac{1}{2}x^{\frac{1}{2}-1}=\frac{1}{2}x^{-\frac{1}{2}}=\frac{1}{2\sqrt{x}}$

$(\sqrt[3]{x^2})'=\left(x^{\frac{2}{3}}\right)'=\frac{2}{3}x^{\frac{2}{3}-1}=\frac{2}{3}x^{-\frac{1}{3}}=\frac{2}{3\sqrt[3]{x}}$

$\left(\frac{1}{\sqrt{x}}\right)'=\left(x^{-\frac{1}{2}}\right)'=-\frac{1}{2}x^{-\frac{1}{2}-1}=-\frac{1}{2}x^{-\frac{3}{2}}$

$\left(\frac{1}{\sqrt[3]{x}}\right)'=\left(x^{-\frac{1}{3}}\right)'=-\frac{1}{3}x^{-\frac{1}{3}-1}=-\frac{1}{3}x^{-\frac{4}{3}}$

例3.8　求$y=x^4+7x^3-x+10$的导数。

解：由代数和的导数运算法则得

$$y'=(x^4+7x^3-x+10)'=(x^4)'+(7x^3)'-(x)'+(10)'=4x^3+21x^2-1$$

例3.9　求$y=3x^4+\sin x-7\mathrm{e}^x$的导数。

解：由代数和的导数运算法则得

$$y'=3(x^4)'+(\sin x)'-7(\mathrm{e}^x)'=12x^3+\cos x-7\mathrm{e}^x$$

例3.10　求$y=x^2\mathrm{e}^x$的导数。

解：由乘积的导数运算法则得

$$y'=(x^2\mathrm{e}^x)'=(x^2)'\mathrm{e}^x+x^2(\mathrm{e}^x)'=2x\mathrm{e}^x+x^2\mathrm{e}^x$$

例3.11　求$y=x^3\ln x+2\sin x+5$的导数。

解：由导数四则运算法则得

$$\begin{aligned}y'&=(x^3\ln x)'+(2\sin x)'+(5)'\\&=(x^3)'\ln x+x^3(\ln x)'+2(\sin x)'+0\\&=3x^2\ln x+x^3\cdot\frac{1}{x}+2\cos x\\&=3x^2\ln x+x^2+2\cos x\end{aligned}$$

四则运算

例3.12　求$y=\dfrac{2x-1}{x+1}$的导数。

解：由商的导数运算法则得

$$y'=\frac{(2x-1)'(x+1)-(2x-1)(x+1)'}{(x+1)^2}$$

$$=\frac{2(x+1)-(2x-1)}{(x+1)^2}=\frac{3}{(x+1)^2}$$

例3.13　求$y=\tan x$的导数。

解：由商的导数运算法则得

$$y'=(\tan x)'=\left(\frac{\sin x}{\cos x}\right)'=\frac{(\sin x)'\cos x-\sin x(\cos x)'}{\cos^2 x}$$

$$=\frac{\cos^2 x+\sin^2 x}{\cos^2 x}=\frac{1}{\cos^2 x}=\sec^2 x$$

即

$$(\tan x)'=\frac{1}{\cos^2 x}=\sec^2 x$$

同理可得

$$(\cot x)'=-\frac{1}{\sin^2 x}=-\csc^2 x$$

例3.14　求曲线$y=x^3$在点(2,8)处的切线方程。

解：设切线斜率为k,则根据导数的几何意义及导数公式得

$$k=f'(2)=y'\big|_{x=2}=3x^2\big|_{x=2}=12$$

所以,切线方程为

$$y-8=12(x-2)$$

或

$$12x-y-16=0$$

例3.15　求曲线$y=x^2$在点(1,1)处的切线方程和法线方程。

解：设切线斜率为k,则根据导数的几何意义及导数公式,得

$$k=f'(1)=2$$

所以,切线方程为

$$y-1=2(x-1)$$

即

$$y=2x-1$$

法线方程为

$$y-1=-\frac{1}{2}(x-1)$$

即

$$y=-\frac{1}{2}x+\frac{3}{2}$$

应用案例

案例3.3　瞬时速度问题

某物体的运动方程为

$$s=t^2-t\ln t+5 \quad t\in[1,\ 5]$$

式中，s（单位：m）为路程，t（单位：s）为时间，求物体在 $t=3$s 时的瞬时速度（$\ln 3\approx 1.099$）。

解：瞬时速度就是路程在某一时刻的瞬时变化率，即路程函数在该点处的导数

$$v(3)=s'(3)$$

根据导数的四则运算法则

$$s'(t)=(t^2-t\ln t+5)'=2t-\ln t-t\cdot\frac{1}{t}=2t-\ln t-1$$

则

$$v(3)=s'(3)=(2t-\ln t-1)\Big|_{t=3}=6-\ln 3-1\approx 3.901(\mathrm{m/s})$$

故 $t=3$s 时的瞬时速度约为 3.901m/s。

案例3.4　冰箱温度变化率问题

冰箱断电后，其温度将慢慢升高。测试出某款冰箱断电后的时间 t 与温度 T 之间的关系为

$$T=\frac{2t}{0.05t+1}-20$$

则冰箱温度 T 关于时间 t 的变化率为多少？

解：根据导数的本质意义可知，冰箱温度 T 关于时间 t 的变化率为

$$\begin{aligned}\frac{\mathrm{d}T}{\mathrm{d}t}&=\left(\frac{2t}{0.05t+1}-20\right)'=\left(\frac{2t}{0.05t+1}\right)'\\&=\frac{(2t)'\cdot(0.05t+1)-2t\cdot(0.05t+1)'}{(0.05t+1)^2}\\&=\frac{2\times(0.05t+1)-2t\times 0.05}{(0.05t+1)^2}\\&=\frac{2}{(0.05t+1)^2}\end{aligned}$$

故冰箱温度 T 关于时间 t 的变化率为

$$\frac{\mathrm{d}T}{\mathrm{d}t}=\frac{2}{(0.05t+1)^2}$$

课堂巩固3.2

基础训练3.2

1. 求下列函数的导数。

(1) $y=x^2+\mathrm{e}^x+\sin x$　　　　(2) $y=\log_2 x+2\ln x+\cos x$

(3) $y=x^{e}+e^{x}-e^{e}$

(4) $y=2\sqrt{x}+\dfrac{2}{\sqrt{x}}$

(5) $y=x^{5}+5^{x}+5^{5}$

(6) $y=e^{x}\cdot\sin x$

(7) $y=(x^{2}+1)\ln x$

(8) $y=3^{x}e^{x}$

(9) $y=\dfrac{x+1}{x-1}$

(10) $y=\dfrac{\ln x}{x}$

2. 求下列函数的导数值。

(1) 已知$f(x)=2xe^{x}$,求$f'(0)$;

(2) 已知$f(x)=x+\dfrac{1}{x}$,求$f'(1)$。

3. 求曲线$y=\dfrac{2}{x}+x$在点(2,3)处的切线方程及法线方程。

提升训练 3.2

1. 求下列函数的导数。

(1) $y=x\sin x\ln x$

(2) $y=\dfrac{\sin t}{1+\cos t}$

(3) $y=\dfrac{2}{\sin x}+\dfrac{\sin x}{x}$

(4) $y=\dfrac{1+\ln x}{1-\ln x}$

2. 求下列函数的导数值。

(1) 已知$y=\tan x$,求$f'(x)$,$f'(0)$;

(2) 已知$f(x)=\dfrac{x}{4^{x}}$,求$f'(1)$。

3. 验证函数$y=x^{2}\ln x$满足关系式$xy'-2y=x^{2}$。

4. 已知曲线$y=x^{3}+x-2$与直线$y=4x-1$,试求曲线上这样的点,使得曲线在该点处的切线与已知直线$y=4x-1$平行。

3.3 复合函数的导数

问题导入

前面学习了基本初等函数的导数公式和四则运算法则,是否可以直接利用它们求解复合函数的导数呢?先看个引例,你是否认为$y=\sin 2x$的导数是$\cos 2x$呢?

引例　求$y=\sin 2x$的导数

解:因为$y=2\sin x\cdot\cos x$(倍角公式),所以

$$\begin{aligned}y'&=2(\sin x\cdot\cos x)'\\&=2[(\sin x)'\cdot(\cos x)+(\sin x)\cdot(\cos x)']\end{aligned}$$

$$=2(\cos^2 x-\sin^2 x)$$
$$=2\cos 2x$$

引例的求解利用了三角函数的倍角公式，将已知函数化归为基本初等函数标准型的和差积商形式予以解决。如果是$y=\sin\sqrt{7}\,x$，还能利用上面的方法进行求导吗？答案显然是否定的。可以试试下面的思路。

因为$y=\sin 2x$是由$y=\sin u$，$u=2x$复合而成的复合函数，而y关于中间变量u的导数y'_u和中间变量u关于自变量x的导数u'_x分别为

$$y'_u=\cos u=\cos 2x,\quad u'_x=2$$

根据引例的求解结果，可得$y'_x=2\cos 2x=2\cos u=y'_u\cdot u'_x$。以上的计算过程就是把复合函数分成简单函数，并且对简单函数分别求导数，最后把各自求得的导数相乘即可。如果此法具有一般性，那么此法不仅简单而且应用广泛。

知识归纳

3.3.1　复合函数的求导法则——链式法则

【定理3.3】　设$y=f(u)$与$u=\varphi(x)$可以复合成一个新的函数$y=f[\varphi(x)]$。如果$u=\varphi(x)$在点x处可导，而$y=f(u)$在x相对应的点$u[=\varphi(x)]$处也可导，那么复合函数$y=f[\varphi(x)]$在点x处可导，并且其导数为

$$y'=y'_u\cdot u'\quad 或\quad \{f[\varphi(x)]\}'=f'(u)\varphi'(x)$$

证明：因为$u=\varphi(x)$在点x处可导，故

$$\lim_{\Delta x\to 0}\frac{\Delta u}{\Delta x}=\varphi'(x)$$

又因为$y=f(u)$在点u处可导，同时由于可导必连续，所以当$\Delta x\to 0$时，$\Delta u\to 0$，即得

$$\lim_{\Delta x\to 0}\frac{\Delta y}{\Delta u}=\lim_{\Delta u\to 0}\frac{\Delta y}{\Delta u}=f'(u)$$

当$\Delta u\neq 0$时，由于$\frac{\Delta y}{\Delta x}=\frac{\Delta y}{\Delta u}\cdot\frac{\Delta u}{\Delta x}$，所以

$$\lim_{\Delta x\to 0}\frac{\Delta y}{\Delta x}=\lim_{\Delta x\to 0}\frac{\Delta y}{\Delta u}\cdot\lim_{\Delta x\to 0}\frac{\Delta u}{\Delta x}=\lim_{\Delta u\to 0}\frac{\Delta y}{\Delta u}\cdot\lim_{\Delta x\to 0}\frac{\Delta u}{\Delta x}$$

即

$$y'=\lim_{\Delta x\to 0}\frac{\Delta y}{\Delta x}=\lim_{\Delta x\to 0}\frac{\Delta y}{\Delta u}\cdot\lim_{\Delta x\to 0}\frac{\Delta u}{\Delta x}=f'(u)\cdot\varphi'(x)$$

也即

$$\{f[\varphi(x)]\}'=f'(u)\cdot\varphi'(x)$$

或

$$y'=y'_u\cdot u'$$

这就是复合函数的求导法则，也叫链式法则，即复合函数的导数等于已知函数对中间变量的导数乘以中间变量对自变量的导数。

3.3.2　复合函数求导数的步骤

（1）将复合函数分解为简单函数。

（2）对每个简单函数分别求导数。

（3）把所求的导数相乘。

相关例题见例 3.16～例 3.21。

3.3.3　复合函数求导数的说明

（1）在求复合函数导数时，是按复合函数由外向内的复合层次，一层一层对中间变量求导，直至对自变量x求导。

（2）求复合函数的导数，其关键是分析清楚复合函数的构造。经过一定数量的练习之后，应一步就能写出已知函数对中间变量的导数。

（3）复合函数的求导法则可以推广到有限次复合。如已知函数由$y=f(u)$，$u=\varphi(v)$，$v=w(x)$复合而成，则

$$y'=y'_u\cdot u'_v\cdot v'$$

注意：在求复合函数导数时，已知函数要对中间变量求导数，所以计算式中如果出现了中间变量，最后必须将中间变量用自变量的函数代换。

相关例题见例 3.22～例 3.24。

典型例题

复合函数的导数

例 3.16　求$y=\sin\sqrt{7}\,x$的导数。

解：设$y=\sin u$，$u=\sqrt{7}\,x$，则$y'_u=\cos u$，$u'=\sqrt{7}$。

故$y'=y'_u\cdot u'=\cos u\cdot\sqrt{7}=\sqrt{7}\cos\sqrt{7}\,x$。

例 3.17　求$y=\sin x^3$的导数。

解：设$y=\sin u$，$u=x^3$，则$y'_u=\cos u$，$u'=3x^2$。

故$y'=y'_u\cdot u'=\cos u\cdot 3x^2=3x^2\cos x^3$。

例 3.18　求$y=\sqrt{1-x^2}$的导数。

解：设$y=\sqrt{u}$，$u=1-x^2$，则$y'_u=\dfrac{1}{2\sqrt{u}}$，$u'=-2x$。

故$y'=y'_u\cdot u'=\dfrac{1}{2\sqrt{u}}\cdot(-2x)=-\dfrac{x}{\sqrt{1-x^2}}$。

说明：以上例题求解过程中引入了中间变量分解复合函数，然后应用定理3.3求导。熟练后可不必写出中间变量。

例3.19　求$y=\cos^2 x$的导数。

解：$y'=2\cos x\cdot(\cos x)'=-2\cos x\sin x=-\sin 2x$。

例3.20　求$y=\ln\sin x$的导数。

解：$y'=\dfrac{1}{\sin x}\cdot(\sin x)'=\dfrac{\cos x}{\sin x}=\cot x$。

例3.21　求$y=\mathrm{e}^{1-2x}$的导数。

解：$y'=\mathrm{e}^{1-2x}\cdot(1-2x)'=-2\mathrm{e}^{1-2x}$。

例3.22　求$y=\mathrm{e}^{\tan\frac{1}{x}}$的导数。

解：
$$y'=\mathrm{e}^{\tan\frac{1}{x}}\cdot\left(\tan\frac{1}{x}\right)'=\mathrm{e}^{\tan\frac{1}{x}}\cdot\sec^2\frac{1}{x}\cdot\left(\frac{1}{x}\right)'$$
$$=\mathrm{e}^{\tan\frac{1}{x}}\cdot\sec^2\frac{1}{x}\cdot\left(-\frac{1}{x^2}\right)=-\frac{1}{x^2}\mathrm{e}^{\tan\frac{1}{x}}\sec^2\frac{1}{x}$$

例3.23　求$y=x^2\cdot\sin\dfrac{1}{x}$的导数。

解：
$$y'=(x^2)'\sin\frac{1}{x}+x^2\left(\sin\frac{1}{x}\right)'=2x\sin\frac{1}{x}+x^2\cos\frac{1}{x}\left(\frac{1}{x}\right)'$$
$$=2x\sin\frac{1}{x}+x^2\cos\frac{1}{x}\left(-\frac{1}{x^2}\right)=2x\sin\frac{1}{x}-\cos\frac{1}{x}$$

复合函数的导数例3.23

例3.24　设$y=f(x^3)$，求y'。

解：设$y=f(u)$，$u=x^3$，则$y'_u=f'(u)$，$u'=3x^2$。

故$y'=y'_u\cdot u'=f'(u)\cdot 3x^2=3x^2f'(x^3)$。

应用案例

案例3.5　金属棒长度变化速度问题

设一根金属棒长度为l，当温度H每升高1℃，其长度增加4 mm，且时间t每过1小时，温度又升高2℃，请问随着时间的变化，该金属棒的长度的变化速度为多少？

解：将金属棒长度l看成关于温度H的函数，而温度H又是关于时间t的函数，则长度l是关于t的复合函数。

根据题意
$$\frac{\mathrm{d}l}{\mathrm{d}H}=4\quad\frac{\mathrm{d}H}{\mathrm{d}t}=2$$
则金属棒长度l随时间t的变化速度为
$$\frac{\mathrm{d}l}{\mathrm{d}t}=\frac{\mathrm{d}l}{\mathrm{d}H}\cdot\frac{\mathrm{d}H}{\mathrm{d}t}=4\times2=8$$
即每过1小时金属棒长度将增加8 mm。

案例3.6　碳-14的衰减速度问题

碳-14是碳的一种具有放射性的同位素，随着时间的推移，物体体内的碳-14成分会不断地减少，因此可以利用生物体内残余的碳-14成分含量推断它存在的时间，这在考古学中有重要应用。碳-14关于时间t的衰减函数为

$$Q=\mathrm{e}^{-0.000121t}\quad t\in[0,+\infty)$$

式中，Q是第t年后碳-14的余量（单位：g）。求碳-14的衰减速度。

解：碳-14的衰减速度就是Q关于时间t的导数，而Q是一个复合函数，可以利用复合函数求导法则解决该问题，即碳-14的衰减速度为

$$\frac{\mathrm{d}Q}{\mathrm{d}t}=\mathrm{e}^{-0.000121t}\cdot(-0.000121t)'=-0.000121\mathrm{e}^{-0.000121t}$$

课堂巩固3.3

基础训练3.3

1．求下列函数的导数。

(1) $y=\ln(4-x^2)$　　(2) $y=\cos(x^2+1)$

(3) $y=\ln\ln x$　　(4) $y=(3x+2)^{10}$

(5) $y=\mathrm{e}^{3x}$　　(6) $y=\sin^3 x$

(7) $y=\sin\mathrm{e}^x$　　(8) $y=\log_3(x^2+1)$

2．设$y=f(x)$为已知的可导函数，求下列复合函数的导数。

(1) $y=f(\sin x)$　　(2) $y=\mathrm{e}^{f(x)}$

提升训练3.3

1．求下列函数的导数。

(1) $y=\mathrm{e}^{-x^2}+\mathrm{e}^{x^2}$　　(2) $y=\mathrm{e}^{-x}\cos 3x$

(3) $y=x^2\cos\frac{1}{x}$　　(4) $y=\frac{\cos^3 x}{x^2+1}$

(5) $y=\ln\ln\ln x$　　(6) $y=\sin^4 5x$

2．设$y=f(x)$为已知的可导函数，求下列复合函数的导数。

(1) $y=f(\sin^2 x)$　　(2) $y=\mathrm{e}^{f(x^2)}$

3.4　高阶导数

问题导入

在定义3.3中学习了导函数$y'=f'(x)$，导函数仍然是一个函数，是否还可以继续求

导数呢？会有什么实际意义呢？

匀变速直线运动的路程公式为$s=v_0t+\frac{1}{2}at^2$(其中，v_0是初始速度，a是加速度)，某一时刻的速度公式为$v(t)=v_0+at$，学了导数的概念后再分析该问题，会发现路程s、速度v和加速度a之间存着如下导数关系：

$$s'=v_0+at=v(t)\quad v'(t)=a$$

实际上，加速度a就是路程s连续求两次导数的结果，即二阶导数。

知识归纳

3.4.1　二阶导数的定义

【定义3.4】　如果导函数$f'(x)$还可以对x求导数，则称$f'(x)$的导数为函数$y=f(x)$的二阶导数，记作

$$y'',\quad f''(x),\quad \frac{\mathrm{d}^2y}{\mathrm{d}x^2},\quad \frac{\mathrm{d}^2f(x)}{\mathrm{d}x^2}$$

这时，也称函数$f(x)$二阶可导。按导数定义，即得

$$f''(x)=\lim_{\Delta x\to 0}\frac{f'(x+\Delta x)-f'(x)}{\Delta x}$$

函数$y=f(x)$在点x_0处的二阶导数记作

$$y''\Big|_{x=x_0},\quad f''(x_0),\quad \frac{\mathrm{d}^2y}{\mathrm{d}x^2}\Bigg|_{x=x_0},\quad \frac{\mathrm{d}^2f(x)}{\mathrm{d}x^2}\Bigg|_{x=x_0}$$

3.4.2　高阶导数的定义

同理，函数$y=f(x)$的二阶导数$f''(x)$的导数称为函数$f(x)$的三阶导数，记作

$$y''',\quad f'''(x),\quad \frac{\mathrm{d}^3y}{\mathrm{d}x^3},\quad \frac{\mathrm{d}^3f(x)}{\mathrm{d}x^3}$$

一般地，$(n-1)$阶导数$f^{(n-1)}(x)$的导数称为函数$y=f(x)$的n阶导数，记作

高阶导数的概念

$$y^{(n)},\quad f^{(n)}(x),\quad \frac{\mathrm{d}^ny}{\mathrm{d}x^n},\quad \frac{\mathrm{d}^nf(x)}{\mathrm{d}x^n}$$

二阶和二阶以上的导数统称为高阶导数。自然地，函数$f(x)$的导数$f'(x)$就称为一阶导数。

说明：根据高阶导数的定义可知，求函数的高阶导数不需要新的方法，只要对函数一阶接着一阶求导就可以了。

相关例题见例3.25～例3.29。

典型例题

例3.25　设$f(x)=\ln x+e^x$，求$f''(x)$。

解：先求一阶导数

$$f'(x)=\frac{1}{x}+e^x$$

再求二阶导数

高阶导数

$$f''(x)=-\frac{1}{x^2}+e^x$$

例3.26　设$y=6x^3+3x^2+x+5$，求y'''，$y^{(4)}$。

解：

$$y'=6\cdot 3x^2+6x+1$$
$$y''=6\cdot 3\cdot 2x+6$$
$$y'''=6\cdot 3\cdot 2\cdot 1=6\cdot 3!=36$$
$$y^{(4)}=0$$

说明：对幂函数而言，有如下求导公式

$$(x^n)^{(m)}=\begin{cases}\dfrac{n!}{(n-m)!}(x)^{(n-m)}, & m<n\\ n!, & m=n\\ 0, & m>n\end{cases}$$

对多项式函数$P(x)=a_0x^n+a_1x^{n-1}+\cdots+a_{n-1}x+a_n$求导，当导数的阶数等于最高次幂时，其导数一定是一个常数，即$\left[P(x)\right]^{(n)}=n!$，所以当导数阶数$m>n$时，其导数一定等于零，即$\left[P(x)\right]^{(m)}=0$。

例3.27　求函数$y=\sin^3 x$在$x=\frac{\pi}{6}$处的二阶导数。

解：

$$y'=3\sin^2 x\cdot(\sin x)'=3\sin^2 x\cos x$$
$$\begin{aligned}y''&=3\left[\left(\sin^2 x\right)'\cdot\cos x+\sin^2 x\cdot(\cos x)'\right]\\&=3\left[2\sin x\cos x\cos x+\sin^2 x(-\sin x)\right]\\&=3\sin x\left(2\cos^2 x-\sin^2 x\right)\end{aligned}$$
$$\begin{aligned}y''\left(\frac{\pi}{6}\right)&=3\sin\frac{\pi}{6}\left(2\cos^2\frac{\pi}{6}-\sin^2\frac{\pi}{6}\right)\\&=3\times\frac{1}{2}\left[2\times\left(\frac{\sqrt{3}}{2}\right)^2-\left(\frac{1}{2}\right)^2\right]=\frac{3}{2}\times\left(\frac{3}{2}-\frac{1}{4}\right)=\frac{15}{8}\end{aligned}$$

例3.28　验证$y=e^x\sin x$满足关系式$y''-2y'+2y=0$。

解：先求y'和y''。

$$y'=\left(e^x\right)'\sin x+e^x(\sin x)'$$
$$=e^x\sin x+e^x\cos x=e^x(\sin x+\cos x)$$
$$y''=\left(e^x\right)'(\sin x+\cos x)+e^x(\sin x+\cos x)'$$
$$=e^x(\sin x+\cos x)+e^x(\cos x-\sin x)=2e^x\cos x$$

再将y,y'和y''的表示式代入$y''-2y'+2y$中,则

$$y''-2y'+2y=2e^x\cos x-2e^x(\sin x+\cos x)+2e^x\sin x=0$$

即$y=e^x\sin x$满足关系式$y''-2y'+2y=0$。

例3.29　求下列函数的n阶导数。

(1) $y=a^x$　　(2) $y=\sin x$

解:(1)

$$y'=\left(a^x\right)'=a^x\ln a$$
$$y''=\left(a^x\ln a\right)'=\ln a\left(a^x\right)'=a^x(\ln a)^2$$
$$y'''=\left(a^x\ln^2 a\right)'=\ln^2 a\left(a^x\right)'=a^x(\ln a)^3$$

由y,y'',y'''的表达式可推出n阶导数的表达式为

$$y^{(n)}=a^x(\ln a)^n$$

(2)

$$y'=(\sin x)'=\cos x=\sin\left(x+\frac{\pi}{2}\right)$$
$$y''=\left[\sin\left(x+\frac{\pi}{2}\right)\right]'=\cos\left(x+\frac{\pi}{2}\right)=\sin\left(x+\frac{2\pi}{2}\right)$$
$$y'''=\left[\sin\left(x+\frac{2\pi}{2}\right)\right]'=\cos\left(x+\frac{2\pi}{2}\right)=\sin\left(x+\frac{3\pi}{2}\right)$$

以此类推,可得

$$y^{(n)}=(\sin x)^{(n)}=\sin\left(x+\frac{n\pi}{2}\right)$$

应用案例

案例3.7　飞机加速度问题

飞机起飞后的一段时间内,设运动路程s(单位:m)与时间t(单位:s)的关系满足$s=t^3-\sqrt{t}$,请问当$t=4$时,飞机的瞬时加速度是多少?

分析:求加速度就相当于求路程的二阶导数。

解:

$$s'=3t^2-\frac{1}{2\sqrt{t}}$$
$$s''=\left(3t^2-\frac{1}{2\sqrt{t}}\right)'=6t+\frac{1}{4t\sqrt{t}}$$

当$t=4$时，飞机的瞬时加速度为

$$a=s''\big|_{t=4}=6\times4+\frac{1}{4\times4\times\sqrt{4}}\approx24.03(\mathrm{m/s^2})$$

案例3.8　汽车刹车问题

一辆汽车在投入使用前要经过多轮各种性能的测试，在测试某一款车的刹车性能时发现，刹车后汽车行驶的距离s(单位：m)与时间t(单位：s)满足关系式

$$s=19.2t-0.4t^3$$

则汽车从刹车开始到完全停车用时多长时间？此时的瞬时加速度为多少？

解：根据一阶导数和二阶导数的物理意义可知，速度函数和加速度函数分别为

$$v(t)=\frac{\mathrm{d}s}{\mathrm{d}t}=19.2-1.2t^2$$

$$a(t)=\frac{\mathrm{d}^2s}{\mathrm{d}t^2}=-2.4t$$

当汽车速度为零时就可以完全停车，即

$$v(t)=19.2-1.2t^2=0$$

解得

$$t=4\ \mathrm{s}$$

当$t=4$ s时的瞬时加速度为

$$a(4)=\frac{\mathrm{d}^2s}{\mathrm{d}t^2}\bigg|_{t=4}=-2.4\times4=-9.6(\mathrm{m/s^2})$$

故此款汽车从开始刹车到完全停车需要4s，此时的速度为减少速度，即瞬时加速度为$-9.6\mathrm{m/s^2}$。

课堂巩固3.4

基础训练3.4

1. 求下列函数的二阶导数。

(1) $y=\cos x+x^2$　　(2) $y=2\mathrm{e}^x+\sin x$

(3) $y=x\ln x$　　(4) $y=\mathrm{e}^{\sqrt{x}}$

(5) $y=\sin^2 x$　　(6) $y=\mathrm{e}^{-x^2}$

2. 求下列函数在给定点处的二阶导数。

(1) $f(x)=2x^3+\dfrac{1}{x}$，求$f''(-1)$；

(2) $f(x)=\ln x+\sqrt{x}$，求$f''(1)$；

(3) $f(x)=x\mathrm{e}^x$，求$f''(0)$；

(4) $f(x)=\sin\left(2x-\dfrac{\pi}{2}\right)$，求$f''\left(\dfrac{\pi}{2}\right)$。

提升训练 3.4

1．验证函数 $y=\cos e^x+\sin e^x$ 满足关系式 $y''-y'+ye^{2x}=0$。

2．设 $f(x)$ 二阶可导，求下列函数的二阶导数。

（1）$y=f(\ln x)$　　　　（2）$y=f(e^x)$

3.5　微分及其应用

问题导入

对函数 $y=f(x)$，当自变量 x 在点 x_0 处取改变量 Δx 时，因变量的改变量为

$$\Delta y=f(x_0+\Delta x)-f(x_0)$$

在实际应用中，有的问题需要计算当 $|\Delta x|$ 发生微小变化时的 Δy 的值。一般而言，Δy 是 Δx 的一个较复杂的函数，计算 Δy 往往比较困难。这正是微分研究的基本出发点——给出一个近似计算 Δy 的方法，并要达到两个要求：一是计算简便；二是近似程度好，即精度高。

引例　求金属薄片的面积改变量

设有一边长为 x 的正方形金属薄片，它的面积 $S=x^2$ 是 x 的函数。若该金属薄片受温度变化的影响，其边长由 x 改变了 Δx，如图 3.7 所示，相应地，面积 S 的改变量为

$$\begin{aligned}\Delta S&=(x+\Delta x)^2-x^2\\&=2x\Delta x+(\Delta x)^2\end{aligned}$$

注意到面积的改变量由以下两部分组成。

第一部分，$2x\Delta x$ 是 Δx 的线性函数，即图 3.7 中两个小矩形的面积。

第二部分，$(\Delta x)^2$ 是较 Δx 高阶的无穷小量，即图 3.7 中以 Δx 为边长的小正方形面积。

一般而言，当给边长 x_0 一个微小的改变量（增加或减少）Δx 时，由此所引起正方形面积的改变量 ΔS 可以近似地用第一部分——即 Δx 的线性函数 $2x_0\Delta x$ 来代替，这时所产生的误差是一个比 Δx 较高阶的无穷小量，即图 3.7 中以 Δx 为边长的小正方形面积。

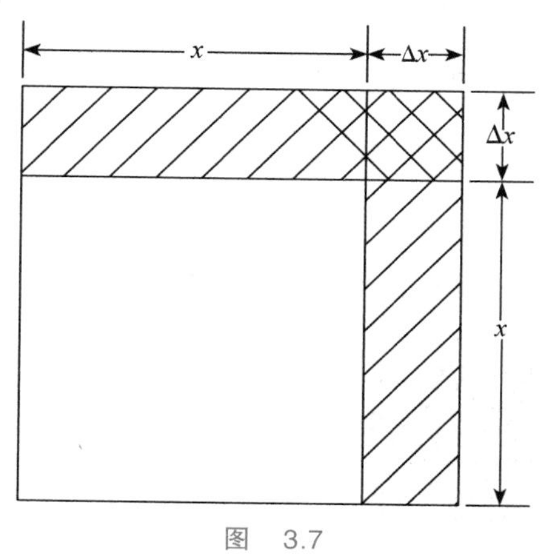

图　3.7

在上述问题中，函数 $S=x^2$ 的导数有

$$S'=2x,\qquad S'\big|_{x=x_0}=2x_0$$

这表明，用来近似代替面积改变量 ΔS 的 $2x_0\Delta x$，实际上是函数 $S=x^2$ 在点 x_0 处的导数 $2x_0$ 与自变量 x 在点 x_0 处的改变量 Δx 的乘积。这种近似代替具有一般性。

事实上，若函数 $y=f(x)$ 在点 x_0 处可导，即

$$\lim_{\Delta x \to 0} \frac{\Delta y}{\Delta x} = \lim_{\Delta x \to 0} \frac{f(x_0+\Delta x)-f(x_0)}{\Delta x} = f'(x_0)$$

由第2章无穷小量与函数极限关系的定理2.3得

$$\frac{\Delta y}{\Delta x} = f'(x_0)+a \quad 或 \quad \Delta y = f'(x_0)\cdot\Delta x + a\cdot\Delta x$$

其中$a\to 0$(当$\Delta x\to 0$时)。

上式说明，当自变量x在点x_0取得改变量Δx时，函数y相应的改变量Δy由以下两部分组成。

第一部分是$f'(x_0)\Delta x$，其中$f'(x_0)$是常数，它与Δx无关。若将$f'(x_0)$视为系数，则$f'(x_0)\Delta x$是Δx的线性函数。

第二部分是$a\cdot\Delta x$，其中当$\Delta x\to 0$时，$a\cdot\Delta x$是比Δx高阶的无穷小量。

这样，如果$f'(x_0)\neq 0$，那么当$|\Delta x|$很小时，第一部分$f'(x_0)\Delta x$就是Δy的主要部分。若用$f'(x_0)\Delta x$近似代替Δy，正符合我们的要求：作为Δx线性函数的$f'(x_0)\Delta x$，不但容易计算，而且所产生的误差仅是$a\cdot\Delta x$。

由以上分析可以看出，$f'(x_0)\Delta x$极为重要，为此，称它为函数$y=f(x)$在点x_0的微分，从而就有了微分的概念。

知识归纳

3.5.1 微分的概念

【定义3.5】 设函数$y=f(x)$在点x_0处可导，当自变量在点x_0处取得改变量Δx时，则称乘积$f'(x_0)\Delta x$为函数$y=f(x)$在点x_0处相应于自变量的改变量Δx的微分，记作

$$\mathrm{d}y\Big|_{x=x_0} \quad 或 \quad \mathrm{d}f(x)\Big|_{x=x_0}$$

即

$$\mathrm{d}y\Big|_{x=x_0} = f'(x_0)\Delta x$$

这时，也称函数$y=f(x)$在点x_0处可微。

微分及其应用——概念

若函数$y=f(x)$在区间(a,b)上的每一点都可微，则称$f(x)$为区间(a,b)上的可微函数。若$x\in(a,b)$，则函数$y=f(x)$在点x处的微分记作$\mathrm{d}y$，即

$$\mathrm{d}y = f'(x)\Delta x \quad 或 \quad \mathrm{d}y = y'\Delta x$$

通常称函数$y=f(x)$的微分$\mathrm{d}y$为函数改变量Δy的线性主部，并用$\mathrm{d}y$近似代替Δy。当$f'(x_0)\neq 0$时，微分$\mathrm{d}y$作为函数改变量Δy的近似值，即$\mathrm{d}y\approx\Delta y$。

说明：

(1) 对函数$y=x$，由于$y'=1$，从而

$$\mathrm{d}y = \mathrm{d}x = 1\times\Delta x = \Delta x$$

这个等式告诉我们：自变量的改变量Δx与其微分$\mathrm{d}x$相等。于是，函数$y=f(x)$的微分一般又可记作

$$\mathrm{d}y=f'(x)\mathrm{d}x \quad 或 \quad \mathrm{d}y=y'\Delta x$$

即函数的微分等于函数的导数与自变量微分的乘积。将上式改写作

$$y'=f'(x)=\frac{\mathrm{d}y}{\mathrm{d}x}$$

即函数的导数等于函数的微分与自变量的微分之商。在此之前，必须把$\frac{\mathrm{d}y}{\mathrm{d}x}$看作是导数的整体记号，现在就可以看作是分式了。

（2）由微分定义可知：对函数$y=f(x)$，在点x处可导与可微是等价的。或者说，函数$y=f(x)$在点x处可微的充要条件是$f(x)$在点x处可导。

相关例题见例3.30和例3.31。

3.5.2　微分的计算

按照微分的定义，如果函数的导数$f'(x)$已经算出，那么只要乘上因子$\Delta x=\mathrm{d}x$便得到函数的微分$\mathrm{d}y=f'(x)\mathrm{d}x$。

于是，由基本初等函数的导数公式、复合函数的求导法则和导数的运算法则，便有了如下的微分公式和微分法则。

1. 基本初等函数的微分公式

（1）$\mathrm{d}c=0$　（c为任意实数）

（2）$\mathrm{d}x^a=ax^{a-1}\mathrm{d}x$　（a为任意实数）

（3）$\mathrm{d}a^x=a^x\ln a\mathrm{d}x$　（$a>0,a\neq 1$）

（4）$\mathrm{d}\mathrm{e}^x=\mathrm{e}^x\mathrm{d}x$

（5）$\mathrm{d}\log_a x=\frac{1}{x\ln a}\mathrm{d}x$　（$a>0,a\neq 1$）

（6）$\mathrm{d}\ln x=\frac{1}{x}\mathrm{d}x$

（7）$\mathrm{d}\sin x=\cos x\mathrm{d}x$

（8）$\mathrm{d}\cos x=-\sin x\mathrm{d}x$

（9）$\mathrm{d}\tan x=\sec^2 x\mathrm{d}x$

（10）$\mathrm{d}\cot x=-\csc^2 x\mathrm{d}x$

2. 微分法则

（1）$\mathrm{d}[u(x)\pm v(x)]=\mathrm{d}u(x)\pm \mathrm{d}v(x)$

（2）$\mathrm{d}[u(x)v(x)]=v(x)\mathrm{d}u(x)+u(x)\mathrm{d}v(x)$

（3）$\mathrm{d}[cv(x)]=c\mathrm{d}v(x)$　（c为任意常数）

（4）$\mathrm{d}\left[\frac{u(x)}{v(x)}\right]=\frac{v(x)\mathrm{d}u(x)-u(x)\mathrm{d}v(x)}{[v(x)]^2}$

（5）$\mathrm{d}[f(\varphi(x))]=f'(\varphi(x))\varphi'(x)\mathrm{d}x$

3. 一阶微分形式和不变性

最后一个公式是复合函数的微分法则，由此法则可以得到微分的一个重要性质——一阶微分形式的不变性。

设函数$y=f(u)$对u可导，当u是自变量时或当u是某一自变量的可导函数时，都有

$$dy=f'(u)du$$

事实上，当u是自变量时，由于$f(u)$可导，则

$$dy=f'(u)du \tag{3.4}$$

当$u=\varphi(x)$且对x可导时，由$y=f(u)$、$u=\varphi(x)$构成的复合函数$y=f[\varphi(x)]$，由复合函数的微分法则，有

$$dy=f'[\varphi(x)]\varphi(x)dx$$

因$u=\varphi(x)$且$du=\varphi'(x)dx$，所以上式可写作

$$dy=f'(u)du \tag{3.5}$$

由以上推导说明，尽管式(3.4)与式(3.5)中的变量u的意义不同（一个表示自变量，一个表示中间变量），但在求微分的形式上，两式完全相同。通常把这个性质称为一阶微分形式的不变性。

相关例题见例 3.32 和例 3.33。

3.5.3 微分的几何意义

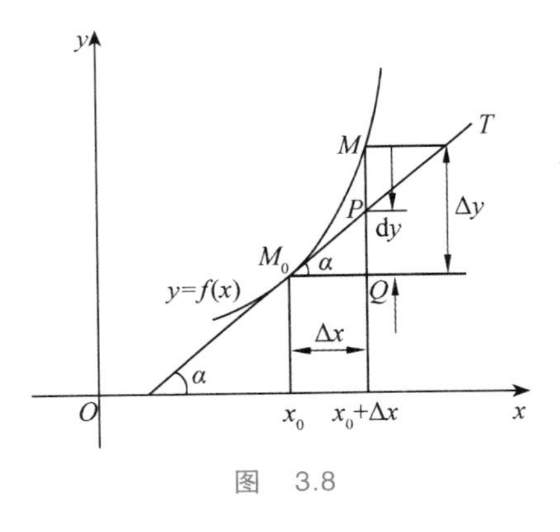

图 3.8

为了对微分有比较直观的了解，我们用图形来说明微分的几何意义。如图 3.8 所示，$MQ=\Delta y$，$M_0Q=\Delta x$，过点M_0作切线M_0T，它与x轴的夹角为α，则

$$QP=M_0Q\cdot\tan\alpha=\Delta x\cdot f'(x_0)$$

即$QP=dy$是ΔPQM_0的高。

当$|\Delta x|$很小时，$|\Delta y-dy|$比它更小。因此在点M_0的旁边，不仅可以用微分dy近似代替函数改变量Δy，还可以用切线段M_0P来近似代替曲线段M_0M。

3.5.4 微分的应用

前面已经说明，对函数$y=f(x)$，如果$f'(x_0)\neq 0$，那么当$|\Delta x|$较小时，可用该函数在点x_0处的微分dy近似代替改变量Δy，即

$$\Delta y\approx dy\Big|_{x=x_0}$$

而

$$\Delta y=f(x_0+\Delta x)-f(x_0)$$

$$dy\big|_{x=x_0}=f'(x_0)\Delta x$$

由此,有两个近似公式

$$\Delta y\approx f'(x_0)\Delta x \tag{3.6}$$

$$f(x_0+\Delta x)\approx f(x_0)+f'(x_0)\Delta x \tag{3.7}$$

其中,式(3.6)是将函数y在点x_0处的改变量Δy用在点x_0处的微分$f'(x_0)\Delta x$代替;而式(3.7)则将函数$f(x)$在点$x_0+\Delta x$处的函数值$f(x_0+\Delta x)$用在点x_0处的函数值$f(x_0)$与它在点x_0处的微分$f'(x_0)\Delta x$之和来表示。

相关例题见例3.34和例3.35。

典型例题

例3.30　有一正方形的边长为8cm,如果每边长增加:(1)1cm;(2)0.5cm,(3)0.1cm。试求在边长的不同改变条件下的面积分别改变多少,并分别求出面积(即函数)的微分。

解:设x表示正方形的边长,y表示正方形的面积,则

$$y=x^2 \quad y'=2x$$

$$\Delta y=(x+\Delta x)^2-x^2=2x\cdot\Delta x+(\Delta x)^2$$

$$dy=y'\Delta x=2x\cdot\Delta x$$

(1) 当$x=8$cm,$\Delta x=1$cm时,则

$$\Delta y=2\times8\times1+1^2=17(\text{cm}^2)$$

$$dy=2\times8\times1=16(\text{cm}^2)$$

$$|\Delta y-dy|=17-16=1(\text{cm}^2)$$

(2) 当$x=8$cm,$\Delta x=0.5$cm时,则

$$\Delta y=2\times8\times0.5+0.5^2=8.25(\text{cm}^2)$$

$$dy=2\times8\times0.5=8(\text{cm}^2)$$

$$|\Delta y-dy|=8.25-8=0.25(\text{cm}^2)$$

(3) 当$x=8$cm,$\Delta x=0.1$cm时,则

$$\Delta y=2\times8\times0.1+0.1^2=1.61(\text{cm}^2)$$

$$dy=2\times8\times0.1=1.6(\text{cm}^2)$$

$$|\Delta y-dy|=1.61-1.6=0.01(\text{cm}^2)$$

由以上计算并进行比较可知,对所给的函数$y=x^2$,当$x=8$给定时,$|\Delta x|$越小,用函数的微分dy近似代替函数的改变量Δy,其近似程度越好。

例3.31　在半径为1 cm的金属球表面镀上一层厚度为0.01 cm的铜,需要用多少克的铜(铜的密度为8.9 g/cm^3)?

解：镀层的体积等于两同心球体的体积之差，也就是球体体积 $V=\frac{4}{3}\pi R^3$ 在 $R_0=1$ 取的改变量 $\Delta R=0.01$ 时的改变量 ΔV。

由微分的定义可得

$$\Delta V\approx \mathrm{d}V=V'(R_0)\cdot\Delta R=4\pi\cdot R_0^2\cdot\Delta R=4\times 3.14\times 1^2\times 0.01=0.13(\mathrm{cm}^3)$$

故要用的铜约为

$$0.13\times 8.9=1.16(\mathrm{g})$$

例3.32　求下列函数的微分。

(1) $y=\mathrm{e}^x\sin x$　　　　(2) $y=\sin(2x+1)$

解：先求导数，再求微分。

(1) 因为

微分及其应用
例 3.32

$$y'=(\mathrm{e}^x\sin x)'=\mathrm{e}^x\sin x+\mathrm{e}^x\cos x$$

所以

$$\mathrm{d}y=y'\mathrm{d}x=\mathrm{e}^x(\sin x+\cos x)\mathrm{d}x$$

(2) 把 $2x+1$ 看成 u，则

$$\begin{aligned}\mathrm{d}y&=\mathrm{d}(\sin u)=\cos u\cdot\mathrm{d}u=\cos(2x+1)\mathrm{d}(2x+1)\\&=\cos(2x+1)\cdot 2\mathrm{d}x=2\cos(2x+1)\mathrm{d}x\end{aligned}$$

例3.33　求下列函数的微分。

(1) $y=\mathrm{e}^x\ln x^2+\sin x$　　　　(2) $y=\mathrm{e}^{ax+bx^2}$

解：(1) $\mathrm{d}y=\mathrm{d}(\mathrm{e}^x\ln x^2)+\mathrm{d}\sin x=\ln x^2\mathrm{d}\mathrm{e}^x+\mathrm{e}^x\mathrm{d}\ln x^2+\cos x\mathrm{d}x$

$$\begin{aligned}&=\ln x^2\cdot\mathrm{e}^x\mathrm{d}x+\mathrm{e}^x\cdot\frac{2}{x}\mathrm{d}x+\cos x\mathrm{d}x\\&=\left(\mathrm{e}^x\ln x^2+\frac{2\mathrm{e}^x}{x}+\cos x\right)\mathrm{d}x\end{aligned}$$

(2) $\mathrm{d}y=\mathrm{d}\left(\mathrm{e}^{ax+bx^2}\right)=\mathrm{e}^{ax+bx^2}\mathrm{d}(ax+bx^2)=\mathrm{e}^{ax+bx^2}\left[\mathrm{d}(ax)+\mathrm{d}(bx^2)\right]$

$$=\mathrm{e}^{ax+bx^2}(a\mathrm{d}x+2bx\mathrm{d}x)=(a+2bx)\mathrm{e}^{ax+bx^2}\mathrm{d}x$$

例3.34　求 $\sqrt[5]{1.03}$ 的近似值。

分析　求近似值可想到用微分。$\sqrt[5]{1.03}$ 可看作是函数 $f(x)=\sqrt[5]{x}$ 在 $x=1.03$ 处的值，这是求函数值的问题，应用式(3.7)。

微分及其应用
例 3.34

由于 $1.03=1+0.03$，而 $\sqrt[5]{1}$ 易于计算且 0.03 较小，可把 1 看作是式(3.7)中的 x_0，0.03 看作是 Δx。

解：设 $f(x)=\sqrt[5]{x}$，$x_0=1$，$\Delta x=0.03$。

由于 $f(1.03)=\sqrt[5]{1.03}$，$f(1)=\sqrt[5]{1}=1$，且 $f'(x)=\frac{1}{5}x^{-\frac{4}{5}}$，$f'(1)=\frac{1}{5}$，所以由式(3.7)，有

$$f(1.03)\approx f(1)+f'(1)\cdot(0.03)$$

即
$$\sqrt[5]{1.03}\approx\sqrt[5]{1}+\frac{1}{5}\times 0.03=1.006$$

例3.35　求 $\sin 29^\circ$ 的近似值。

解：利用式(3.7)。由于 $29^\circ=30^\circ-1^\circ$，而 $\sin 30^\circ$ 是易于计算的，于是设 $f(x)=\sin x$，$x_0=30^\circ=\frac{\pi}{6}$，$\Delta x=-1^\circ=-0.0175$(弧度)。

由于 $f\left(\frac{\pi}{6}\right)=\sin\frac{\pi}{6}=\frac{1}{2}$，因此 $\sin 29^\circ=f\left(\frac{\pi}{6}-0.0175\right)=\sin\left(\frac{\pi}{6}-0.0175\right)$。

由于 $f'(x)=\cos x$，因而 $f'\left(\frac{\pi}{6}\right)=\cos\frac{\pi}{6}=\frac{\sqrt{3}}{2}$。

所以由式(3.7)，有
$$\begin{aligned}\sin 29^\circ&\approx\sin\left(\frac{\pi}{6}-0.0175\right)\\&\approx\sin\frac{\pi}{6}+\left(\cos\frac{\pi}{6}\right)\times(-0.0175)=\frac{1}{2}-\frac{\sqrt{3}}{2}\times 0.0175\\&=\frac{1}{2}-\frac{1}{2}\times 1.732\times 0.0175=\frac{1}{2}-0.0151=0.485\end{aligned}$$

由于微分在近似计算中的作用，我们有了更精确的三角函数表和对数表。

应用案例

案例3.9　总消费问题

设某国的国民经济消费模型为
$$y=10+0.4x+0.01x^{\frac{1}{2}}$$
式中，y 为总消费(单位：十亿元)；x 为可支配收入(单位：十亿元)。当 $x=100.05$ 时，问总消费是多少？

解：令 $x_0=100$，$\Delta x=0.05$，因为 Δx 相对于 x_0 较小，可用上面的近似公式求值。
$$\begin{aligned}f(x_0+\Delta x)&\approx f(x_0)+f'(x_0)\Delta x\\&=\left(10+0.4\times 100+0.01\times 100^{\frac{1}{2}}\right)+\left(10+0.4x+0.01x^{\frac{1}{2}}\right)'\Big|_{x=100}\cdot\Delta x\\&=50.1+\left(0.4+\frac{0.01}{2\sqrt{x}}\right)\Big|_{x=100}\times 0.05\\&=50.12(\text{十亿元})\end{aligned}$$

案例3.10　钟摆周期问题

机械挂钟钟摆的周期为1s。在冬季，因冷缩原因摆长缩短了0.01cm，钟表每天大约快多少？

解：由单摆的周期公式

$$T=2\pi\sqrt{\frac{l}{g}}$$

式中，l是摆长（单位：cm）；g是重力加速度（980 cm/s^2），可得

$$\frac{\mathrm{d}T}{\mathrm{d}l}=\frac{\pi}{\sqrt{gl}}$$

当$|\Delta l|\ll l$时，

$$\Delta T\approx \mathrm{d}T\approx\frac{\pi}{\sqrt{gl}}\Delta l$$

根据题意，钟摆的周期是1s，即

$$1=2\pi\sqrt{\frac{l}{g}}$$

由此可知钟摆的原长是$\frac{g}{(2\pi)^2}$cm。现摆长的增量$\Delta l=-0.01$cm，于是可得钟摆周期的相应增量是

$$\Delta T\approx \mathrm{d}T\approx\frac{\pi}{\sqrt{g\cdot\frac{g}{(2\pi)^2}}}\times(-0.01)$$

$$\approx\frac{2\pi^2}{g}\times(-0.01)\approx-0.0002(\mathrm{s})$$

这就是说，由于摆长缩短了0.01cm，钟摆的周期便相应缩短了约0.0002s，即每秒约快0.0002s，从而每天约快$0.0002\times24\times60\times60=17.28(\mathrm{s})$。

课堂巩固 3.5

基础训练 3.5

1. 若$x=1$，当$\Delta x=0.1,0.01$时，问对于$y=x^2$，Δy与$\mathrm{d}y$之差是多少？

2. 求下列函数的微分。

(1) $y=x^2+2x+5$　　(2) $y=x\sin x$

(3) $y=\cos x^2$　　(4) $y=\frac{\cos x}{1-x^2}$

(5) $y=\sqrt{1-x^2}$　　(6) $y=\ln\sin x$

提升训练 3.5

1. 求下列各数的近似值。

(1) $\sqrt[5]{0.95}$　　(2) $\cos 60°20'$

2. 一平面圆形环,其内径为10cm,宽为0.01cm,求圆环面积的近似值。

3. 证明:当$|x|$很小时,有以下近似公式。

(1) $\sin x \approx x$　　(2) $e^x \approx 1+x$

总结提升3

1. 选择题。

(1) 函数$f(x)$在点x_0处可导,则极限$\lim\limits_{x \to x_0} f(x)=$(　　)。

A. $f'(x)$　　B. 0

C. $f(x_0)$　　D. 无法确定

(2) 已知函数$f(x)$在点x_0处可导,则极限$\lim\limits_{\Delta x \to 0} \dfrac{f(x_0-3\Delta x)-f(x_0)}{\Delta x}=$(　　)。

A. $-3f'(x_0)$　　B. $3f'(x_0)$

C. $-\dfrac{1}{3}f'(x_0)$　　D. $\dfrac{1}{3}f'(x_0)$

(3) 已知函数$f(x)$在点$x=2$处可导,且$f'(2)=1$,则极限$\lim\limits_{h \to 0} \dfrac{f(2+h)-f(2-h)}{h}=$(　　)。

A. 0　　B. 1

C. 2　　D. 3

(4) 函数$f(x)$在点x_0处连续是在该点处可导的(　　)。

A. 必要条件　　B. 充分条件

C. 充要条件　　D. 无关条件

(5) 下列说法正确的是(　　)。

A. 函数在点x_0处不可导,则在点x_0处必不存在切线

B. 函数在点x_0处不连续,则在点x_0处必不可导

C. 函数在点x_0处不可导,则在点x_0处必不连续

D. 函数在点x_0处不可导,则极限$\lim\limits_{x \to x_0} f(x)$必不存在

(6) 设函数$f(x)$在区间(a,b)内连续,且$x_0 \in (a,b)$,则在点x_0处(　　)。

A. $f(x)$没有定义

B. $f(x)$的极限不存在

C. $f(x)$的极限存在,但不一定可导

D. $f(x)$的极限存在且可导

(7) 下列导数运算中不正确的是(　　)。

A. $\left(\dfrac{x}{\sin x}\right)'=\dfrac{\sin x - x\cos x}{\sin^2 x}$　　B. $\left(\dfrac{1}{\cos x}\right)'=\dfrac{\sin x}{\cos^2 x}$

C. $\left(\frac{1}{\sin x}\right)'=-\frac{1}{\cos x}$　　D. $\left(\frac{4}{x}\right)'=-\frac{4}{x^2}$

(8) 下列函数中导数为$\frac{1}{2}\sin 2x$的是(　　)。

A. $\frac{1}{2}\cos 2x$　　B. $\frac{1}{2}\sin^2 x$

C. $\frac{1}{2}\cos^2 x$　　D. $\frac{1}{4}\cos 2x$

(9) 下列函数中导数为$-\frac{1}{x}$的是(　　)。

A. $\ln(-x)$　　B. $\ln x$

C. $\ln\frac{3}{x}$　　D. $\ln\frac{3}{x^2}$

(10) 设$f(x)=x\ln x$，且$f'(x_0)=2$，则$f(x_0)=$(　　)。

A. 1　　B. $\frac{2}{\mathrm{e}}$　　C. $\frac{\mathrm{e}}{2}$　　D. e

(11) 下列导数运算中正确的是(　　)。

A. $(x\sin x)'=\cos x$　　B. $(x\ln x)'=\ln x+1$

C. $\left(x^2\mathrm{e}^x\right)'=2x\mathrm{e}^x$　　D. $\left(3^x a^x\right)'=3^x\ln 3+a^x\ln a$

(12) 下列函数中在$x=0$处导数值为0的是(　　)。

A. x^2+x　　B. $\frac{x+1}{x-1}$

C. $x+\mathrm{e}^{-x}$　　D. $\frac{x}{\cos x}$

(13) 曲线$y=1+\sqrt{x}$在$x=4$处的切线方程是(　　)。

A. $y=-\frac{1}{4}x+2$　　B. $y=\frac{1}{4}x-2$

C. $y=\frac{1}{4}x+2$D. $y=-\frac{1}{4}x-2$

(14) 已知$y=\sin x$，则$y^{(4)}=$(　　)。

A. $\sin x$　　B. $\cos x$

C. $-\sin x$　　D. $-\cos x$

(15) 已知$y=x\ln x$，则$y^{(10)}=$(　　)。

A. $-\frac{1}{x^9}$　　B. $\frac{1}{x^9}$　　C. $\frac{8!}{x^9}$　　D. $-\frac{8!}{x^9}$

(16) 已知函数$f(x)=\frac{1}{2x}+4\sqrt{x}$，则二阶导数$f''(1)=$(　　)。

A. -2　　B. -1　　C. 0　　D. 1

(17) 函数$f(x)$在点x_0处可导是在该点处可微的(　　)。

A. 必要条件　　B. 充分条件

C. 充要条件　　　　D. 无关条件

2. 填空题。

（1）若极限 $\lim\limits_{h\to 0}\dfrac{f(x_0+2h)-f(x_0)}{h}=4$，则导数值 $f'(x_0)=$________。

（2）若函数 $f(x)$ 在点 $x_0=1$ 处可导，且极限 $\lim\limits_{\Delta x\to 0}\dfrac{f(1+2\Delta x)-f(1)}{\Delta x}=\dfrac{1}{2}$，则导数值 $f'(x_0)=$________。

（3）已知函数 $y=x(x-1)(x-2)(x-3)$，则导数值 $f'(3)=$________。

（4）函数 $y=\sqrt{1+x}$ 在点 $x=0$ 处，当自变量改变量 $\Delta x=0.04$ 时的微分值为________。

（5）设 $y=6x^3+3x^2+x+5$，则 $y^{(3)}=$________；$y^{(4)}=$________。

3. 求下列函数的导数。

（1）$y=\dfrac{x}{4}+4x^4+4\ln 3$

（2）$y=\dfrac{x^6}{6}+\dfrac{6}{x^6}$

（3）$y=\sqrt{x^3}+3\sqrt[3]{x^2}$

（4）$y=\log_2 x-\log_5 x$

（5）$y=x^{\mathrm{e}}+\mathrm{e}^x+\mathrm{e}^{\mathrm{e}}$

（6）$y=5^x-x^5$

（7）$y=10^{10}-10^x$

（8）$y=\cot x+x$

（9）$y=x^3(x^2+4x-2)$

（10）$y=\dfrac{1}{x}-\tan x$

（11）$y=\mathrm{e}^x\tan x$

（12）$y=10^x\ln x$

（13）$y=x^2\ln x$

（14）$y=(x+2)\mathrm{e}^x$

（15）$y=x^2 2^x$

（16）$y=x\sin x\ln x$

（17）$y=(\sqrt{x}+1)\left(\dfrac{1}{\sqrt{x}}-1\right)$

（18）$y=\dfrac{x}{\ln x}$

（19）$y=\dfrac{x}{1+x^2}$

（20）$y=\dfrac{\cos x}{x}$

（21）$y=\dfrac{2}{x+\ln x}$

（22）$y=\dfrac{9}{1-x}$

（23）$y=(1+2x)^{10}$

（24）$y=\dfrac{1}{\sqrt{1+x^2}}$

（25）$y=2^{x^2}$

（26）$y=\mathrm{e}^{\sqrt{x}}$

（27）$y=\lg(1+10^x)$

（28）$y=\ln(x+1)$

（29）$y=\cos x^5$

（30）$y=\tan\left(x-\dfrac{\pi}{8}\right)$

（31）$y=\ln\ln x$

（32）$y=\cos 8x$

（33）$y=(1+10^x)^3$

（34）$y=\sqrt{1+\ln x}$

(35) $y=\ln(1+\sqrt{x})$

(36) $y=\sin e^{x}$

(37) $y=e^{\sin x}$

(38) $y=\cos^{5}x$

(39) $y=\tan e^{2x}$

(40) $y=\ln\cos\sqrt{x}$

(41) $y=x\tan\sqrt{x}$

(42) $y=\sqrt{\ln x}+\ln\sqrt{x}$

(43) $y=\dfrac{1}{e^{3x}+1}$

(44) $y=\dfrac{\sin 3x}{x}$

4. 求下列函数在给定点处的导数。

(1) $f(x)=x^{3}-3^{x}+\ln 3$,求$f'(3)$;

(2) $f(x)=(x+2)\log_{2}x$,求$f'(2)$;

(3) $f(x)=\sin\dfrac{1}{x}$,求$f'\left(\dfrac{1}{\pi}\right)$;

(4) $f(x)=\cos\sqrt{x}$,求$f'(\pi^{2})$。

5. 已知函数$f(x)$可导,求下列函数的导数。

(1) $y=f(\sqrt{x})$

(2) $y=\sqrt{f(x)}$

(3) $y=f(e^{x})$

(4) $y=e^{f(x)}$

(5) $y=f(\sin x)$

(6) $y=\sin f(x)$

(7) $y=f(\ln x)$

(8) $y=\ln f(x)$

6. 求曲线在指定点处的切线方程。

(1) 曲线$y=\ln x$在点$(1,0)$处;

(2) 曲线$y=x^{3}-x$在点$(1,0)$处;

(3) 曲线$y=\sin x$在点$(0,0)$,$\left(\dfrac{\pi}{2},1\right)$处;

(4) 曲线$y=\cos x$在点$(0,1)$,$\left(\dfrac{\pi}{2},0\right)$处。

7. 设曲线$y=x+x^{2}$上点$M_{0}(x_{0},y_{0})$处的切线平行于直线$y=-3x+1$,求切点M_{0}的坐标(x_{0},y_{0})。

8. 设曲线$y=\dfrac{1}{8}x^{4}+1$的一条切线平行于直线$y=4x-5$,求此切线方程。

9. 求下列函数的二阶导数。

(1) $y=x^{4}-2x^{3}+3$

(2) $y=x^{3}\ln x$

(3) $y=e^{-x}\sin x$

(4) $y=\sin^{2}x$

(5) $y=\ln^{2}x$

(6) $y=xe^{x^{2}}$

(7) $y=x\ln x$

(8) $y=e^{\sqrt{x}}$

10. 求下列函数在给定点处的二阶导数。

(1) $f(x)=x^{3}e^{x}$,求$f''(1)$;

(2) $f(x)=\sqrt{1+x^{2}}$,求$f''(0)$;

(3) $f(x)=\ln(1+x)$,求$f''(0)$。

11. 求下列函数的n阶导数。

(1) $y=\mathrm{e}^{ax}$

(2) $y=\ln(1+x)$

12. 求下列函数的微分。

(1) $y=4x^3-x^4$

(2) $y=\dfrac{x}{\sin x}$

(3) $y=3^{\ln x}$

(4) $y=\mathrm{e}^x\sin x$

(5) $y=\dfrac{1+x}{1-x}$

(6) $y=\dfrac{1}{\sqrt{\ln x}}$

(7) $y=\sin\sqrt{x}$

(8) $y=\cos x^2$

(9) $y=\mathrm{e}^{3x}\sin\dfrac{x}{2}$

(10) $y=\sqrt{1-x^2}$

13. 求下列各数的近似值。

(1) $\mathrm{e}^{0.05}$

(2) $\ln 1.03$

第4章　导数的应用

从应用走向理论——微积分的发展历程

数学故事

近代数学区别于古代数学的显著特征就是从研究“常量”转变为研究“变量”。17世纪资本主义的崛起、生产力的迅猛发展、机械化生产的出现对科学技术提出了更高的要求，特别是已有的数学理论已经不能满足社会的需求，在实践中产生许多有关“变量”的科学问题。例如，物体的变速运动、天文学中的光学问题、航海中的导航定位、武器的射程弹道等问题。于是数学进入了“变量”数学的时代，特别是解析几何的发展对微积分理论的发展产生了深远的影响。

微积分是微分学和积分学的总称，是“无限细分”和“无限求和”思想的体现。积分学早于微分学出现，是在求曲线或者面积时发展出来的。古希腊的数学家和物理学家阿基米德就用分割求和等方式求出了抛物线弓形的面积以及阿基米德螺线围成的面积，这是定积分最初的萌芽，但是当时由于对无限的恐惧，并没有利用极限的思想进行深入的研究，直到后来数学家们认识了无穷小，从此打开了通向微积分的大门。第一个使用无穷小来计算面积的是德国著名的天文学家和数学家开普勒，他在著作《测量酒桶体积的新科学》中认定几何图形都是由无穷多个同纬数的无穷小图形组成的，进而利用分割求和与无穷小来求解面积问题，这也逐渐接近了现代定积分的内容。

古代中国在极限理论的发展上毫不逊色于西方，庄周(见图4.1)所著的《庄子》一书中就有“一尺之棰，日取其半，万世不竭”的极限思想。《墨经》中也有关于无穷和无限的描述。刘徽在《九章算术注》中提到了著名的割圆术，也是极限理论的体现，并为研究圆周率打下了基础。后来祖冲之利用极限思想研究了圆周率等问题，将圆周率精确到了3.1415926～3.1415927，并提出了著名的“祖暅原理”，给出了计算球体积的正确公式。中国古代在微积分初期的基础理论研究方面有着杰出的研究成果，许多研究成果成为微积分创立的关键，但是后期由于政治文化制度的影响，数学等科学水平日渐衰落，在微积分的创立方面发展逐渐落后。

图　4.1

17世纪后，对运动和变化的研究成为学术研究的中心。变量数学研究上的一个重要标志就是笛卡尔和费尔马在平面中引入坐标，建立了平面坐标系，将几何问题转化为代数问题，建立了解析几何，为微积分的创立奠定了基础。之后，牛顿在1671年、1676年和1687年分别发表了有关微积分的经典著作，最初的微积分被称为“无穷小分析”，同时牛顿也提出了反微分，也就是后来的不定积分。莱布尼茨在1673年也提出了有关微积分的理论，并创作了微积分的符号，促进了微积分的发展，但是当时由于牛顿的名气更大，所以很多人并没有接受莱布尼茨的符号。直到后来，由于莱布尼茨符号的简洁性和实用性而得以流传和广泛应用。

但是，牛顿和莱布尼茨虽然给出了微积分的基本理论，但是由于“无穷小”概念的不清晰，导致了第二次数学危机的爆发，微积分的发展一度停滞不前。18世纪，伯努利、欧拉、拉格朗日、克雷尔、达朗贝尔、马克劳林等数学家对函数和极限的深入研究，将微积分和定积分推广到了二元、多元，并且产生了无穷级数、微分方程、变分法等分支学科。到19世纪末，经过波尔查诺、柯西、维尔斯特拉斯等数学家对“无穷小”等概念的精确定义后，微积分的理论基础基本完成，第二次数学危机顺利解决，之后微积分迅猛发展起来。

数学思想

牛顿和莱布尼茨对微积分的研究都是建立在极限和无穷小的基础上，牛顿是从物理学的角度解决运动的问题，并建立重要的数学理论——“流数术”，而莱布尼茨是从几何学的角度研究曲线的切线和所围的面积出发，运用分析学方法创立了微积分的概念，并且创造了微积分的符号，促进了微积分的发展。牛顿在应用上更多地结合了运动学，因此在学术造诣上更胜一筹，但是莱布尼茨运用简洁的符号来表达微积分的实质，让微积分得到了发展。

数学的发展都是从社会的实际需求出发，根据应用的需要逐步发展和完善初步理论。微积分促进了现代科学技术的迅猛发展——航天飞机、宇宙飞船等现代化的交通工具都是微积分发展后的产物。在微积分的帮助下，牛顿发现了万有引力定律，证明了宇宙的数学设计。如今，微积分不但成为自然科学和工程技术的基础，还渗入经济、金融活动的方方面面，在人文社会科学领域中也有着广泛的应用。

数学人物

李善兰(图4.2)是浙江宁海人，近代著名的数学家、天文学家、力学家和植物学家，创立了二次平方根的幂级展开式，这是19世纪中国数学界的最大成就。9岁时，李善兰发现父亲的藏书《九章算术》，从此迷上了数学，后来又自学了欧几里得的《几何原本》，这两种思想迥异的数学著作为他的数学之路打下了坚实的基础。

图　4.2

李善兰不仅在数学研究上有很深的造诣，

还在代数学、几何学以及微积分在中国的传播中发挥了重要的作用。1852年，李善兰将自己的数学著作给来华的传教士，受到了大力的赞赏，从此走上了与外国人合作翻译科学著作的道路。他先后翻译了《几何原本》《代数学》《代微积拾级》等著作，都广为流传，并为微积分在中国的发展作出了重要的贡献。李善兰在翻译西方数学著作时，首创了许多沿用至今的数学词语，如微积分中的微分、积分、无穷、极限、曲率；代数中的函数、常数、变数、系数、未知数、方程式等；几何中的原点、切线、法线、螺线、抛物线等。

4.1 微分中值定理

问题导入

导数刻画了函数在一点附近的变化率问题，是一个局部性的概念，但在实际问题中还需要研究函数在一个区间上的变化情况。本节将介绍微分中值定理，主要包括罗尔中值定理、拉格朗日中值定理与柯西中值定理。在应用导数研究函数的各种性质时，微分中值定理起桥梁作用，本章的许多结果都建立在中值定理的基础之上。因此，中值定理构成了导数应用的理论基础。

知识归纳

4.1.1 罗尔中值定理

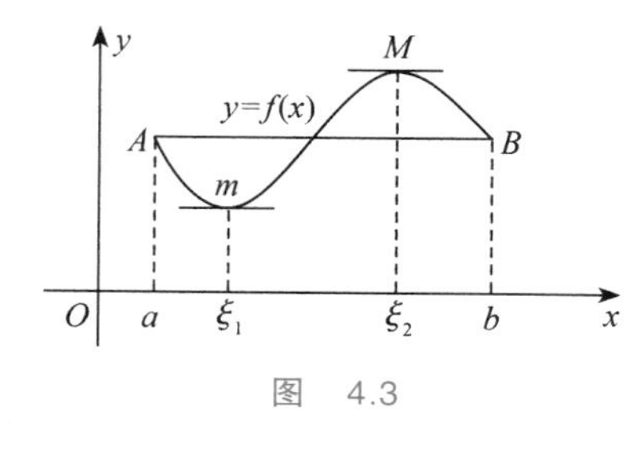

图 4.3

观察图4.3，如果函数$y=f(x)$在闭区间$[a,b]$上连续，在开区间(a,b)内可导，且端点函数值$f(a)=f(b)$，这时会有什么结果？连接函数曲线$y=f(x)$的两个端点A，B得到弦AB。

由于$f(x)$在闭区间$[a,b]$上连续，从而函数曲线$y=f(x)$在闭区间$[a,b]$上不断开；又由于函数$f(x)$在开区间(a,b)内可导，从而函数曲线$y=f(x)$在开区间(a,b)内处处存在切线，且切线不垂直于x轴。

从函数图像上发现，当端点函数值$f(a)=f(b)$时，在$y=f(x)$的最大值M与最小值m分别在ξ_1和ξ_2取得，曲线的切线与x轴平行，由导数的几何意义可得，点ξ_1和ξ_2处的导数分别为$f'(\xi_1)=0$，$f'(\xi_2)=0$。

以上观察具有普遍性，即下面的罗尔中值定理。

【定理4.1】（罗尔中值定理） 设函数$f(x)$满足条件：

（1）在闭区间$[a,b]$上连续；

（2）在开区间(a,b)内可导；

（3）在区间两个端点的函数值相等，即$f(a)=f(b)$。

则至少存在一点$\xi\in(a,b)$，使得$f'(\xi)=0$。

证明：如果函数$f(x)\equiv C$，则对于任意的$x\in(a,b)$，恒有$f'(x)=0$，结论自然成立。

为此假设$f(x)\neq C$，如图4.3所示。因为函数$f(x)$在区间$[a,b]$上连续，由闭区间上连续函数的最值性质可知，$f(x)$在$[a,b]$上必能取得最小值m和最大值M，也即存在点ξ_1、ξ_2，使得$f(\xi_1)=m$、$f(\xi_2)=M$且$m\neq M$。

由于$f(a)=f(b)$，则数M与m中至少有一个不等于端点的函数值$f(a)$，不妨设$M\neq f(a)$，下面证明$f'(\xi_2)=0$。

由于$f(\xi_2)=M$，所以$f(\xi_2+\Delta x)-f(\xi_2)\leqslant 0$，$\Delta x\neq 0$。

所以当$\Delta x>0$时，$\dfrac{f(\xi_2+\Delta x)-f(\xi_2)}{\Delta x}\leqslant 0$，由极限的保号性质，即有

$$f'_+(\xi)=\lim_{\Delta x\to 0^+}\frac{f(\xi_2+\Delta x)-f(\xi_2)}{\Delta x}\leqslant 0$$

类似地，当$\Delta x<0$时，$\dfrac{f(\xi_2+\Delta x)-f(\xi_2)}{\Delta x}\geqslant 0$，所以

$$f'_-(\xi)=\lim_{\Delta x\to 0^-}\frac{f(\xi_2+\Delta x)-f(\xi_2)}{\Delta x}\geqslant 0$$

最后，由于$f(x)$在(a,b)内可导，因此$f'(\xi_2)=f'_+(\xi_2)=f'_-(\xi_2)$，即$f'(\xi_2)=0\,(a<\xi_2<b)$。

罗尔中值定理的几何意义：如果连续光滑曲线$y=f(x)$在点A、B处的纵坐标相等，那么，在弧AB上至少有一点$M[\xi,f(\xi)]$，曲线在点M的切线平行于x轴，如图4.3所示。

相关例题见例4.1。

4.1.2　拉格朗日中值定理

罗尔中值定理的条件是必要而非充分的。

思考：在罗尔中值定理中，如果去掉端点函数值相等$f(a)=f(b)$这个条件，会有什么结果？

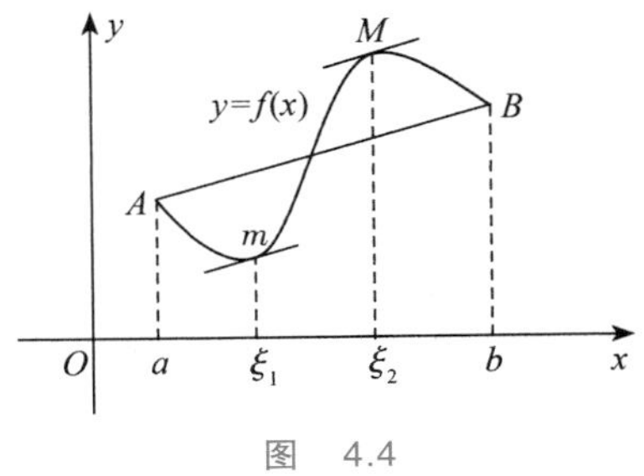

图　4.4

观察图4.3中的函数曲线，当我们将曲线围绕定点$A[a,f(a)]$按照逆时针方向旋转一个适当的角度时，得到图4.4。从图像上发现：函数$y=f(x)$在M处与m处的切线与弦AB平行，由于弦AB的斜率为$k_{AB}=\dfrac{f(b)-f(a)}{b-a}$，于是函数曲线$y=f(x)$在点$\xi_1$与$\xi_2$处的切

线的斜率等于$\dfrac{f(b)-f(a)}{b-a}$,由导数的几何意义知,函数$f(x)$在点ξ_1与ξ_2处的导数为

$$f'(\xi_1)=f'(\xi_2)=\frac{f(b)-f(a)}{b-a}$$

或者

$$f(b)-f(a)=f'(\xi_1)(b-a)=f'(\xi_2)(b-a)$$

【定理4.2】(拉格朗日中值定理)　如果函数$f(x)$满足条件:

(1) 在闭区间$[a,b]$上连续;

(2) 在开区间(a,b)内可导,则至少存在一点$\xi\in(a,b)$,使得

$$f'(\xi)=\frac{f(b)-f(a)}{b-a}$$

或者

$$f(b)-f(a)=f'(\xi)(b-a)\quad(a<\xi<b)$$

为证明拉格朗日中值定理,首先建立以下满足罗尔中值定理条件的辅助函数:

$$F(x)=f(x)-\left[\frac{f(b)-f(a)}{b-a}(x-a)+f(a)\right]$$

然后利用罗尔定理的结论得到证明。建议有兴趣的同学自行证明拉格朗日中值定理。

拉格朗日中值定理的几何意义:如果函数$y=f(x)$在闭区间$[a,b]$上连续,在开区间(a,b)内可导,拉格朗日中值定理告诉我们,在弧AB上至少有一点ξ,曲线在点ξ处的切线平行于弦AB。

推论1　设函数$f(x)$在(a,b)内可导,且$f'(x)\equiv 0$,则$f(x)$为(a,b)内的常值函数。

证明:任取$x_1,x_2\in(a,b)$,不妨设$x_1<x_2$,则$f(x)$在$[x_1,x_2]$上满足拉格朗日中值定理的两个条件,因而存在$\xi\in(x_1,x_2)$,使得

$$f(x_2)-f(x_1)=f'(\xi)(x_2-x_1)=0$$

从而

$$f(x_2)=f(x_1)$$

由x_1,x_2的任意性可知,$f(x)$在区间(a,b)内是一常数。

推论2　设函数$f(x),g(x)$在(a,b)内均可导,且对任意$x\in(a,b)$有$f'(x)\equiv g'(x)$,则在(a,b)内

$$f(x)=g(x)+C\quad(C\text{ 为常数})$$

证明:令$F(x)=f(x)-g(x)$。

由于$F'(x)=f'(x)-g'(x)=0,x\in(a,b)$,由推论1得$F(x)=C$,即

$$f(x)=g(x)+C$$

相关例题见例4.2和例4.3。

4.1.3　柯西中值定理

【定理4.3】(柯西中值定理)　如果函数$f(x)$,$g(x)$满足以下条件:

(1) 都在$[a,b]$上连续;

(2) 都在(a,b)内可导;

(3) $g'(x)\neq 0$,对任意$x\in(a,b)$,则至少存在一点$\xi\in(a,b)$,使

$$\frac{f'(\xi)}{g'(\xi)}=\frac{f(b)-f(a)}{g(b)-g(a)}$$

说明:

(1) 罗尔中值定理是拉格朗日中值定理当$f(a)=f(b)$时的特例。

(2) 拉格朗日中值定理又是柯西中值定理当$g(x)=x$时的特例。

(3) 中值定理是一种存在性定理,在数学上存在性定理相当重要。

典型例题

例4.1　验证函数$f(x)=x^2-3x-4$在$[-1,4]$上是否满足罗尔中值定理的条件。如果满足,求区间$[-1,4]$内满足罗尔中值定理的ξ值。

解:函数$f(x)=x^2-3x-4=(x+1)(x-4)$在$[-1,4]$上连续,在$(-1,4)$内可导,$f'(x)=2x-3$,且$f(-1)=f(4)=0$,所以$f(x)$满足罗尔中值定理的条件。

令$f'(x)=0$,解方程$2x-3=0$,得$x=\frac{3}{2}\in(-1,4)$,这即为满足罗尔中值定理的ξ值。

例4.2　验证函数$f(x)=x^3$在区间$[0,3]$上满足拉格朗日定理的条件,并求出结论中的ξ值。

解:显然幂函数$f(x)=x^3$在区间$[0,3]$上满足拉格朗日定理的条件,即在闭区间$[0,3]$上连续;在开区间$(0,3)$内可导。

由于$f'(x)=3x^2$,所以存在$\xi\in(0,3)$($f'(\xi)=3\xi^2$),使得

$$f'(\xi)=\frac{f(3)-f(0)}{3-0}=\frac{27}{3}=9$$

即$3\xi^2=9$,得$\xi=\sqrt{3}$(舍去$-\sqrt{3}$)。

例4.3　验证函数$f(x)=\ln x$在闭区间$[1,\mathrm{e}]$上满足拉格朗日中值定理的条件,并求出拉格朗日中值定理结论中的ξ值。

解:显然$f(x)=\ln x$在$[1,\mathrm{e}]$上连续,在$(1,\mathrm{e})$上可导。

由于

$$f(1)=\ln 1=0,\quad f(\mathrm{e})=\ln\mathrm{e}=1\text{以及}f'(x)=\frac{1}{x}$$

所以存在$\xi\in(1,e)$，使得

$$\frac{\ln e-\ln 1}{e-1}=\frac{1}{\xi}$$

从而解得$\xi=e-1,\xi\in(1,e)$。

课堂巩固 4.1

基础训练 4.1

1. 函数$f(x)=x^2-4x-3$在区间$[-1,5]$上是否满足罗尔中值定理的条件？若满足，求出定理中的ξ值。

2. 函数$f(x)=|x-1|$在给定区间$[0,3]$上是否满足拉格朗日中值定理条件？

3. 已知函数$f(x)=\ln x$在区间$[1,2]$内满足拉格朗日中值定理条件，试求使得$f(b)-f(a)=f'(x_0)\cdot(b-a)$的$x_0$的值。

提升训练 4.1

1. 函数$f(x)=3x^2+5x+2$在区间$[0,1]$上是否满足拉格朗日中值定理的条件？若满足，求出定理中的ξ值。

2. 函数$f(x)=\lg(x^2+1)$在区间$[0,3]$上是否满足拉格朗日中值定理的条件？若满足，求出定理中的ξ值。

4.2 洛必达法则

问题导入

在第2章中，针对$\frac{0}{0}$型和$\frac{\infty}{\infty}$型未定式的极限，比如$\lim\limits_{x\to 0}\frac{\sin x}{x}$，$\lim\limits_{x\to 2}\frac{x^2-4}{x-2}$，$\lim\limits_{x\to 0}\frac{\sqrt{x^2+1}-1}{x}$和$\lim\limits_{x\to\infty}\frac{3x^2+1}{x^2+x-1}$等，我们学会了一些求解其极限的方法。比如通过因式分解、分子分母有理化，从而约去无穷小因式的方法，利用重要极限的方法，以及分子分母同时除以x的最高次幂的方法，求出这些未定式的极限。但是还有许多的$\frac{0}{0}$型和$\frac{\infty}{\infty}$型未定式的极限，用以上的方法却是难以解决的，比如$\lim\limits_{x\to 0}\frac{e^x-1}{2x}$，$\lim\limits_{x\to+\infty}\frac{x^2}{e^x}$等。洛必达法则正是为了求解未定式极限所进行的一般方法的研究。

知识归纳

4.2.1 $\frac{0}{0}$与$\frac{\infty}{\infty}$型未定式的洛必达法则

1. $\frac{0}{0}$型未定式的洛必达法则

【定理4.4】(洛必达法则1)　如果$f(x)$和$g(x)$满足下列条件：

(1) 在x_0的某一去心邻域内可导，且$g'(x)\neq 0$；

(2) $\lim\limits_{x\to x_0} f(x)=0$, $\lim\limits_{x\to x_0} g(x)=0$；

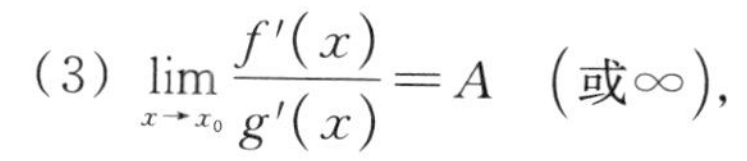

(3) $\lim\limits_{x\to x_0}\frac{f'(x)}{g'(x)}=A$ (或∞)，

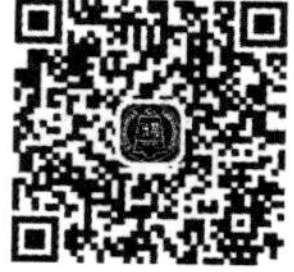

洛必达法则的应用

那么

$$\lim_{x\to x_0}\frac{f(x)}{g(x)}=\lim_{x\to x_0}\frac{f'(x)}{g'(x)}=A \ (\text{或}\infty)$$

相关例题见例4.4～例4.9。

注意：

(1) 洛必达法则表明当满足一定条件时，两个函数的商的极限可以通过求它们导数的商的极限得到。当然，在应用洛必达法则时一定要注意验证函数$f(x)$和$g(x)$是否满足定理所需要的条件。

(2) 洛必达法则对自变量变化趋势中的其他情形都是有效的。也就是说，法则中自变量$x\to x_0$可以替换为$x\to x_0^+$；$x\to x_0^-$；$x\to\infty$；$x\to+\infty$或$x\to-\infty$。

2. $\frac{\infty}{\infty}$型未定式的洛必达法则

【定理4.5】(洛必达法则2)　如果$f(x)$和$g(x)$满足下列条件：

(1) 在x_0的某一去心邻域内可导，

(2) $\lim\limits_{x\to x_0} f(x)=\infty$, $\lim\limits_{x\to x_0} g(x)=\infty$，

(3) $\lim\limits_{x\to x_0}\frac{f'(x)}{g'(x)}=A$ (或∞)，

则

$$\lim_{x\to x_0}\frac{f(x)}{g(x)}=\lim_{x\to x_0}\frac{f'(x)}{g'(x)}=A \ (\text{或}\infty)$$

$\frac{\infty}{\infty}$型与$\frac{0}{0}$型洛必达法则的注意事项一致，需予以注意。

相关例题见例4.10～例4.13。

4.2.2 $0\cdot\infty$、$\infty-\infty$型未定式的洛必达法则

洛必达法则除了能有效地解决$\frac{0}{0}$型或$\frac{\infty}{\infty}$型未定式的极限外，对其他的未定式极限的求解也同样有效。比如，由于$0\cdot\infty$型未定式与$\infty-\infty$型未定式可以分别转化为$\frac{0}{0}$型或$\frac{\infty}{\infty}$型，因此也可应用洛必达法则。

相关例题见例4.14和例4.15。

典型例题

例4.4　求$\lim\limits_{x\to 3}\frac{x^3-27}{x-3}$。

解：这是一个$\frac{0}{0}$型未定式，应用洛必达法则对分子分母分别求导，得

$$\lim_{x\to 3}\frac{x^3-27}{x-3}=\lim_{x\to 3}\frac{\left(x^3-27\right)'}{(x-3)'}=\lim_{x\to 3}\frac{3x^2}{1}=3\cdot 3^2=27$$

例4.5　求$\lim\limits_{x\to 0}\frac{2^x-1}{x}$。

解：这是一个$\frac{0}{0}$型未定式，应用洛必达法则对分子分母分别求导，得

$$\lim_{x\to 0}\frac{2^x-1}{x}=\lim_{x\to 0}\frac{2^x\ln 2}{1}=\ln 2$$

例4.6　求$\lim\limits_{x\to 0}\frac{x-\sin x}{x^3}$。

解：这是一个$\frac{0}{0}$型未定式，应用洛必达法则对分子分母分别求导，得

$$\lim_{x\to 0}\frac{x-\sin x}{x^3}=\lim_{x\to 0}\frac{1-\cos x}{3x^2}\quad\left(\text{仍是}\frac{0}{0}\text{型未定式}\right)$$

$$=\lim_{x\to 0}\frac{\sin x}{6x}=\frac{1}{6}\lim_{x\to 0}\frac{\sin x}{x}=\frac{1}{6}$$

例4.7　求$\lim\limits_{x\to 0}\frac{1-\cos^2 x}{x\left(1-\mathrm{e}^x\right)}$。

解：这是一个$\frac{0}{0}$型未定式，应用洛必达法则对分子分母分别求导，得

$$\lim_{x\to 0}\frac{1-\cos^2 x}{x\left(1-\mathrm{e}^x\right)}=\lim_{x\to 0}\frac{-2\cos x\cdot(-\sin x)}{1-\mathrm{e}^x+x\left(-\mathrm{e}^x\right)}$$

$$=\lim_{x\to 0}\frac{\sin 2x}{1-\mathrm{e}^x-x\mathrm{e}^x}=\lim_{x\to 0}\frac{2\cos 2x}{-\mathrm{e}^x-\mathrm{e}^x-x\mathrm{e}^x}=-1$$

例4.8　求 $\lim\limits_{x\to 0}\dfrac{\sin 3x}{3-\sqrt{2x+9}}$。

解：这是一个$\dfrac{0}{0}$型未定式，应用洛必达法则得

$$\lim_{x\to 0}\frac{\sin 3x}{3-\sqrt{2x+9}}=\lim_{x\to 0}\frac{3\cos 3x}{-\dfrac{2}{2\sqrt{2x+9}}}=-\lim_{x\to 0}3\sqrt{2x+9}\cdot\cos 3x=-9$$

例4.9　求 $\lim\limits_{x\to 0}\dfrac{x^2\cos\dfrac{1}{x}}{\sin x}$。

解：这是一个$\dfrac{0}{0}$型未定式，对分子分母分别求导：

$$\lim_{x\to 0}\frac{x^2\cos\dfrac{1}{x}}{\sin x}=\lim_{x\to 0}\frac{2x\cos\dfrac{1}{x}+\sin\dfrac{1}{x}}{\cos x}$$

当$x\to 0$时，函数$\sin\dfrac{1}{x}$振荡无极限，但是原极限存在。

因为

$$\lim_{x\to 0}\frac{x^2\cos\dfrac{1}{x}}{\sin x}=\lim_{x\to 0}\frac{x\cos\dfrac{1}{x}}{\dfrac{\sin x}{x}}=\frac{\lim\limits_{x\to 0}x\cos\dfrac{1}{x}}{\lim\limits_{x\to 0}\dfrac{\sin x}{x}}=\frac{0}{1}=0$$

本例说明洛必达法则的条件(3)是不可或缺的。

例4.10　求 $\lim\limits_{x\to +\infty}\dfrac{\ln x}{x^2}$。

解：这是一个$\dfrac{\infty}{\infty}$型未定式，应用洛必达法则得

$$\lim_{x\to +\infty}\frac{\ln x}{x^2}=\lim_{x\to +\infty}\frac{1}{x}\cdot\frac{1}{2x}=\lim_{x\to +\infty}\frac{1}{2x^2}=0$$

例4.11　求 $\lim\limits_{x\to +\infty}\dfrac{e^x}{x^2}$。

解：这是一个$\dfrac{\infty}{\infty}$型未定式，应用洛必达法则得

$$\lim_{x\to +\infty}\frac{e^x}{x^2}=\lim_{x\to +\infty}\frac{e^x}{2x}=\lim_{x\to +\infty}\frac{e^x}{2}=+\infty$$

例4.12　求 $\lim\limits_{x\to 0^+}\dfrac{\ln\cot x}{\ln x}$。

解：这是一个$\dfrac{\infty}{\infty}$型未定式，应用洛必达法则得

$$\lim_{x\to 0^+}\frac{\ln\cot x}{\ln x}=\lim_{x\to 0^+}\frac{\dfrac{1}{\cot x}(-\csc^2 x)}{\dfrac{1}{x}}$$

$$=\lim_{x\to0^+}\frac{-x}{\sin x\cos x}=\lim_{x\to0^+}\left(-\frac{x}{\sin x}\right)\cdot\lim_{x\to0^+}\frac{1}{\cos x}=-1$$

例4.13　求$\lim\limits_{x\to\infty}\dfrac{x-\sin x}{x+\sin x}$。

解：这是一个$\dfrac{\infty}{\infty}$型未定式，应用洛必达法则得

$$\lim_{x\to\infty}\frac{x-\sin x}{x+\sin x}=\lim_{x\to\infty}\frac{1-\cos x}{1+\cos x}$$

当$x\to\infty$时，$\cos x$振荡无极限，但是原极限存在。

事实上，

$$\lim_{x\to\infty}\frac{x-\sin x}{x+\sin x}=\lim_{x\to\infty}\frac{1-\dfrac{\sin x}{x}}{1+\dfrac{\sin x}{x}}=1$$

例4.14　$\lim\limits_{x\to0^+}x\ln\sin x$。

解：这是一个$0\cdot\infty$型未定式，可以将其转化为$\dfrac{\infty}{\infty}$型后，再利用洛必达法则对分子分母分别求导，得

$$\lim_{x\to0^+}(x\cdot\ln\sin x)=\lim_{x\to0^+}\frac{\ln\sin x}{\dfrac{1}{x}}=\lim_{x\to0^+}\frac{\dfrac{\cos x}{\sin x}}{-\dfrac{1}{x^2}}$$

$$=\lim_{x\to0^+}\frac{-x^2\cos x}{\sin x}=-\lim_{x\to0^+}\frac{x}{\sin x}\cdot\lim_{x\to0^+}x\cos x=0$$

其他未定式

例4.15　求$\lim\limits_{x\to0}\left(\dfrac{1}{x}-\dfrac{1}{\mathrm{e}^x-1}\right)$。

解：这是一个$(\infty-\infty)$型未定式，先通分将其转化为$\dfrac{0}{0}$型后，再利用洛必达法则对分子分母分别求导，得

$$\lim_{x\to0}\left(\frac{1}{x}-\frac{1}{\mathrm{e}^x-1}\right)=\lim_{x\to0}\frac{\mathrm{e}^x-1-x}{x(\mathrm{e}^x-1)}=\lim_{x\to0}\frac{\mathrm{e}^x-1}{\mathrm{e}^x-1+x\mathrm{e}^x}$$

$$=\lim_{x\to0}\frac{\mathrm{e}^x}{\mathrm{e}^x+\mathrm{e}^x+x\mathrm{e}^x}=\frac{1}{2}$$

课堂巩固 4.2

基础训练 4.2

1. 试判断下列极限的计算正确与否，并说明原因。

(1) $\lim\limits_{x\to0}\dfrac{x^2}{\cos x}=\lim\limits_{x\to0}\dfrac{2x}{-\sin x}=-2\lim\limits_{x\to0}\dfrac{x}{\sin x}=-2$

(2) $\lim\limits_{x\to 0}\dfrac{\sin x}{\cos x-1}=\lim\limits_{x\to 0}\dfrac{\cos x}{-\sin x}=\lim\limits_{x\to 0}\dfrac{-\sin x}{-\cos x}=0$

2. 利用洛必达法则求极限。

(1) $\lim\limits_{x\to 2}\dfrac{x^4-16}{x-2}$　　(2) $\lim\limits_{x\to 0}\dfrac{\sin 5x}{3x-2x^2}$

(3) $\lim\limits_{x\to 0}\dfrac{3^x-1}{x}$　　(4) $\lim\limits_{x\to 0}\dfrac{\ln(1+x)}{x+\sin x}$

(5) $\lim\limits_{x\to +\infty}\dfrac{e^x-e}{x^2-1}$　　(6) $\lim\limits_{x\to +\infty}\dfrac{\ln x}{x-1}$

提升训练 4.2

1. 利用洛必达法则求极限。

(1) $\lim\limits_{x\to 1}\left(\dfrac{x}{x-1}-\dfrac{1}{\ln x}\right)$　　(2) $\lim\limits_{x\to +\infty}x\left(e^{\frac{1}{x}}-1\right)$

2. 下列极限问题可否用洛必达法则解决？如果可以请解决，如果不可以请用其他方法解决。

(1) $\lim\limits_{x\to 0}\dfrac{x^2\sin\dfrac{1}{x}}{\sin x}$　　(2) $\lim\limits_{x\to 0}\dfrac{x^2\sin\dfrac{1}{x}}{\cos x}$

4.3　函数的单调性

问题导入

函数的单调性是函数的基本性质之一。利用初等数学的方法讨论函数的单调性比较困难，对于比较复杂的问题更是无法解决。能否有更好的方法解决函数的单调性问题呢？下面我们利用导数讨论函数的单调性问题。

知识归纳

4.3.1　单调性的定义

【定义 4.1】　设函数 $f(x)$ 在开区间 (a,b) 内有定义，若对开区间 (a,b) 内任意两点 x_1，x_2，当 $x_1<x_2$ 时，若恒有：

(1) $f(x_1)<f(x_2)$，则称 $f(x)$ 在开区间 (a,b) 内单调递增；

(2) $f(x_1)>f(x_2)$，则称 $f(x)$ 在开区间 (a,b) 内单调递减。

相应地，(a,b) 称为单调区间。

单调性的定义

4.3.2 函数单调性的判断定理

从几何直观分析：如果曲线在开区间(a,b)内是单调上升的，这时曲线上任意一点的切线的倾斜角α为锐角，从而该切线的斜率$\tan\alpha=f'(x)>0$，如图4.5所示。

如果曲线在区间(a,b)内是单调下降的，这时曲线上任意一点的切线的倾斜角α为钝角，从而该切线的斜率$\tan\alpha=f'(x)<0$，如图4.6所示。

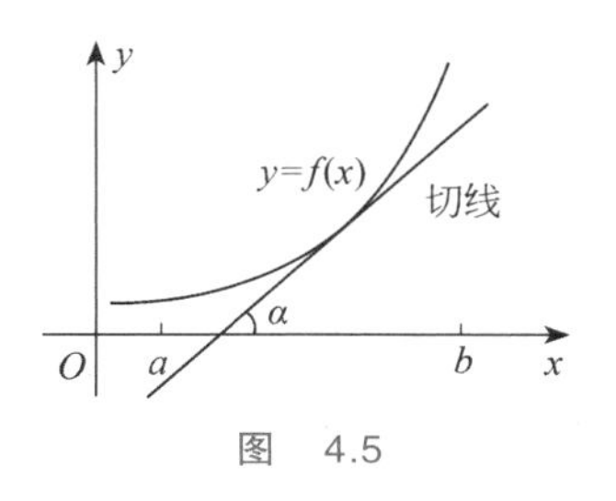

图 4.5

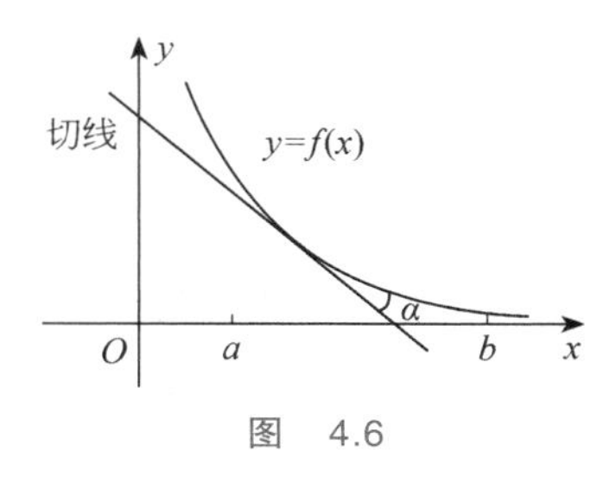

图 4.6

由此可见，函数的单调性与一阶导数的正负号有着密切的联系。

【定理4.6】 设函数$f(x)$在开区间(a,b)内可导，那么

(1) 若$f'(x)>0$，则函数$f(x)$在(a,b)内单调递增；

(2) 若$f'(x)<0$，则函数$f(x)$在(a,b)内单调递减。

证明：(1) 任取$x_1,x_2\in(a,b)$且$x_1<x_2$，由于$f(x)$在(a,b)内可导，因此，$f(x)$在闭区间$[x_1,x_2]$上连续，在开区间(x_1,x_2)内可导。于是$f(x)$满足拉格朗日中值定理的条件有

$$f(x_2)-f(x_1)=f'(\xi)(x_2-x_1)\quad(x_1<\xi<x_2)$$

又由已知条件$x_2-x_1>0$，$f'(\xi)>0$，故$f(x_2)-f(x_1)>0$，则$f(x_2)>f(x_1)(x_1<x_2)$。根据定义4.1，$f(x)$在区间(a,b)内单调递增。

同理可证(2)成立。证毕。

4.3.3 驻点的定义

【定义4.2】 若函数$f(x)$在点x_0处的一阶导数值$f'(x_0)=0$，则称点x_0为函数$f(x)$的驻点。

可导函数$f(x)$在驻点x_0处的一阶导数$f'(x_0)=0$，意味着函数曲线在点$(x_0,f(x_0))$处的切线斜率等于零，即切线平行于x轴（此时切线方程为$y=f(x_0)$）。

4.3.4 求函数单调区间的步骤

例如：对于函数$f(x)=x^2-4x+5$有$f'(2)=0$，则$x=2$就是该函数的驻点。驻点是函数单调增区间与减区间可能的分界点。

观察如图4.7所示函数$f(x)=|x|$的图像。

容易看出：函数$f(x)=|x|$在区间$(-\infty,0)$内单调递减，而在区间$(0,+\infty)$内单调

递增。而$f(x)$在$x=0$处导数不存在(不可导点),但此点也是函数$f(x)$增减区间的分界点。

综上讨论,驻点和不可导点可能是函数单调区间的分界点,总结如下:

(1) 确定函数的定义域D;

(2) 计算一阶导数$f'(x)$,并进行必要的化简整理;

(3) 求出函数的驻点和不可导点;

(4) 列表分析。用驻点和不可导点把定义域划分为几个区间,应用定理4.6得出结论。

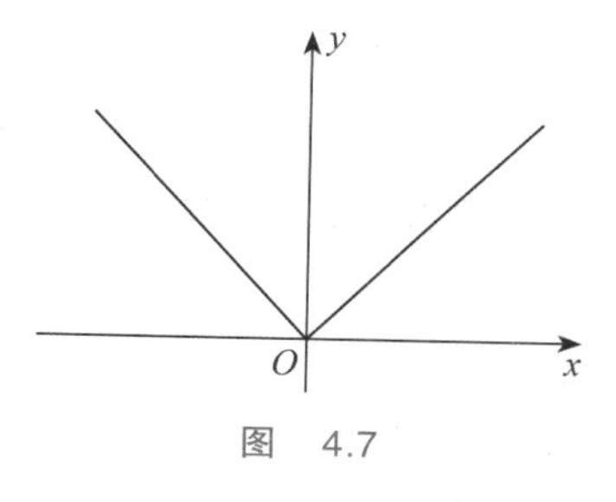

图　4.7

相关例题见例4.16～例4.20。

典型例题

例4.16　求函数$f(x)=x^3$的单调区间。

解:$f(x)=x^3$在其定义域$(-\infty, +\infty)$内可导,且$f'(x)=3x^2$。

当$x>0$时,由于$f'(x)=3x^2>0$,由定理4.6可知$f(x)$在$(0, +\infty)$内单调递增;同理,当$x<0$时,由于$f'(x)=3x^2>0$,所以$f(x)$在$(-\infty,0)$上也单调递增。

因此,$f(x)$在$(-\infty, +\infty)$内是单调递增的。

说明:此例说明函数$f(x)$在某区间内单调时,在个别点x_0处,可以有$f'(x_0)=0$,不影响其单调性。

例4.17　求函数$f(x)=x^2-4x-5$的单调区间。

单调性例题

解:函数$f(x)=x^2-4x-5$的定义域为$(-\infty, +\infty)$,则

$$f'(x)=2x-4=2(x-2)$$

当$x>2$时,由于$f'(x)=2x-4>0$,由定理4.6可知$f(x)$在$(2, +\infty)$上单调递增。

当$x<2$时,由于$f'(x)=2x-4<0$,由定理4.6可知$f(x)$在$(-\infty,2)$上单调递减。

当$x=2$时,$f'(x)=2x-4=0$,是函数单调递增和单调递减的分界点。

因此,$f(x)$的单调增区间是$(2, +\infty)$;单调减区间是$(-\infty,2)$。

观察例4.16和例4.17可知,使$f'(x)=0$的点即驻点可能是单调递增和单调递减的分界点。

例4.18　求函数$f(x)=x-e^x$的单调区间。

解:函数$f(x)=x-e^x$的定义域为$(-\infty, +\infty)$,导数$f'(x)=1-e^x$。

令$f'(x)=1-e^x=0$,即得驻点$x=0$,利用驻点$x=0$将定义域$(-\infty, +\infty)$分成$(-\infty,0)$和$(0, +\infty)$两部分。

下面将利用定理4.1判断导数$f'(x)=1-e^x$在$(-\infty,0)$和$(0, +\infty)$的增减性。

通过在开区间$(-\infty,0)$内任选一点x,比如$x=-1$,计算$f'(x)$在$x=-1$的值

$f'(-1)=1-e^{-1}>0$,从而在$(-\infty,0)$内$f'(x)>0$。由定理4.6知,$f(x)$在$(-\infty,0)$内单调递增。

同样在开区间$(0,+\infty)$内任选一点x,比如$x=1$,计算$f'(x)$在$x=1$的值$f'(1)=1-e^{1}<0$,从而在$(0,+\infty)$内$f'(x)<0$,说明$f(x)$在$(-\infty,0)$内单调递减。

列表如表4.1所示。

表 4.1

x	$(-\infty,0)$	0	$(0,+\infty)$
$f'(x)$	+	0	−
$f(x)$	↗	—	↘

故函数$f(x)$在区间$(-\infty,0)$内单调递增,而在区间$(0,+\infty)$内单调递减。

例4.19 求函数$f(x)=x-\frac{3}{2}\sqrt[3]{x^2}$的单调性。

解:函数$f(x)$的定义域为$(-\infty,+\infty)$,

$$f'(x)=1-\frac{3}{2}\times\frac{2}{3}x^{-\frac{1}{3}}=1-x^{-\frac{1}{3}}=\frac{\sqrt[3]{x}-1}{\sqrt[3]{x}}$$

令$f'(x)=0$得驻点$x_1=1$,以及函数不可导点$x_2=0$,这样0与1将区间$(-\infty,+\infty)$分成三个区间,如表4.2所示。

表 4.2

x	$(-\infty,0)$	0	$(0,1)$	1	$(1,+\infty)$
$f'(x)$	+	不存在	−	0	+
$f(x)$	↗		↘		↗

故函数在区间$(0,1)$上单调递减,在区间$(-\infty,0)$和$(1,+\infty)$上单调递增。

例4.20 求函数$f(x)=(2-x)^3(3x-2)^2$的单调区间。

解:函数$f(x)=(2-x)^3(3x-2)^2$的定义域为$(-\infty,+\infty)$,则

$$\begin{aligned}f'(x)&=-3(2-x)^2(3x-2)^2+6(2-x)^3(3x-2)\\&=3(2-x)^2(3x-2)(6-5x)\end{aligned}$$

令$f'(x)=0$,得驻点$x_1=\frac{2}{3}$,$x_2=\frac{6}{5}$,$x_3=2$,它们将定义域分成四个区间,如表4.3所示。

表 4.3

x	$\left(-\infty,\frac{2}{3}\right)$	$\frac{2}{3}$	$\left(\frac{2}{3},\frac{6}{5}\right)$	$\frac{6}{5}$	$\left(\frac{6}{5},2\right)$	2	$(2,+\infty)$
$f'(x)$	−	0	+	0	−	0	−
$f(x)$	↘		↗		↘		↘

故函数在区间$\left(\frac{2}{3}, \frac{6}{5}\right)$内单调递增，在区间$\left(-\infty, \frac{2}{3}\right)$、$\left(\frac{6}{5}, 2\right)$和$(2, +\infty)$内单调递减。

应用案例

案例4.1　沙眼患病率问题

沙眼的患病率与地区和年龄有关，某地区的沙眼患病率y与年龄t(岁)的关系为

$$y=2.27\left(e^{-0.05t}-e^{-0.072t}\right)$$

试研究该地区沙眼的患病率随着年龄发生变化的趋势。

解：研究患病率随着年龄的变化趋势，可以根据函数的单调性做出判断，令

$$y'=2.27\left(-0.05e^{-0.05t}+0.072e^{-0.072t}\right)=0$$

得驻点$t\approx 16.8$，

$$y'(16)=2.27\left(-0.05e^{-0.05\times 16}+0.072e^{-0.072\times 16}\right)\approx 0.0012>0$$

$$y'(17)=2.27\left(-0.05e^{-0.05\times 17}+0.072e^{-0.072\times 17}\right)\approx -0.0014<0$$

当$0<t<16.8$时，$y'>0$，函数单调递增，即当年龄小于16.8岁时，随着年龄的增长，沙眼患病率也增长。

当$t>16.8$时，$y'<0$，函数单调递减，即当年龄大于16.8岁时，随着年龄的增长，沙眼患病率也减少。

案例4.2　需求的变化趋势问题

收入与消费需求密切相关，除了生活刚需商品，在正常情况下，如果收入增长，消费需求也会增长；收入减少，消费需求也会减少。某种商品在某一时期内的需求量Q与收入x之间的恩格尔函数为

$$Q(x)=\frac{6x}{x+2}$$

试讨论该商品在该时期内是否处于正常需求状态。

解：该问题可根据恩格尔函数的单调性进行研究，其导数为

$$Q'(x)=\frac{12}{(x+2)^2}>0$$

即该函数为递增函数，说明人们对该商品的需求量随着收入的增长而增长，随着收入的减少而减少，所以该商品处于正常需求状态。

课堂巩固4.3

基础训练4.3

1. 求下列函数的驻点。

(1) $f(x)=x^2-2x+3$　　(2) $f(x)=x-e^x$

(3) $y=2x^3-9x^2+12x-3$　　(4) $f(x)=x-2\sqrt{x}$

2．求下列函数的单调区间。

(1) $f(x)=2x^3+3x^2-12x-7$　　(2) $f(x)=\frac{1}{2}x^2-\frac{1}{3}x^3$

(3) $f(x)=x^3+x$　　(4) $f(x)=\frac{\ln x}{x}$

提升训练 4.3

1．验证$f(x)=e^{-x^2}$在区间$(0,+\infty)$内是单调减函数。

2．验证$f(x)=x-\sin x$在区间$(-\infty,+\infty)$内是单调增函数。

4.4　函数的极值

问题导入

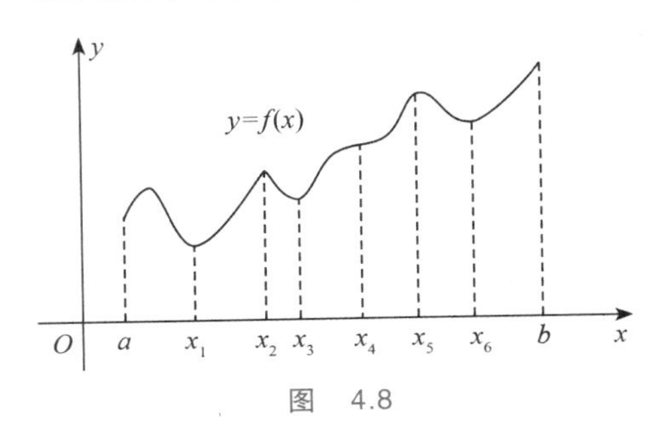

图　4.8

在研究函数$f(x)$的单调性时发现，在函数$f(x)$的驻点或不可导点处，如果函数$f(x)$的单调性发生变化，就意味着出现了局部的峰值或谷值。如图4.8所示，在以x_2为心的某一邻域内比较函数值的大小，显然$f(x_2)$局部最大；在以x_1为心的某一邻域内比较函数值的大小，$f(x_1)$局部最小，满足这样特性的点在函数研究方面具有重要意义，这就是下面研究的极值问题。

知识归纳

4.4.1　函数极值的概念

1．极值的定义

【定义4.3】　若以x_0为心的某一邻域内具有特性$f(x)\leqslant f(x_0)$，称$f(x_0)$为函数$f(x)$的极大值，称x_0为函数$f(x)$的极大值点。

若以x_0为心的某一邻域内具有特性$f(x)\geqslant f(x_0)$，称$f(x_0)$为函数$f(x)$的极小值，称x_0为函数$f(x)$的极小值点。

极值的定义

注意：

(1) 函数的极值点与函数的极值是两个不同的概念，极值点是对自变量而言的，而极值是对因变量而言的。

(2) 极值是一个局部的概念。

(3) 函数的极值可能不唯一。

(4) 极值点一定是驻点或不可导点，反之不然。

2. 极值的必要条件

【定理4.7】(费马定理)　设函数$f(x)$在点x_0处可导，且点x_0是$f(x)$的极值点，则$f(x)$在点x_0处的导数为零$\left(f'(x_0)=0\right)$，即x_0为$f(x)$的驻点。

由费马定理可知，可导的极值点一定是驻点，反之不然。也就是说，驻点不一定是极值点。

在例4.16中可见，$f(x)=x^3$在$(-\infty, +\infty)$内单调上升，$f'(0)=0$，即$x=0$是该函数的驻点，但不是极值点。

4.4.2　函数极值的一阶导数判别法

1. 第一判别法

【定理4.8】(判别法1)　设函数$f(x)$在点x_0处连续，在点x_0的某一去心邻域内可导，则当x从x_0的左边变化到右边时：

(1) 一阶导数$f'(x)$的符号从负号变为正号，则点x_0是函数$f(x)$的极小值点，$f\left(x_0\right)$为函数$f(x)$的极小值；

(2) 一阶导数$f'(x)$的符号从正号变为负号，则点x_0是函数$f(x)$的极大值点，$f\left(x_0\right)$为函数$f(x)$的极大值；

(3) 一阶导数$f'(x)$在点x_0的左右两边符号不变，则点x_0不是函数$f(x)$的极值点。

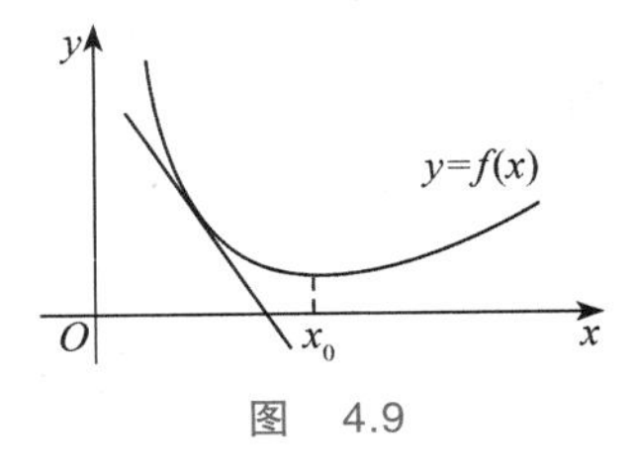

图　4.9

证明：(1) 由于$f(x)$在点x_0的某一去心邻域左边恒有$f'(x)<0$，右边恒有$f'(x)>0$，所以，在x由左到右的变化中，$f(x)$由单调下降变为单调上升，函数$f(x)$在点x_0处取极小值，如图4.9所示。

(2)与(3)的证明类似。

2. 求函数极值的步骤

类似于单调函数，可以归纳出求函数$f(x)$极值点与极值的步骤如下。

(1) 求出函数$f(x)$的定义域。

(2) 求$f'(x)$，并求出函数$f(x)$的驻点与不可导点。

(3) 用这些点将定义域分成若干区间，判断每个区间上$f'(x)$的符号并列表分析。

(4) 利用定理4.8得出结论。

相关例题见例4.21和例4.22。

4.4.3 函数极值的二阶导数判别法

1. 第二判别法

【定理4.9】（判别法2） 设$f(x)$在点x_0处具有二阶导数，且$f'(x_0)=0$，那么

第二判别法

（1）当$f''(x_0)>0$时，$f(x)$在点x_0处取极小值；

（2）当$f''(x_0)<0$时，$f(x)$在点x_0处取极大值。

2. 第二判别法的说明

（1）运用第二判别法确定极值仅适用于函数驻点的情形；

（2）当$f''(x_0)=0$时，定理4.9失效。此时还需用定理4.8进行判断；

（3）极值的第二判别法在经济应用上较为方便。

相关例题见例4.23。

典型例题

例4.21 求$f(x)=x^3(x-2)^2$的极值。

解：$f(x)$的定义域是$(-\infty, +\infty)$，则

$$f'(x)=3x^2(x-2)^2+2x^3(x-2)$$
$$=x^2(x-2)(5x-6)$$

令$f'(x)=0$，得驻点$x_1=0, x_2=\frac{6}{5}, x_3=2$，因此将定义域分成了4个区间，列表如表4.4所示。

故函数在$x=\frac{6}{5}$处有极大值$f\left(\frac{6}{5}\right)=\frac{3\,456}{3\,125}$，在$x=2$处有极小值$f(2)=0$，如图4.10所示。

表 4.4

x	$(-\infty, 0)$	0	$\left(0, \frac{6}{5}\right)$	$\frac{6}{5}$	$\left(\frac{6}{5}, 2\right)$	2	$(2, +\infty)$
$f'(x)$	+	0	+	0	−	0	+
$f(x)$	↗		↗	$\frac{3\,456}{3\,125}$	↘	0	↗

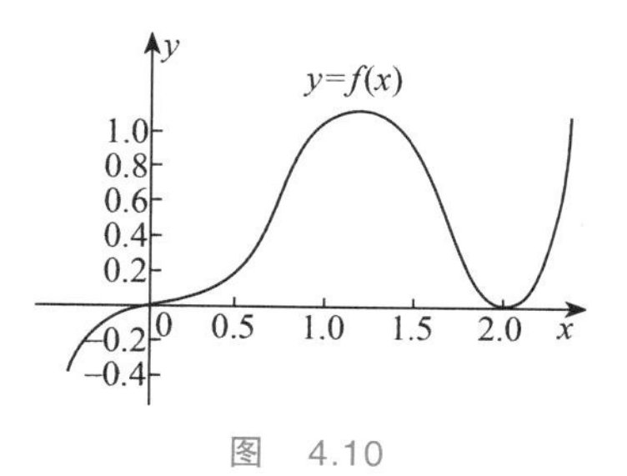

图 4.10

例4.22 求函数$f(x)=x-\frac{3}{2}\sqrt[3]{x^2}$的单调区间和极值。

一阶判别法例题

解：$f(x)$的定义域是$(-\infty, +\infty)$，$f'(x)=1-\frac{3}{2}\times\frac{2}{3}x^{-\frac{1}{3}}=1-x^{-\frac{1}{3}}=\frac{\sqrt[3]{x}-1}{\sqrt[3]{x}}$。

令$f'(x)=0$得驻点$x_1=1$,导数不存在的点$x_2=0$,这两个点将$(-\infty, +\infty)$分隔为3个区间,列表如表4.5所示。

表　4.5

x	$(-\infty,0)$	0	$(0,1)$	1	$(1,+\infty)$
$f'(x)$	+	不存在	−	0	+
$f(x)$	↗	0	↘	$-\frac{1}{2}$	↗

故函数在$x=0$处有极大值$f(0)=0$,在$x=1$处有极小值$f(1)=-\frac{1}{2}$。

例4.23　求$f(x)=2x^3-6x^2-18x+7$的极值。

解:$f(x)$的定义域是$(-\infty, +\infty)$,$f'(x)=6x^2-12x-18=6(x+1)(x-3)$。

令$f'(x)=0$,得驻点$x_1=-1$,$x_2=3$。

又$f''(x)=12x-12$,所以$f''(-1)=12\times(-2)=-24<0$。所以$f(-1)=17$是极大值。

同理,由于$f''(3)=12\times 2=24>0$,所以$f(3)=-47$是极小值。

课堂巩固4.4

基础训练4.4

1. 求下列函数的极值。

(1) $f(x)=4x^3-x^4$

(2) $f(x)=x^2e^{-x}$

(3) $f(x)=x^2-8\ln x$

(4) $f(x)=2x^3-9x^2+12x-5$

2. 利用第二判别法求下列函数的极值。

(1) $f(x)=x^2-8\ln x$

(2) $f(x)=(x-3)^2(x-2)$

提升训练4.4

1. 求下列函数的单调区间及极值。

(1) $f(x)=(2x-5)\sqrt[3]{x^2}$

(2) $f(x)=\sqrt[3]{(2x-x^2)^2}$

2. 设函数$f(x)=x^3+ax^2+bx$在$x=1$处有极值-2,试求a、b的值,并说明-2是极大值还是极小值。

4.5　函数的最值

问题导入

在生产经营和实际生活中，为了节约资源和提高经济效益，必须要考虑怎样才能使材料最省、费用最低、效率最高、收益最大等问题。这些问题在数学上可以转化为函数的最大值或最小值问题，从而得到合理的解决，这就是函数的最值问题。

知识归纳

最值的定义

4.5.1　最值的定义

【定义 4.4】　设函数$f(x)$在区间D上有定义，$x_0\in D$，如果

（1）对于任意$x\in D$，恒有$f(x)\leqslant f\left(x_0\right)$，则称点$x_0$为$f(x)$的最大值点，称$f\left(x_0\right)$为函数$f(x)$在区间$D$上的最大值。

（2）对于任意$x\in D$，恒有$f(x)\geqslant f\left(x_0\right)$，则称点$x_0$为$f(x)$的最小值点，称$f\left(x_0\right)$为函数$f(x)$在区间$D$上的最小值。

（3）函数的最大值与最小值统称为函数的最值。

例如：在图 4.11 中，点x_1为最小值点，最小值为$f\left(x_1\right)$；点b为最大值点，最大值为$f(b)$。

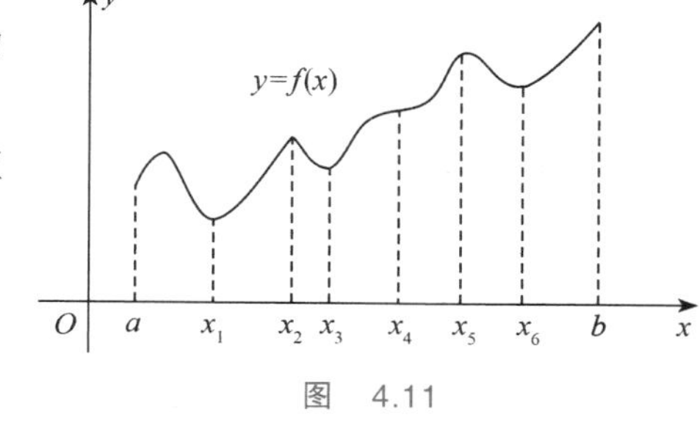

图　4.11

4.5.2　极值、最值定义的说明

关于极值、最值定义的说明如下。

（1）由定义可知，极值是一个局部性的概念，而最值是整体性的概念。

（2）由于闭区间$[a,b]$上的连续函数$f(x)$一定有最小值与最大值，且可以达到，而它的最大值、最小值只能在区间的端点、驻点或不可导点处取得，所以，当函数$f(x)$在闭区间$[a,b]$上连续时，其最大值是$f(x)$的所有极大值与$f(a)$和$f(b)$中的最大者，而最小值则是$f(x)$的所有极小值与$f(a)$和$f(b)$中的最小者。

（3）当连续函数$f(x)$在开区间(a,b)中仅有一个极值点时，极小值即为最小值，极大值即为最大值。

4.5.3　闭区间上最值的求解步骤

闭区间上最值的求解步骤如下。

（1）求出驻点和不可导点。

(2) 求出与区间端点、驻点和不可导点对应的函数值。

(3) 比较大小，其中最大的即为最大值，最小的即为最小值。

相关例题见例4.24和例4.25。

典型例题

例4.24　求$f(x)=x^4-2x^2+1$在$\left[-\dfrac{1}{2},2\right]$上的最大值和最小值。

解：由于$f(x)$在$\left[-\dfrac{1}{2},2\right]$上连续，$f'(x)=4x^3-4x=4x(x-1)(x+1)$。

所以，$f(x)$有三个驻点$x_1=-1,x_2=0,x_3=1$，其中$x_1=-1$不在指定区间内，舍去。

由于$f\left(-\dfrac{1}{2}\right)=\dfrac{9}{16}$；$f(0)=1$；$f(1)=0$；$f(2)=9$；所以$f(x)$在$\left[-\dfrac{1}{2},2\right]$上的最大值是$f(2)=9$，最大值点为$x_1=2$；最小值是$f(1)=0$，最小值点为$x_2=1$。

最值的例题

例4.25　求$f(x)=x\ln x$在$[1,\mathrm{e}]$上的最大值和最小值。

解：$f'(x)=\ln x+1$，因为在$[1,\mathrm{e}]$上$f'(x)>0$，函数$f(x)=x\ln x$在区间$[1,\mathrm{e}]$上单调递增，则最值就在区间的端点处取得，故

$$f_{\min}(1)=0\quad f_{\max}(\mathrm{e})=\mathrm{e}$$

应用案例

案例4.3　容积最大问题

设有一块边长为a m的正方形铁皮，如图4.12所示，从四个角截去同样的小方块，做成一个无盖的小方盒，问小方块的边长为多少才能使无盖小方盒的容积最大？

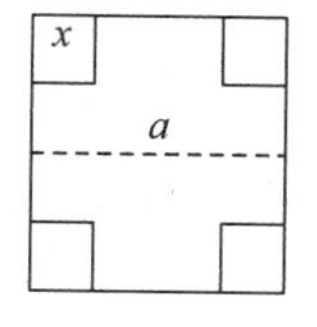

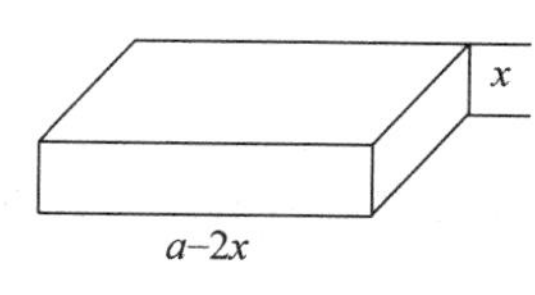

图　4.12

解：设小方块的边长为x m，则无盖小方盒的容积为

$$V=x(a-2x)^2=4x^3-4ax^2+a^2x,\quad x\in\left(0,\frac{a}{2}\right)$$

此时问题转化为求函数V在区间$\left(0,\dfrac{a}{2}\right)$上的最大值问题。

由于$V'=12x^2-8ax+a^2=(2x-a)(6x-a)$，令$V'=0$得驻点$x_2=\dfrac{a}{6}$，$x_1=\dfrac{a}{2}$舍

去。又因为$V''=24x-8a$，而$V''\left(\frac{a}{6}\right)=-4a<0$，所以$x_2=\frac{a}{6}$是极大值点。

由于V在区间$\left(0,\frac{a}{2}\right)$内只有唯一的一个极大值，所以为最大值。也就是说，小方块的边长为$\frac{a}{6}$ m时，无盖小方盒的容积最大，最大容积为$V\left(\frac{a}{6}\right)=\frac{2}{27}a^3(\mathrm{m}^3)$。

案例4.4　工作效率最高问题

工人的工作效率和工作时长密切相关。根据某厂上午班(8:00—12:00)统计数据得知，一名中等技术水平的工人从早上8点开始工作，t小时后生产$Q(t)=-t^3+6t^2+45t$(个)产品，问在上午几点钟这个工人的工作效率最高？

解：这里的工作效率就是单位时间内生产的产品个数，即$Q(t)$的导数。设$P(t)=Q'(t)$，则$P(t)$的最大值点就是该工人工作效率最高的时间点。

$$P(t)=Q'(t)=-3t^2+12t+45,\quad t\in[0,4]$$

$$P'(t)=-6t+12$$

令$P'(t)=0$，得驻点$t=2$，且$P''(2)=-6<0$，即$t=2$为唯一的极大值点，故也是最大值点。所以，当工人开始工作2小时后，即上午10点时工作效率达到最高，可以每小时生产$P(2)=57$(个)产品。

案例4.5　收益最大问题

旅行社的机票价格与旅行团的人数相关。某旅行社组织旅行团外出旅游，若旅行团人数不超过30人，则每张机票为900元；若旅行团人数超过30人，每多1人，每张机票优惠10元，直到每张机票降到450元为止。旅行社的包机费为15000元。根据以上信息，你认为每团人数为多少时，旅行社可获得最大的机票收益？最大收益为多少？

解：根据题意每团最多人数为$\frac{900-450}{10}+30=75$(人)。

设每团人数为x，机票价格为p，则

$$p=\begin{cases}900, & 1\leqslant x\leqslant 30\\ 900-10(x-30), & 30<x\leqslant 75\end{cases}$$

机票收益为机票费用减去包机费15000元，则旅行社的机票收益$L(x)$为

$$L(x)=xp-15000=\begin{cases}900x-15000, & 1\leqslant x\leqslant 30\\ 900x-10x(x-30)-15000, & 30<x\leqslant 75\end{cases}$$

根据求最值的方法，令$L'(x)=0$得出驻点，再进一步做出判断：

$$L'(x)=\begin{cases}900, & 1\leqslant x\leqslant 30\\ 1200-20x, & 30<x\leqslant 75\end{cases}$$

显然，人数不超过30时达不到最大收益，主要考虑人数大于30的情况。

由$1200-20x=0$得驻点$x=60$，又$L''(60)=-20<0$，即$x=60$为唯一的极大值点，故为最大值点。

故每团人数为60人时，旅行社将获得最大机票收益，最大收益为$L(60)=21000$(元)。

课堂巩固 4.5

基础训练 4.5

1. 求下列函数在所给区间上的最大值和最小值。

(1) $f(x)=x^4-2x^2+5,[-2,2]$

(2) $f(x)=\ln(x^2+1),[-1,2]$

(3) $f(x)=x+\sqrt{x},[0,4]$

2. 求函数$f(x)=x^3+3x^2$在闭区间$[-5,5]$上的极值与最值。

提升训练 4.5

1. 做一个底为正方形、容积为108m^{3}的长方体开口容器，怎样做所用材料最省？

2. 随着我国交通水平的发达和人们生活水平的提高，汽车离我们不再遥远，汽车发动机的效率p(单位：%)与车速v(单位：km/h)有如下关系：

$$p=0.768v-0.00004v^3$$

请问车速为多少时发动机的效率最大呢？最大效率为多少？

4.6　导数在经济上的应用

问题导入

在经济问题中，经常遇到利润的最大化问题、成本的最小化问题、边际分析和弹性分析等问题，这些问题的分析需要怎样的数学工具呢？利用导数可以很好地解决这些问题。

知识归纳

4.6.1　常用的经济函数

1. 需求与供给函数

供给与需求是市场供需理论的基础，在市场经济环境下，绝大多数产品是在完全竞争的市场上销售，供需量的多少受价格高低的影响；而产品价格的高低又受供需量多少的影响。因此对市场供需的把握，有利于企业正确地决策生产何种产品，以及生产的产品应如何制定营销策略与价格定位等。

常见的数学模型

(1) 需求曲线(图4.13)。在其他条件(如消费者购买力、习惯和爱好、相关商品的价格等)不变的情况下，一种商品的需求量与商品自身的价格呈反方向变动，即一种商品的价格越高，对它的需求量就越小；反之，一种商品的价格越低，对它的需求量就越大。即商品的每一价格水平，总有与之相对应的商品需求量。由此决定的需求量与价格之间的关系叫作需求函数，记为

$$Q=Q(p)$$

式中，Q为需求量；p为价格。

（2）供给曲线（图4.14）。在其他条件（比如消费者购买力、习惯和爱好、相关商品的价格等）不变的情况下，一种商品的供给量与商品自身的价格呈正方向变动，即一种商品的价格越高，对它的供给量就越大；反之，一种商品的价格越低，对它的供给量就越小。因此，商品的每一价格水平，总有与之相对应的供给量。由此决定的价格与供给量之间的关系叫作供给函数，记为

$$Q=Q(p)$$

式中，Q为供给量；p为价格。

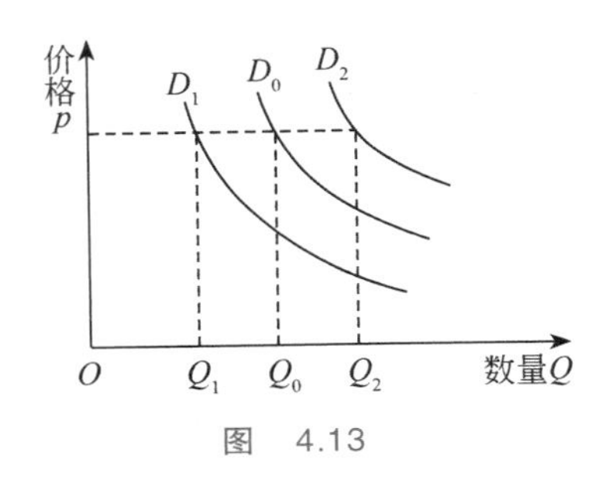

图 4.13

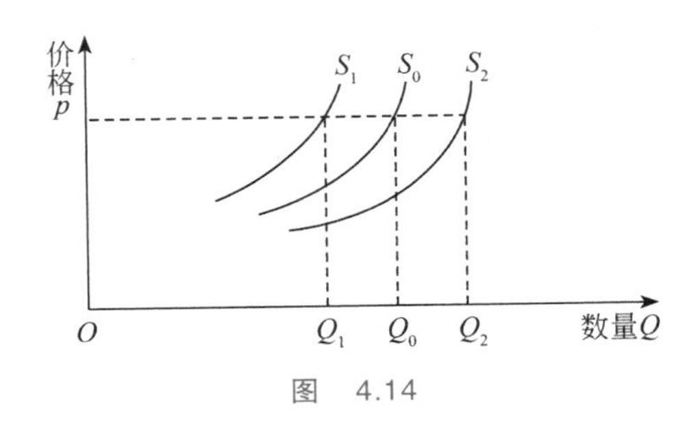

图 4.14

相关例题见例4.26和例4.27。

2. 成本、收入、利润函数

（1）成本函数$C(Q)=C_0+C_1(Q)$。成本存在于一切经济活动之中。总成本是指企业生产（或者销售）一定数量的产品（商品）所需的全部经济资源的投入或费用总额，一般包含固定成本和可变成本。

固定成本C_0包括厂房、机器设备等的每年折旧费等；可变成本$C_1(Q)$主要包括直接材料、直接人工等。一般地，总成本为产量的单调递增函数，即$C(Q)=C_0+C_1(Q)$，其中Q为产量。

（2）平均成本函数$\overline{C}(Q)=\dfrac{C(Q)}{Q}$为单位产品成本。

（3）收入函数$R(Q)$。收入（也称收益）是指企业销售一定数量产品（商品）或提供劳务所取得的全部收入。一般地，企业销售收入与销售量成正比。特别在只销售一种商品的情况下，

$$\text{销售收入}=\text{销售价格}\times\text{销售量}$$

即

$$R(Q)=pQ$$

式中，p为价格；Q为销售量。

（4）利润函数$L(Q)$。在经济学中，利润为总收入与总成本之差，即

$$L(Q)=R(Q)-C(Q)$$

4.6.2 经济问题中的最值分析

经济上分析最多的是利润的最大化与成本的最小化问题，因为企业的终极目标在于尽可能多地获利，一方面为生存的需要，另一方面则是发展的需要。本书将介绍如何应用导数解决经济中的利润最大化与平均成本最小化问题。事实上，经济上与最值分析相联系的问题很多，比如，为降低成本，企业需要进行最优的生产批量的决策分析与最佳订货量的决策分析等。

最值分析

相关例题见例 4.28～例 4.30。

4.6.3 经济中的边际与价格弹性问题

1. 边际分析

边际概念是经济学中的一个重要概念，一般指经济函数的变化率。

经济中的边际与价格弹性问题

【定义 4.5】 设经济函数$y=f(x)$是可导的，那么导函数$f'(x)$在经济学中叫作边际函数。

经济学中有边际需求、边际成本、边际收入、边际利润等，下面对其进行简单的介绍。

设总成本C与产量Q的函数关系为$C=C(Q)(Q>0)$，则当产量从Q_0变化到$Q_0+\Delta Q$时，成本的平均变化率为$\frac{\Delta C}{\Delta Q}$。而当产量为$Q_0$时，成本的变化率则为

$$\lim_{\Delta Q\to 0}\frac{\Delta C}{\Delta Q}=\lim_{\Delta Q\to 0}\frac{C(Q_0+\Delta Q)-C(Q_0)}{\Delta Q}=C'(Q_0)$$

称其为成本函数$C=C(Q)$在点$Q=Q_0$处的边际成本，记为$MC=C'(Q_0)$。

因为$\Delta C=C(Q_0+\Delta Q)-C(Q_0)\approx C'(Q_0)\Delta Q$，所以当$\Delta Q=1$时，$C(Q_0+1)-C(Q_0)\approx C'(Q_0)$。

经济学上边际的含义：当$Q=Q_0$时，再生产一个单位的产品所递增的成本的近似值为$C'(Q_0)$。类似地有：收入函数$R(Q)$对产量Q的变化率$R'(Q)$称为边际收入MR；利润函数$L(Q)$对产量Q的变化率$L'(Q)$称为边际利润ML；需求函数$Q(p)$对价格p的变化率$Q'(p)$称为边际需求MQ。

相关例题见例 4.31～例 4.33。

2. 价格弹性分析

弹性分析在经济上十分常见，是与静态分析相对的概念，与敏感性概念接近。最常见于销售量对价格的弹性分析、企业理财中的财务杠杆分析等。本节只介绍需求的价格弹性。

一般情况下，价格上升，需求量下降；价格下降，需求量上升。可是，问题也就出现了。

问题1：对一种产品而言，提高售价的同时，尽管企业的单位产品收入在增加，但销售量下降了，总收入会有怎样的变化？另一方面，由于产品单位成本是不变的，所以成本也在相应地下降。作为利润＝收入－成本，是上升了，还是下降了？上升（下降）的比率如何？对于降价问题也类似。这就是为什么有些商品提价了，企业利润上升了；而另一些商品在提价的同时，企业利润却下降的缘由。

问题2：如果提价有利于企业利润上升，那么到底提价幅度多大为宜？

弹性分析正是为解决以上问题而进行的分析，即价格因素影响需求量与利润的程度分析。

【定义4.6】 设函数$y=f(x)$在点x处可导，则称极限

$$\lim_{\Delta x\to 0}\frac{\Delta y/y}{\Delta x/x}=\lim_{\Delta x\to 0}\frac{\Delta y}{\Delta x}\cdot\frac{x}{y}=\frac{x}{y}\lim_{\Delta x\to 0}\frac{\Delta y}{\Delta x}=\frac{x}{y}\cdot\frac{\mathrm{d}y}{\mathrm{d}x}$$

为函数$y=f(x)$在点x处的相对变化率或弹性，记作η，即

$$\eta=\frac{x}{y}\cdot\frac{\mathrm{d}y}{\mathrm{d}x}$$

若函数$Q=Q(p)$为需求函数，则需求的价格弹性为

$$\eta_p=\frac{p}{Q}\cdot Q'(p)$$

下面将简单阐述需求的价格弹性的经济意义。

考虑比值

$$\bar{\eta}(p_0)=\frac{\Delta Q}{\Delta p}\cdot\frac{p_0}{Q_0}$$

由于需求函数$Q=Q(p)$的改变量ΔQ与销售价格改变量Δp异号，从而比值$\bar{\eta}(p_0)\leqslant 0$。

(1) 若$|\bar{\eta}(p_0)|<1$，则有$\left|\frac{\Delta Q}{Q_0}\right|<\left|\frac{\Delta p}{p_0}\right|$，说明销售价格相对改变量对需求函数相对改变量的影响比较小，则称该商品的需求缺乏弹性，比如日用品等。

(2) 若$|\bar{\eta}(p_0)|=1$，则有$\left|\frac{\Delta Q}{Q_0}\right|=\left|\frac{\Delta p}{p_0}\right|$，说明销售价格相对改变量等于需求函数相对改变量，则称该商品的需求具有单位弹性。

(3) 若$|\bar{\eta}(p_0)|>1$，则有$\left|\frac{\Delta Q}{Q_0}\right|>\left|\frac{\Delta p}{p_0}\right|$，说明销售价格相对改变量对需求函数相对改变量影响比较大，则称该商品的需求富有弹性，比如电子产品等。

相关例题见例4.34。

典型例题

例4.26 书店售书，设当该书售价为18元/本时，每天销量为100本，价格每提高0.1元，销量则递减5本，试求需求函数。

解：设需求量为Q，该书售价为p元/本，由题意得

$$Q=100-\frac{p-18}{0.1}\times 5$$

即 $Q=50(20-p), p<20$。

例4.27　书店售书，设当该书售价为18元/本时，每天供给量为100本，价格每提高0.1元，供给量就递增5本，试求供给函数。

解：设供给量为Q，该书售价为p元/本，由题意得

$$Q=100+\frac{p-18}{0.1}\times 5$$

即 $Q=50(p-16), p>16$。

注意：当需求量与供给量相等时的价格称为市场平衡价格。即$50(20-p)=50(p-16)$，从而$p_0=18$，故当该书售价为18元/本时供需达到平衡。

例4.28　某产品的固定成本是18万元，变动成本是$2x^2+5x$（万元），其中x为产量（单位：百台），求平均成本最低时的产量。

解：成本函数为$C(x)=2x^2+5x+18$。

平均成本$\overline{C}(x)=\frac{C(x)}{x}$，即$\overline{C}(x)=2x+5+\frac{18}{x}$。

求导数$\overline{C'}(x)=2-\frac{18}{x^2}$。

令$\overline{C'}(x)=0$，得驻点$x=\pm 3$，取$x=3$（$x=-3$舍去）。

又$\overline{C''}(x)=\frac{36}{x^3}$，则$\overline{C''}(3)=\frac{4}{3}>0$。

故$x=3$是唯一的一个极小值点，也就是最小值点，因此当产量$x=3$（百台）时，平均成本最低。

例4.29　某企业在现有生产能力的条件下，已知生产某种产品的总成本$C(x)$与产量x之间的函数关系为

$$C=C(x)=a+bx^2$$

式中，a,b为待定常数。已知固定成本为400万元，且当产量达到100件时，总成本为500万元。问企业生产该产品的年产量为多少时，才能使该产品的平均成本最低？最低时的平均成本是多少？

解：由于固定成本是在$x=0$时的总成本，因此有

$$\begin{cases}400=C(0)=a+b(0)^2=a\\500=C(100)=a+b(100)^2\end{cases}$$

解联立方程得$a=400, b=\frac{1}{100}$。所以

$$C=C(x)=400+\frac{1}{100}x^2$$

即

$$\overline{C}(x)=\frac{C(x)}{x}=\frac{400}{x}+\frac{x}{100}$$

$$\overline{C}'(x)=\frac{1}{100}-\frac{400}{x^2}$$

令$\overline{C}'(x)=0$,得驻点$x=\pm 200$($x=-200$舍去)。

又$\overline{C}''(x)=\frac{800}{x^3}$,则$\overline{C}''(200)>0$。

由于$x=200$是唯一的一个极值点,也就是最小值点,因此,当产量$x=200$时,平均成本最低,最低时的平均成本是4万元。

例4.30　某厂生产某产品,其固定成本为2000元,每生产一吨产品的成本为60元,设该产品的需求函数$Q=1000-10p$(Q为需求量,p为价格),求:

(1) 总成本函数,总收入函数;

(2) 产量为多少吨时,利润最大;

(3) 获得最大利润时的价格。

解:(1) 成本函数为

$$C(Q)=60Q+2000$$

因为需求函数　$Q=1000-10p$

所以　$p=100-\frac{Q}{10}$

因此,总收入函数为　$R(Q)=pQ=100Q-\frac{1}{10}Q^2$

(2) 利润函数为

$$L(Q)=R(Q)-C(Q)=-\frac{1}{10}Q^2+40Q-2000$$

因为 $L'(Q)=-\frac{1}{5}Q+40$,令$L'(Q)=0$,解得$Q=200$。又因为$L''(Q)=-\frac{1}{5}<0$,所以$Q=200$为唯一的一个极大值点,也是最大值点。故当产量为200吨时,利润最大。

(3) 获得最大利润时的价格

将$Q=200$代入$p=100-\frac{Q}{10}$,即得

$$p=100-\frac{1}{10}\cdot 200=80$$

例4.31　设某产品的总成本函数和收入函数分别为

$$C(Q)=3+2\sqrt{Q}\quad R(Q)=\frac{5Q}{Q+1}$$

式中,Q为产品的数量。

试求该产品的边际成本、边际收入和边际利润。

解:边际成本:　$MC=C'(Q)=2\cdot\frac{1}{2}Q^{-\frac{1}{2}}=\frac{1}{\sqrt{Q}}$

边际收入:　$MR=R'(Q)=\frac{5(Q+1)-5Q}{(Q+1)^2}=\frac{5}{(Q+1)^2}$

因为利润函数：　$L(Q)=R(Q)-C(Q)=\dfrac{5Q}{Q+1}-3-2\sqrt{Q}$

所以边际利润：　$ML=R'(Q)-C'(Q)=\dfrac{5}{(Q+1)^2}-\dfrac{1}{\sqrt{Q}}$

例4.32　某种商品的需求量Q与价格p的关系为

$$Q=1600\left(\frac{1}{4}\right)^p$$

试求:(1) 边际需求MQ;

(2) 当价格$p=10$时,求该商品的边际需求量。

解:(1)　$MQ=Q'(p)=1600\cdot\left(\dfrac{1}{4}\right)^p\ln\left(\dfrac{1}{4}\right)=-3200\left(\dfrac{1}{4}\right)^p\ln 2$

(2)　$MQ(10)=Q'(10)=-3200\left(\dfrac{1}{4}\right)^{10}\cdot\ln 2=-\dfrac{25}{2^{13}}\ln 2$

例4.33　设某种产品的总成本为$C(x)=300+1.1x$,总收益为$R(x)=5x-0.003x^2$,其中,x为产量,试求:

(1) 边际成本、边际收益和边际利润。

(2) 当产量为600和700个单位时的边际利润,并说明其经济意义;

(3) 分析边际成本、边际收益与边际利润之间的关系,什么时候利润最大?

解:边际函数即为各经济函数的导数。

(1) 边际成本:　$MC=C'(x)=(300+1.1x)'=1.1$

边际收益:　$MR=R'(x)=\left(5x-0.003x^2\right)'=5-0.006x$

边际利润:　$ML=L'(x)=R'(x)-C'(x)=3.9-0.006x$

(2) 当产量为600个单位时的边际利润为

$$L'(600)=3.9-0.006\times600=0.3$$

经济意义:当产量为600个单位时,再多生产1个单位的产品,利润将增加0.3个单位。

当产量为700个单位时的边际利润为

$$L'(700)=3.9-0.006\times700=-0.3$$

经济意义:当产量为700个单位时,再多生产1个单位的产品,利润将减少0.3个单位。

(3) 令$L'(x)=0$,得驻点$x=650$,且$L''(650)=-0.0006<0$,即$x=650$为唯一的极大值点,故为最大值点,所以当产量为650个单位时,利润最大。

$$L'(x)=0\Rightarrow R'(x)-C'(x)=0\Rightarrow R'(x)=C'(x)$$

当边际收入等于边际成本时,即$MR=MC$时利润最大,此即经济学中的利润最大化原则。

例4.34　某商品的日需求函数为$Q=10-\dfrac{p}{3}$,试求:

(1) 需求的价格弹性函数;

(2) 当$p=14$时的需求价格弹性并说明其经济意义;

（3）当$p=18$时的需求价格弹性并说明其经济意义。

解:（1）按弹性定义

$$\eta_p=\frac{p}{Q}\cdot Q'(p)=\frac{p}{Q}\cdot\left(-\frac{1}{3}\right)=-\frac{p}{30-p}$$

（2）$\eta_p(14)=-\frac{14}{30-14}=-\frac{14}{16}=-\frac{7}{8}$。由于$|\eta_p(14)|<1$,所以当$p=14$时,该商品缺乏弹性。

（3）$\eta_p(18)=-\frac{18}{30-18}=-\frac{18}{12}=-\frac{3}{2}$。由于$|\eta_p(18)|>1$,所以当$p=18$时,该商品富有弹性。

应用案例

案例4.6　最大收入问题

一家工厂生产一种成套的电器维修工具,厂家规定,订购套数不超过300套,每套售价400元;若订购套数超过300套,每超过一套可以少付1元。如何安排订购数量,能使工厂销售收入最大?

解:设订购套数为x,销售收入为$R(x)$。那么,当订购套数不超过300套时,每套售价为$p=400$;当订购套数超过300套时,每套售价为

$$p=400-1\times(x-300)=700-x$$

即维修工具每套售价为

$$p=\begin{cases}400, & 0\leqslant x\leqslant 300\\ 700-x, & x>300\end{cases}$$

由此可得总收入函数$R(x)$为

$$R(x)=px=\begin{cases}400x, & 0\leqslant x\leqslant 300\\ 700x-x^2, & x>300\end{cases}$$

令$R'(x)=0$,得驻点$x_1=350$;且$x_2=300$是不可导点。

当$x<350$时,$R'(x)>0$;当$x>350$时,$R'(x)<0$。

$x_2=300$不是极值点,$x_1=350$是极值点,也是最大值点。即工厂经营者若想获得最大销售收入,应该将订购套数控制在350套内。

案例4.7　定价问题

一房地产公司有50套公寓要出租。当租金定为每月180元时,公寓会全部租出去。当租金每月增加10元时,就有一套公寓租不出去。而租出去的房子每月需花费20元的整修维护费。试问房租定位多少可获得最高收入?

解:设租金为x元/月,租出的公寓有$50-\frac{x-180}{10}$套,总收入为

$$R(x)=(x-20)\times\left(50-\frac{x-180}{10}\right)$$
$$=(x-20)\times\left(68-\frac{x}{10}\right)$$

令

$$R'=\left(68-\frac{x}{10}\right)+(x-20)\times\left(-\frac{1}{10}\right)$$
$$=70-\frac{x}{5}=0$$

得 $x=350$ 元/月。

当 $0<x<350$ 时，$R'>0$；当 $x>350$ 时，$R'<0$。所以 $x=350$ 是极大值点，且 $R(x)$ 只有一个极值点，所以是最大值点，这时收入为10890元。

案例4.8　最大利润问题

一家银行的统计资料表明，存放在银行中的总存款量正比于银行付给存户利率的平方。现在假设银行可以用12%的利率再投资这笔钱。试问为得到最大利润，银行所支付给存户的利率应定为多少?

解：假设银行支付给存户的年利率是 $r(0<r\leqslant 1)$，这样银行总存款量为 $A=kr^2(k>0$，为比例常数)。

把这笔钱以12%的年利率贷出一年后可得款额为 $(1+0.12)A$，而银行支付给存户的款额为 $(1+r)A$，银行获利

$$P=(1+0.12)A-(1+r)A=(0.12-r)A=(0.12-r)kr^2$$
$$\frac{\mathrm{d}P}{\mathrm{d}r}=k(0.24r-3r^2)=0$$

$r=0$(舍去)，故 $r=0.08$。当 $r<0.08$ 时 $P'>0$，当 $r>0.08$ 时 $P'<0$，且 $r=0.08$ 是 $(0,1]$ 中唯一的极值点，故取8%的年利率付给存户，银行可获得最大利润。

课堂巩固4.6

基础训练4.6

1. 某企业生产某产品的总成本 $C(x)$ 是产量 x(千件)的函数，$C(x)=x^3-2x^2+60x$，若产品的价格为1180元/千件，试求：

(1) 平均成本最低时的产量；

(2) 产量为何值时，利润最大；

(3) 生产15千件和25千件时的边际成本。

2. 某企业的成本函数和收益函数分别为

$$C(Q)=1000+5Q+\frac{Q^2}{10}\qquad R(Q)=200Q+\frac{Q^2}{20}$$

试求：

（1）边际成本、边际收益和边际利润；

（2）已知生产并销售了25个单位产品，那么生产第26个单位产品的利润为多少；

（3）生产多少个产品可获取最大利润？

提升训练4.6

1．某企业生产某种产品，每批的固定成本为700元，每生产一件产品，总成本递增5元，x表示产量。

（1）试写出产品的总成本$C(x)$的函数关系式。

（2）若每件产品售价为7元，试写出利润函数$L(x)$。

2．某电视机厂家的生产成本（元）是$C(x)=5000+250x-0.01x^2$，收益R（元）和生产量x（台）之间的关系是$R(x)=400x-0.02x^2$。如果所生产的电视机全部售出，则该厂家生产多少台电视机时利润最大？最大利润为多少？

总结提升4

1．选择题。

（1）设函数$f(x)$在区间(a,b)内可导，则$f'(x)>0$是$f(x)$在(a,b)内单调递增的（　　）。

A．必要条件但非充分条件　　B．充分条件但非必要条件

C．充分必要条件　　D．无关条件

（2）设$f''(x_0)$存在，且x_0是函数$f(x)$的极大值点，则必有（　　）。

A．$f'(x_0)=0, f''(x_0)<0$

B．$f'(x_0)=0, f''(x_0)>0$

C．$f'(x_0)=0, f''(x_0)=0$

D．$f'(x_0)=0, f''(x_0)<0$或$f'(x_0)=0, f''(x_0)=0$

（3）设$b>0, f(x)=a-b(x-c)^{\frac{2}{3}}$，则$x=c$（　　）。

A．是$f(x)$的驻点　　B．是$f(x)$的极大值点

C．是$f(x)$的极小值点　　D．不是$f(x)$的极值点

（4）设$f(x)$在x_0点可导，则$f'(x_0)=0$是$f(x)$在$x=x_0$取得极值的（　　）。

A．必要条件但非充分条件　　B．充分条件但非必要条件

C．充分必要条件　　D．无关条件

（5）设$f(x)$在点x_0处二阶可导，且$f'(x_0)=0, f''(x_0)=0$，则$f(x)$在$x=x_0$处（　　）。

A．一定有极大值　　B．一定有极小值

C．一定有极值　　D．不一定没有极值

2. 填空题。

(1) 设$f(x)=3-\sqrt[3]{(x-2)^2}$的导数是$f'(x)=\dfrac{-2}{3\sqrt[3]{(x-2)}}$,则$f(x)$在区间______内单调递增,在区间________内单调递减。

(2) 设$f(x)=\sqrt{2+x-x^2}$的导数$f'(x)=\dfrac{1-2x}{2\sqrt{2+x-x^2}}$,则$f(x)$在区间________内单调递增,在区间________内单调递减。

(3) 设函数$f(x)=\dfrac{(x-3)^2}{4(x-1)}$的导数为$f'(x)=\dfrac{(x-3)(x+1)}{4(x-1)^2}$,二阶导数为$f''(x)=\dfrac{2}{(x-1)^3}$,则当$x=$____时,函数$f(x)$有极小值,极小值是________。

3. 判断题。

(1) 设函数$f(x)$在$[a,b]$上连续,在(a,b)内可导,则至少存在一点$x_0\in(a,b)$,使得$f'(x_0)=0$。 (　　)

(2) 若x_0是函数$f(x)$的极值点,则$f'(x_0)=0$。 (　　)

(3) 函数$f(x)$的驻点不一定是函数$f(x)$的极值点。 (　　)

(4) 若函数$f(x)$在(a,b)上连续,设x_0是$f(x)$在该区间上仅有的一个极值点,则当x_0是$f(x)$的极大值点时,$f(x_0)$就是$f(x)$在(a,b)上的最大值。 (　　)

(5) 设x_0点是函数$f(x)$在$[a,b]$上的最大值点,则$f(x_0)$必定是$f(x)$的极大值。 (　　)

(6) 函数$f(x)=\sqrt[3]{x^2}$在点$x=0$处导数不存在,所以$f(x)$在点$x=0$处没有极值。 (　　)

4. 设$f(x)=(x-1)(x-2)(x-3)(x-4)$,不需求出$f(x)$的导数,试用罗尔定理说明方程$f'(x)=0$有几个实根,并说出根所在的区间范围。

5. 求下列函数的极限。

(1) $\lim\limits_{x\to 0}\dfrac{e^x-1}{x}$　　(2) $\lim\limits_{x\to +\infty}\dfrac{e^x}{x^3}$

(3) $\lim\limits_{x\to +\infty}\dfrac{\ln x}{x^3}$　　(4) $\lim\limits_{x\to 0}\dfrac{\sin 5x}{\sin 3x}$

(5) $\lim\limits_{x\to 0}\dfrac{\ln(1+2x)}{x}$　　(6) $\lim\limits_{x\to 0}\dfrac{(1+x)^5-1}{x}$

(7) $\lim\limits_{x\to 0^+}x\ln x$　　(8) $\lim\limits_{x\to 0^+}x^2e^{\frac{1}{x^2}}$

(9) $\lim\limits_{x\to 0^+}\left(\dfrac{1}{x}-\dfrac{1}{e^x-1}\right)$　　(10) $\lim\limits_{x\to 1}\left(\dfrac{1}{x-1}-\dfrac{1}{\ln x}\right)$

6．求下列函数的单调性和极值。

（1）$y=\frac{1}{3}x^3-x^2+\frac{1}{3}$　　（2）$y=2x^3-9x^2+12x-3$

（3）$y=\frac{2x}{1+x^2}$　　（4）$y=2x^2-\ln x$

（5）$y=2x+\frac{8}{x}$　　（6）$y=\sqrt[3]{x^2}$

7．设$f(x)=ax^3+bx^2+cx+d(a\neq 0)$的图形关于原点对称，且在$x=\frac{1}{2}$处取得极小值$-1$，试确定函数$f(x)$。

8．求下列函数在所给区间上的最大值和最小值。

（1）$y=2x^3-3x^2,\quad x\in[-1,4]$　　（2）$y=x+\sqrt{1-x},\quad x\in[0,1]$

（3）$y=x+2\sqrt{x},\quad x\in[0,4]$　　（4）$y=\sqrt{100-x^2},\quad x\in[-6,8]$

9．某厂生产某产品的总成本为$C(x)=\frac{1}{4}x^2+8x+4900$，若价格为$p$，每月可销售该产品数量为$\frac{1}{3}(528-p)$，假设该厂每月能够将全部产品卖出，试以：

（1）最大利润为基础，求：①平均成本；②总成本；③产品价格；④总利润。

（2）最低平均成本为基础，求：①平均成本；②总成本；③产品价格；④总利润。

第5章 不定积分

司马光砸缸中的数学思想——逆向思维

数学故事

司马光砸缸：司马光跟小伙伴们在水缸旁玩，一个小伙伴失足掉进水缸，其他小伙伴的想法是赶快从缸里把人救上来，而司马光却不这样想，只见他果断捡起地上的石头把缸砸破，水流出来，人自然得救了，司马光利用逆向思维救了小伙伴(图5.1)。

图 5.1

温度计的发明：温度计是意大利物理学家和数学家伽利略发明的。一次给威尼斯帕多瓦大学的学生上实验课时，他观察到由于温度变化导致水的体积的变化，这让他突然想到了之前一直失败的温度计的问题，倒过来，可以用水的体积的变化反映温度的变化，于是根据这个想法，他设计出了一端是敞口的玻璃管，另一端带有核桃大的玻璃泡的温度计。温度计的发明是伽利略逆向思维的体现，是逆向思维中的原理逆向。

电磁感应定律：1820年，丹麦物理学家奥斯特通过多次实验证实电能产生磁，只要导线通上电流，导线的附近就能产生磁力，磁针就会发生转动。这个发现深深吸引了英国物理学家法拉第，他坚信电能产生磁，那么根据辩证的思想磁也能产生电。经过反复不停的试验后，在1831年，法拉第把一块磁铁插入一个缠着导线的空心圆筒内，结果连接在导线两端的电流计的指针发生了转动，电流产生了。于是他提出了物理学中著名的电磁感应定律，并发明了世界上第一台发电装置。

汽车中的逆向思维：开车出行，我们的汽车上会配备速度表和里程表，行驶一段距离后里程表会记录路程，速度表会记录不同时刻的车速，那么里程表函数的微分就是速度表函数，而速度表函数的积分就是里程表函数，里程和速度是两个互逆的函数。

微积分基本公式：在微积分中微分和积分是逆运算的关系。微积分的基本公式为

$$\int_a^b f(t)\mathrm{d}t = F(b) - F(a)$$

$$\frac{\mathrm{d}F}{\mathrm{d}t} = f(t)$$

从这两个公式我们能看出微分和积分的关系。微积分的基本公式是由牛顿和莱布尼茨分别创立的。牛顿从1664年开始研究微积分，他在《流数术与无穷级数》《曲线求积术》和《自然哲学之数学原理》中提到了无穷小，并在无穷小的基础上提出了微分的概念。他还借助逆向思维提出了反微分，并利用反微分来计算面积。他指出求导和求面积是互逆运算。根据牛顿的思想，牛顿提出的反微分也就是现在的不定积分。而莱布尼茨1673年在《数学笔记》中提出了：求曲线的切线依赖于纵坐标与横坐标的差值之比（当这些差值变成无穷小时）；求积依赖于在横坐标的无限小区间上纵坐标之和或无限小矩形之和。莱布尼茨也认识到求和与求差运算的可逆性，同时指出，作为求和过程的积分是微分之逆，实际上也就是今天的定积分。

数学思想

逆向思维是知本求源，从原问题的相反方向出发进行思考的一种思维。逆向思维注重从已经提出的问题的反方向进行研究和分析，从而得到最优的解决方案。逆向思维可以帮助人们突破固定思维的枷锁，拓展思路，研究和得出更新的理论与方法。

反证法是数学逆向思维的很好体现。无理数的发现就是由希腊数学家根据反证法提出的，解决了第一次数学危机的困境，将数域从有理数拓展到了实数的范围。微积分中处处充满了逆向思维。导数和微分、整体和局部、有限和无限、常量和变量等一系列的互逆关系，使微积分处处体现了矛盾和统一。从计算的角度求导数和求不定积分是互逆的运算，而牛顿—莱布尼茨公式告诉我们，可导函数的定积分又可以由原函数来表示。导数和微分充斥着对立，又和谐地统一。而在研究极限时的“一尺之棰，日取其半，万世不竭”又体现了有限和无限这对互逆思维的和谐美好。在数学学习中，我们也应该注重逆向思维的训练，提高分析和解决问题的能力，克服思维局限和单项思维，培养思维的敏捷性和科学性。

数学人物

艾萨克·牛顿（图5.2）是英国著名的物理学家，我们所熟知的是牛顿因为一个掉落的苹果而发现了万有引力的故事，但天才牛顿对世界的贡献远不止于此。牛顿还是现代光学、天文学、高等数学的奠基人和开拓者，他的成就涉及物理、化学、天文、地理、经济和艺术等多个方面。

1643年，牛顿出生于英格兰的一个小村落，童年的牛顿不喜欢交流而喜欢独自看书学习；到了中学，牛顿开始对自然现象和几何产生兴趣；18岁，牛顿进入剑桥大学学习，在

大学期间接触到了笛卡尔、伽利略、哥白尼、开普勒等人的先进思想，并将其应用到自己的研究中。牛顿发现了广义二项式定律，之后发现了正反流数术并创立了微积分，接着开始研究重力，从而发现了震惊世界的万有引力，年仅22岁的牛顿取得了别人可能一生都无法达到的巨大成就。

图　5.2

牛顿的研究领域非常广泛，他的成就都是开创性的成就。牛顿的微积分理论被恩格斯称为“人类精神最伟大的胜利”，现在已经成为最基本的数学理论，被应用于科学的各个领域。万有引力定律统一了物体力学和天体力学，促进了现代天文学的诞生，现代的人造卫星、火箭的发射升空都以此为理论基础。可以说，当万有引力定律和三大运动定律提出的那一刻，世间万物的运动原理、斗转星移的巨大奥秘都逐渐被揭晓。

牛顿无疑是最伟大的科学家，他敢于挑战当时被奉为神明的柏拉图、亚里士多德、阿基米德等人的理论，用他严密的逻辑和精妙的语言撼动了古希腊科学的地位，提出了一套新的思想和新的理论，为现代科学的发展开创了道路。

牛顿代表了一个时代的鼎盛，牛顿去世后，世界的科学中心逐渐由英国转移到了法国。英国诗人曾为其写下“自然与自然的定律，都隐匿在黑暗之中”。莱布尼茨也曾这样评价他：“从世界的开始到牛顿生活的时代为止，对数学发展的贡献绝大部分是牛顿作出的。”

5.1　不定积分的概念与性质

问题导入

微分学是研究如何从已知函数求其导函数的问题。例如，已知函数$F(x)=\sin x$，如何求它的导数？第3章的导数知识告诉我们$F'(x)=\cos x$，即$\cos x$是$\sin x$的导数。

与微分学研究相对的问题是：给定一个满足某一特性的函数$y=f(x)$，如何寻求一个未知函数$F(x)$，使其导数$F'(x)$恰好是给定的函数？要求函数$F(x)$需满足下式

$$F'(x)=f(x)$$

以上问题就是已知导函数$f(x)$，求原来的函数$F(x)$，这就是积分学的基本问题之一，换言之，研究不定积分问题正是研究微分问题的逆问题。

例如：已知函数$\cos x$，要求一个函数，使其导数恰好是$\cos x$。也就是说，什么函数的导数等于$\cos x$？

由于$(\sin x)'=\cos x$，所以我们可以说要求的这个函数是$\sin x$，因为它的导数恰好是已知函数$\cos x$。

类似这样的问题在几何学、物理学、自然科学、工程技术以及经济管理等方面也都普遍存在。比如：①已知平面曲线上任意点$M(x,y)$处的切线斜率为$f'(x)$，求平面曲线$y=f(x)$的表达式；②已知某一物体运动的速度v是时间t的函数$v=v(t)$，试求该物体的运动方程$s=f(t)$，使它的导数$f'(t)$等于速度函数$v(t)$。

为了便于研究这类问题，我们首先引入原函数的概念。

知识归纳

5.1.1 原函数

【定义5.1】 设$f(x)$是定义在某区间I上的已知函数，如果存在一个函数$F(x)$，对于该区间上的每一点x都满足

原函数

$$F'(x)=f(x),\ (x\in I) \quad 或 \quad \mathrm{d}F(x)=f(x)\mathrm{d}x$$

则称函数$F(x)$为已知函数$f(x)$在该区间上的一个原函数。

例如：在$(-\infty,+\infty)$上由于$(x^2)'=2x$，即x^2就是$2x$的一个原函数。同样地，可以验证，x^2+1，$x^2-\sqrt{2}$，x^2+C（C为任意常数）等也都是$2x$的原函数。

说明：

（1）原函数的存在性问题，即具备什么条件的函数有原函数？

对此问题，在第6章定积分学习过程中将会介绍原函数存在的一个充分条件，即如果函数$f(x)$在某区间I上连续，则$f(x)$在区间I上存在原函数。简言之，连续函数必有原函数。由于初等函数在其定义区间上都是连续函数，所以初等函数在其定义区间上就都有原函数存在。

（2）原函数的个数问题，即如果某函数存在原函数，那么它的原函数有多少？

由上面的例子可见，如果一个函数存在原函数，那么原函数不是唯一的。事实上有无穷多个。

（3）原函数之间的关系问题，即某函数如果有若干个原函数，那么这些原函数之间有什么关系？

假设函数$F(x)$与$G(x)$都是$f(x)$的原函数，由原函数的定义可知$G'(x)=F'(x)$，由拉格朗日中值定理的推论，存在某一常数C，使得

$$G(x)=F(x)+C$$

以上说明表明，如果$f(x)$有原函数，那么它就有无穷多个原函数；同时，如果$F(x)$是$f(x)$的一个原函数，那么无穷多个原函数可以写成$F(x)+C$的形式（其中C是任意常数）。

因此，若要把已知函数的所有原函数求出来，只需求出其中的一个，然后再加上任意常数C即可。

相关例题见例5.1～例5.3。

5.1.2 不定积分

不定积分

【定义5.2】 函数$f(x)$的原函数的全体，称为$f(x)$的不定积分，记作

$$\int f(x)\mathrm{d}x$$

说明：

(1) 由定义5.2可知，不定积分与原函数是整体与个别的关系，即函数$F(x)$是$f(x)$的一个原函数，如图5.3所示。

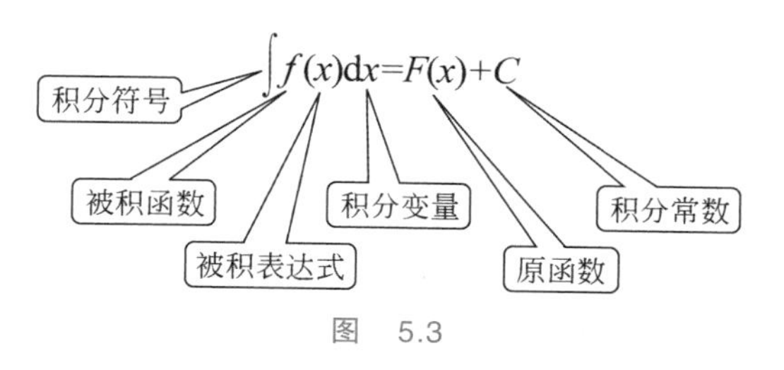

图 5.3

式中，记号$\int$称为积分符号，$f(x)$称为被积函数，$f(x)\mathrm{d}x$称为被积表达式，x称为积分变量，C称为积分常数。

(2) 求不定积分$\int f(x)\mathrm{d}x$，就是求被积函数$f(x)$的全体原函数。为此，只需求得$f(x)$的一个原函数$F(x)$，然后再加上任意常数C即可。

相关例题见例5.4～例5.7。

5.1.3 不定积分的基本性质

不定积分的基本性质

性质1 $\left(\int f(x)\mathrm{d}x\right)'=f(x)$ 或 $\mathrm{d}\int f(x)\mathrm{d}x=f(x)\mathrm{d}x$。

性质1表明对一个函数先进行积分运算，然后进行导数运算，结果不变。即导数运算与积分运算互为逆运算。

相关例题见例5.8。

性质2 $\int F'(x)\mathrm{d}x=F(x)+C$ 或 $\int \mathrm{d}F(x)=F(x)+C$。

对于先进行导数运算，然后进行积分运算的结果，我们只要在不定积分定义中替换被积函数$f(x)$为$F'(x)$即得以上性质。

注意：对一个函数$F(x)$先进行导数运算，再进行积分运算，得到的不是$F(x)$自身，而是$F(x)+C$。

相关例题见例5.9。

性质3 两个函数代数和的积分，等于各自积分的代数和，即

$$\int[f_1(x)\pm f_2(x)]\mathrm{d}x=\int f_1(x)\mathrm{d}x\pm\int f_2(x)\mathrm{d}x$$

一般地，

$$\int[f_1(x)\pm f_2(x)\pm\cdots\pm f_n(x)]\mathrm{d}x=\int f_1(x)\mathrm{d}x\pm\int f_2(x)\mathrm{d}x\pm\cdots\pm\int f_n(x)\mathrm{d}x$$

性质4　被积函数中非零的常数因子可以移到积分号外面，即

$$\int kf(x)\mathrm{d}x=k\int f(x)\mathrm{d}x\quad(k\neq 0,\ k\text{为常数})$$

5.1.4　不定积分的几何意义

若$F(x)$是$f(x)$的一个原函数，则称$y=F(x)$的图像为$f(x)$的一条积分曲线。$f(x)$的不定积分在几何上表示$f(x)$的某一积分曲线沿着纵轴方向任意平移所得到的一切积分曲线所组成的曲线族。

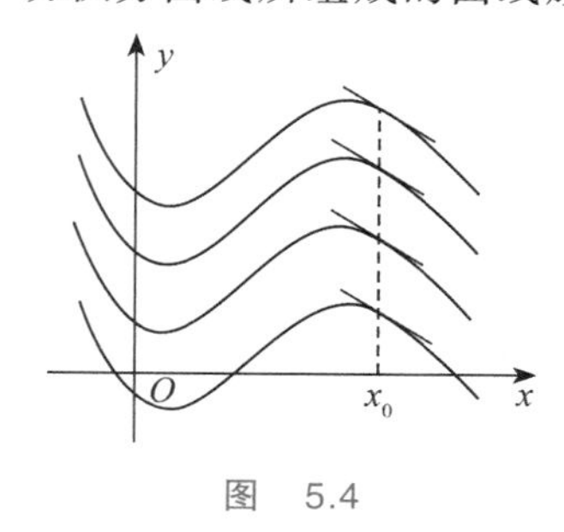

图　5.4

每一条积分曲线上横坐标相同的点处的切线都是平行的，其切线的斜率均为$f(x)$，如图5.4所示。

因此，要求一条通过定点(x_0,y_0)的积分曲线，关键是确定常数C，而C可以通过下式确定：

$$y_0=F(x_0)+C$$

$$C=y_0-F(x_0)$$

这样便可得到所求曲线

$$y=F(x)+[y_0-F(x_0)]$$

称确定任意常数的条件为初始条件，可写为

$$y\Big|_{x=x_0}=y_0$$

相关例题见例5.10。

典型例题

例5.1　函数e^{x^2}为________的一个原函数。

解：设e^{x^2}为函数$f(x)$的一个原函数，由原函数的定义可知，应有$(\mathrm{e}^{x^2})'=f(x)$，由于

$$(\mathrm{e}^{x^2})'=2x\mathrm{e}^{x^2}$$

所以，$f(x)=2x\mathrm{e}^{x^2}$，为此，将$2x\mathrm{e}^{x^2}$填在横线上即可。

即任何函数都是其一阶导数的一个原函数。

例5.2　已知函数$(x-1)^2$是函数$f(x)$的一个原函数，则下列四个选项函数中，(　　)也为函数$f(x)$的原函数。

A. x^2-1　　　　B. x^2+1

C. x^2+2x　　　　D. x^2-2x

解：一个函数的不同原函数之间仅差一个常数，因此与$(x-1)^2$相差一个常数的函数也为$f(x)$的原函数，这样就可以对被选答案依次进行判别。

首先考虑A选项：由于$(x-1)^2-(x^2-1)=-2x+2$不等于常数，说明所给函数

x^2-1不为$f(x)$的原函数,故A选项不是。

其次考虑B选项:由于$(x-1)^2-(x^2+1)=-2x$不等于常数,说明所给函数x^2+1不为$f(x)$的原函数,故B选项不是。

再考虑C选项:由于$(x-1)^2-(x^2+2x)=-4x+1$不等于常数,说明所给函数x^2+2x不为$f(x)$的原函数,故C选项也不是。

最后考虑D选项:由于$(x-1)^2-(x^2-2x)=1$,说明所给函数x^2-2x为$f(x)$的原函数,故D选项正确。

例5.3 已知函数$f(x)$的一个原函数为$\ln x$,则$f'(x)=$(　　)。

A. $\dfrac{1}{x}$　　　B. $-\dfrac{1}{x^2}$

C. $\ln x$　　　D. $x\ln x$

解:由于函数$\ln x$为$f(x)$的一个原函数,由原函数定义即得

$$f(x)=(\ln x)'=\frac{1}{x}$$

从而

$$f'(x)=-\frac{1}{x^2}$$

所以,B选项正确。

例5.4 求$\int x^2\mathrm{d}x$。

解:因为$\left(\dfrac{1}{3}x^3\right)'=x^2$,所以$\dfrac{1}{3}x^3$是$x^2$的一个原函数,因此

$$\int x^2\mathrm{d}x=\frac{1}{3}x^3+C$$

同理可得

$$\int x^3\mathrm{d}x=\frac{1}{4}x^4+C$$

例5.5 求$\int\cos x\mathrm{d}x$。

解:因为$(\sin x)'=\cos x$,所以$\sin x$是$\cos x$的一个原函数,因此

$$\int\cos x\mathrm{d}x=\sin x+C$$

同理可得

$$\int\sin x\mathrm{d}x=-\cos x+C$$

例5.6 求$\int\mathrm{e}^x\mathrm{d}x$。

解:因为$(\mathrm{e}^x)'=\mathrm{e}^x$,因此

$$\int\mathrm{e}^x\mathrm{d}x=\mathrm{e}^x+C$$

例5.7　若$\int f(x)\mathrm{d}x=x\ln x+C$，则$f(x)=$________。

解：因为$x\ln x$是被积函数$f(x)$的一个原函数，因此

$$f(x)=(x\ln x)'=\ln x+1$$

即横线上应填入$(x\ln x)'=\ln x+1$。

例5.8　一阶导数$\left(\int\sin \mathrm{e}^x\mathrm{d}x\right)'=$________。

解：根据性质1，先积分，后导数的结果为被积函数，即

$$\left(\int\sin \mathrm{e}^x\mathrm{d}x\right)'=\sin \mathrm{e}^x$$

所以应将$\sin \mathrm{e}^x$填在横线上。

例5.9　不定积分$\int\mathrm{d}(\cos\sqrt{x})=$(　　)。

A. $\sin\sqrt{x}$　　B. $\sin\sqrt{x}+C$　　C. $\cos\sqrt{x}$　　D. $\cos\sqrt{x}+C$

解：根据性质2，不定积分$\int\mathrm{d}(\cos\sqrt{x})=\cos\sqrt{x}+C$，这个正确答案恰好就是选项D，所以选D选项。

例5.10　设曲线通过点(1,3)，且其上任一点处的切线斜率等于$2x$，求此曲线方程。

解：设所求曲线方程为$y=f(x)$，由题意知，曲线上任一点处切线的斜率为

$$y'=f'(x)=2x$$

即$f(x)$是$2x$的一个原函数，故

$$f(x)=\int 2x\mathrm{d}x=x^2+C$$

因为所求曲线过点(1,3)，代入曲线方程得

$$f(1)=1^2+C=3$$

即

$$C=2$$

于是所求曲线方程为

$$y=x^2+2$$

课堂巩固5.1

基础训练5.1

1. 填空题。

(1) 函数x^2的原函数是____________。

(2) 函数x^2是函数____________的原函数。

(3) 设$\int f(x)\mathrm{d}x=x^2\ln x+C$，则$f(x)=$________。

(4) 设$f(x)=3^x\sin x^3$,则$\int f'(x)\mathrm{d}x=$________。

(5) $\left[\int f(x)\mathrm{d}x\right]'=$________。

(6) $\mathrm{d}\int f(x)\mathrm{d}x=$________。

(7) $\int F'(x)\mathrm{d}x=$________。

(8) $\int \mathrm{d}F(x)=$________。

(9) $\int kf(x)\mathrm{d}x=$________。

(10) $\frac{\mathrm{d}}{\mathrm{d}x}\int f(x)\mathrm{d}x=$________。

2. 求过点(1, 2),且点$(x,f(x))$处的切线斜率为$3x^2$的曲线方程$y=f(x)$。

提升训练5.1

1. 填空题。

(1) 函数$\mathrm{e}^{\sqrt{x}}$为________的一个原函数。

(2) 不定积分$\int \mathrm{d}(\sin\sqrt{x})=$________。

(3) 若函数$f(x)$的一个原函数为函数$\ln x$,则一阶导数$f'(x)=$________。

2. 单项选择题。

若函数$\ln(x^2+1)$为$f(x)$的一个原函数,则下列函数中(　　)为$f(x)$的原函数。

A. $\ln(x^2+2)$　　B. $2\ln(x^2+1)$

C. $\ln(2x^2+2)$　　D. $2\ln(2x^2+1)$

5.2　基本积分公式

问题导入

为了方便地计算不定积分,除了掌握不定积分的运算性质外,还必须掌握一些基本的积分公式,正如在求函数导数时必须掌握基本初等函数的导数公式一样。由于求不定积分是求导数的逆运算,因此,由基本初等函数的导数公式便可得到相应的基本积分公式。

知识归纳

基本不定积分公式如表5.1所示。

表 5.1

序号	公　　式	说　　明
1	$\int 0\mathrm{d}x=C$	
2	$\int k\mathrm{d}x=kx+C$	k为常数
3	$\int x^a\mathrm{d}x=\frac{1}{a+1}x^{a+1}+C$	$(a\neq -1)$
4	$\int \frac{1}{x}\mathrm{d}x=\ln\lvert x\rvert+C$	
5	$\int a^x\mathrm{d}x=\frac{a^x}{\ln a}+C$	$(a>0$且$a\neq -1)$
6	$\int \mathrm{e}^x\mathrm{d}x=\mathrm{e}^x+C$	
7	$\int \sin x\mathrm{d}x=-\cos x+C$	
8	$\int \cos x\mathrm{d}x=\sin x+C$	
9	$\int \frac{1}{\sin^2 x}\mathrm{d}x=-\cot x+C$	
10	$\int \frac{1}{\cos^2 x}\mathrm{d}x=\tan x+C$	
11	$\int \frac{1}{1+x^2}\mathrm{d}x=\arctan x+C$	

基本积分公式是求解不定积分的基础，必须熟记。

基本不定积分公式

下面我们将针对其中几个公式进行证明。有兴趣的读者可以自行验证其余的积分公式。事实上，要验证这些公式，只需验证等式右端的导数等于左端不定积分的被积函数。这种方法是我们验证不定积分计算是否正确的常用方法。

1. 公式 $\int x^a\mathrm{d}x=\frac{1}{a+1}x^{a+1}+C$ $(a\neq -1)$ 的证明

证明：因为 $(x^{a+1})'=(a+1)x^a$，故 $\left(\frac{x^{a+1}}{a+1}\right)'=x^a$，于是由不定积分定义即得 $\int x^a\mathrm{d}x=\frac{x^{a+1}}{a+1}+C$，证毕。

相关例题见例 5.11。

2. 公式 $\int \frac{1}{x}\mathrm{d}x=\ln\lvert x\rvert+C$ 的证明

证明：当 $x>0$ 时，由于 $(\ln x)'=\frac{1}{x}$，所以

$$\int \frac{1}{x}\mathrm{d}x = \ln x + C$$

当$x<0$时,则$-x>0$。由于$[\ln(-x)]' = \frac{1\cdot(-1)}{-x} = \frac{1}{x}$,所以也有

$$\int \frac{1}{x}\mathrm{d}x = \ln(-x) + C$$

综合以上两种情况即得

$$\int \frac{1}{x}\mathrm{d}x = \ln|x| + C$$

证毕。

3. 公式$\int a^x \mathrm{d}x = \frac{a^x}{\ln a} + C$的证明

证明:因为$\left(\frac{a^x}{\ln a}\right)' = a^x$,所以

$$\int a^x \mathrm{d}x = \frac{a^x}{\ln a} + C$$

证毕。

相关例题见例5.12。

至此,利用不定积分的性质3和4,以及基本积分表5-1,我们已经可以直接求解一些简单函数的不定积分了。

典型例题

例5.11　求下列不定积分。

(1) $\int \sqrt[3]{x}\,\mathrm{d}x$　　(2) $\int \frac{1}{\sqrt{x}}\mathrm{d}x$　　(3) $\int \frac{1}{x^2}\mathrm{d}x$

解:(1) $\int \sqrt[3]{x}\,\mathrm{d}x = \int x^{\frac{1}{3}}\mathrm{d}x = \frac{1}{\frac{1}{3}+1}x^{\frac{1}{3}+1} + C = \frac{3}{4}x^{\frac{4}{3}} + C$

(2) $\int \frac{1}{\sqrt{x}}\mathrm{d}x = \int x^{-\frac{1}{2}}\mathrm{d}x = \frac{1}{-\frac{1}{2}+1}x^{-\frac{1}{2}+1} + C = 2\sqrt{x} + C$

(3) $\int \frac{1}{x^2}\mathrm{d}x = \int x^{-2}\mathrm{d}x = \frac{1}{-2+1}x^{-2+1} + C = -\frac{1}{x} + C$

例5.12　求$\int 3^x \mathrm{d}x$。

解:由公式$\int a^x \mathrm{d}x = \frac{a^x}{\ln a} + C$,得

$$\int 3^x \mathrm{d}x = \frac{3^x}{\ln 3} + C$$

应用案例

案例5.1　滑冰场的结冰问题

美丽的冰城常年积雪，滑冰场完全靠自然结冰，结冰的速度由$\frac{dy}{dt}=kt^{\frac{2}{3}}(k>0$为常数$)$确定，其中$y$是从结冰开始到时刻$t$时冰的厚度，求结冰厚度$y$关于时间$t$的函数。

解：根据题意，结冰厚度y关于时间t的函数为

$$y=\int kt^{\frac{2}{3}}dt=\frac{3}{5}kt^{\frac{5}{3}}+C$$

式中，常数C由结冰的时间确定。

如果$t=0$时开始结冰，此时冰的厚度为0，即有$y(0)=0$，代入上式得$C=0$，所以$y=\frac{3}{5}kt^{\frac{5}{3}}$为结冰厚度关于时间的函数。

案例5.2　伤口的表面积问题

医学研究发现，刀割伤口表面修复的速度为$\frac{dA}{dt}=-5t^{-2}\text{cm}^2/$天$(1\leqslant t\leqslant 5)$，其中$A$表示伤口的面积，假设$A(1)=5$，问受伤5天后该病人的伤口表面积为多少？

解：由

$$\frac{dA}{dt}=-5t^{-2}$$

得

$$dA=-5t^{-2}dt$$

两边求不定积分得

$$A(t)=-5\int t^{-2}dt=5t^{-1}+C$$

将$A(1)=5$代入上式得

$$C=0$$

所以5天后病人的伤口表面积为

$$A(5)=5\times 5^{-1}=1(\text{cm}^2)$$

课堂巩固5.2

基础训练5.2

求下列不定积分。

(1) $\int dx$　　(2) $\int xdx$

(3) $\int x^8dx$　　(4) $\int \frac{1}{x^{10}}dx$

(5) $\int \sqrt{x}\,\mathrm{d}x$

(6) $\int \frac{1}{\sqrt[3]{x}}\mathrm{d}x$

(7) $\int 5^x\mathrm{d}x$

(8) $\int \frac{1}{\cos^2 x}\mathrm{d}x$

提升训练 5.2

求下列不定积分。

(1) $\int x^2\sqrt{x}\,\mathrm{d}x$

(2) $\int x\sqrt{x}\,\mathrm{d}x$

(3) $\int \frac{1}{x^2\sqrt{x}}\mathrm{d}x$

(4) $\int \sqrt{x\sqrt{x\sqrt{x}}}\,\mathrm{d}x$

(5) $\int 5^x\pi^x\mathrm{d}x$

(6) $\int \frac{\sin 2x}{2\sin x}\mathrm{d}x$

5.3 直接积分法

问题导入

在求不定积分的问题中，经常遇到被积函数为基本初等函数仅经过加减运算与数乘运算所形成的简单函数，或者被积函数经过适当的恒等变形后可转化为简单函数的情况。下面介绍求这类不定积分的方法——直接积分法。

知识归纳

利用不定积分的性质3、性质4和基本积分公式直接求得不定积分的方法，叫作直接积分法。

说明：逐项积分后，每个不定积分的结果都含有任意常数。由于任意常数的代数和仍为任意常数，故在结果中只写一个积分常数C即可。

相关例题见例5.13和例5.14。

有些被积函数需要进行代数恒等变形（见例5.15和例5.16）或三角恒等变形（见例5.17）后再积分。

典型例题

例5.13 求$\int\left(2x^3-\frac{3}{x}+\mathrm{e}^x\right)\mathrm{d}x$。

解：原式$=\int 2x^3\mathrm{d}x-\int\frac{3}{x}\mathrm{d}x+\int\mathrm{e}^x\mathrm{d}x$

直接积分法

$$=2\int x^3 dx-3\int \frac{1}{x}dx+\int e^x dx$$

$$=\frac{1}{2}x^4-3\ln|x|+e^x+C$$

例 5.14　求$\int(3^x-2\sin x)dx$。

解：原式$=\int 3^x dx-2\int \sin x dx=\frac{3^x}{\ln 3}-2(-\cos x)+C=\frac{3^x}{\ln 3}+2\cos x+C$

例 5.15　求$\int\sqrt{x}\,(x-1)^2dx$。

解：原式$=\int\left(x^{\frac{5}{2}}-2x^{\frac{3}{2}}+x^{\frac{1}{2}}\right)dx=\int x^{\frac{5}{2}}dx-2\int x^{\frac{3}{2}}dx+\int x^{\frac{1}{2}}dx=\frac{2}{7}x^{\frac{7}{2}}-\frac{4}{5}x^{\frac{5}{2}}$

$$+\frac{2}{3}x^{\frac{3}{2}}+C$$

例 5.16　求$\int\frac{(x-1)^2}{x}dx$。

解：原式$=\int\left(\frac{x^2-2x+1}{x}\right)dx=\int\left(x-2+\frac{1}{x}\right)dx=\int x dx-2\int dx+\int\frac{1}{x}dx$

$$=\frac{1}{2}x^2-2x+\ln|x|+C$$

例 5.17　求$\int\sin^2\frac{x}{2}dx$。

解：原式$=\int\frac{1-\cos x}{2}dx=\frac{1}{2}\int dx-\frac{1}{2}\int\cos x dx=\frac{1}{2}x-\frac{1}{2}\sin x+C$

类似的有$\int\cos^2\frac{x}{2}dx=\frac{1}{2}x+\frac{1}{2}\sin x+C$。

应用案例

案例 5.3　物体的运动问题

一个物体做直线运动，其速度$v=t^2+1$(单位：m/s)，当$t=1$s时物体所经过的路程$s=3$m，求物体的运动方程。

解：设物体的运动方程为$s=s(t)$，根据题意得

$$s'(t)=v(t)=t^2+1$$

所以

$$s(t)=\int(t^2+1)dt=\frac{1}{3}t^3+t+C$$

又当$t=1$时，$s=3$，代入上式，得

$$3=\frac{1}{3}+1+C$$

解得 $C=\dfrac{5}{3}$,因此所求的运动方程为

$$s(t)=\frac{1}{3}t^3+t+\frac{5}{3}$$

案例5.4　产品的生产成本问题

通过各种生产技术试验,制造商发现产品的边际成本是由函数 $MC=2000q+6000$(单位:元/台)给出的,式中 q 是产品的单位数量。已知生产的固定成本为9000元,求生产成本函数。

解:生产成本的导数 $C'(q)$ 是边际成本 MC,即

$$C'(q)=2000q+6000$$

所以

$$C(q)=\int(2000q+6000)\mathrm{d}q=1000q^2+6000q+C$$

式中,C 是任意常数。由固定成本的定义,知 $C(0)=9000$,代入上式得 $C=9000$,于是满足条件的生产成本函数为

$$C(q)=1000q^2+6000q+9000$$

案例5.5　产品的总成本与产量之间的关系问题

已知生产某产品的总成本 y 是产量 x 的函数,边际成本函数为 $y'=8+\dfrac{24}{\sqrt{x}}$,固定成本为10000元,求总成本与产量的函数关系。

解:由 $y'=8+\dfrac{24}{\sqrt{x}}$ 得总成本为

$$y=\int\left(8+\frac{24}{\sqrt{x}}\right)\mathrm{d}x=8x+48\sqrt{x}+C$$

代入 $x=0,y=10000$,得 $C=10000$,故所求成本函数为

$$y=8x+48\sqrt{x}+10000$$

课堂巩固5.3

基础训练5.3

求下列不定积分。

(1) $\displaystyle\int(x^2-3x+2)\mathrm{d}x$　　(2) $\displaystyle\int\left(x\sqrt{x}+\frac{1}{x^2\sqrt{x}}\right)\mathrm{d}x$

(3) $\displaystyle\int\frac{(1-x)^2}{\sqrt{x}}\mathrm{d}x$　　(4) $\displaystyle\int\frac{2\cdot3^x-5\cdot2^x}{3^x}\mathrm{d}x$

(5) $\int \cos^2\frac{x}{2}\mathrm{d}x$

(6) $\int \frac{\sin 2x}{\cos x}\mathrm{d}x$

(7) $\int \frac{(x-2)^2}{x}\mathrm{d}x$

(8) $\int 2^x(3^x-5)\mathrm{d}x$

提升训练 5.3

求下列不定积分。

(1) $\int \frac{x^4}{x^2+1}\mathrm{d}x$

(2) $\int \frac{2x^2+1}{x^2(x^2+1)}\mathrm{d}x$

(3) $\int \frac{\cos 2x}{\sin^2 x\cos^2 x}\mathrm{d}x$

(4) $\int \frac{1+\cos^2 x}{1+\cos 2x}\mathrm{d}x$

(5) $\int \frac{x-4}{\sqrt{x}-2}\mathrm{d}x$

(6) $\int \frac{x^3-8}{x-2}\mathrm{d}x$

(7) $\int \frac{\cos^2 x}{1-\sin x}\mathrm{d}x$

(8) $\int \frac{\sqrt{1+x^2}}{\sqrt{1-x^4}}\mathrm{d}x$

(9) $\int (1+\sin^3 x)\csc^2 x\mathrm{d}x$

(10) $\int \frac{1}{\sin^2 x\cos^2 x}\mathrm{d}x$

5.4 第一换元积分法（凑微分法）

问题导入

本节将把复合函数的求导法则反过来使用，即利用变量替换的方法，将被积表达式化为与某一基本公式相同的形式，从而求出不定积分，这种方法称为换元积分法。换元积分法根据换元的方式不同，通常分为两类：第一换元积分法与第二换元积分法。

知识归纳

5.4.1 凑微分法

第一换元积分法也叫凑微分法，其基本思想是把积分变量凑成复合函数中的中间变量，再利用积分公式求解不定积分的方法。

比较下面两个不定积分。

(1) $\int \cos x\mathrm{d}x$

(2) $\int \cos 5x\mathrm{d}x$

分析：在基本积分公式中有 $\int \cos x\mathrm{d}x=\sin x+C$，那么是否 $\int \cos 5x\mathrm{d}x=\sin 5x+C$？如果是，则应有 $(\sin 5x+C)'=\cos 5x$，但根据复合函数的导数公式，$(\sin 5x+C)'=$

$5\cos 5x$，因此，$\int \cos(5x)\mathrm{d}x \neq \sin 5x + C$。问题出在哪里呢？

在题(2)中，如果令 $u=5x$，则 $\mathrm{d}u=\mathrm{d}(5x)=5\mathrm{d}x$，这样

第一换元积分法

$$\begin{aligned}\int \cos 5x\mathrm{d}x &= \frac{1}{5}\int \cos 5x \cdot 5\mathrm{d}x \\ &= \frac{1}{5}\int \cos 5x\mathrm{d}(5x) \\ &= \frac{1}{5}\int \cos u\mathrm{d}u = \frac{1}{5}\sin u + C\end{aligned}$$

回代 $u=5x$，则

$$\int \cos(5x)\mathrm{d}x = \frac{1}{5}\sin 5x + C$$

由此可见，当被积函数为复合函数时，不能直接套用积分公式。

5.4.2　凑微分法的几种类型

常见的几种凑微分法类型如下。

(1) 被积函数的中间变量是 $u=ax+b$ 形式，即形如 $\int f(ax+b)\mathrm{d}x$ (a,b 为常数且 $a\neq 0$)的不定积分。

一般地，
$$\begin{aligned}\int f(ax+b)\mathrm{d}x &= \frac{1}{a}\int f(ax+b)\cdot a\mathrm{d}x(a\neq 0) \\ &= \frac{1}{a}\int f(ax+b)\mathrm{d}(ax+b) \\ &= \frac{1}{a}F(ax+b)+C\end{aligned}$$

相关例题见例5.18～例5.21。

(2) 被积函数由两个函数相乘而成，形如 $\int f[\phi(x)]\phi'(x)\mathrm{d}x$，其中一个是复合函数 $f[\phi(x)]$，而另一个是中间变量 $\phi(x)$ 的导数 $\phi'(x)$(或相差一个倍数)的形式，即 $k\phi'(x)$，此时可以将其凑成 $k\int f[\phi(x)]\mathrm{d}\phi(x)$ 的形式进行求解。

① 中间变量为 $x^{a+1}(a\neq -1)$ 型的凑微分。

提示：$(a+1)x^a\mathrm{d}x=\mathrm{d}(x^{a+1})$。

相关例题见例5.22和例5.23。

② 中间变量为 $\sqrt{x}$ 型的凑微分。

提示：$\dfrac{1}{2\sqrt{x}}\mathrm{d}x=\mathrm{d}(\sqrt{x})$。

相关例题见例5.24。

③ 中间变量为 $\dfrac{1}{x}$ 型的凑微分。

提示：$-\frac{1}{x^2}dx=d\left(\frac{1}{x}\right)$。

相关例题见例5.25。

④ 中间变量为$\ln x$型的凑微分。

提示：$\frac{1}{x}dx=d(\ln x)\ (x>0)$。

相关例题见例5.26和例5.27。

⑤ 中间变量为e^x型的凑微分。

提示：$e^x dx=d(e^x)$。

相关例题见例5.28～例5.30。

⑥ 中间变量为$\cos x,\sin x$型的凑微分。

提示：$-\sin x dx=d(\cos x)$，$\cos x dx=d(\sin x)$。

相关例题见例5.31～例5.33。

一般地，如果$F(u)$为$f(u)$的一个原函数，则

$$\begin{aligned}\int f[\phi(x)]\phi'(x)dx&=\int f[\phi(x)]d\phi(x)\\&\xlongequal{\text{令}\phi(x)=u}\int f(u)du=F(u)+C\\&\xlongequal{\text{回代}u=\phi(x)}F[\phi(x)]+C\end{aligned}$$

上述求不定积分的方法称为第一类换元积分法。

运用第一类换元积分法的关键是把$\int f[\phi(x)]\phi'(x)dx$凑成形如$\int f[\phi(x)]d\phi(x)$的形式，然后再作变量代换转化成形如$\int f(u)du$的形式，因此，第一类换元积分法也称为凑微分法。

典型例题

例5.18　求$\int(5x-1)^4dx$。

解：原式$=\frac{1}{5}\int(5x-1)^4\cdot 5dx=\frac{1}{5}\int(5x-1)^4d(5x-1)$

$$\begin{aligned}&\xlongequal{\text{令}5x-1=u}\frac{1}{5}\int u^4du\\&=\frac{1}{25}u^5+C\\&\xlongequal{\text{回代}u=5x-1}\frac{1}{25}(5x-1)^5+C\end{aligned}$$

例5.19　求$\int e^{-3x+2}dx$。

解：原式$=-\frac{1}{3}\int e^{-3x+2}(-3)dx=-\frac{1}{3}\int e^{-3x+2}d(-3x+2)$

$$\xlongequal{\text{令}-3x+2=u}-\frac{1}{3}\int e^{u}du=-\frac{1}{3}e^{u}+C$$

$$\xlongequal{\text{回代}u=-3x+2}-\frac{1}{3}e^{-3x+2}+C$$

例5.20　求$\int\sqrt{3x+1}\,dx$。

解：原式$=\frac{1}{3}\int\sqrt{3x+1}\cdot 3dx=\frac{1}{3}\int\sqrt{3x+1}\,d(3x+1)=\frac{2}{9}\sqrt{(3x+1)^{3}}+C$

例5.21　求$\int\frac{1}{2x-1}dx$。

解：原式$=\frac{1}{2}\int\frac{1}{2x-1}d(2x-1)=\frac{1}{2}\ln|2x-1|+C$

例5.22　求$\int 2xe^{x^{2}}dx$。

解：由于$(x^{2})'=2x$,因此$d(x^{2})=2xdx$,所以

原式$=\int e^{x^{2}}\cdot 2xdx=\int e^{x^{2}}d(x^{2})\xlongequal{\text{令}x^{2}=u}\int e^{u}du=e^{u}+C\xlongequal{\text{回代}u=x^{2}}e^{x^{2}}+C$

例5.23　求$\int x^{2}\sqrt{x^{3}+1}\,dx$。

解：由于$(x^{3})'=3x^{2}$,因此$d(x^{3})=3x^{2}dx$,所以

$$\text{原式}=\frac{1}{3}\int\sqrt{x^{3}+1}\cdot 3x^{2}dx=\frac{1}{3}\int\sqrt{x^{3}+1}\,d(x^{3})=\frac{1}{3}\int\sqrt{x^{3}+1}\,d(x^{3}+1)$$

$$=\frac{2}{9}(\sqrt{x^{3}+1})^{3}+C$$

例5.24　求$\int\frac{e^{\sqrt{x}}}{\sqrt{x}}dx$。

解：原式$=2\int e^{\sqrt{x}}\cdot\frac{1}{2\sqrt{x}}dx=2\int e^{\sqrt{x}}d(\sqrt{x})=2e^{\sqrt{x}}+C$

例5.25　求$\int\frac{\cos\frac{1}{x}}{x^{2}}dx$。

解：原式$=-\int\cos\frac{1}{x}\cdot\left(-\frac{1}{x^{2}}\right)dx=-\int\cos\frac{1}{x}d\left(\frac{1}{x}\right)=-\sin\frac{1}{x}+C$

例5.26　求$\int\frac{1}{x}\ln^{2}xdx$。

解：原式$=\int\ln^{2}xd(\ln x)=\frac{1}{3}\ln^{3}x+C$

例5.27　求$\int\frac{1}{x\ln x}dx$。

解：原式$=\int\frac{1}{\ln x}d(\ln x)=\int\frac{1}{\ln x}d(\ln x)=\ln|\ln x|+C$

例 5.28 求$\int e^x \sin e^x dx$。

解：原式$=\int \sin e^x d(e^x)=-\cos e^x+C$

例 5.29 求$\int \frac{e^x}{e^x+1}dx$。

解：原式$=\int \frac{1}{e^x+1}d(e^x+1)=\ln(e^x+1)+C$

例 5.30 求$\int \frac{1}{e^x+1}dx$。

解：原式$=\int \frac{1+e^x-e^x}{(e^x+1)}dx=\int\left(1-\frac{e^x}{e^x+1}\right)dx=\int 1dx-\int \frac{1}{e^x+1}d(e^x+1)$

$=x-\ln(e^x+1)+C$

例 5.31 求$\int e^{\cos x}\sin x dx$。

解：原式$=-\int e^{\cos x}d(\cos x)=-e^{\cos x}+C$

例 5.32 求$\int \cos^3 x dx$。

解：原式$=\int \cos^2 x\cos x dx=\int \cos^2 x d(\sin x)=\int(1-\sin^2 x)d(\sin x)$

$=\sin x-\frac{1}{3}\sin^3 x+C$

例 5.33 求$\int \tan x dx$。

解：原式$=\int \frac{\sin x}{\cos x}dx=-\int \frac{1}{\cos x}d(\cos x)=-\ln|\cos x|+C$

类似地，可得到$\int \cot x dx=\ln|\sin x|+C=-\ln|\csc x|+C$。

课堂巩固 5.4

基础训练 5.4

1. 填空题。

(1) $dx=\frac{1}{a}d$________

(2) $\frac{1}{x^2}dx=d$________

(3) $x^4dx=d$________

(4) $\frac{1}{\sqrt{x}}dx=d$________

(5) $\frac{1}{x}dx=d$________$(x>0)$

(6) $e^x dx=d$________

(7) $\cos x dx=d$________

(8) $\sin x dx=d$________

2. 求下列不定积分。

(1) $\int(3x-2)^5\mathrm{d}x$

(2) $\int x\sin x^2\mathrm{d}x$

(3) $\int\dfrac{x^3}{\sqrt{x^4-1}}\mathrm{d}x$

(4) $\int x^2\mathrm{e}^{x^3}\mathrm{d}x$

(5) $\int\dfrac{\sin\sqrt{x}}{\sqrt{x}}\mathrm{d}x$

(6) $\int\dfrac{\mathrm{e}^x}{2+\mathrm{e}^x}\mathrm{d}x$

(7) $\int\mathrm{e}^x\cos\mathrm{e}^x\mathrm{d}x$

(8) $\int\dfrac{1}{x}\ln x\mathrm{d}x$

提升训练 5.4

求下列不定积分。

(1) $\int\dfrac{1}{x^2-a^2}\mathrm{d}x$

(2) $\int\dfrac{3+x}{\sqrt{9-x^2}}\mathrm{d}x$

(3) $\int\dfrac{1}{1+\mathrm{e}^x}\mathrm{d}x$

(4) $\int x(1+x^2)^3\mathrm{d}x$

(5) $\int\dfrac{1}{x^2+2x-15}\mathrm{d}x$

(6) $\int\sin^2x\,\mathrm{d}x$

(7) $\int\dfrac{\sin\dfrac{1}{x}}{x^2}\mathrm{d}x$

(8) $\int\dfrac{\sqrt{1+\ln x}}{x}\mathrm{d}x$

5.5　第二换元积分法

问题导入

虽然第一换元积分法应用的范围相当广泛，但对于某些带根式的被积函数还是难以有效解决。这时就需要应用其他的技巧，这种方法就是第二换元积分法。

知识归纳

第二换元积分法针对的是根式内函数为一次函数与二次函数的情况。本书中仅对根式内函数为一次函数的情况进行讨论学习，至于根式内函数为二次函数的情况，可参见其他本科教材。

第二换元积分法

第二换元积分法的目的在于去除被积函数中的根号。

在第二换元积分法中，也是引入新变量t，将x表示为t的一个连续函数$x=\phi(t)$，从而通过变量替换$x=\phi(t)$，将被积函数中的根号去掉，或者说将被积函数有理化，从而简化积分计算。

一般地，若在积分$\int f(x)\mathrm{d}x$中，令$x=\phi(t)$，$\phi(t)$单调且可导，$\phi(t)\neq0$则有

$$\int f(x)\mathrm{d}x=\int f[\phi(t)]\phi'(t)\mathrm{d}t$$

若上式右端易求出原函数$\phi(t)$，则得第二换元积分公式。

无论是第一换元积分法，还是第二换元积分法，都是为了把不容易求出的积分转化为能够直接求出或便于求出的积分。

相关例题见例5.34～例5.36。

典型例题

例5.34　求$\int\frac{1}{1+\sqrt{x}}\mathrm{d}x$。

解：首先令变量$t=\sqrt{x}$；然后将等式两边平方求得$x=t^2(t>0)$；第三将等式两边进行微分得$\mathrm{d}x=2t\mathrm{d}t$；最后将所求得的$x$，$\mathrm{d}x$代入原式，即将变量$x$替换成变量$t$，具体如下。

令$t=\sqrt{x}$，得$x=t^2(t>0)$，从而$\mathrm{d}x=2t\mathrm{d}t$，则

$$\text{原式}=\int\frac{1}{t+1}\cdot 2t\mathrm{d}t=2\int\frac{(t+1)-1}{t+1}\mathrm{d}t=2\int\left(1-\frac{1}{t+1}\right)\mathrm{d}t=2(t-\ln|t+1|)+C$$
$$=2\sqrt{x}-2\ln(\sqrt{x}+1)+C$$

例5.35　求$\int x\sqrt{2x+1}\,\mathrm{d}x$。

解：令$t=\sqrt{2x+1}$，则$x=\frac{1}{2}(t^2-1)(t>0)$，$\mathrm{d}x=t\mathrm{d}t$，从而

$$\text{原式}=\int\frac{1}{2}(t^2-1)t\cdot t\mathrm{d}t=\frac{1}{2}\int(t^4-t^2)\mathrm{d}t=\frac{1}{2}\left(\frac{1}{5}t^5-\frac{1}{3}t^3\right)+C$$
$$=\frac{1}{10}\sqrt{(2x+1)^5}-\frac{1}{6}\sqrt{(2x+1)^3}+C$$

例5.36　求$\int\frac{1}{\sqrt[3]{x}+\sqrt{x}}\mathrm{d}x$。

解：令变量$t=\sqrt[6]{x}$，则$x=t^6$，$\sqrt{x}=t^3$，$\sqrt[3]{x}=t^2(t>0)$，两边微分得$\mathrm{d}x=6t^5\mathrm{d}t$，从而

$$\text{原式}=\int\frac{6t^5}{t^3+t^2}\mathrm{d}t=6\int\frac{t^5}{t^2(t+1)}\mathrm{d}t=6\int\frac{t^3}{t+1}\mathrm{d}t=6\int\left[(t^2-t+1)-\frac{1}{t+1}\right]\mathrm{d}t$$
$$=6\left(\frac{1}{3}t^3-\frac{1}{2}t^2+t-\ln|t+1|\right)+C=2\sqrt{x}-3\sqrt[3]{x}+6\sqrt[6]{x}-6\ln\left(\sqrt[6]{x}+1\right)+C$$

课堂巩固5.5

基础训练5.5

求下列不定积分。

(1) $\int\frac{1}{x+\sqrt{x}}\mathrm{d}x$　　　　(2) $\int\frac{1}{x+\sqrt[3]{x}}\mathrm{d}x$

(3) $\int \frac{1}{1+\sqrt[3]{x}} \mathrm{d}x$　　(4) $\int x\sqrt{x+1}\,\mathrm{d}x$

(5) $\int \frac{1}{5+\sqrt{x}} \mathrm{d}x$　　(6) $\int \frac{x}{\sqrt{x-2}} \mathrm{d}x$

提升训练 5.5

求下列不定积分。

(1) $\int x\sqrt{2x-1}\,\mathrm{d}x$

(2) $\int \frac{\sqrt[3]{x}}{x\left(\sqrt{x}+\sqrt[3]{x}\right)} \mathrm{d}x$

(3) $\int \frac{1}{\sqrt{x}\left(2+\sqrt[3]{x}\right)} \mathrm{d}x$　(提示:令 $\sqrt[6]{x}=t$)

5.6　分部积分法

问题导入

换元积分法虽然可以求出许多函数的不定积分,但对于形如$\int x\sin x\mathrm{d}x$,$\int x^n\ln x\mathrm{d}x$,$\int x\mathrm{e}^x\mathrm{d}x$,$\int \mathrm{e}^x\sin x\mathrm{d}x$等类型的不定积分却不适用。本节介绍计算这类不定积分的另一种有效方法——分部积分法。

知识归纳

分部积分法适用于被积函数为两个基本初等函数之积时的情况。

分部积分法

设函数$u=u(x)$与$v=v(x)$都具有连续的导数,由两个函数乘积的导数公式得

$$(uv)'=vu'+uv'$$

移项得

$$uv'=(uv)'-vu'$$

对上式两边同时求不定积分得

$$\int uv'\mathrm{d}x=\int (uv)'\mathrm{d}x-\int vu'\mathrm{d}x$$

再由不定积分性质得

$$\int uv'\mathrm{d}x=uv-\int vu'\mathrm{d}x \tag{5.1}$$

由微分定义,公式(5.1)又可改写为

$$\int u\mathrm{d}v = uv - \int v\mathrm{d}u \tag{5.2}$$

公式(5.1)和公式(5.2)称为分部积分公式，利用分部积分公式求不定积分的方法称为分部积分法。应用分部积分公式的作用在于：把不容易求出的积分$\int u\mathrm{d}v$或$\int uv'\mathrm{d}x$转化为容易求出的积分$\int v\mathrm{d}u$或$\int vu'\mathrm{d}x$。

利用分部积分公式计算不定积分的具体思路如下。

(1) 恰当地选择u和v'(或$\mathrm{d}v$)。

当被积函数是幂函数与指数函数(或三角函数)乘积型的积分$x^n\mathrm{e}^x$时，应选取$u=x^n$，而将指数函数(或三角函数)部分选取成$v'=\mathrm{e}^x$，经过分部积分后，使幂函数的次数降低。

当被积函数是幂函数与对数函数乘积型的积分$x^n\ln x$时，应选取$u=\ln x, v'=x^n$。

(2) 求出v(即对v'求原函数)。

(3) 求出u'(或$\mathrm{d}u$)(即对u求导数)。

(4) 利用分部积分公式求解不定积分。

相关例题见例5.37～例5.44。

典型例题

例5.37　求$\int x\mathrm{e}^x\mathrm{d}x$。

解法1：设$u=x, v'=\mathrm{e}^x$，则$u'=1, v=\mathrm{e}^x$。
应用公式(5.1)，于是

$$原式 = x\mathrm{e}^x - \int \mathrm{e}^x\mathrm{d}x = x\mathrm{e}^x - \mathrm{e}^x + C$$

解法2：设$u=x, \mathrm{d}v=\mathrm{e}^x\mathrm{d}x$，则$\mathrm{d}u=\mathrm{d}x, v=\mathrm{e}^x$。
应用公式(5.2)，于是

$$原式 = \int x\mathrm{d}(\mathrm{e}^x) = x\mathrm{e}^x - \int \mathrm{e}^x\mathrm{d}x = x\mathrm{e}^x - \mathrm{e}^x + C$$

例5.38　求$\int x^2\mathrm{e}^x\mathrm{d}x$。

解：设$u=x^2, v'=\mathrm{e}^x$，则$u'=2x, v=\mathrm{e}^x$。应用公式(5.1)，于是

$$原式 = x^2\mathrm{e}^x - 2\int x\mathrm{e}^x\mathrm{d}x$$

对$\int x\mathrm{e}^x\mathrm{d}x$再次利用分部积分法或应用例5.36的结果，得

$$\int x\mathrm{e}^x\mathrm{d}x = x\mathrm{e}^x - \mathrm{e}^x + C$$

所以

$$\begin{aligned}\int x^2\mathrm{e}^x\mathrm{d}x &= x^2\mathrm{e}^x - 2(x\mathrm{e}^x - \mathrm{e}^x + C)\\ &= (x^2 - 2x + 2)\mathrm{e}^x + C\end{aligned}$$

说明：此题两次利用了分部积分法求不定积分，应注意的是先后两次选择u与v'的方法要保持一致，即两次都选择了x的幂函数部分为u，而e^x为v'，否则是计算不出结果的。

例5.39　求$\int e^x \sin x dx$。

解：设$u=\sin x, v'=e^x$，则$u'=\cos x, v=e^x$。应用公式(5.1)，于是

$$原式=e^x \sin x-\int e^x \cos x dx$$

对于$\int e^x \cos x dx$再用分部积分公式，设$u=\cos x, v'=e^x$，则$u'=-\sin x, v=e^x$。再次应用公式(5.1)，于是

$$\int e^x \cos x dx=e^x \cos x+\int e^x \sin x dx$$

所以，

$$\int e^x \sin x dx=e^x \sin x-e^x \cos x-\int e^x \sin x dx$$

移项，得

$$\int e^x \sin x dx=\frac{1}{2} e^x(\sin x-\cos x)+C$$

例5.40　求$\int x \sin x dx$。

解：设$u=x, v'=\sin x$，则$u'=1, v=-\cos x$。应用公式(5.1)，于是

$$原式=-x \cos x+\int \cos x dx=-x \cos x+\sin x+C$$

例5.41　求$\int x \ln x dx$。

解：设$u=\ln x, v'=x$，则$u'=\frac{1}{x}, v=\frac{1}{2} x^2$。应用公式(5.1)，于是

$$原式=\frac{1}{2} x^2 \ln x-\frac{1}{2} \int x dx=\frac{1}{2} x^2 \ln x-\frac{1}{4} x^2+C$$

例5.42　求$\int \ln x dx$。

解：设$u=\ln x, v'=1$，则$u'=\frac{1}{x}, v=x$。应用公式(5.1)，于是

$$原式=x \ln x-\int x \frac{1}{x} dx=x \ln x-\int dx=x \ln x-x+C$$

例5.43　求$\int \frac{\ln x}{\sqrt{x}} dx$。

解：设$u=\ln x, v'=\frac{1}{\sqrt{x}}$，则$u'=\frac{1}{x}, v=2\sqrt{x}$。应用公式(5.1)，于是

$$\begin{aligned}原式&=2\left(\sqrt{x} \ln x-\int \sqrt{x} \cdot \frac{1}{x} dx\right)=2\left(\sqrt{x} \ln x-\int \frac{1}{\sqrt{x}} dx\right)\\&=2(\sqrt{x} \ln x-2\sqrt{x})+C=2\sqrt{x} \ln x-4\sqrt{x}+C\end{aligned}$$

例5.44　求$\int e^{\sqrt{x}}dx$。

解：令$\sqrt{x}=t$，则$x=t^2$，$dx=2tdt$，于是有

$$\text{原式}=\int e^t 2tdt=2(te^t-e^t)+C=2\sqrt{x}\,e^{\sqrt{x}}-2e^{\sqrt{x}}+C$$

在熟练掌握了分部积分法后，中间过程u与v'可不写出，可直接利用分部积分公式计算。

应用案例

案例5.6　石油的产量问题

中原油田一口新井的原油产出率$R(t)$(t的单位为年)为

$$R(t)=1-0.02t\sin(2\pi t)$$

求开始三年内生产的石油总量(单位:万吨)。

解:设新井生产的石油量为$W(t)$，则$\frac{dW(t)}{dt}=R(t)$。由产出率求石油总量得

$$\begin{aligned}W&=\int_0^3[1-0.02t\sin(2\pi t)]dt\\&=\int_0^3 dt+\frac{0.01}{\pi}\int_0^3 td[\cos 2\pi t]\\&=t\Big|_0^3+\frac{0.01}{\pi}\left[t\cos(2\pi t)\Big|_0^3-\int_0^3\cos(2\pi t)dt\right]\\&=3+\frac{0.01}{\pi}\left[3-\frac{\sin(2\pi t)}{2\pi}\Big|_0^3\right]\\&=3+\frac{0.03}{\pi}\approx 3.0095(\text{万吨})\end{aligned}$$

即，开始三年内生产的石油总量约为3.0095万吨。

课堂巩固5.6

基础训练5.6

求下列不定积分。

(1) $\int x\cos x dx$　　(2) $\int x^2\ln x dx$

(3) $\int x\sin 2x dx$　　(4) $\int xe^{2x}dx$

(5) $\int x^2\cos x dx$　　(6) $\int \sqrt{x}\ln x dx$

提升训练5.6

求下列不定积分。

(1) $\int x^2 e^{3x} dx$　　(2) $\int \ln(1+x^2) dx$

(3) $\int (\ln x)^2 dx$　　(4) $\int (x+1)e^x dx$

(5) $\int e^x \sin 2x dx$　　(6) $\int \cos\sqrt{x}\, dx$

总结提升5

1. 选择题。

(1) 设$f(x)$为可导函数,则$\left[\int f(x)dx\right]'$等于(　　)。

A. $f(x)$　　B. $f(x)+C$

C. $f'(x)$　　D. $f'(x)+C$

(2) 下列不定积分计算正确的是(　　)。

A. $\int x^2 dx = x^3 + C$　　B. $\int \frac{1}{x^2} dx = \frac{1}{x} + C$

C. $\int \sin x dx = \cos x + C$　　D. $\int \cos x dx = \sin x + C$

(3) 经过点(1,0)且切线斜率为$2x^3$的曲线方程是(　　)。

A. $y = x^2$　　B. $y = x^3 + 1$

C. $y = \frac{1}{2}x^4 - \frac{1}{2}$ D. $y = \frac{1}{2}x^4 + \frac{1}{2}$

(4) $\left(\int e^{-x^2} dx\right)' =$(　　)。

A. e^{-x^2}　　B. $e^{-x^2} + C$

C. $-2xe^{-x^2}$　　D. $-2xe^{-x^2} + C$

(5) 若函数$f(x)$的一个原函数为$\ln x$,则$f''(x)=$(　　)。

A. $\frac{1}{x}$　　B. $\frac{2}{x^3}$

C. $\ln x$　　D. $x \ln x$

(6) 已知函数$(x+1)^2$为$f(x)$的一个原函数,则下列函数中(　　)为$f(x)$的原函数。

A. $x^2 + 1$　　B. x^2

C. $x^2 - 2x$　　D. $x^2 + 2x$

(7) 不定积分$\int d(\sin\sqrt{x}) =$(　　)。

A. $\sin\sqrt{x}$　　B. $\sin\sqrt{x} + C$

C. $\cos\sqrt{x}$　　D. $\cos\sqrt{x} + C$

（8）若$F'(x)=f(x)$,则下列各式中成立的是(　　)。

A. $\int F'(x)\mathrm{d}x=f(x)+C$　　B. $\int F(x)\mathrm{d}x=f(x)+C$

C. $\int f(x)\mathrm{d}x=F(x)+C$　　D. $\int f'(x)\mathrm{d}x=F(x)+C$

（9）若$\int f(x)\mathrm{d}x=F(x)+c$,则$\int \mathrm{e}^{-x}f(\mathrm{e}^{-x})\mathrm{d}x=$(　　)。

A. $F(\mathrm{e}^{x})+C$　　B. $F(\mathrm{e}^{-x})+C$

C. $-F(\mathrm{e}^{x})+C$　　D. $-F(\mathrm{e}^{-x})+C$

（10）已知函数$f(x)$的一阶导数$f'(x)$连续,则不定积分$\int f'(2x)\mathrm{d}x=$(　　)。

A. $\frac{1}{2}f(2x)$　　B. $\frac{1}{2}f(2x)+C$

C. $f(2x)$　　D. $f(2x)+C$

2．填空题。

（1）设$f(x)=2^{x}+x^{2}$,则$\int f'(x)\mathrm{d}x=$________,$\int f(x)\mathrm{d}x=$________。

（2）设$f(x)$的一个原函数为$\sin ax$,则$f'(x)=$________。

（3）设$f(x)=\sin x$,则$\int f'(x)\mathrm{d}x=$______,$\int f(x)\mathrm{d}x=$______,$\mathrm{d}\left[\int f(x)\mathrm{d}x\right]=$________。

（4）函数$\mathrm{e}^{\sqrt{x}}$为________的一个原函数。

3．求下列不定积分。

（1）$\int\left(2x^{3}-4x+\frac{1}{x}\right)\mathrm{d}x$　　（2）$\int\left(\sqrt[3]{x}-\frac{1}{\sqrt{x}}\right)\mathrm{d}x$

（3）$\int(\sqrt{x}+1)\left(\frac{1}{\sqrt{x}}-1\right)\mathrm{d}x$　　（4）$\int\frac{x^{3}-x}{x+1}\mathrm{d}x$

（5）$\int\frac{\mathrm{e}^{2x}-1}{\mathrm{e}^{x}+1}\mathrm{d}x$　　（6）$\int 3^{x}\mathrm{e}^{x}\mathrm{d}x$

（7）$\int\frac{\cos 2x}{\cos x-\sin x}\mathrm{d}x$　　（8）$\int\frac{\sin 2x}{\sin x}\mathrm{d}x$

（9）$\int(5x+2)^{6}\mathrm{d}x$　　（10）$\int\frac{1}{5x-2}\mathrm{d}x$

（11）$\int \mathrm{e}^{-x}\mathrm{d}x$　　（12）$\int\sin 6x\mathrm{d}x$

（13）$\int\frac{1}{(x+2)^{3}}\mathrm{d}x$　　（14）$\int\sqrt{2x-3}\,\mathrm{d}x$

（15）$\int 10^{3x}\,\mathrm{d}x$　　（16）$\int x^{3}\mathrm{e}^{x}\,\mathrm{d}x$

（17）$\int\frac{x}{\sqrt{1+x^{2}}}\mathrm{d}x$　　（18）$\int x\sqrt{1-x^{2}}\,\mathrm{d}x$

(19) $\int x(x^2-3)^5\mathrm{d}x$

(20) $\int \frac{x}{(1+x^2)^2}\mathrm{d}x$

(21) $\int x\sin(x^2+8)\mathrm{d}x$

(22) $\int x^2\mathrm{e}^{-x^3}\mathrm{d}x$

(23) $\int \frac{\cos\sqrt{x}}{\sqrt{x}}\mathrm{d}x$

(24) $\int \frac{\sin\frac{1}{x}}{x^2}\mathrm{d}x$

(25) $\int \frac{1}{x\sqrt{\ln x}}\mathrm{d}x$

(26) $\int \frac{1}{x(2\ln x+1)}\mathrm{d}x$

(27) $\int \sin^2 x\cos^5 x\mathrm{d}x$

(28) $\int \frac{\sin x}{(1+\cos x)^3}\mathrm{d}x$

(29) $\int \frac{1}{\sqrt{2x-3}+1}\mathrm{d}x$

(30) $\int \frac{x}{\sqrt{x-1}}\mathrm{d}x$

(31) $\int x\sqrt{x-6}\,\mathrm{d}x$

(32) $\int \frac{\sqrt{x}}{x+1}\mathrm{d}x$

(33) $\int \frac{1}{x\sqrt{x-1}}\mathrm{d}x$

(34) $\int \frac{1}{\sqrt[4]{x}+1}\mathrm{d}x$

(35) $\int \frac{1}{x+\sqrt[3]{x^2}}\mathrm{d}x$

(36) $\int \frac{\sqrt{x+2}}{1+\sqrt{x+2}}\mathrm{d}x$

(37) $\int \frac{1}{x^2}\ln x\mathrm{d}x$

(38) $\int x^2\cos x\mathrm{d}x$

(39) $\int \mathrm{e}^x\cos x\mathrm{d}x$

(40) $\int \frac{x}{x+2}\mathrm{d}x$

第6章　定　积　分

数学中的对立和统一——定积分

数学故事

1. 数学中的直和曲

赵州桥(图6.1)是隋朝工匠李春(581—618年)设计并建造的,是世界上现存年代久远、跨度最大、保存最完整的单孔坦弧敞肩石拱桥,其建造工艺独特,首创“敞肩拱”结构形式,具有较高的科学研究价值。迄今为止,赵州桥在经历数十次洪水、多次战乱以及多次地震后,依然屹立不倒,可以说是桥梁建筑史上的经典之作。欧洲著名的桥梁专家福格•迈耶在参观过赵州桥后不禁感慨道:“罗马拱桥属于巨大的砖石结构建筑,而独特的中国拱桥是一种薄石壳体。在我看来,中国的拱桥建筑毫无疑问是最省材料且技术和工程结合最完美的,赵州桥就是耀眼作品,用你们中国话来讲,可以说是‘巧夺天工’了。”

图　6.1

赵州桥桥长50.82m,高7.23m,两端宽9.6m;全桥只有一个大的单拱,长达37.4m,在1400多年前是世界上最长的单体石拱。远远望去,弯弯的桥拱形成的圆弧富有曲线美,当你走近会发现,这优美的曲线是由一块块的直棱石料构成的。主体桥拱的大拱由28道小拱圈组成,每道拱圈都能独立支撑上面的重量,如果某一道坏了,其他各道不受影响,这就是微积分原理“曲中有直,以直代曲”在建筑学上的朴素应用。

2. 土地面积的测量

国土面积是神圣不可侵犯的，每寸土地都是我们赖以生存的宝贵财富。我们打开世界地图会发现，每个国家的边界线都不规则，都是曲线。中国的国土像一只昂首挺胸的大公鸡，国土面积960多万平方公里，那么由这些曲线围城的国土面积是如何测量的呢？以前，我国在测量的时候，首先是进行实地考察，然后将各地的数据汇合起来，做出地图，现在我们借助专业的软件和卫星遥感就能准确地计算出来。

2020年年初，抗击新冠肺炎疫情的关键时期，我国的北斗系统在火速支援武汉的“火神山”和“雷神山”建设中通过高精度的测绘技术一次性完成了“主阵地”的多项测量工作，为医院建设节省了大量时间，为抗击新冠肺炎疫情贡献了北斗的力量和智慧。那么对于这些曲线所围成的面积的测量原理是什么呢？

求解不规则边界的图像的面积，困扰了数学家很长时间，现在利用微积分中的定积分就可以计算面积的具体数值。定积分的基本思想为“大化小→直代曲→近似和→取极限”。定积分这种“和的极限”的思想，在高等数学、物理、工程技术等其他知识领域及生产实践活动中具有重要的意义。通过对曲边梯形的面积、变速直线运动的路程等实际问题的研究，运用整体分割、以直代曲、近似求和、化有限为无限等过程来解决复杂的问题。

数学思想

定积分是微积分学的基本内容，是数学、物理等有关问题高度抽象的结果。定积分不仅是微积分学的重要理论，还体现了哲学中的自然辩证法思想——对立统一，它的定义体现了直与曲、整体与局部、有限与无限、近似与精确等多个方面的统一。

定积分中直与曲是两个对立的概念，无论是数学表达式还是图形表示上都有很大的差别。但是，在定积分的定义中却实现了统一。在第一步分割的条件下实现大化小，然后是以直代曲，再通过求和取极限，将直转化为原来大的曲，实现了直与曲的统一。通过分割直代曲将精确的面积转化为近似的面积，最后通过极限这样一个魔法精灵，又将近似转为精确，实现了近似和精确的统一。定积分的几何意义是表示变化的函数$f(x)$在区间$[a,b]$上形成的曲边梯形的面积，实现了变量和常量的统一。

所以，数学中处处存在美，从定积分的定义可以看出，定积分是在矛盾、运动、发展和变化中不断发展壮大的，实现了直和曲、整体和局部这样一些矛盾的统一。所以在研究数学科学问题时，我们也应该用辩证的思想观和方法论去审视问题、思考问题和解决问题。

数学人物

莱昂哈德·欧拉(图6.2)与阿基米德、牛顿、高斯并称为世界数学史上4位最伟大的数学家。欧拉1707年出生于瑞士的巴塞尔，自幼就展露出了杰出的数学天赋，小学时便开始翻阅数学著作，13岁考入瑞士的巴塞尔大学，16岁获得硕士学位，19岁开始发表有关数学的论文著作直到76岁去世。

欧拉是数学史上最多产的数学家，一生共发表论文著作886部；他也是研究较为广泛的科学家，在他的论文著作中数学占了68%，物理和力学约占28%，天文学占11%，弹道学、航海学、建筑学等占3%，彼得堡科学院足足用了47年的时间才将他的著作整理完毕。1911年，数学界开始出版欧拉的著作《欧拉全集》，计划出版84卷，目前已有80卷，平均每卷五百多页。

图 6.2

欧拉还是全才数学家。很多数学领域都能看到欧拉的名字，数论里的欧拉函数、欧拉公式、微分方程中的欧拉——马歇罗尼常数，我们现在所熟知的数独也是欧拉发明的。欧拉整理了伯努利家族的莱布尼茨分析学的内容，把微积分发展到了复数的范围，并对偏微分方程、椭圆函数论及变分法的创立都作出了贡献。

欧拉被称为所有人的老师，因为很多人都是在他的研究的基础上为数学的发展作出了突出的贡献。比如，法国数学家拉格朗日根据欧拉的基本方程创建了拉格朗日方程。因此，拉普拉斯曾经赞誉到“读读欧拉吧，他是我们所有人的导师”。

欧拉也曾被称为“独眼的巨人”，欧拉后来因为眼疾而失明，但是在他失去光明后，仍然凭借着自己超凡的记忆力和不断探索的精神继续着他的科学研究。欧拉永不停止的科学钻研精神值得我们学习。

6.1 定积分的概念与性质

问题导入

在科学技术领域有许多实际问题，如求平面图形的面积、空间立体图形的体积、运动路程等，虽然它们的实际意义各不相同，但求解的思路和方法是相同的。它们的解决方法都可以归结到一种求和式的极限问题。

引例1　曲边梯形的面积

在初等几何中，我们已经学会计算多边形及圆的面积。现实中涉及较多的还有计算曲边梯形的面积。

曲边梯形的三条边是直线，其中两条互相平行，第三条与前两条垂直叫底边，第四条边是一条曲线弧叫作曲边。它与任意一条垂直于底边的直线只相交于一点。特别地，当两条平行边之一或两条缩成一点时，也称为曲边梯形。数学语言表达为：在直角坐标系中，由连续曲线$y=f(x)$、直线$x=a$、$x=b$及x轴（$y=0$）所围成的平面图形$AabB$称为曲边梯形，如图6.3所示。

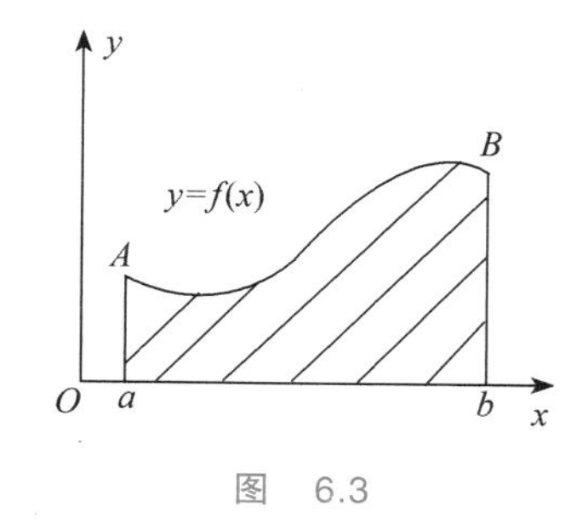

图 6.3

于是，我们要解决的问题是：如何计算这个曲边梯形的面积？

我们知道，矩形的面积＝底×高，而曲边梯形在底边上各点处的高是变动的，故它的面积不能直接按矩形的面积公式来计算。然而，曲边梯形的高$f(x)$在区间$[a,b]$上是连续变化的，在很小一段区间上变化很小，因此，如果把区间$[a,b]$划分为许多小区间，在每个小区间上用其中某一点处的高来近似代替同一小区间的窄曲边梯形的高，那么每个窄曲边梯形就可以近似看成窄矩形，我们就可以将所有这些窄矩形的面积之和作为曲边梯形的近似值。把区间$[a,b]$无限细分下去，使每个小区间的长度都趋于零，这时所有窄矩形面积之和的极限就可以定义为曲边梯形的面积。这个定义同时也给出了计算曲边梯形面积的方法，现具体描述如下。

(1) 分割。为求曲边梯形的面积S，在$[a,b]$上插入$n-1$个分点$a=x_0<x_1<x_2<\cdots<x_i<\cdots<x_{n-1}<x_n=b$；将$[a,b]$分成$n$个小区间：$[x_0,x_1]$，$[x_1,x_2]$，$\cdots$，$[x_{i-1},x_i]$，$\cdots$，$[x_{n-1},x_n]$；每个小区间的长度用$\Delta x_i(i=1,2,\cdots,n)$表示，即$\Delta x_i=x_i-x_{i-1}$；过各分点作$x$轴的垂线，将曲边梯形细分成$n$个小的曲边梯形，如图6.4所示。

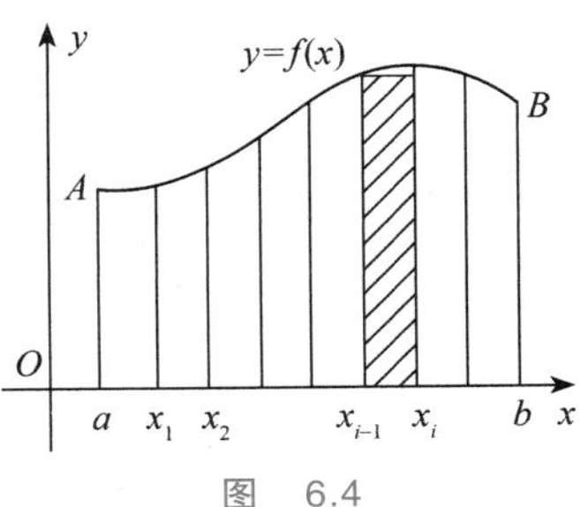

图　6.4

其中第i个小曲边梯形的面积记为ΔS_i。

说明：分割中插入的n个点是任意选取的，但为计算方便，我们一般将选取的n个点为n等分给定区间，不影响定义的准确性。

(2) 近似替代。在第i个小区间$\left[x_{i-1},x_i\right](i=1,2,\cdots,n)$内任取一点$\xi_i\left(x_{i-1}\leqslant\xi_i\leqslant x_i\right)$，用$\xi_i$所对应的函数值$f\left(\xi_i\right)$为高、$\Delta x_i$为底的小矩形的面积$f\left(\xi_i\right)\cdot\Delta x_i$来近似替代$\Delta S_i$，即

$$\Delta S_i\approx f\left(\xi_i\right)\cdot\Delta x_i\quad(i=1,2,\cdots,n)$$

(3) 作和式。将各小矩形的面积相加，即可得到曲边梯形面积的近似值

$$\begin{aligned}S&=\Delta S_1+\Delta S_2+\cdots+\Delta S_i+\cdots+\Delta S_n\\&\approx f(\xi_1)\Delta x_1+f(\xi_2)\Delta x_2+\cdots+f(\xi_i)\Delta x_i+\cdots+f(\xi_n)\Delta x_n\\&=\sum_{i=1}^{n}f(\xi_i)\Delta x_i=S_n\end{aligned}$$

即S_n是S的一个近似值。

(4) 取极限。只要将$[a,b]$分得足够细，那么第三步所得的面积的近似值的精确度就足够高。现用$\Delta x=\max\left\{\Delta x_i\right\}(i=1,2,\cdots,n)$表示所有小区间中最大区间的长度，则当$\Delta x$趋于零时，和式

$$S_n=\sum_{i=1}^{n}f\left(\xi_i\right)\Delta x_i$$

的极限就是曲边梯形$AabB$的面积S的精确值，即

$$S=\lim_{\Delta x\to0}\sum_{i=1}^{n}f\left(\xi_i\right)\Delta x_i$$

引例2　变速直线运动的路程

在物理学上我们知道，做匀速直线运动的物体，在时间t内所经过的路程s等于它的速度v与时间t的乘积。这里速度为常数。当物体做变速直线运动时，速度是时间的函数$v=v(t)$，此时就不能简单地用速度乘以时间来计算路程了。这是解决问题的困难所

在。但可以用类似于求曲边梯形的面积时所采用的方法和步骤来解决这个问题。

（1）分割。在$[a,b]$中插入$n-1$个分点$a=t_0<t_1<t_2<\cdots<t_n=b$，将物体在时间段$[a,b]$的变速运动分为在$n$个小的时间段$[t_{i-1},t_i]$的运动，每个小区间段的长度用$\Delta t_i=t_i-t_{i-1}(i=1,2,\cdots,n)$表示，记$\Delta t=\max\{\Delta t_i\}(i=1,2,\cdots,n)$为最大的小区间段的长度，其中第$i$个小区间段中物体所走过的路程记为$\Delta S_i$。

（2）近似替代。把物体在每个小时间段内的运动视为匀速直线运动。为此，在每一时间段$[t_{i-1},t_i](i=1,2,\cdots,n)$上任取一时刻$\tau_i$，以定速度$v(\tau_i)$代替该区间上的速度$v(t)$，则在$[t_{i-1},t_i]$上物体所通过的路程的近似值表示为

$$\Delta S_i\approx v(\tau_i)\cdot\Delta t_i\quad(i=1,2,\cdots,n)$$

（3）作和式。把所有的路程相加就近似等于$[a,b]$时间内的路程S

$$\begin{aligned}S&=\Delta S_1+\Delta S_2+\cdots+\Delta S_i+\cdots+\Delta S_n\\&\approx v(\tau_1)\Delta t_1+v(\tau_2)\Delta t_2+\cdots+v(\tau_i)\Delta t_i+\cdots+v(\tau_n)\Delta t_n\\&=\sum_{i=1}^{n}v(\tau_i)\Delta t_i\end{aligned}$$

（4）取极限。令$\Delta t\to 0$，则

$$S=\lim_{\Delta t\to 0}\sum_{i=1}^{n}v(\tau_i)\Delta t_i$$

综上所述，无论是求曲边梯形的面积还是求变速直线运动的路程，尽管两者的性质截然不同，但解决的方法是相同的，都归结为求同一结构的和式的极限问题。事实上在科学技术领域内，有许多问题都可归结到这种类型的极限问题，当我们抽象前面所讨论的几何意义（曲边梯形的面积）或物理意义（变速直线运动的路程），而只考察它们的数学方面时，就引出了定积分的概念。

知识归纳

6.1.1 定积分的概念

1. 定积分的定义

【定义6.1】 设函数$y=f(x)$在$[a,b]$上有定义，有以下几点。

（1）用分点$a=x_0<x_1<\cdots<x_{n-1}<x_n=b$将区间$[a,b]$分割成$n$个小区间$[x_0,x_1]$，$[x_1,x_2]$，$[x_{i-1},x_i]$，$\cdots$，$[x_{n-1},x_n]$，第$i$个小区间的长度记为$\Delta x_i=x_i-x_{i-1}$，其中最大的小区间的长度记为$\Delta x=\max\{\Delta x_i\}(i=1,2,\cdots,n)$。

定积分的概念

（2）在每个小区间$[x_{i-1},x_i]$上任取一点$\xi_i(x_{i-1}\leqslant\xi_i\leqslant x_i)$，得相应函数值$f(\xi_i)$，并作乘积$f(\xi_i)\Delta x_i(i=1,2,\cdots,n)$。

（3）作和式$S=\sum_{i=1}^{n}f(\xi_i)\Delta x_i$。

(4) 若极限 $S=\lim\limits_{\Delta x\to 0}\sum\limits_{i=1}^{n} f(\xi_i)\Delta x_i$ 存在，且极限值与分割$[a,b]$的方法及ξ_i的取法无关，则称函数$f(x)$在区间$[a,b]$上可积，此极限值称为$f(x)$在区间$[a,b]$上的定积分，记作$\int_a^b f(x)\mathrm{d}x$，即

$$\int_a^b f(x)\mathrm{d}x=\lim_{\Delta x\to 0}\sum_{i=1}^{n}f(\xi_i)\Delta x_i$$

式中，$f(x)$称为被积函数；$f(x)\mathrm{d}x$称为被积表达式；x称为积分变量；$[a,b]$称为积分区间；a称为积分下限；b称为积分上限。

由定积分定义6.1，对于曲边梯形面积与变速直线运动所经过的路程等可表述如下。

(1) 曲边梯形的面积S等于其曲边函数$y=f(x)$在其底边上的定积分

$$S=\int_a^b f(x)\mathrm{d}x$$

(2) 变速直线运动物体所走的路程S等于其速度$v=v(t)$在时间区间上的定积分

$$S=\int_a^b v(t)\mathrm{d}t$$

2. 定积分定义的说明

(1) 定积分的结果是一个极限值，是一个常数。

(2) 定积分值是和式$\sum\limits_{i=1}^{n} f(\xi_i)\Delta x_i$的极限，它的值的大小只与被积函数$f(x)$和积分区间$[a,b]$有关，与积分变量(所用字母是$x$还是$t$等)无关，即有

$$\int_a^b f(x)\mathrm{d}x=\int_a^b f(t)\mathrm{d}t$$

(3) 在定积分定义中，实际上假定了$a\leqslant b$，但为了今后讨论问题方便，我们做出以下的规定：

当$a=b$时，$\int_a^b f(x)\mathrm{d}x=0$；当$a>b$时，$\int_a^b f(x)\mathrm{d}x=-\int_b^a f(x)\mathrm{d}x$。

(4) 当 $f(x)=0$，$\int_a^b f(x)\mathrm{d}x=0$；当 $f(x)\leqslant 0$，$\int_a^b f(x)\mathrm{d}x\leqslant 0$；当 $f(x)\geqslant 0$，$\int_a^b f(x)\mathrm{d}x\geqslant 0$。

3. 可积条件

函数$f(x)$在区间$[a,b]$上满足什么条件才可积？闭区间上的连续函数可积，有限区间上只有有限个间断点的有界函数也是可积的(证明略)。

6.1.2　定积分的几何意义

定积分的
几何意义

(1) 设在$[a,b]$上$f(x)$连续且非负，则$f(x)$在$[a,b]$上的定积分$\int_a^b f(x)\mathrm{d}x$为如图6.5所示的曲边梯形的面积S，即

$$S=\int_a^b f(x)\mathrm{d}x$$

（2）当函数$f(x)$在$[a,b]$上连续且为负值时，则$f(x)$在$[a,b]$上的定积分$\int_a^b f(x)\mathrm{d}x$为如图6.6所示的曲边梯形的面积S的相反数，即

$$\int_a^b f(x)\mathrm{d}x=-S$$

（3）当函数$f(x)$在$[a,d]$上连续且有正有负时，则$f(x)$在$[a,d]$上的定积分$\int_a^d f(x)\mathrm{d}x$为如图6.7所示的x轴上、下各部分面积的代数和，在x轴上方的面积取正号，在x轴下方的面积取负号，即

$$\int_a^d f(x)\mathrm{d}x=-S_1+S_2-S_3$$

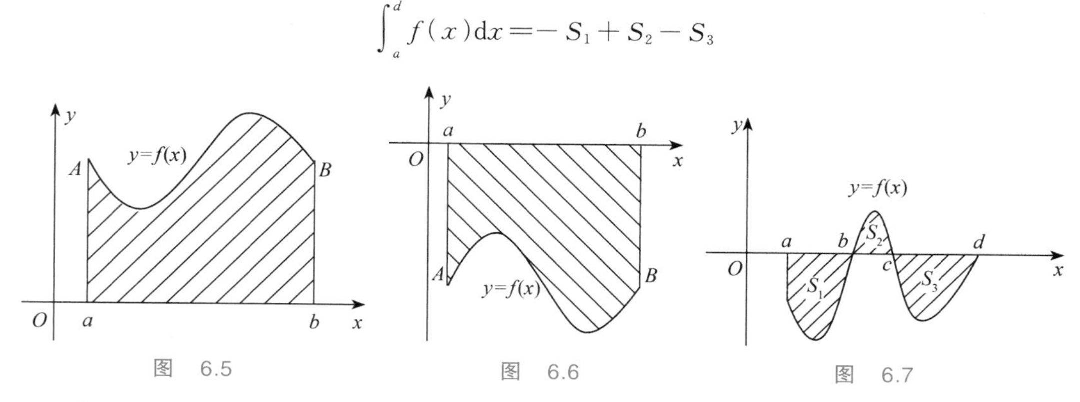

图 6.5　　图 6.6　　图 6.7

相关例题见例6.1～例6.3。

6.1.3　定积分的基本性质

由定积分的定义不难获得定积分的如下性质，其中涉及的被积函数在所讨论的区间上假设都是可积的。

性质1（数乘）　被积函数的常数因子可以提到积分符号的外面，即

$$\int_a^b kf(x)\mathrm{d}x=k\int_a^b f(x)\mathrm{d}x \quad (k\text{为常数})$$

证明：$\int_a^b kf(x)\mathrm{d}x=\lim\limits_{\Delta x\to 0}\sum\limits_{i=1}^{n}kf(\xi_i)\Delta x_i$

$$=k\lim_{\Delta x\to 0}\sum_{i=1}^{n}f(\xi_i)\Delta x_i=k\int_a^b f(x)\mathrm{d}x$$

性质2（加减法）　两个函数代数和的积分等于这两个函数积分的代数和，即

$$\int_a^b[f(x)\pm g(x)]\mathrm{d}x=\int_a^b f(x)\mathrm{d}x\pm\int_a^b g(x)\mathrm{d}x$$

本性质可以推广到任意有限个函数的代数和，即

$$\int_a^b[f_1(x)\pm f_2(x)\pm\cdots\pm f_n(x)]\mathrm{d}x$$

$$=\int_a^b f_1(x)\mathrm{d}x\pm\int_a^b f_2(x)\mathrm{d}x\pm\cdots\pm\int_a^b f_n(x)\mathrm{d}x$$

性质3（区间的可加性）　若点c将区间$[a,b]$分成两个小区间$[a,c]$和$[c,b]$，则

$\int_a^b f(x)\mathrm{d}x=\int_a^c f(x)\mathrm{d}x+\int_c^b f(x)\mathrm{d}x$，如图6.8所示。

提示：分点c对有限个分点同样成立。

性质3中当c位于区间$[a,b]$之外时仍成立。

性质4(定积分估值定理)　设M和m分别为函数$f(x)$在区间$[a,b]$上的最大值和最小值，如图6.9所示，则

$$m(b-a)\leqslant\int_a^b f(x)\mathrm{d}x\leqslant M(b-a)$$

性质5(定积分中值定理)　如果函数$f(x)$在区间$[a,b]$上连续，如图6.10所示，则在$[a,b]$上至少存在一点ξ，使得下式成立

$$\int_a^b f(x)\mathrm{d}x=f(\xi)(b-a)\quad(a\leqslant\xi\leqslant b)$$

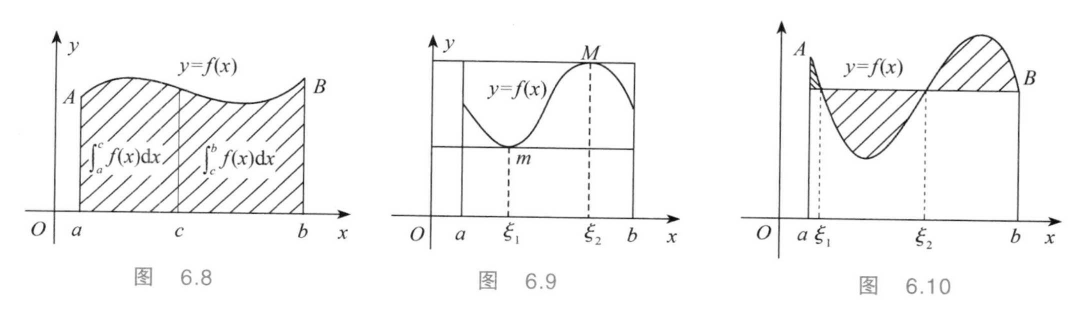

图　6.8　　图　6.9　　图　6.10

性质5的几何意义是：在区间$[a,b]$上至少存在一点ξ，使得以区间$[a,b]$为底边，以曲线$y=f(x)$为曲边的曲边梯形面积，等于同一底边而高为$f(\xi)$的一个矩形的面积，如图6.10所示。

典型例题

例6.1　用定积分表示图6.11中阴影部分的面积。

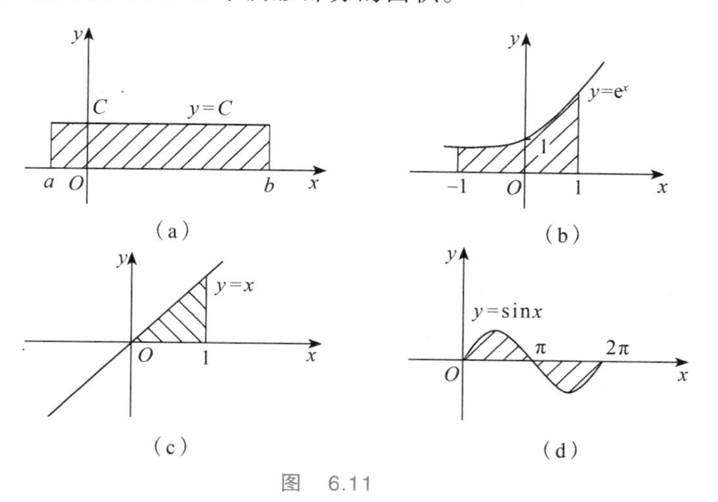

图　6.11

解：根据定积分的几何意义得

(1) $\int_a^b C\mathrm{d}x$　　(2) $\int_{-1}^{1} \mathrm{e}^x \mathrm{d}x$

(3) $\int_0^1 x\mathrm{d}x$　　(4) $\int_0^{\pi} \sin x\mathrm{d}x - \int_{\pi}^{2\pi} \sin x\mathrm{d}x$

例6.2　利用定积分的几何意义，求下列定积分的值。

(1) $\int_{-1}^{1} x\mathrm{d}x$　　(2) $\int_{-1}^{1} |x|\mathrm{d}x$

(3) $\int_{-\frac{1}{2}}^{1} (2x+1)\mathrm{d}x$　　(4) $\int_0^1 (-x)\mathrm{d}x$

解：(1) 如图6.12所示，根据定积分的几何意义得

$$\int_{-1}^{1} x\mathrm{d}x = -S_1 + S_2 = 0$$

(2) 如图6.13所示，根据定积分的几何意义得

$$\int_{-1}^{1} |x|\mathrm{d}x = S_1 + S_2 = \frac{1}{2} + \frac{1}{2} = 1$$

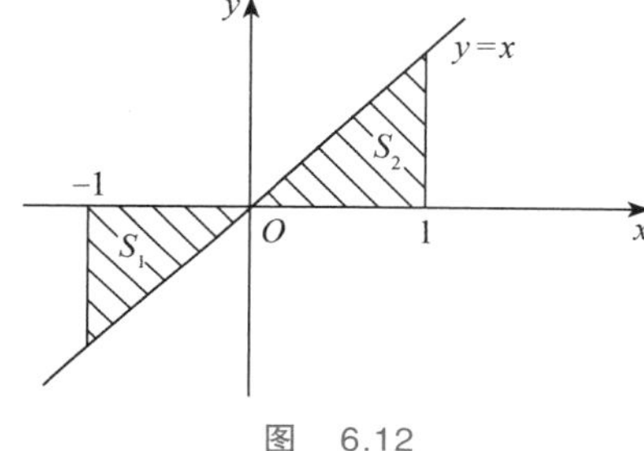

图　6.12

图　6.13

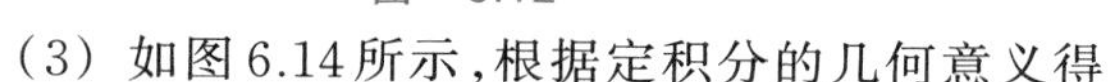

(3) 如图6.14所示，根据定积分的几何意义得

$$\int_{-\frac{1}{2}}^{1} (2x+1)\mathrm{d}x = \frac{3}{2} \times 3 \times \frac{1}{2} = \frac{9}{4}$$

(4) 如图6.15所示，根据定积分的几何意义得

$$\int_0^1 (-x)\mathrm{d}x = -\frac{1}{2} \times 1 \times 1 = -\frac{1}{2}$$

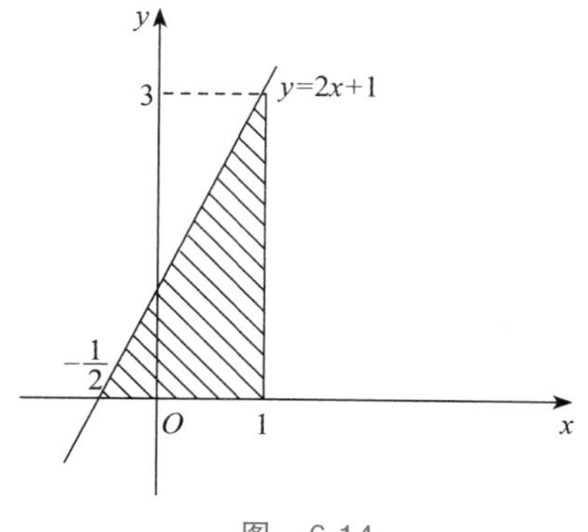

图　6.14

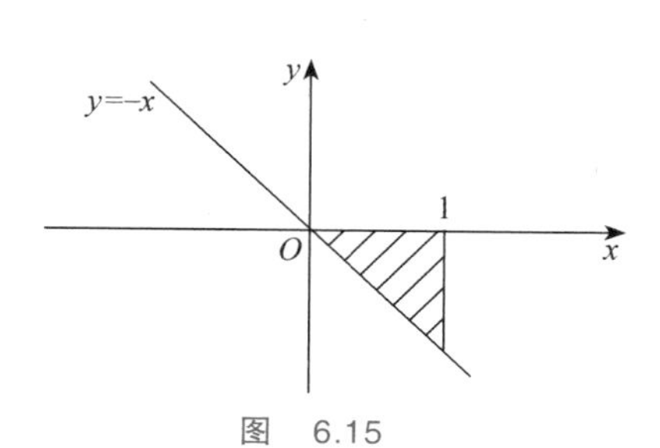

图　6.15

例6.3　利用定积分的几何意义求定积分$\int_{-2}^{2}\sqrt{4-x^2}\,dx$。

解：被积函数$y=\sqrt{4-x^2}$的图形是圆心在坐标原点、半径为2的圆的上半部分，于是所求定积分为$\frac{1}{2}\pi\times 2^2=2\pi$，即

$$\int_{-2}^{2}\sqrt{4-x^2}\,dx=2\pi$$

应用案例

案例6.1　定积分的几何意义

一辆汽车以速度$v(t)=2t+3$(m/s)做直线运动，试用定积分表示汽车在1～3s所经过的路程s，并利用定积分的几何意义求出s的值。

解：根据定积分的定义得汽车在1～3s所经过的路程为

$$s=\int_{1}^{3}(2t+3)\,dt$$

因为被积函数$v(t)=2t+3$的图像是一条直线，由定积分的几何意义可知，所求路程s是上底长度为$v(1)=5$、下底长度为$v(3)=9$、高为2的梯形面积，即

$$s=\int_{1}^{3}(2t+3)\,dt=\frac{1}{2}(5+9)\times 2=14(\text{m})$$

课堂巩固6.1

基础训练6.1

1. 不计算定积分比较下列各组积分值的大小。

(1) $\int_{0}^{1}x\,dx$与$\int_{0}^{1}x^2\,dx$

(2) $\int_{0}^{\frac{\pi}{2}}x\,dx$与$\int_{0}^{\frac{\pi}{2}}\sin x\,dx$

(3) $\int_{0}^{1}e^{-x}\,dx$与$\int_{0}^{1}e^{-x^2}\,dx$

2. 已知$\int_{0}^{3}f(x)\,dx=1$，$\int_{2}^{3}f(x)\,dx=1.7$，$\int_{0}^{3}g(x)\,dx=2$，$\int_{2}^{3}g(x)\,dx=1.5$，求下列各值。

(1) $\int_{0}^{3}2f(x)\,dx$　　(2) $\int_{0}^{3}[f(x)+g(x)]\,dx$

(3) $\int_{0}^{2}f(x)\,dx$　　(4) $\int_{0}^{2}g(x)\,dx$

(5) $\int_0^3 [3f(x)-2g(x)]\mathrm{d}x$

3．利用定积分表示图6.16中的阴影部分的面积。

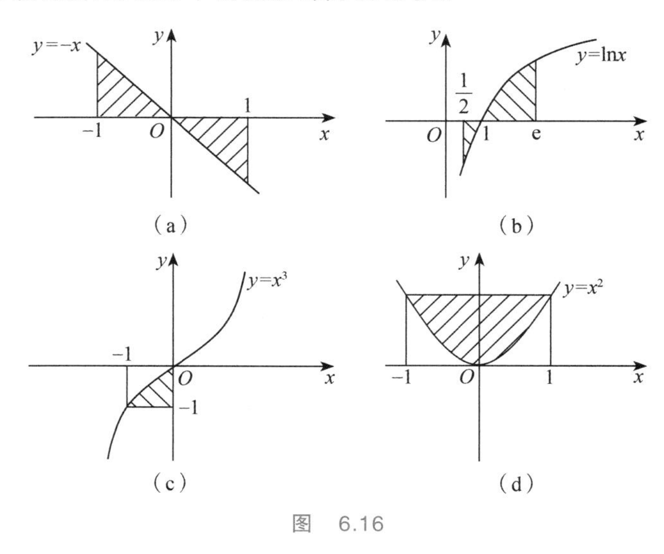

图　6.16

提升训练6.1

1．利用定积分的几何意义计算下列定积分的值。

(1) $\int_{-1}^{2} x\mathrm{d}x$　　(2) $\int_0^2 (x+1)\mathrm{d}x$

(3) $\int_{-1}^{1} \sqrt{1-x^2}\,\mathrm{d}x$　　(4) $\int_{-\frac{\pi}{2}}^{\frac{\pi}{2}} \sin x\,\mathrm{d}x$

(5) $\int_{-\pi}^{\pi} \sin x\,\mathrm{d}x$　　(6) $\int_0^{2\pi} \cos x\,\mathrm{d}x$

2．设物体以速度$v(t)=2t^2+3t$(m/s)做直线运动，试用定积分表示该物体从静止开始经过时间T所走过的路程s。

6.2　微积分基本定理

问题导入

前面我们已经学习了定积分的概念以及基本性质，也指出了定积分与不定积分的区别。然而，由定义计算定积分是非常困难的。从本节开始，我们将介绍计算定积分的简捷方法，同时也进一步揭示定积分与不定积分的内在联系，这就是微积分基本定理。

设某物体做直线运动，已知速度$v=v(t)$是时间间隔$[T_1, T_2]$上t的一个连续函数，且

$v(t)\geqslant 0$,物体在时间间隔$[T_1, T_2]$内经过的路程为

$$s=\int_{T_1}^{T_2} v(t)\,\mathrm{d}t$$

另外,这段路程又可表示为位置函数$s(t)$在$[T_1, T_2]$上的增量$s(T_2)-s(T_1)$。所以,位置函数$s(t)$与速度函数$v=v(t)$有如下关系:

$$\int_{T_1}^{T_2} v(t)\,\mathrm{d}t=s(T_2)-s(T_1)$$

因为$s'(t)=v(t)$,即位置函数$s(t)$是速度函数$v=v(t)$的原函数,所以,求速度函数$v(t)$在时间间隔$[T_1, T_2]$内的定积分就转化为求$v(t)$的原函数$s(t)$在$[T_1, T_2]$上的增量。

这个结论对一般的函数定积分具有普遍意义。

知识归纳

6.2.1　变上限积分函数

设$f(x)$为闭区间$[a, b]$上的连续函数,则定积分$\int_a^b f(x)\,\mathrm{d}x$是存在的。由于定积分值的大小取决于被积函数$f(x)$及积分下限$a$、积分上限$b$,假如被积函数$f(x)$确定,积分下限$a$也固定不变,则积分值就仅由上限值所决定。

这样对于闭区间$[a, b]$上的任一值x,$\int_a^x f(t)\,\mathrm{d}t$都有意义,且其值唯一确定。因此$\int_a^x f(t)\,\mathrm{d}t$是定义在$[a, b]$上的一个函数,如图6.17所示。

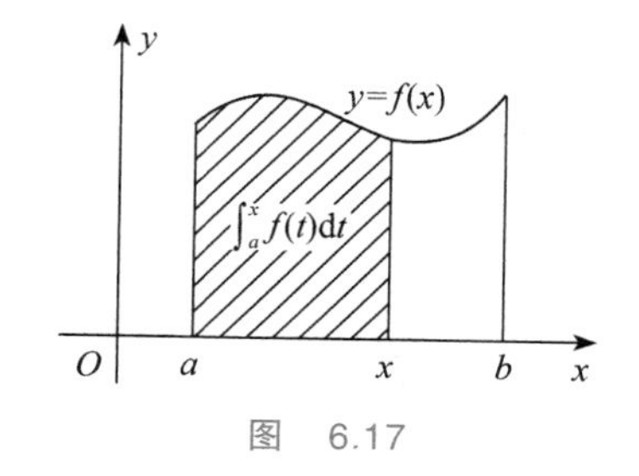

图　6.17

【定义6.2】　设$f(x)$在$[a, b]$上可积,则对每一个$x\in[a, b]$,$f(x)$在$[a, x]$上也可积,称$\int_a^x f(t)\,\mathrm{d}t$为$f(x)$的变上限的定积分函数,记作$\Phi(x)$,即

$$\Phi(x)=\int_a^x f(t)\,\mathrm{d}t \quad (a\leqslant x\leqslant b)$$

当$f(x)\geqslant 0$时,变上限积分函数$\Phi(x)$在几何上表示为右侧邻边可以变动的曲边梯形面积,如图6.17所示。

6.2.2　变上限积分函数的导数(原函数存在定理)

下面讨论变上限积分函数的性质与定理。

【定理6.1】　如果函数$f(x)$在$[a, b]$上连续,则函数

$$\Phi(x)=\int_a^x f(t)\mathrm{d}t \quad (a\leqslant x\leqslant b)$$

在$[a,b]$上可导，并且

$$\Phi'(x)=f(x) \quad (a\leqslant x\leqslant b)$$

即变上限的定积分函数$\Phi(x)$是$f(x)$在$[a,b]$上的一个原函数。

证明：对于每一个$x\in[a,b]$，当给x一个改变量Δx，并使得$x+\Delta x\in[a,b]$，由$\Phi(x)$的定义及积分的可加性，有

$$\begin{aligned}\Delta\Phi(x)=\Phi(x+\Delta x)-\Phi(x)&=\int_a^{x+\Delta x}f(t)\mathrm{d}t-\int_a^x f(t)\mathrm{d}t\\&=\int_a^{x+\Delta x}f(t)\mathrm{d}t+\int_x^a f(t)\mathrm{d}t\\&=\int_x^{x+\Delta x}f(t)\mathrm{d}t\end{aligned}$$

由积分中值定理，在点x与$x+\Delta x$之间至少存在一点ξ，使得

$$\Delta\Phi(x)=\int_x^{x+\Delta x}f(t)\mathrm{d}t=f(\xi)\Delta x$$

即

$$\frac{\Delta\Phi(x)}{\Delta x}=f(\xi)$$

注意到点ξ在x与$x+\Delta x$之间，因此当$\Delta x\to 0$时，$\xi\to x$。又知$f(x)$在$[a,b]$上连续，所以$\lim\limits_{\Delta x\to 0}f(\xi)=f(x)$，即

$$\lim_{\Delta x\to 0}\frac{\Delta\Phi(x)}{\Delta x}=f(x)$$

根据导数的定义，即

$$\Phi'(x)=f(x) \quad (a\leqslant x\leqslant b)$$

说明：

（1）任何连续函数都有原函数。

（2）$\int_a^x f(t)\mathrm{d}t$是$f(x)$在$[a,b]$上的一个原函数，即

$$\frac{\mathrm{d}}{\mathrm{d}x}\int_a^x f(t)\mathrm{d}t=f(x)$$

或

$$\left[\int_a^x f(t)\mathrm{d}t\right]'=f(x)$$

相关例题见例6.4～例6.10。

6.2.3 牛顿—莱布尼茨公式

第5章中我们学习了不定积分的概念与计算方法，函数$f(x)$的所有原函数就是$f(x)$

的不定积分。而6.2.2小节中建立了由定积分所决定的函数与原函数两个不同概念之间的联系。那么如何通过不定积分求定积分？牛顿—莱布尼茨公式很好地解决了这个问题。

微积分基本定理

【定理6.2】 如果函数$f(x)$在$[a,b]$上连续，且函数$F(x)$为$f(x)$在闭区间$[a,b]$上的一个原函数，则

$$\int_a^b f(x)\mathrm{d}x=F(b)-F(a)$$

证明：由于函数$F(x)$为$f(x)$在闭区间$[a,b]$上的一个原函数，又根据定理6.1，函数$\Phi(x)=\int_a^x f(t)\mathrm{d}t$也为$f(x)$在闭区间$[a,b]$上的一个原函数，由于两个原函数之间的关系为

$$\Phi(x)=F(x)+c\quad(a\leqslant x\leqslant b)$$

即

$$\int_a^x f(t)\mathrm{d}t=F(x)+c\quad(a\leqslant x\leqslant b)$$

当$x=a$时，

$$\int_a^a f(t)\mathrm{d}t=F(a)+c$$

即

$$0=F(a)+c$$
$$c=-F(a)$$

从而

$$\int_a^x f(t)\mathrm{d}t=F(x)-F(a)$$

在上式中取$x=b$，则得

$$\int_a^b f(t)\mathrm{d}t=F(b)-F(a)$$

又因为定积分值与积分变量的符号选取无关，因此将积分变量的符号t改为x，得到公式

$$\int_a^b f(x)\mathrm{d}x=F(b)-F(a)$$

以上公式称为牛顿—莱布尼茨公式，它深刻揭示了定积分与不定积分之间的内在关系，也给出了定积分的计算方法，是微积分学的基本定理。

说明：

（1）牛顿—莱布尼茨公式的使用条件是被积函数$f(x)$在$[a,b]$上连续，如$\int_{-1}^{1}\frac{1}{x}\mathrm{d}x$就不能用这个公式。

（2）用符号$F(x)\Big|_a^b$表示$F(b)-F(a)$。

用牛顿—莱布尼茨公式求定积分的步骤如下：

（1）用不定积分方法求出一个原函数$F(x)$；

（2）计算函数$F(x)$在a、b两点函数值的差$F(b)-F(a)$。

相关例题见例6.11～例6.14。

典型例题

例6.4　已知$F(x)=\int_a^x \sin t\,\mathrm{d}t$，求$F'(x)$。

解：由定理6.1即得

$$F'(x)=\left(\int_a^x \sin t\,\mathrm{d}t\right)'=\sin x$$

例6.5　求$\dfrac{\mathrm{d}}{\mathrm{d}x}\int_x^5 (t^2+\mathrm{e}^{-t})\mathrm{d}t$。

解：所给的积分是变下限积分函数，不能直接利用定理6.1求出它的导数，但是可以对定积分上、下限进行交换，把变下限积分转化为变上限积分，再求导数。

$$\begin{aligned}\frac{\mathrm{d}}{\mathrm{d}x}\int_x^5 (t^2+\mathrm{e}^{-t})\mathrm{d}t&=-\frac{\mathrm{d}}{\mathrm{d}x}\int_5^x (t^2+\mathrm{e}^{-t})\mathrm{d}t\\&=-(x^2+\mathrm{e}^{-x})\end{aligned}$$

例6.6　求下列函数的导数。

（1）$F(x)=\int_a^{\mathrm{e}^x}\dfrac{\ln t}{t}\mathrm{d}t(a>0)$　　　（2）$F(x)=\int_{x^2}^1 \dfrac{\sin\sqrt{\theta}}{\theta}\mathrm{d}\theta$

解：这里$F(x)$是x的复合函数，所以应按复合函数的求导思路来解决。

（1）$\dfrac{\mathrm{d}F(x)}{\mathrm{d}x}=\dfrac{\mathrm{d}}{\mathrm{d}u}\left(\int_a^u \dfrac{\ln t}{t}\mathrm{d}t\right)\dfrac{\mathrm{d}u}{\mathrm{d}x}$　（令$u=\mathrm{e}^x$）$=\dfrac{\ln u}{u}\mathrm{e}^x=\dfrac{\ln \mathrm{e}^x}{\mathrm{e}^x}\cdot\mathrm{e}^x=x$

（2）$\dfrac{\mathrm{d}F(x)}{\mathrm{d}x}=-\dfrac{\mathrm{d}}{\mathrm{d}x}\left(\int_1^{x^2}\dfrac{\sin\sqrt{\theta}}{\theta}\mathrm{d}\theta\right)=-\dfrac{\mathrm{d}}{\mathrm{d}u}\left(\int_1^u \dfrac{\sin\sqrt{\theta}}{\theta}\mathrm{d}\theta\right)\dfrac{\mathrm{d}u}{\mathrm{d}x}$　（令$u=x^2$）

$$=-\frac{\sin\sqrt{u}}{u}\times 2x=-\frac{\sin\sqrt{x^2}}{x^2}\times 2x=-\frac{2\sin|x|}{x}$$

例6.7　已知$F(x)=\int_0^{x^2}\sqrt{1+t^3}\,\mathrm{d}t$，求$F'(x)$。

解：由于变上限定积分$\int_0^{x^2}\sqrt{1+t^3}\,\mathrm{d}t$中上限为函数$x^2$，而$x^2$又是$x$的函数，于是变上限定积分为复合函数，中间变量为$u=x^2$。根据复合函数求导法则和定理6.1即得所求导数为

$$F'(x)=\left(\int_0^{x^2}\sqrt{1+t^3}\,\mathrm{d}t\right)'=2x\sqrt{1+x^6}$$

例6.8　求$\dfrac{\mathrm{d}}{\mathrm{d}x}\int_x^{x^2}\sin(1+t^2)\mathrm{d}t$。

解：因所给的积分是上、下限都在变的积分函数，所以不能直接根据定理6.1求出它

的导数,但是由定积分的可加性和规定,可以把它分解为两个变上限积分的差,再求导数。

$$\begin{aligned}\frac{\mathrm{d}}{\mathrm{d}x}\int_{x}^{x^2}\sin(1+t^2)\mathrm{d}t&=\frac{\mathrm{d}}{\mathrm{d}x}\int_{x}^{0}\sin(1+t^2)\mathrm{d}t+\frac{\mathrm{d}}{\mathrm{d}x}\int_{0}^{x^2}\sin(1+t^2)\mathrm{d}t\\&=-\frac{\mathrm{d}}{\mathrm{d}x}\int_{0}^{x}\sin(1+t^2)\mathrm{d}t+\frac{\mathrm{d}}{\mathrm{d}x}\int_{0}^{x^2}\sin(1+t^2)\mathrm{d}t\\&=-\sin(1+x^2)+2x\sin(1+x^4)\end{aligned}$$

例6.9　求 $\lim\limits_{x\to 0}\dfrac{\int_0^x(t-\sin t)\mathrm{d}t}{x^4}$。

解:由于当 $x\to 0$ 时,分子 $\int_0^x(t-\sin t)\mathrm{d}t\to 0$,分母 $x^4\to 0$,所以函数 $\dfrac{\int_0^x(t-\sin t)\mathrm{d}t}{x^4}$ 为 $\dfrac{0}{0}$ 型未定式,应用洛必达法则,得

$$\begin{aligned}\lim_{x\to 0}\frac{\int_0^x(t-\sin t)\mathrm{d}t}{x^4}&=\lim_{x\to 0}\frac{x-\sin x}{4x^3}=\lim_{x\to 0}\frac{1-\cos x}{12x^2}\\&=\lim_{x\to 0}\frac{\sin x}{24x}=\frac{1}{24}\end{aligned}$$

例6.10　求极限 $\lim\limits_{x\to 0}\dfrac{\int_{\cos x}^{1}\mathrm{e}^{-t^2}\mathrm{d}t}{x^2}$。

解:这是一个 $\dfrac{0}{0}$ 型的极限,可以用洛必达法则来计算,分子的导数为

$$\begin{aligned}\frac{\mathrm{d}}{\mathrm{d}x}\int_{\cos x}^{1}\mathrm{e}^{-t^2}\mathrm{d}t&=-\frac{\mathrm{d}}{\mathrm{d}x}\int_{1}^{\cos x}\mathrm{e}^{-t^2}\mathrm{d}t\\&=-\frac{\mathrm{d}}{\mathrm{d}u}\left(\int_{1}^{u}\mathrm{e}^{-t^2}\mathrm{d}t\right)\frac{\mathrm{d}u}{\mathrm{d}x}\quad(\text{令}u=\cos x)\\&=-\mathrm{e}^{-u^2}(-\sin x)=\mathrm{e}^{-\cos^2 x}\sin x\end{aligned}$$

又因为分母的导数为 $2x$,所以有

$$\lim_{x\to 0}\frac{\int_{\cos x}^{1}\mathrm{e}^{-t^2}\mathrm{d}t}{x^2}=\lim_{x\to 0}\frac{\mathrm{e}^{-\cos^2 x}\sin x}{2x}=\frac{1}{2\mathrm{e}}$$

例6.11　计算 $\int_0^1 x^2\mathrm{d}x$。

解:首先求出对应的不定积分——求原函数

$$\int x^2\mathrm{d}x=\frac{1}{3}x^3+C$$

其次应用牛顿—莱布尼茨公式求值

$$\int_0^1 x^2\mathrm{d}x=\frac{1}{3}x^3\bigg|_0^1=\frac{1}{3}(1^3-0^3)=\frac{1}{3}$$

例 6.12 计算$\int_0^1 e^x dx$。

解：由于$\int e^x dx = e^x + C$，所以$\int_0^1 e^x dx = e^x \Big|_0^1 = e - e^0 = e - 1$。

例 6.13 计算$\int_0^{\frac{\pi}{2}} \cos x dx$。

解：由于$\int \cos x dx = \sin x + C$，所以$\int_0^{\frac{\pi}{2}} \cos x dx = \sin x \Big|_0^{\frac{\pi}{2}} = \sin\frac{\pi}{2} - \sin 0 = 1$。

例 6.14 计算$\int_{-1}^2 (3x^2 + 2x) dx$。

解：由于

$$\int (3x^2 + 2x) dx = x^3 + x^2 + C$$

所以

$$\int_{-1}^2 (3x^2 + 2x) dx = (x^3 + x^2)\Big|_{-1}^2 = (2^3 + 2^2) - [(-1)^3 + (-1)^2] = 12$$

应用案例

案例 6.2 污水处理问题

某化工厂向河中排放有害污水，严重影响了周围的生态环境，有关部门责令其立即安装污水处理装置，以减少并最终停止向河中排放有害污水。如果污水处理装置从开始工作到污水排放完全停止，污水的排放速度可近似地由公式$v(t) = \frac{1}{4}t^2 - 2t + 4$（单位：万 m^3/年）确定，其中t为装置工作的时间，问污水处理装置开始工作到污水排放完全停止需要多长时间？这期间向河中排放了多少有害污水？

解：在$v(t) = \frac{1}{4}t^2 - 2t + 4$中，令$v(t) = 0$，即$\frac{1}{4}t^2 - 2t + 4 = 0$，得有害污水处理装置开始工作到完全停止有害污水排入河中所需时间为$t = 4$（年），这期间向河中排放的污水量为

$$Q = \int_0^4 v(t) dt = \int_0^4 \left(\frac{1}{4}t^2 - 2t + 4\right) dt = \left(\frac{t^3}{12} - t^2 + 4t\right)\Bigg|_0^4 = \frac{16}{3}(\text{万} m^3)$$

即污水处理装置连续工作 4 年，有害污水排放完全停止，这期间向河中排放了$\frac{16}{3}$万m^3的有害污水。

案例 6.3 收入预测问题

我国居民的收入正在逐年提高，据统计，北方某市 2006 年的年人均收入为 21914 元，假设这一人均收入以速度$v(t) = 600(1.05)^t$（单位：元/年）增长，其中t是从 2007 年开始算起的年数，估计 2013 年该市的年人均收入是多少？

解：因为某市年人均收入以速度 $v(t)=600(1.05)^t$（单位：元/年）增长，所以这7年间人均收入的总变化为

$$R=\int_0^7 600(1.05)^t\mathrm{d}t=600\int_0^7(1.05)^t\mathrm{d}t=600\left[\frac{(1.05)^t}{\ln 1.05}\right]\Bigg|_0^7$$

$$=\frac{600}{\ln 1.05}\left[(1.05)^7-1\right]\approx 5006.3(\text{元})$$

所以，2013年该市的人均收入为

$$21914+5006.3=26920.3(\text{元})$$

案例6.4　商品销售量问题

据统计，台州书城一年中的销售速度为

$$v(t)=100+100\sin\left(2\pi t-\frac{\pi}{2}\right)\quad(t\text{的单位：月；}0\leqslant t\leqslant 12)$$

求书城前3个月的销售总量 P。

解：由题意可知，书城前3个月的销售总量为

$$P=\int_0^3\left[100+100\sin\left(2\pi t-\frac{\pi}{2}\right)\right]\mathrm{d}t$$

$$=\int_0^3 100\,\mathrm{d}t+100\cdot\frac{1}{2\pi}\int_0^3\sin\left(2\pi t-\frac{\pi}{2}\right)\mathrm{d}\left(2\pi t-\frac{\pi}{2}\right)$$

$$=100t\Big|_0^3-\frac{50}{\pi}\left[\cos\left(2\pi t-\frac{\pi}{2}\right)\right]\Bigg|_0^3=300$$

案例6.5　飞机着陆问题

测得一架飞机着陆时的水平速度为500km/h，假定这架飞机着陆后的加速度 $a=-20\mathrm{m/s^2}$，问从开始着陆到飞机完全停止滑行了多少米？

解：由题意 $v(0)=\dfrac{500\mathrm{km}}{h}=\dfrac{1250}{9}\mathrm{m/s}$。因为飞机制动后是匀减速直线运动，因此

$$v(t)=v(0)+at=\frac{1250}{9}-20t$$

飞机完全停止时 $v(t)=0$ 得 $t=\dfrac{125}{18}$。因此在这段时间内飞机滑行距离为

$$s=\int_0^{\frac{125}{18}}v(t)\mathrm{d}t=\int_0^{\frac{125}{18}}\left(\frac{1250}{9}-20t\right)\mathrm{d}t$$

$$=\left(\frac{1250}{9}t-10t^2\right)\Bigg|_0^{\frac{125}{18}}=\frac{78125}{162}\approx 482.3(\mathrm{m})$$

即该飞机滑行约482.3m后完全停止。

课堂巩固 6.2

基础训练 6.2

1．选择题。

（1）下列等式正确的是(　　)。

A. $\frac{d}{dx}\int_a^b f(x)dx=f(x)$　　B. $\frac{d}{dx}\int f(x)dx=f(x)+C$

C. $\frac{d}{dx}\int_a^x f(x)dx=f(x)$　　D. $\frac{d}{dx}\int f'(x)dx=f(x)$

（2）$\int_0^1 f'(2x)dx=$(　　)。

A. $2[f(2)-f(0)]$　　B. $2[f(1)-f(0)]$

C. $\frac{1}{2}[f(2)-f(0)]$　　D. $\frac{1}{2}[f(1)-f(0)]$

（3）下列定积分的值为负的是(　　)。

A. $\int_0^{\frac{\pi}{2}}\sin x dx$　　B. $\int_{-\frac{\pi}{2}}^0 \cos x dx$

C. $\int_{-3}^{-2}x^3 dx$　　D. $\int_{-5}^{-2}x^2 dx$

（4）设函数$f(x)$是区间$[a,b]$上的连续函数，则下列论断不正确的是(　　)。

A. $\int_a^b f(x)dx$是$f(x)$的一个原函数

B. $\int_a^x f(t)dt$在(a,b)内是$f(x)$的一个原函数

C. $\int_x^b f(t)dt$在(a,b)内是$-f(x)$的一个原函数

D. $f(x)$在$[a,b]$上可积

（5）函数$f(x)$在区间$[a,b]$上连续，则$\left[\int_x^b f(t)dt\right]'=$(　　)。

A. $f(x)$　　B. $-f(x)$

C. $f(b)-f(x)$　　D. $f(b)+f(x)$

（6）设函数$f(x)$在区间$[a,b]$上连续，则下列各式中不成立的是(　　)。

A. $\int_a^b f(x)dx=\int_a^b f(t)dt$　　B. $\int_a^b f(x)dx=-\int_b^a f(x)dx$

C. $\int_a^a f(x)dx=0$　　D. 若$\int_a^b f(x)dx=0$，则$f(x)=0$

(7) $\int_{-a}^{a} x[f(x)+f(-x)]\mathrm{d}x=(\quad)$。

A. $4\int_{0}^{a} f(x)\mathrm{d}x$　　B. $2\int_{0}^{a} x[f(x)+f(-x)]\mathrm{d}x$

C. 0　　D. 以上都不正确

2. 计算下列定积分。

(1) $\int_{-1}^{2}(3x^2+2x)\mathrm{d}x$　　(2) $\int_{2}^{6}(x^2-1)\mathrm{d}x$

(3) $\int_{-1}^{1}(x^3-3x^2)\mathrm{d}x$　　(4) $\int_{0}^{\frac{\pi}{2}}\left(\frac{1}{2}+\sin x\right)\mathrm{d}x$

(5) $\int_{0}^{4}\frac{1}{1+2x}\mathrm{d}x$　　(6) $\int_{0}^{\frac{\pi}{2}}(2\cos x+\mathrm{e}^x)\mathrm{d}x$

提升训练 6.2

求下列函数的一阶导数。

(1) $F(x)=\int_{1}^{x}\sin t^2\mathrm{d}t$

(2) $F(x)=\int_{x}^{2}\sqrt{1+t^2}\,\mathrm{d}t$

(3) $F(x)=\int_{1}^{3x}\sin(1+t^3)\mathrm{d}t$

(4) $F(x)=\int_{x}^{x^2}\frac{1}{\sqrt{1+t^2}}\mathrm{d}t$

(5) $F(x)=\int_{0}^{x^2}\sqrt{1+t^2}\,\mathrm{d}t$

(6) $F(x)=\int_{x^2}^{x^3}\frac{1}{\sqrt{1+t^4}}\mathrm{d}t$

(7) $F(x)=\int_{\sin x}^{\cos x}\cos \pi t^2\mathrm{d}t$

6.3 定积分的计算

问题导入

微积分基本定理告诉我们，计算连续函数$f(x)$定积分的有效、简便的方法是把它转化为求$f(x)$的原函数在区间$[a,b]$上的增量，从而建立了定积分与不定积分的内在联系。在第5章中，我们已较为系统地学习了不定积分的求解方法，本节中我们将简单地学习计算定积分的换元积分法和分部积分法。

知识归纳

6.3.1 定积分的第一换元积分法（凑微分法）

凑微分法的基本思想是把积分变量凑成复合函数的中间变量，然后再利用积分公式求出原函数，进而利用牛顿—莱布尼茨公式求出定积分的值。

相关例题见例 6.15～例 6.17。

6.3.2 定积分的第二换元积分法

【定理6.3】 设$f(x)$在闭区间$[a,b]$上连续，如果$x=\varphi(t)$满足

(1) $\varphi(t),\varphi'(t)$皆为闭区间$[\alpha,\beta]$上的连续函数；

(2) $\varphi(\alpha)=a,\varphi(\beta)=b$，且$\varphi(x)$为闭区间$[\varphi(\alpha),\varphi(\beta)]$上的单调函数，则有

$$\int_a^b f(x)\mathrm{d}x=\int_\alpha^\beta f[\varphi(t)]\varphi'(t)\mathrm{d}t$$

称该公式为定积分的换元公式。

提示：

(1) 定积分的第二换元法，在这里主要解决被积函数中含有$\sqrt[n]{ax+b}$ $(a\neq 0)$的定积分的计算问题。

(2) 令$\sqrt[n]{ax+b}=t$，解出$x=\dfrac{t^n-b}{a}$，并求出$\mathrm{d}x=\dfrac{1}{a}nt^{n-1}\mathrm{d}t$，且当$x$由$a$变到$b$时，$t$由$\alpha$单调地变到$\beta$。

相关例题见例 6.18～例 6.21。

6.3.3 定积分的分部积分法

根据不定积分的分部积分公式，可以得到定积分的分部积分公式如下：

$$\int_a^b uv'\mathrm{d}x=uv\Big|_a^b-\int_a^b vu'\mathrm{d}x$$

或

$$\int_a^b u\,\mathrm{d}v=uv\Big|_a^b-\int_a^b v\,\mathrm{d}u$$

提示：分积分可以解决两个不同类型的函数的乘积的积分问题。比如，$\int_a^b x\sin x\mathrm{d}x$，$\int_a^b x\cos x\mathrm{d}x$，$\int_a^b x\mathrm{e}^x\mathrm{d}x$，$\int_a^b x^n\ln x\mathrm{d}x$等。

相关例题见例 6.22～例 6.24。

典型例题

例6.15 计算$\int_0^2 e^{2x}dx$。

解：$$\int_0^2 e^{2x}dx=\frac{1}{2}\int_0^2 e^{2x}d(2x)=\frac{1}{2}e^{2x}\Big|_0^2=\frac{1}{2}(e^{2\times 2}-e^{2\times 0})=\frac{1}{2}(e^4-1)$$

例6.16 计算$\int_{-2}^0 \frac{x}{(1+x^2)}dx$。

解：$$\int_{-2}^0 \frac{x}{1+x^2}dx=\int_{-2}^0 \frac{\frac{1}{2}}{1+x^2}d(1+x^2)=\frac{1}{2}\ln(1+x^2)\Big|_{-2}^0=-\frac{1}{2}\ln 5$$

例6.17 计算$\int_0^1 x e^{-\frac{x^2}{2}}dx$。

解：$$\int_0^1 x e^{-\frac{x^2}{2}}dx=-\int_0^1 e^{-\frac{x^2}{2}}d\left(-\frac{x^2}{2}\right)=-e^{-\frac{x^2}{2}}\Big|_0^1=1-\frac{1}{\sqrt{e}}$$

例6.18 计算$\int_4^9 \frac{1}{\sqrt{x}}dx$。

解：令$\sqrt{x}=t$，则$x=t^2$，$dx=2tdt$。

当$x=4$时，$t=2$；当$x=9$时，$t=3$。所以

$$\int_4^9 \frac{1}{\sqrt{x}}dx=\int_2^3 \frac{2tdt}{t}=\int_2^3 2\,dt=2t\,\big|_2^3=2(3-2)=2$$

例6.19 计算$\int_0^8 \frac{dx}{1+\sqrt[3]{x}}$。

解：令$x=t^3$，则$dx=3t^2dt$。

当$x=0$时，$t=0$；当$x=8$时，$t=2$。

$$\int_0^8 \frac{dx}{1+\sqrt[3]{x}}=\int_0^2 \frac{3t^2dt}{1+t}=3\int_0^2 \frac{t^2-1+1}{1+t}dt=3\left[\frac{t^2}{2}-t+\ln(1+t)\right]\Bigg|_0^2=3\ln 3$$

例6.20 设$f(x)$在$[-a,a]$上可积，试证：

(1) 当$f(x)$为偶函数时$\int_{-a}^a f(x)dx=2\int_0^a f(x)dx$；

(2) 当$f(x)$为奇函数时$\int_{-a}^a f(x)dx=0$。

证明：由积分区间的可加性有

$$\int_{-a}^a f(x)dx=\int_{-a}^0 f(x)dx+\int_0^a f(x)dx=I_1+I_2$$

对于等式右边的第一个定积分，设$x=-t$，则$dx=-dt$，从而当$x=0$时，$t=0$；当$x=-a$时，$t=a$。这样

$$\int_{-a}^{0} f(x)\mathrm{d}x = -\int_{a}^{0} f(-t)\mathrm{d}t = \int_{0}^{a} f(-t)\mathrm{d}t$$

所以 $$\int_{-a}^{a} f(x)\mathrm{d}x = \int_{-a}^{0} f(x)\mathrm{d}x + \int_{0}^{a} f(x)\mathrm{d}x = \int_{0}^{a} f(-x)\mathrm{d}x + \int_{0}^{a} f(x)\mathrm{d}x$$

$$= \int_{0}^{a} [f(-x) + f(x)]\mathrm{d}x$$

（1）当$f(x)$为偶函数时，由于$f(-t)=f(t)$，从而

$$\int_{-a}^{a} f(x)\mathrm{d}x = \int_{0}^{a} [f(-x)+f(x)]\mathrm{d}x = 2\int_{0}^{a} f(x)\mathrm{d}x$$

（2）当$f(x)$为奇函数时，由于$f(-t)=-f(t)$，如图6.18所示。

$$\int_{-a}^{a} f(x)\mathrm{d}x = \int_{0}^{a} [f(-x)+f(x)]\mathrm{d}x = 0$$

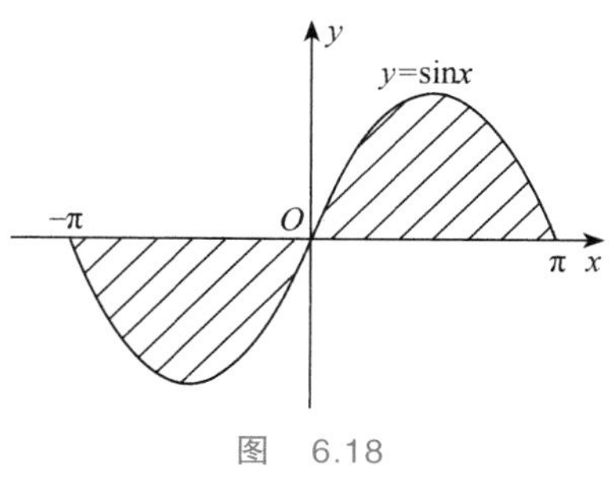

图 6.18

注意：例6.20所得出的结论在计算定积分时可以灵活运用。

例6.21 计算$\int_{-1}^{1}(x^3+2x-3)\mathrm{d}x$。

解：$$\int_{-1}^{1}(x^3+2x-3)\mathrm{d}x = \int_{-1}^{1}(x^3+2x)\mathrm{d}x - \int_{-1}^{1} 3\,\mathrm{d}x$$

因为x^3+2x为奇函数，所以

$$\int_{-1}^{1}(x^3+2x)\mathrm{d}x = 0$$

$$\int_{-1}^{1}(x^3+2x-3)\mathrm{d}x = -\int_{-1}^{1} 3\,\mathrm{d}x = -3x\Big|_{-1}^{1} = -6$$

即 $$\int_{-1}^{1}(x^2+2x-3)\mathrm{d}x = -6$$

提示：充分利用被积函数与积分区间的某些特点，如被积函数是否是奇函数、偶函数、周期函数，积分区间是否关于原点对称等，从而简化计算。有时还可以考虑定积分的几何意义。

例6.22 计算$\int_{0}^{\frac{\pi}{2}} x\sin x\mathrm{d}x$。

解：设$u=x$，$\mathrm{d}v=\sin x\mathrm{d}x$，则$\mathrm{d}u=\mathrm{d}x$，$v=-\cos x$，代入分部积分公式，得

$$\int_{0}^{\frac{\pi}{2}} x\sin x\mathrm{d}x = -x\cos x\Big|_{0}^{\frac{\pi}{2}} + \int_{0}^{\frac{\pi}{2}}\cos x\mathrm{d}x = -x\cos x\Big|_{0}^{\frac{\pi}{2}} + \sin x\Big|_{0}^{\frac{\pi}{2}} = 1$$

例6.23 计算$\int_{1}^{\mathrm{e}} x\ln x\mathrm{d}x$。

解：设$u=\ln x$，$\mathrm{d}v=x\mathrm{d}x$，则$\mathrm{d}u=\frac{1}{x}\mathrm{d}x$，$v=\frac{1}{2}x^2$，由分部积分公式得

$$\int_{1}^{\mathrm{e}} x\ln x\mathrm{d}x = \left(\frac{1}{2}\cdot x^2\ln x\right)\Big|_{1}^{\mathrm{e}} - \int_{1}^{\mathrm{e}}\frac{x^2}{2}\cdot\frac{1}{x}\mathrm{d}x = \frac{x^2}{2}\cdot\ln x\Big|_{1}^{\mathrm{e}} - \frac{1}{4}x^2\Big|_{1}^{\mathrm{e}}$$

$$= \frac{\mathrm{e}^2}{2}\cdot\ln\mathrm{e} - \frac{1}{2}\times 0 - \frac{1}{4}(\mathrm{e}^2-1) = \frac{1}{4}(\mathrm{e}^2+1)$$

例6.24 计算$\int_0^1 x\mathrm{e}^x\mathrm{d}x$。

解：设$u=x$，$\mathrm{d}v=\mathrm{d}\mathrm{e}^x$，则$\mathrm{d}u=\mathrm{d}x$，$v=\mathrm{e}^x$，代入分部积分公式，得

$$\int_0^1 x\mathrm{e}^x\mathrm{d}x=(x\mathrm{e}^x)\Big|_0^1-\int_0^1\mathrm{e}^x\mathrm{d}x=(\mathrm{e}-0)-\mathrm{e}^x\Big|_0^1=\mathrm{e}-(\mathrm{e}-1)=1$$

应用案例

案例6.6 能源的消耗问题

近年来，世界范围内每年的石油消耗率呈指数增长，且增长指数大约为0.07。1987年年初，消耗率大约为每年161亿桶。设$R(t)$表示从1987年起第t年的石油消耗率，则$R(t)=161\mathrm{e}^{0.07t}$(亿桶)，试用此式估计从1987年到2020年间石油消耗的总量。

解：设$T(t)$表示从1987年起($t=0$)直到第t年的石油消耗总量，要求从1987年到2020年间石油消耗的总量，即求$T(33)$。

由条件可知$T'(t)=R(t)$，所以从$t=0$到$t=33$期间石油消耗的总量为

$$\int_0^{33}161\mathrm{e}^{0.07t}\mathrm{d}t=\frac{161}{0.07}\mathrm{e}^{0.07t}\Big|_0^{33}=2300(\mathrm{e}^{0.07\times 33}-1)\approx 20871(\text{亿桶})$$

案例6.7 捕鱼成本问题

在鱼塘中捕鱼时，鱼越少捕鱼越困难，捕捞的成本也就越高，一般可以假设每千克鱼的捕捞成本与当时池塘中的鱼量成反比。假设当鱼塘中有$x$kg鱼时，每千克的捕捞成本是$\frac{2000}{10+x}$元。已知鱼塘中现有10000kg鱼，问从鱼塘中捕捞6000kg鱼所花费的成本是多少？

解：根据题意，当塘中鱼量为x时，设每千克的捕捞成本函数为

$$C(x)=\frac{2000}{10+x}\quad(x>0)$$

假设塘中现有鱼量为A，需要捕捞的鱼量为T。当我们已经捕捞了x kg鱼之后，塘中所剩的鱼量为$A-x$，此时再捕捞Δx kg鱼所需的成本为

$$\Delta C=C(A-x)\cdot\Delta x=\frac{2000}{10+(A-x)}\cdot\Delta x$$

因此，捕捞T kg鱼所需成本为

$$C=\int_0^T\frac{2000}{10+(A-x)}\mathrm{d}x=-2000\ln[10+(A-x)]\Big|_{x=0}^{x=T}=2000\ln\frac{10+A}{10+(A-T)}(\text{元})$$

将已知数据$A=10000$kg，$T=6000$kg代入，可计算出总捕捞成本为

$$C=2000\ln\frac{10010}{4010}\approx 1829.59(\text{元})$$

从而可以计算出每千克鱼的平均捕捞成本为

$$\overline{C}=\frac{1829.59}{6000}\approx 0.30(\text{元})$$

课堂巩固 6.3

基础训练 6.3

计算下列定积分。

(1) $\int_{\frac{\pi}{2}}^{\pi}\sin\left(x+\frac{\pi}{3}\right)\mathrm{d}x$　　(2) $\int_{0}^{1}\frac{\mathrm{e}^{x}}{1+\mathrm{e}^{x}}\mathrm{d}x$

(3) $\int_{1}^{\mathrm{e}}\frac{1+\ln x}{x}\mathrm{d}x$　　(4) $\int_{0}^{\frac{\pi}{2}}\sin^{2}x\cos x\mathrm{d}x$

(5) $\int_{4}^{9}\frac{1}{\sqrt{x}-1}\mathrm{d}x$　　(6) $\int_{0}^{4}\frac{(x+2)}{\sqrt{2x+1}}\mathrm{d}x$

(7) $\int_{1}^{\mathrm{e}}\ln x\mathrm{d}x$　　(8) $\int_{0}^{1}x\mathrm{e}^{x}\mathrm{d}x$

(9) $\int_{0}^{\pi}x\cos x\mathrm{d}x$　　(10) $\int_{1}^{2}x^{2}\ln x\mathrm{d}x$

提升训练 6.3

1. 计算下列定积分。

(1) $\int_{-\frac{\pi}{4}}^{\frac{\pi}{4}}\frac{\sin x}{1+x^{2}}\mathrm{d}x$　　(2) $\int_{0}^{\frac{\pi}{2}}\cos^{3}x\sin x\mathrm{d}x$

(3) $\int_{0}^{\ln 2}\sqrt{\mathrm{e}^{x}-1}\,\mathrm{d}x$　　(4) $\int_{0}^{1}x^{3}\mathrm{e}^{x^{2}}\mathrm{d}x$

(5) $\int_{-1}^{1}\frac{1}{\sqrt{5-4x}}\mathrm{d}x$　　(6) $\int_{0}^{4}\frac{1-\sqrt{x}}{\sqrt{x}}\mathrm{d}x$

2. 利用函数的奇偶性，计算下列定积分。

(1) $\int_{-2}^{2}(x^{3}\cos x+3x^{2})\mathrm{d}x$　　(2) $\int_{-a}^{a}(x^{3}-x+2)\mathrm{d}x(a>0)$

6.4　定积分的应用

问题导入

本节我们将应用定积分的性质与计算方法，计算一些几何量，介绍定积分在经济方面的应用。

知识归纳

6.4.1　平面图形的面积

在引进定积分概念时我们已经知道，曲边梯形的面积可以用定积分表示。平面图形可以分成以下几种典型情况。

(1) 由曲线$y=f(x)$、直线$x=a$、$x=b$及x轴($y=0$)所围成的曲边梯形的面积。

参见“6.1.2定积分的几何意义”。

相关例题见例6.25。

(2) 由曲线$y=f(x)$、$y=g(x)$(其中，$f(x)\geqslant g(x)$)、直线$x=a$及直线$x=b$所围成的曲边梯形的面积。

$S=\int_a^b[f(x)-g(x)]\mathrm{d}x$，如图6.19所示。

定积分的应用

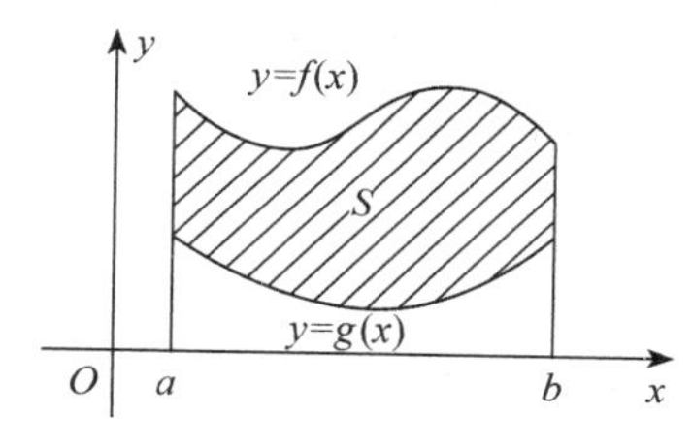

图　6.19

一般地，通过插入分点，总可以将其化归为被积函数是图形的上边线函数$y=f(x)$减去图形下边线函数$y=g(x)$，积分上、下限分别是平行于y轴的两条直线与x轴交点的横坐标a和b。

综上所述，计算曲边梯形面积S的计算步骤归纳如下。

(1) 画出几何图形，确定所求面积的区域。

(2) 确定积分区间和被积函数。

(3) 用定积分表示面积。

(4) 计算定积分值。

相关例题见例6.26～例6.28。

6.4.2　定积分在经济中的应用

在第4章中我们讨论了已知经济函数(总成本函数、总收益函数、总利润函数等)，求它们的边际函数的问题。求边际函数的问题就是求各函数导数的问题。现在若已知边际函数(边际成本函数、边际收益函数、边际利润函数等)，能否求出相对应的经济函数？这恰好就是定积分可以回答的问题。

定积分在经济中的应用

根据定积分的知识可知，若已知边际成本函数$C'(x)$，则当产量由a增加到b时增加的总成本为

$$C(b)-C(a)=\int_a^b C'(x)\mathrm{d}x$$

若已知边际收益函数$R'(x)$,则当产量由a增加到b时增加的总收益为

$$R(b)-R(a)=\int_a^b R'(x)\mathrm{d}x$$

若已知边际利润函数$L'(x)$,则当产量由a增加到b时增加的总利润为

$$L(b)-L(a)=\int_a^b L'(x)\mathrm{d}x$$

相关例题见例6.29和例6.30。

典型例题

用定积分求面积

例6.25　在$\left[\frac{\pi}{2},\frac{3\pi}{2}\right]$上,求正弦函数$y=\sin x$与直线$x=\frac{\pi}{2}$，$x=\frac{3}{2}\pi$及$x$轴所围成图形的面积。

解：画出曲线所围成的平面图形,如图6.20所示。根据上面的讨论,积分的区间为$\left[\frac{\pi}{2},\frac{3}{2}\pi\right]$。

注意到曲线$y=\sin x$在积分区间内有正、有负,分段点为π,因此要分段表示所求的面积。所求平面图形的面积为

$$S=\int_{\frac{\pi}{2}}^{\pi}\sin x\mathrm{d}x-\int_{\pi}^{\frac{3}{2}\pi}\sin x\mathrm{d}x=-\cos x\Big|_{\frac{\pi}{2}}^{\pi}+\cos x\Big|_{\pi}^{\frac{3}{2}\pi}$$

$$=-\left(\cos\pi-\cos\frac{\pi}{2}\right)+\left(\cos\frac{3}{2}\pi-\cos\pi\right)=1+1=2$$

例6.26　求曲线$y=\mathrm{e}^x$,$y=x-1$,$x=0$,$x=1$所围成的平面图形的面积。

解：画出曲线$y=\mathrm{e}^x$与直线$y=x-1$,$x=0$,$x=1$,得到它们围成的平面图形,如图6.21所示。

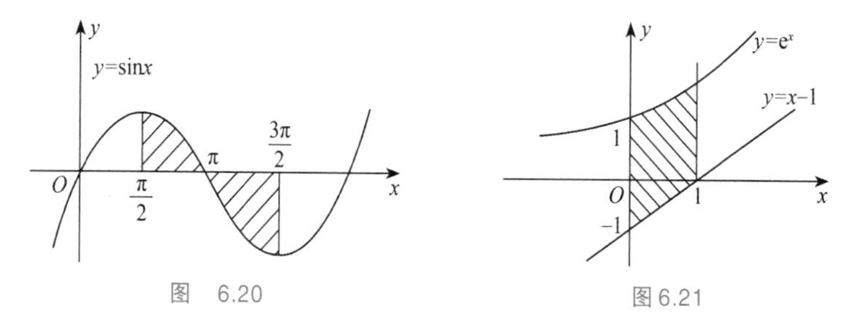

图　6.20　　　　图6.21

图形的上边线和下边线的曲线分别为$y=\mathrm{e}^x$和$y=x-1$,平行于y轴的两条直线与x轴交点的横坐标为0和1。所以,所求平面图形的面积为

$$S=\int_0^1[\mathrm{e}^x-(x-1)]\mathrm{d}x=\int_0^1(\mathrm{e}^x-x+1)\mathrm{d}x$$
$$=\left(\mathrm{e}^x-\frac{1}{2}x^2+x\right)\Big|_0^1=\left(\mathrm{e}+\frac{1}{2}\right)-1=\mathrm{e}-\frac{1}{2}$$

例6.27　求由曲线$y=\dfrac{1}{x}$,$y=x$,$x=2$所围成的平面图形的面积。

解：画出曲线$y=\dfrac{1}{x}$与直线$y=x$,$x=2$,得到它们围成的平面图形,如图6.22所示。

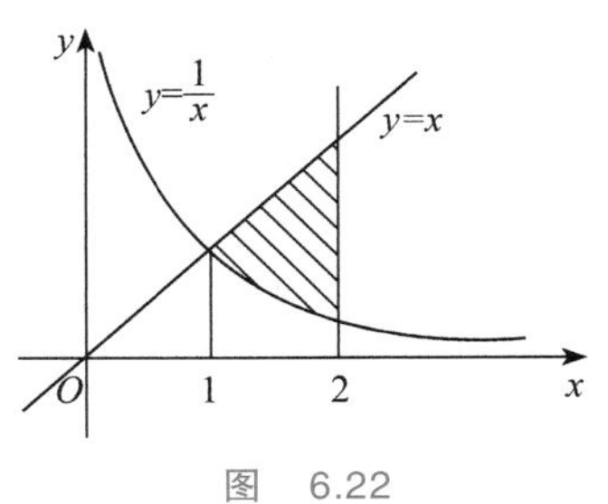

图　6.22

注意到这个平面图形是特殊的曲边三角形,其中上边线和下边线的曲线分别为$y=x$和$y=x^{-1}$,图形左边是曲线$y=x$和$y=x^{-1}$的交点,通过解方程组$\begin{cases}y=x^{-1}\\y=x\end{cases}$得到交点坐标为(1,1),所以积分下限取值$x=1$;图形右边平行于$y$轴的直线为$x=2$,所以积分上限取值$x=2$。因此

$$S=\int_1^2\left(x-\frac{1}{x}\right)\mathrm{d}x=\left(\frac{1}{2}x^2-\ln x\right)\Big|_1^2$$
$$=(2-\ln 2)-\left(\frac{1}{2}-\ln 1\right)=\frac{3}{2}-\ln 2$$

注意：如果上下边线相交,要通过解方程组求出交点,再过交点作平行于y轴的直线,直线与轴交点的横坐标就是积分的上、下限。

例6.28　求曲线$y=x^2$和$y=x+2$所围成的平面图形的面积。

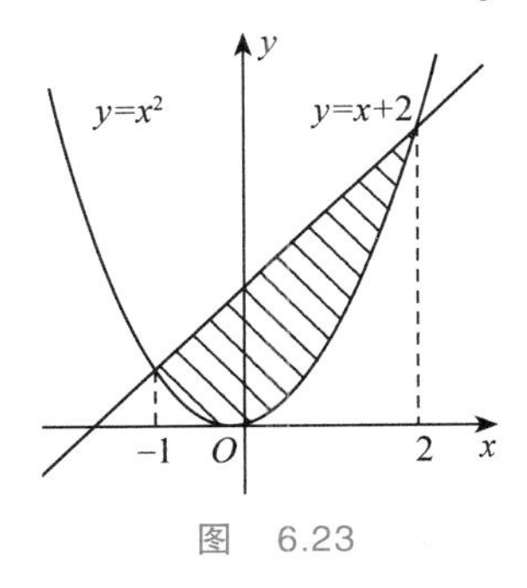

图　6.23

解：画出曲线$y=x^2$与直线$y=x+2$,得到它们围成的平面图形,如图6.23所示。

解方程组$\begin{cases}y=x^2\\y=x+2\end{cases}$,得$\begin{cases}x=-1\\y=1\end{cases}$和$\begin{cases}x=2\\y=4\end{cases}$,过这两组交点作平行于$y$轴的直线$x=-1$,和$x=2$,则这两条直线与$x$轴交点的横坐标为$-1$和2,所以积分上、下限分别为$-1$和2;这个平面图形的上边线和下边线的曲线分别为$y=x+2$和$y=x^2$。所以,所求平面图形的面积为

$$S=\int_{-1}^2(x+2-x^2)\mathrm{d}x=\left(\frac{1}{2}x^2+2x-\frac{1}{3}x^3\right)\Big|_{-1}^2=\left(2+4-\frac{8}{3}\right)-\left(\frac{1}{2}-2+\frac{1}{3}\right)=\frac{9}{2}$$

例6.29　已知生产某产品x单位时,边际收益$R'(x)=200-\dfrac{x}{200}$(元/单位),试求:

(1) 生产100个单位产品的总收益;

(2) 生产100个单位产品到200个单位产品获得的收益;

(3) 总收益函数。

解：(1) $R(100)=\int_0^{100}R'(x)\mathrm{d}x=\int_0^{100}\left(200-\frac{x}{200}\right)\mathrm{d}x$

$$=\left(200x-\frac{x^2}{400}\right)\Big|_0^{100}=20000-25=19975(\text{元})$$

(2) $R(200)-R(100)=\int_{100}^{200}R'(x)\mathrm{d}x=\int_{100}^{200}\left(200-\frac{x}{200}\right)\mathrm{d}x$

$$=\left(200x-\frac{x^2}{400}\right)\Big|_{100}^{200}=(40000-100)-(20000-25)$$

$$=19925(\text{元})$$

(3) 总收益函数是生产x个单位产品的收益

$$R(x)=\int_0^x R'(x)\mathrm{d}x=\int_0^x\left(200-\frac{x}{200}\right)\mathrm{d}x$$

$$=200x-\frac{x^2}{400}(\text{元})$$

例6.30　设生产某种商品的固定成本为20元，假设每天生产x单位时的边际成本函数为$C'(x)=0.4x+2$(元/单位)，试求总成本函数$C(x)$。

解：因为变上限的定积分是被积函数的一个原函数，因此可变成本就是边际成本函数在$[0,x]$上的定积分。又已知固定成本为20元，即$C(0)=20$，所以每天生产x单位时总成本函数为

$$C(x)=\int_0^x(0.4x+2)\mathrm{d}x+C(0)=\left(0.2x^2+2x\right)\Big|_0^x+20=0.2x^2+2x+20$$

应用案例

案例6.8　花瓣的面积问题

一片花瓣的形状由抛物线$y=x^2$和$x=y^2$所围成，求此花瓣的面积。

解：如图6.24所示，由方程组$\begin{cases}y=x^2\\x=y^2\end{cases}$的解可知，两曲线的交点为$(0,0)$和$(1,1)$，即两曲线所围成的图形恰好在直线$x=0$和$x=1$之间，取$x$为积分变量，则所求面积$A$为

$$A=\int_0^1\left(\sqrt{x}-x^2\right)\mathrm{d}x=\left[\frac{2}{3}x^{\frac{3}{2}}-\frac{1}{3}x^3\right]\Big|_0^1=\frac{1}{3}$$

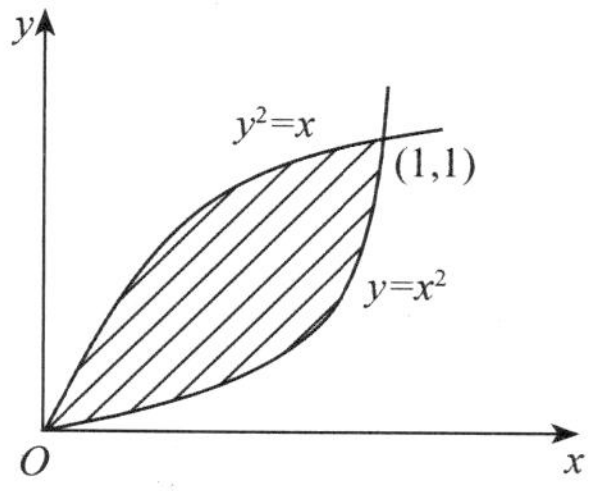

图　6.24

案例6.9　公园的面积问题

为充分利用土地进一步美化城市，某城市的街边公园的形状由抛物线$y^2=2x$与直线$x-y=4$所围成，求此公园的面积。

解：如图6.25所示，由方程组$\begin{cases} y^2=2x \\ x-y=4 \end{cases}$的解可知，交点为$(2,-2)$和$(8,4)$，因此图形在直线$y=-2$与$y=4$之间，取$y$为积分变量，则所求面积$A$为

$$A=\int_{-2}^{4}\left[(y+4)-\frac{y^2}{2}\right]\mathrm{d}y=\left[\frac{y^2}{2}+4y-\frac{y^3}{6}\right]\Bigg|_{-2}^{4}=18$$

案例6.10　窗户的面积问题

某一窗户的顶部设计为弓形，上方曲线为抛物线，下方为直线，如图6.26所示，求此窗户的面积。

解：建立直角坐标系如图6.26所示，设此抛物线方程为$y=-2px^2$，因它过点$(0.8,-0.64)$，所以$p=\dfrac{1}{2}$，即抛物线方程为$y=-x^2$。此图形的面积实际上为由曲线$y=-x^2$及直线$y=-0.64$所围图形的面积，面积为

$$S=\int_{-0.8}^{0.8}\left[-x^2-(-0.64)\right]\mathrm{d}x=\left(-\frac{2}{3}x^3+0.64x\right)\Bigg|_{-0.8}^{0.8}\approx 0.683(\mathrm{m}^2)$$

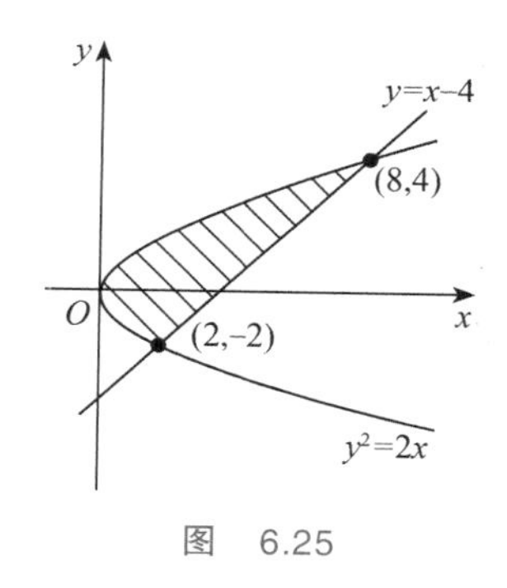

图　6.25

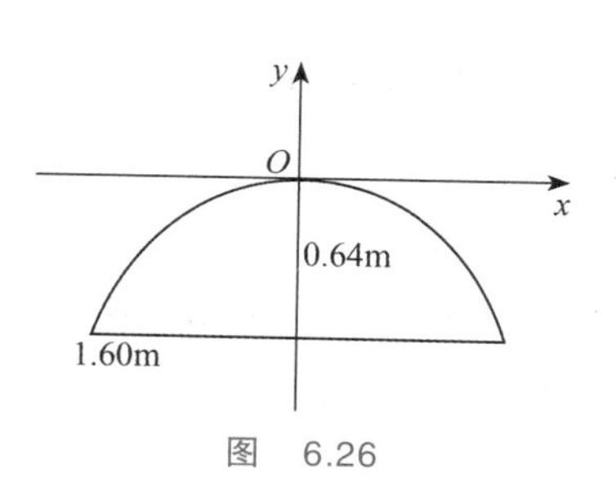

图　6.26

课堂巩固6.4

基础训练6.4

1. 求由抛物线$y=x^2$与直线$x+y=2$围成的图形的面积S。
2. 求曲线$y=1-x^2$与x轴所围成的图形的面积。
3. 求由抛物线$y=x^2-2x-3$与直线$y=x+1$所围成的图形的面积。
4. 求由抛物线$y=x^2$与$y=2-x^2$所围成的图形的面积。
5. 某产品总产量对时间t的变化率函数$f'(t)=100+6t-0.6t^2$(单位：h)，求从$t=2$到$t=5$之间每小时的产量。
6. 某厂日产Q吨产品的总成本为$C=C(Q)$元，已知边际成本为$C'(Q)=6+\dfrac{16}{\sqrt{Q}}$，若生产该产品的日固定成本为34元，求日产量从36t增加到81t时的总成本。

提升训练 6.4

1．求由曲线$y=e^x$，$y=e^{-x}$与直线$x=1$所围成图形的面积。

2．求由抛物线$y=x^2$与$y=\sqrt{x}$围成图形的面积S。

3．设商品的需求函数$Q=100-5p$（其中，Q为需求，p为单价），边际成本函数为

$$C'(Q)=15-0.05Q \quad 且 \quad C(0)=12.5$$

问：当p为什么值时，工厂的利润达到最大？试求出最大利润。

4．某厂生产的某一产品的边际成本函数为

$$C'(Q)=3Q^2-18Q+33$$

且当产量为3个单位时，成本为55个单位，求：

（1）成本函数与平均成本函数；

（2）当产量由2个单位增加到10个单位时，成本的增量是多少？

总结提升 6

1．选择题。

（1）设$f(x)$在$[a,b]$上可积，则$\left[\int_a^b f(x)\mathrm{d}x\right]'$（　　）。

A．小于零　　B．等于零

C．大于零　　D．不确定

（2）设$f(x)$在$[a,b]$上可积，则下列各式中不正确的是（　　）。

A．$\int_a^b f(x)\mathrm{d}x=\int_a^b f(y)\mathrm{d}y$　　B．$\int_a^a f(x)\mathrm{d}x=0$

C．$\left[\int_a^b f(x)\mathrm{d}x\right]'=f(x)$　　D．$\int_a^c f(x)\mathrm{d}x+\int_c^b f(x)\mathrm{d}x=\int_a^b f(x)\mathrm{d}x$

（3）$\dfrac{\mathrm{d}}{\mathrm{d}x}\left(\int_0^1 \sin x\mathrm{d}x\right)=$（　　）。

A．0　　B．$\sin x$

C．$\cos x$　　D．无法求解

（4）函数$f(x)$在$[a,b]$上连续，是函数$f(x)$在$[a,b]$上可积的（　　）。

A．必要条件但非充分条件　　B．充分条件但非必要条件

C．充分必要条件　　D．无关条件

（5）初等函数$f(x)$在其有定义的区间$[a,b]$上一定（　　）。

A．可导　　B．可微

C．可积　　D．以上均不成立

（6）设$\int_0^2 xf(x)\mathrm{d}x=k\int_0^1 xf(2x)\mathrm{d}x$，则$k=$（　　）。

A．1　　B．2　　C．3　　D．4

(7) $\int_{-\frac{\pi}{2}}^{\frac{\pi}{2}} \sqrt{1-\cos^2 x}\,dx=$(　　)。

A. 1　　B. 2　　C. 0　　D. 4

(8) 设函数$f(x)$在$[a,b]$上连续，则曲线$y=f(x)$，$x=a$，$x=b$，$y=0$所围城的平面图形的面积等于(　　)。

A. $\int_a^b f(x)dx$　　B. $-\int_a^b f(x)dx$

C. $\left|\int_a^b f(x)dx\right|$　　D. $\int_a^b |f(x)|dx$

(9) 设$f(x)$在闭区间$[a,b]$上连续，则$\int_a^b f(x)dx=$(　　)。

A. $\frac{1}{k}\int_a^b f\left(\frac{x}{k}\right)dx$　　B. $k\int_{ka}^{kb} f\left(\frac{x}{k}\right)dx$

C. $\frac{1}{k}\int_{ka}^{kb} f\left(\frac{x}{k}\right)dx$　　D. $k\int_{\frac{a}{k}}^{\frac{b}{k}} f\left(\frac{x}{k}\right)dx$

(10) 设$f(x)=\int_0^x (t-1)e^t dt$，则$f(x)$有(　　)。

A. 极小值$2-e$　　B. 极小值$e-2$

C. 极大值$2-e$　　D. 极大值$e-2$

(11) 设$f(x)=x^3+x$，则$\int_{-2}^{2} f(x)dx=$(　　)。

A. 0　　B. 8

C. $\int_0^2 f(x)dx$　　D. $2\int_0^2 f(x)dx$

(12) 设$f(x)$在$[0,1]$上连续，当$t=ax$时，$\int_0^1 f(ax)dx=$(　　)。

A. $\int_0^a f(t)dt$　　B. $\frac{1}{a}\int_0^1 f(t)dt$

C. $a\int_0^a f(t)dt$　　D. $\frac{1}{a}\int_0^a f(t)dt$

2. 判断题。

(1) 闭区间上的连续函数一定可积。　　(　　)

(2) 定积分与积分变量的记号无关。　　(　　)

(3) 若函数$f(x)$在区间$[a,b]$上连续，x是$[a,b]$内的任意一点，则定积分$\int_a^x f(x)dx$存在。　　(　　)

(4) $\int_0^\pi \cos x dx$是一个确定的数值。　　(　　)

（5）定积分$\int_a^b uv\mathrm{d}x=\left(\int_a^b u\,\mathrm{d}x\right)\left(\int_a^b v\,\mathrm{d}x\right)$。（　　）

3．填空题。

（1）设$F(x)=\int_0^x \sin t\mathrm{d}t$,则$F(\pi)=$______,$F'(\pi)=$______。

（2）定积分$\int_0^x \left(\mathrm{e}^{t^2}\right)'\mathrm{d}t=$____________。

（3）设$\int_a^x f(t)\mathrm{d}t=\mathrm{e}^x-1$ 则$a=$____________。

（4）$\int_{-a}^a (x^3-x+2)\mathrm{d}x(a\geqslant 0)=$____________。

4．用几何图形说明下列各式是否正确。

（1）$\int_0^\pi \sin x\mathrm{d}x>0$　　（2）$\int_0^\pi \cos x\mathrm{d}x<0$

（3）$\int_0^1 x\,\mathrm{d}x=\frac{1}{2}$　　（4）$\int_0^1 \sqrt{1-x^2}\,\mathrm{d}x=\frac{\pi}{4}$

5．由定积分的几何意义,判断下列定积分的值是正还是负。

（1）$\int_0^{\frac{\pi}{2}} \sin x\mathrm{d}x$　　（2）$\int_{-1}^2 x^2\,\mathrm{d}x$　　（3）$\int_0^2 x^3\,\mathrm{d}x$

6．求下列函数的导数和微分。

（1）$F(x)=\int_1^x t\mathrm{e}^t\mathrm{d}t$,求$F'(x)$;

（2）$F(x)=\int_x^6 \frac{\sqrt{1+t^3}}{t}\mathrm{d}t$,求$F'(2)$。

7．求下列极限。

（1）$\lim\limits_{x\to 0}\frac{\int_0^x \cos t^2\mathrm{d}t}{2x}$　　（2）$\lim\limits_{x\to 0}\frac{\int_0^x \ln(1+t)\mathrm{d}t}{x^2}$

（3）$\lim\limits_{x\to 0}\frac{\int_0^x \mathrm{e}^{t^2}\,\mathrm{d}t}{2x}$　　（4）$\lim\limits_{x\to 0}\frac{\int_0^x \sin t\mathrm{d}t}{\int_0^x t\,\mathrm{d}t}$

8．已知$\int_a^x f(t)\mathrm{d}t=5x^3+40$,求$f(x)$和$a$。

9．计算下列定积分。

（1）$\int_0^3 (x^2-2x+3)\mathrm{d}x$　　（2）$\int_{-1}^2 |2x|\mathrm{d}x$

（3）$\int_1^2 \frac{x^2}{x+1}\mathrm{d}x$　　（4）$\int_1^2 \frac{1}{x^2}\mathrm{e}^{\frac{1}{x}}\mathrm{d}x$

（5）$\int_1^2 \frac{1}{3x-2}\mathrm{d}x$　　（6）$\int_1^{\ln 2} \mathrm{e}^x(1+\mathrm{e}^x)\mathrm{d}x$

(7) $\int_0^4 \frac{1}{\sqrt{1+x}}\mathrm{d}x$

(8) $\int_1^{\mathrm{e}} \frac{1+\ln x}{x}\mathrm{d}x$

(9) $\int_0^1 \frac{x}{\sqrt{4-3x}}\mathrm{d}x$

(10) $\int_0^2 \frac{1}{\sqrt{x+1}+\sqrt{(x+1)^3}}\mathrm{d}x$

(11) $\int_1^{\mathrm{e}} x^2 \ln x\mathrm{d}x$

(12) $\int_0^1 x^2 \mathrm{e}^x\mathrm{d}x$

(13) $\int_0^{\frac{\pi}{2}} x\sin x\mathrm{d}x$

10．利用定积分表示下列各组曲线所围成的图形的面积。

(1) 若$y=x^2, x=-1, x=2, y=0$，则$S=$____________。

(2) 在$[-\pi, 0]$上，若$y=\cos x, x=-\pi, x=0, y=0$，则$S=$______。

11．求下列曲线所围成的平面图形的面积。

(1) $y=x^2, y=x$；

(2) $y=4-x^2, y=-5$；

(3) $y=x^2, y=x, y=2x$；

(4) 在$\left[0, \frac{\pi}{2}\right]$上，$y=\sin x, y=1, x=0$。

第7章　多元函数微分学

传染病模型和微分方程

数学故事

著名的数学家、非线性动力学领域大师斯蒂文·斯特罗加茨曾指出:“从牛顿开始,科学家就应用微分方程来描述物理学定律。”微分方程的使用远不止在物理学领域,我们可以用微分方程看到更丰富多彩的科学世界。下面介绍几类著名的微分方程。

马尔萨斯人口模型

生态学、社会学中有一个非常著名的指数增长模型——马尔萨斯人口模型。马尔萨斯人口模型是英国著名的经济学家托马斯·罗伯特·马尔萨斯(图7.1)在1798年发表在《人口原理》上的模型,是在资源无限的情况下研究物种增长的模型。这个模型可以用简单的微分方程表示为$\begin{cases}\dfrac{\mathrm{d}N(t)}{\mathrm{d}t}=rN\\ N(t_0)=N_0\end{cases}$,解这个方程可以得到物种的繁殖规律:$N(t)=N_0\mathrm{e}^{r(t-t_0)}$,这是一个指数增长的模型。马尔萨斯认为,人口长期不受控制的指数增长,速度十分惊人,而生存资源只能按算术级数增长,因此生存资源的增长速度将无法满足众多人口的生存需要,从而产生一系列问题,严重时甚至会爆发饥荒、战争和疾病,从而消除资源与环境无法承受的过剩人口。

图　7.1

逻辑斯谛方程

当物种在生态系统中受到天敌、食物、空间等资源的限制时,增长函数变为$\dfrac{\mathrm{d}N(t)}{\mathrm{d}t}=rN\left(1-\dfrac{N}{k}\right)$,这就是著名的逻辑斯谛方程(logistic equation)。这个模型的开始阶段大致是指数增长,然后增长变慢,最后达到成熟时增长停止。逻辑斯谛方程在物种竞争、病毒传播、经济预测等方面都有着广泛的应用。

传染病模型

2020年伊始,新冠肺炎疫情在全世界流行,直到现在全世界范围内仍然无法有效控制它的传播。传染病模型可以用微分方程来表示。一般把传染病流行范围内的人群分为几类：S类为易感者和未传染者，与感染者接触容易被感染；E类为暴露者，接触了感染者，但是不会传染给其他人；I类为感染者，可以传染给S类，并将S类变为E类或者I类；R类为康复者，如果免疫期有限，R类可重新变为S类。

常见的传染病模型有以下几种。

SI模型：假设传染病传播期间其他地区的总人数为常数K，最开始的染病人数为I_0，在t时的健康人数为$S(t)$，染病人数为$I(t)$，传染率为β，则微分方程为

$$\frac{\mathrm{d}S}{\mathrm{d}t}=-\beta SI \qquad \frac{\mathrm{d}I}{\mathrm{d}t}=\beta SI$$

如果考虑恒等式$S(t)+I(t)=K$，则$\frac{\mathrm{d}I}{\mathrm{d}t}=\beta KI\left(1-\frac{I}{K}\right)=rI\left(1-\frac{I}{K}\right)$。其中$r$为指数增长率，即传染率$\beta$一定，总人数$K$越大，传染速度越快，这也说明了隔离的重要性；当感染者I为$\frac{K}{2}$时，感染者的增长速度最快。

SIR模型：在SI模型的基础上考虑了康复者人数$R(t)$，其微分方程为

$$\frac{\mathrm{d}S}{\mathrm{d}t}=-\beta SI \qquad \frac{\mathrm{d}I}{\mathrm{d}t}=\beta SI-\gamma I \qquad \frac{\mathrm{d}R}{\mathrm{d}t}=\gamma I$$

如果考虑恒等式$S(t)+I(t)+R(t)=K$，则

$$\frac{\mathrm{d}I}{\mathrm{d}S}=\frac{\gamma}{\beta S}-1\Rightarrow I+S-\frac{\gamma}{\beta}\ln S=\text{常数}$$

感染者I在$S=\frac{\gamma}{\beta}$时达到峰值，随后一直回落，直到为0。

SIRS模型：在SIR模型的基础上，康复者R可能变为易感者S，此时的微分方程为

$$\frac{\mathrm{d}S}{\mathrm{d}t}=-\beta SI+\alpha R \qquad \frac{\mathrm{d}I}{\mathrm{d}t}=\beta SI-\gamma I \qquad \frac{\mathrm{d}R}{\mathrm{d}t}=\gamma I-\alpha R$$

α为康复者获得免疫的平均时间，解方程有两个不动点$S=N$和$S=\frac{\gamma}{\beta}$，第一个表示传染病全部消失；第二个表示传染病在流行状态，当$\gamma>\beta N$便可以消除传染病。

SEIR模型：如果传染病有一定的潜伏期，设$E(t)$为病原体的携带者人数，则微分方程为

$$\frac{\mathrm{d}S}{\mathrm{d}t}=-\beta SI \qquad \frac{\mathrm{d}E}{\mathrm{d}t}=\beta SI-(\alpha+\gamma_1)R \qquad \frac{\mathrm{d}I}{\mathrm{d}t}=\alpha E-\gamma_2 I \qquad \frac{\mathrm{d}R}{\mathrm{d}t}=\gamma_1 E+\gamma_2 I$$

传染病模型还有其他的类型，在传染病模型研究的基础上产生了传染病动力学模型，这个模型是根据种群的生长特性和传染病的传播规律建立的、反映传染病动力学特性的数学模型。在2003年非典时期，国内外学者建立了大量的动力学模型研究其传播规律和趋势。此次的新冠肺炎疫情具有可在潜伏期传播的特性，许多学者在SEIR模型的基础上进行改进，用增加潜伏期传播的特点构造动力学模型，对这次的传染病进行研究。

数学思想

含有未知数的关系式称为方程，我们身边的万事万物都可以用方程来表示。例如，小

学数学题目买5千克苹果花了25元，问1千克苹果多少钱？这就是简单的代数方程，我们可以用方程来解决。而在物理学、工程技术等问题中常常用函数及其变化率来解决问题，也就出现了含有未知函数及其导数的关系式，这样的方程称为微分方程。

微分方程是伴随着微积分学一起发展起来的。17世纪，牛顿和莱布尼茨创立了微积分后，便开始用其解决物理学问题。但是随着物理学问题的逐渐复杂，需要通过建立数学模型进行研究，这就促使了微分方程的产生。随后微分方程的应用逐渐广泛起来，解决了许多与导数有关的问题。除物理学中的运动学、动力学外，微分方程在天文学、工程学、经济学和生态学等领域也都有着丰富的应用。例如，牛顿利用微分方程从理论上得到了行星的运动规律，英国天文学家亚当斯和法国天文学家勒维烈使用微分方程发现了海王星。

微分方程分为常微分方程和偏微分方程。只包含一个自变量的微分方程称为常微分方程。求通解是常微分方程的主要目标，但在大部分的实际问题中是无法求出通解的，因此，常微分方程的基本问题转化为讨论解的存在性和唯一性方面。现在的常微分方程在自动控制、电子装置、飞机和弹道导弹等飞行问题的稳定性研究上有着重要的应用。

包含多元未知函数的偏导数的微分方程称为偏微分方程。偏微分方程的产生来自对振动弦问题的研究，而现实中很多问题无法只用一个变量进行描述，因此，偏微分方程得到了迅速的发展。伟大的数学家欧拉、法国数学家达朗贝尔、瑞士数学家丹尼尔·伯努利、拉格朗日及傅里叶等对偏微分方程的发展均作出了巨大的贡献。随着物理学问题的深入拓展，偏微分方程应用更为广泛，偏微分方程的发展也促使了函数论、变分法、级数、常微分方程、微分几何等理论的发展，因此，偏微分方程逐渐成为数学研究的中心问题。

数学人物

法国数学家拉普拉斯(图7.2)被誉为“法国的牛顿”。拉普拉斯16岁考入大学，因为具有极强的数学天赋，颇受当时巴黎科学院院长达朗贝尔的赏识，被推荐到科学院工作，后来受到保守派的排挤，离开科学院进入军事学校教学。1773年，24岁的拉普拉斯发表了《曲线的极大极小研究》和与微分方程与天体力学等内容相关的十余篇重要论文，因此被聘为科学院副院长。1785年，36岁的拉普拉斯当选为院士，成为当时数理科学中极负盛名的科学家之一。1796年，拉普拉斯当选法兰西科学院院长。

拉普拉斯在常微分方程、偏微分方程、概率论、万有引力定律、彗星轨道、人口论等多个领域的上百个研究方向上都有所成就。他发表的天文学、数学和物理学的论文多达270多篇，专著合计4006页，《天体力学》《宇宙体系论》和《概率分析理论》都是他的代表作。拉普拉斯长期从事大行星运动理论和月球运动理论的研究，他的许多研究成果都集中在《天体力学》一书中，他在这本书中第一次提出了天体力学这个词语，因此他被誉为法国的牛顿和天体力学之父。物理学中著名的四大神兽之一——拉普拉斯兽(图7.2)便是拉普拉斯提出的，他假设一个智者能确定宇宙之初所有粒子的状态，那么就可以根据所有定律推算出宇宙任何时间的状态。这个智者就是著名的拉普拉斯兽。

图　7.2

7.1　空间直角坐标系及曲面方程

问题导入

在平面解析几何中，我们先在平面上建立一个参照系——平面直角坐标系，将平面上的点M与数组(x,y)建立一一对应的关系，然后将平面的曲线用包含x,y的方程表示出来，继而用代数的方法研究几何问题。

与平面解析几何首先建立平面直角坐标系、引进平面点的直角坐标相似，在空间解析几何中也首先建立一个参照系——空间直角坐标系，引进空间点的坐标的概念。

知识归纳

7.1.1　空间直角坐标系

直角坐标系与坐标

为确定空间中任意一点的位置，需要在空间中引入坐标系，最常用的坐标系是空间直角坐标系。

在空间任意选定一点O，过点O作三条互相垂直的数轴Ox, Oy, Oz，它们都以O为原点且具有相同的长度单位。这三条轴分别称作x轴（横轴）、y轴（纵轴）和z轴（竖轴），统称为坐标轴。它们的正方向符合右手规则，即以右手握住z轴，当右手的四个手指从x轴的正向以$\frac{\pi}{2}$角度转向y轴正向时，大拇指的指向就是z轴的正向，这样就构成了一个空间直角坐标系$O—xyz$。定点O称为该坐标系的原点，如图7.3所示。

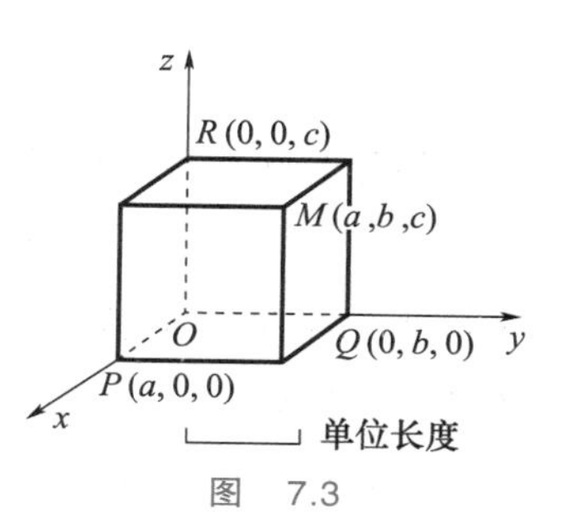

图　7.3

任意两条坐标轴确定一个平面，这样可确定三个互相垂直的平面，统称为坐标面。其中，由x轴与y轴所确定的坐标面称为xOy面，类似地有yOz面和zOx面。三个坐标面把空间分成八部分，每部分称作一个卦限。八个卦限分别用字母Ⅰ、Ⅱ、…、Ⅷ表示，其中包含x轴、y轴和z轴正半轴的是第Ⅰ卦限，在xOy面上的其他三个卦限按逆时针方向排定，依次为第Ⅱ、Ⅲ、Ⅳ卦限；在xOy面下方与第Ⅰ卦限相邻的为第Ⅴ卦限，按逆时针方向排定，依次为第Ⅵ、Ⅶ、Ⅷ卦限。

因此，在空间直角坐标系中有一个原点、三条坐标轴、三个坐标面和八个卦限。

7.1.2 空间点的直角坐标

取定空间直角坐标系$O—xyz$后，就可以建立空间的点与一个有序数组之间的一一对应关系了。

如图7.3所示，设M是空间中的一点，过点M分别作垂直于x轴、y轴和z轴的平面。设这三个平面与x轴、y轴和z轴的交点依次为P、Q、R，设$OP=a$，$OQ=b$，$OR=c$，则点M唯一确定了一个三元的有序数组(a,b,c)。反过来，对于一个三元的有序数组(a,b,c)，在x轴、y轴和z轴上分别取点P、Q、R，使$OP=a$，$OQ=b$，$OR=c$，然后过P、Q、R三点分别作垂直于x轴、y轴和z轴的平面，这三个平面交于一点M，则由一个三元的有序数组(a,b,c)唯一确定了空间中的一个点M。这样，空间任意一点M和一个三元的有序数组(a,b,c)就建立了一一对应关系，称这个三元的有序数组(a,b,c)为点M的坐标，记为$M(a,b,c)$。

显然，原点O的坐标为$(0,0,0)$；x轴、y轴和z轴上的点的坐标分别为$(x,0,0)$、$(0,y,0)$、$(0,0,z)$；位于xOy平面、yOz平面、xOz平面上的点的坐标为$(x,y,0)$、$(0,y,z)$、$(x,0,z)$。可见，位于坐标轴上、坐标面上和各卦限内的点的坐标各有特点。

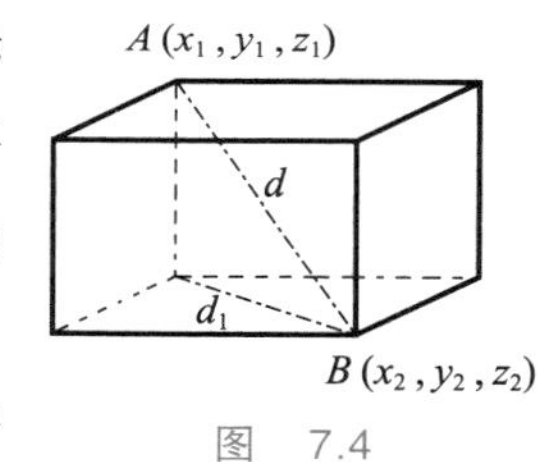

图 7.4

对于空间中任意两点$A(x_1,y_1,z_1)$和$B(x_2,y_2,z_2)$，如图7.4所示，可以求得它们之间的距离为

$$|AB|=d=\sqrt{d_1^2+(z_2-z_1)^2}=\sqrt{(x_2-x_1)^2+(y_2-y_1)^2+(z_2-z_1)^2}$$

特别地，空间中的任意一点$M(x,y,z)$到原点的距离为

$$d=|OM|=\sqrt{x^2+y^2+z^2}$$

7.1.3 空间曲面与方程

通过空间直角坐标系可以建立空间曲面与三元方程$F(x,y,z)=0$之间的对应关系。

【定义7.1】 如果曲面S上任意一点的坐标都满足方程$F(x,y,z)=0$，而不在曲面S上的点的坐标都不满足方程$F(x,y,z)=0$，那么方程$F(x,y,z)=0$称为曲面S的方程，而曲面S称为方程$F(x,y,z)=0$的图形，如图7.5所示。

常见的空间曲面主要有平面、柱面、二次曲面等。

1. 平面

空间平面方程的一般形式为

$$ax+by+cz+d=0$$

其中 a,b,c,d 为常数，且 a,b,c 不全为零。例如，当 $a=b=d=0,c\neq 0$ 时，得平面方程 $z=0$，也就是 xOy 平面。

2. 柱面

设 L 是空间中的一条曲线，与给定直线 l 平行的动直线沿曲线 L 移动所得的空间曲面称为柱面，如图 7.6 所示，L 称为柱面的准线，动直线称为柱面的母线。柱面的准线是不唯一的，柱面上与所有母线都相交的曲线都可作为准线。本书只讨论母线与坐标轴平行的柱面，如图 7.7 所示。

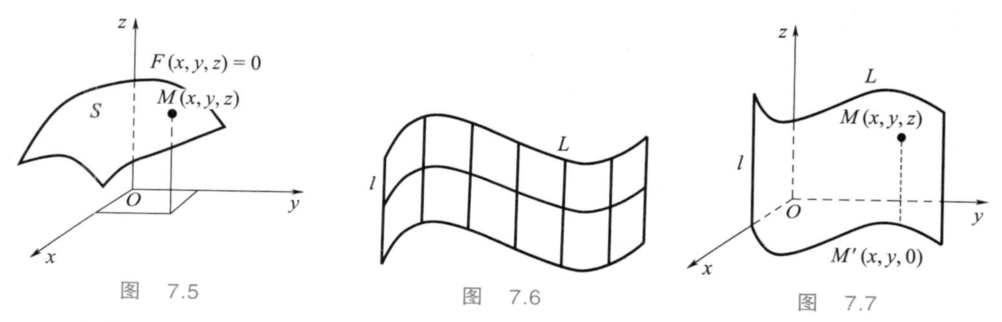

图　7.5　　图　7.6　　图　7.7

3. 二次曲面

三元二次方程

$$a_1x+a_2y^2+a_3z^2+b_1xy+b_2yz+b_3zx+c_1x+c_2y+c_3z+d=0$$

所表示的空间曲面称为二次曲面。其中 $a_i,b_i,c_i(i=1,2,3)$ 和 d 均为常数，且 a_i,b_i,c_i 不全为零。

常见的二次曲面如下。

(1) 椭球面 $\frac{x^2}{a^2}+\frac{y^2}{b^2}+\frac{z^2}{c^2}=1(a,b,c>0)$(图 7.8)。

(2) 单叶双曲面 $\frac{x^2}{a^2}+\frac{y^2}{b^2}-\frac{z^2}{c^2}=1(a,b,c>0)$(图 7.9)。

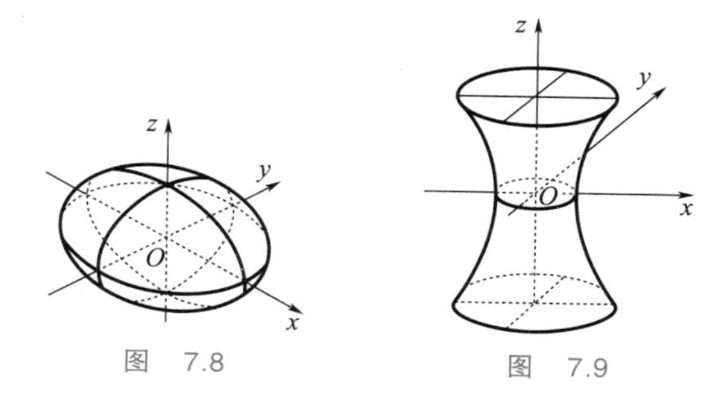

图　7.8　　图　7.9

（3）双叶双曲面 $-\frac{x^2}{a^2}+\frac{y^2}{b^2}-\frac{z^2}{c^2}=1(a,b,c>0)$(图 7.10)。

（4）椭圆抛物面 $\frac{x^2}{a^2}+\frac{y^2}{b^2}=z(a,b>0)$(图 7.11)。

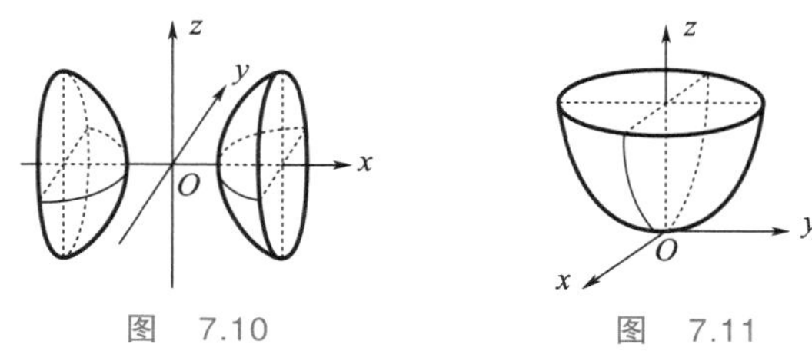

图 7.10　　图 7.11

相关例题见例 7.1～例 7.4。

典型例题

例 7.1　方程 $x^2+y^2=R^2$ 表示空间中的什么曲面？母线平行于哪个坐标轴？准线的方程是什么？

解：$x^2+y^2=R^2$ 表示空间中的一个圆柱面，它的母线平行于 z 轴，准线是 xOy 平面上的圆 $\begin{cases}x^2+y^2=R^2\\z=0\end{cases}$，如图 7.12 所示。

例 7.2　方程 $x^2-y^2=1$ 表示空间中的什么曲面？母线平行于哪个坐标轴？准线的方程是什么？

解：$x^2-y^2=1$ 表示空间中的一个双曲柱面，它的母线平行于 z 轴，准线是 xOy 平面上的双曲线 $\begin{cases}x^2-y^2=1\\z=0\end{cases}$，如图 7.13 所示。

例 7.3　方程 $y^2=2px$ 表示空间中的什么曲面？

解：$y^2=2px$ 表示空间中抛物柱面，如图 7.14 所示。

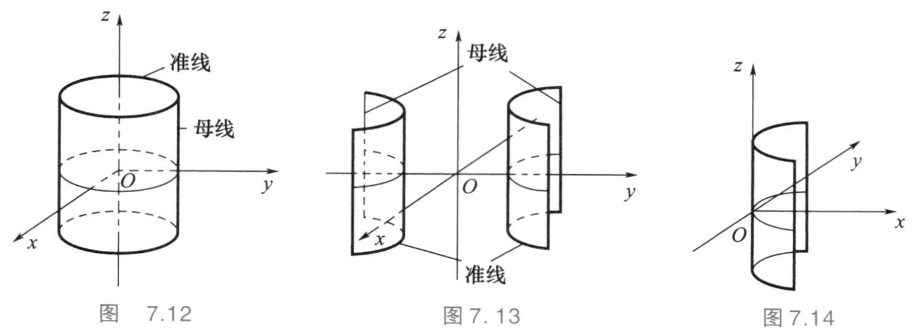

图 7.12　　图 7.13　　图 7.14

例 7.4　求球心为点 $M_0(x_0,y_0,z_0)$，半径为 R 的球面方程。

解：设球面上任一点为 $M(x,y,z)$，那么 $|M_0M|=R$。由距离公式得

$$\sqrt{(x-x_0)^2+(y-y_0)^2+(z-z_0)^2}=R$$

即球面方程为

$$(x-x_0)^2+(y-y_0)^2+(z-z_0)^2=R^2$$

特别地，当球心在原点，即$x_0=y_0=z_0=0$时，球面方程为

$$x^2+y^2+z^2=R^2$$

$z=\sqrt{R^2-x^2-y^2}$是球面的上半部分，如图7.15所示。

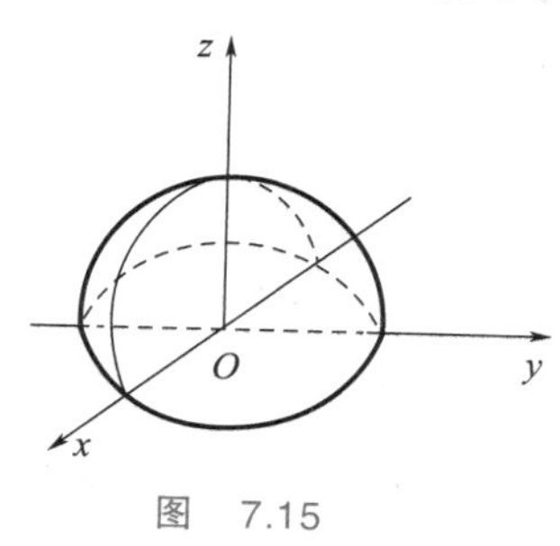

图　7.15

课堂巩固7.1

基础训练7.1

1. 在空间直角坐标系下，指出下列各点所在的卦限。

   $A(1,-2,3)$　$B(2,3,-4)$　$C(2,-2,-3)$　$D(-1,-2,3)$

2. 一动点到两定点$(2,3,1)$和$(1,2,5)$的距离相等，求动点的轨迹方程。

提升训练7.1

1. 建立以点$(1,3,2)$为球心，且通过坐标原点的球面方程。
2. 方程$x^2+y^2+z^2+2x+6y-2z=0$表示什么曲面？

7.2　多元函数的概念与定义域

问题导入

前面几章研究的函数$y=f(x)$，是因变量与一个自变量之间的关系，即因变量的值只依赖于一个自变量，称为一元函数。但在许多实际问题中往往需要研究因变量与几个自变量之间的关系，即因变量的值依赖于几个自变量。例如，某种商品的市场需求量不仅与市场价格有关，而且与消费者的收入及这种商品的其他替代品的价格等因素有关，即决定该商品需求量的因素不是一个而是多个。要全面研究这类问题，就需要引入多元函数的概念。

知识归纳

7.2.1 多元函数的概念

【定义 7.2】 设在某一变化过程中有三个变量 x,y,z,D 是平面上的一个点集。如果对于每个点 $(x,y)\in D$，变量 z 按照一定法则总有确定的值与之对应，则称变量 z 是变量 x 和 y 的二元函数(binary function)，记为

$$z=f(x,y)$$

点集 D 称为该函数的定义域，x,y 称为自变量，z 称为因变量。数集 $\{z\,|\,z=f(x,y),(x,y)\in D\}$ 称为该函数的值域。

多元函数的概念

二元函数的概念可以推广到三元函数及三元以上的函数。例如，长方体的体积 V 是长 x、宽 y 和高 z 的三元函数：

$$V=xyz$$

它的定义域是 $\{(x,y,z)\,|\,x>0,y>0,z>0\}$。

一般地，把有 n 个自变量的函数 $y=f(x_1,x_2,\cdots,x_n)$ 称为 n 元函数。二元及二元以上的函数统称为多元函数(function of several variables)。

相关例题见例 7.5 和例 7.6。

7.2.2 多元函数的定义域

二元函数 $z=f(x,y)$ 的定义域在几何上表示坐标平面上的一个平面区域。平面区域可以是整个 xOy 平面或者 xOy 平面上由几条曲线所围成的部分。围成平面区域的曲线称为该区域的边界，边界上的点称为边界点。

平面区域的分类如下。

闭区域：包括边界在内的区域。

开区域：不包括边界在内的区域。

半开区域：包括部分边界的区域；如果区域延伸到无穷远，则称为无界区域，否则称为有界区域。有界区域总可以包含在以一个原点为圆心的相当大的圆域内。

相关例题见例 7.7 和例 7.8。

典型例题

例 7.5 圆柱体的体积 V 和它的底半径 r、高 h 之间具有以下关系

$$V=\pi r^2h$$

其中 V 随 r,h 的变化而变化。因此 $V=\pi r^2h$ 是以 r,h 为自变量，以 V 为因变量的二元函数。其定义域为 $\{(r,h)|r>0,h>0\}$。

例7.6　设函数$z=f(x,y)=2x^2y+3y^2x$，求$f(2,1)$和$f(1+t,t^2)$的值。

解：用代入法将$x=2,y=1$代入函数$z=f(x,y)=2x^2y+3y^2x$，得

$$f(2,1)=2\times 2^2\times 1+3\times 1^2\times 2=14$$

同理可得

$$f(1+t,t^2)=2(1+t)^2t^2+3(t^2)^2(1+t)=2t^2+4t^3+5t^4+3t^5$$

例7.7　求二元函数$z=\sqrt{1-x^2-y^2}$的定义域。

解：偶次方根下非负，所以由

$$1-x^2-y^2\geqslant 0$$

得$x^2+y^2\leqslant 1$，函数的定义域是

$$D=\{(x,y)|x^2+y^2\leqslant 1\}$$

D表示xOy平面上以原点为圆心、半径为1的圆形区域，是有界闭区域，如图7.16所示。

例7.8　求二元函数$z=\ln(x+y)$的定义域。

解：对数函数的真数必须大于零，所以有

$$x+y>0$$

则函数的定义域是

$$D\{(x,y)|x+y>0\}$$

D表示xOy平面上位于直线$y=-x$上方，不包括该直线的上半平面，且为无界开区域，如图7.17所示。

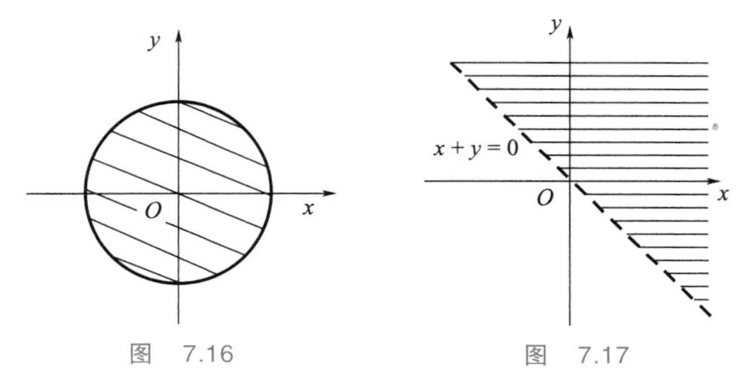

图　7.16　　　　图　7.17

应用案例

案例7.1　广告费用问题

某公司通过电台和报纸两种方式为某种商品做广告宣传，根据统计资料，销售收益R(万元)与电台广告费x(万元)和报纸广告费y(万元)之间有如下公式：

$$R=15+14x+32y-8xy-2x^2-10y^2$$

对于x,y的每一对值$(x,y)\in\{(x,y)\mid x>0,y>0\}$，按照经验公式，$R$都有唯一确定的值与之对应。

案例7.2　GDP的计算问题

GDP的计算是所有最终产品价值的总和，其表达式为

$$\text{GDP}=C+I+G+(X-M)$$

其中C是消费品中由家庭、个人等消费的部分，I是消费品中用于私人投资的部分，G是被政府购买的部分，$X-M$表示净出口。显然，GDP是一个以C,I,G,X,M为自变量，以GDP为因变量的多元函数。此函数用于衡量一个国家在某一段时间内由最终产品表现的生产能力。

课堂巩固 7.2

基础训练7.2

1. 设函数$z=f(x,y)=e^{x+y}$，求$f(2,3)$。
2. 设函数$z=f(x,y)=\dfrac{xy}{x^2+y^2}$，求$f\left(\dfrac{1}{2},\dfrac{1}{2}\right)$。
3. 设函数$z=f(x,y)=x-y+2$，求$f(2x^2,xy)$。
4. 求二元函数$z=\dfrac{2}{\sqrt{x-y+3}}$的定义域。

提升训练7.2

求下列各函数的定义域。

(1) $z=\ln(xy)$

(2) $z=\sqrt{4-x^2-y^2}+\ln(x^2+y^2-1)$

(3) $z=\dfrac{1}{\sqrt{x+y}}+\dfrac{1}{\sqrt{x-y}}$

7.3　二元函数的极限与连续

问题导入

与一元函数一样，多元函数的有关理论也是建立在函数极限与连续的基础上的。考虑课程的实际需要，我们只介绍二元函数的极限与连续的初步知识。

知识归纳

7.3.1　二元函数的极限

【定义7.3】　设函数$z=f(x,y)$在区域D内有定义，$P_0(x_0,y_0)$是D的内点或边界点，

如果对于任意给定的正数ε,总存在正数δ,使对于适合不等式

$$0<|PP_0|=\sqrt{(x-x_0)^2+(y-y_0)^2}<\delta$$

多元函数的极限与连续

的一切点$P(x,y)\in D$,都有

$$|f(x,y)-A|<\varepsilon$$

成立,则称A为函数$z=f(x,y)$当$(x,y)\to(x_0,y_0)$时的极限,记作

$$\lim_{\substack{x\to x_0\\ y\to y_0}} f(x,y)=A \quad 或 \quad f(x,y)\to A(\rho\to 0)$$

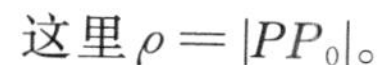

这里$\rho=|PP_0|$。

为区别一元函数的极限,我们将二元函数的这种极限称为二重极限。

注意:

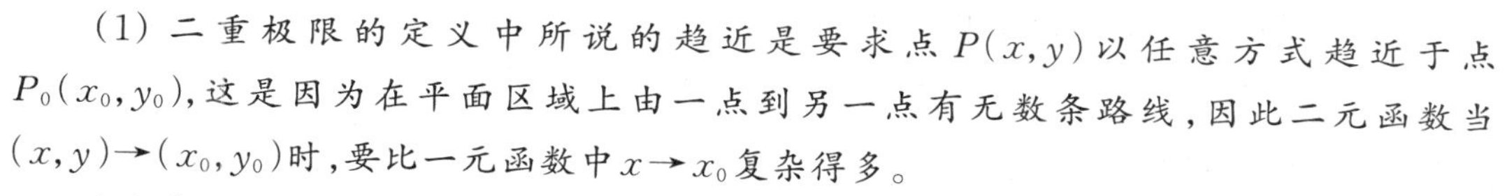

(1) 二重极限的定义中所说的趋近是要求点$P(x,y)$以任意方式趋近于点$P_0(x_0,y_0)$,这是因为在平面区域上由一点到另一点有无数条路线,因此二元函数当$(x,y)\to(x_0,y_0)$时,要比一元函数中$x\to x_0$复杂得多。

(2) 在二重极限中,如果点$P(x,y)$沿着一条或几条曲线趋近于点$P_0(x_0,y_0)$时,纵然有二元函数$f(x,y)$趋近于同一个确定的常数A,也不能由此判断这个二元函数的极限存在。反之,如果点$P(x,y)$以不同方式趋近于点$P_0(x_0,y_0)$时,函数趋近于不同的数值,那么就可以确定这个函数的极限不存在。

相关例题见例7.9。

7.3.2　二元函数的连续

1. 二元函数的连续的定义

下面直接给出二元函数的连续的定义。

【定义7.4】　设函数$z=f(x,y)$在点$P_0(x_0,y_0)$的某一邻域内有定义,若

$$\lim_{\substack{x\to x_0\\ y\to y_0}} f(x,y)=f(x_0,y_0) \quad 或 \quad \lim_{P\to P_0} f(P)=f(P_0)$$

则称函数$f(x,y)$在点$P_0(x_0,y_0)$处连续。如果函数$z=f(x,y)$在点$P_0(x_0,y_0)$处不连续,则称函数$z=f(x,y)$在点$P_0(x_0,y_0)$处间断。

例如,函数$f(x,y)=x+2y$在点$(1,2)$处的极限值等于在该点的函数值5,所以函数在该点连续。

如果函数$z=f(x,y)$在区域D内每一点都连续,则称函数$z=f(x,y)$在D上连续,或称$z=f(x,y)$是D上的连续函数。

2. 二元函数的连续的性质

性质1　二元初等函数经过有限次四则运算,或有限次复合而成的函数,仍为二元初等函数。

性质2　有界闭区域D上的二元连续函数,必在D上取得最大值和最小值。

性质3　有界闭区域D上的二元连续函数,在D上一定有界。

性质4　有界闭区域D上的二元连续函数，若m和M分别是函数$f(x,y)$在D上的最小值和最大值，且$m<M$，则对于任意的$m<c<M$，至少存在一点$(\xi,\eta)\in D$，使$f(\xi,\eta)=c$。

相关例题见例7.10～例7.12。

典型例题

例7.9　讨论函数$f(x,y)=\dfrac{xy}{x^2+y^2}$在点(0,0)处的极限是否存在。

解：当点$P(x,y)$沿x轴趋于点(0,0)时，

$$\lim_{x\to 0} f(x,0)=\lim_{x\to 0} 0=0$$

当点$P(x,y)$沿y轴趋于点(0,0)时，

$$\lim_{y\to 0} f(y,0)=\lim_{y\to 0} 0=0$$

虽然点$P(x,y)$以上述两种特殊方式趋于原点时，函数的极限存在并且相等，但是函数在原点的极限仍不存在。这是由于当点$P(x,y)$沿直线$y=kx$趋于点(0,0)时，有

$$\lim_{\substack{x\to 0\\ y=kx\to 0}} \frac{xy}{x^2+y^2}=\lim_{x\to 0}\frac{kx^2}{x^2+k^2x^2}=\frac{k}{1+k^2}$$

显然，随着k值的不同，极限值也不同，与极限的唯一性矛盾。因此，该函数在点(0,0)的极限不存在。

例7.10　求二重极限$\lim\limits_{(x,y)\to(0,1)}\dfrac{1-xy}{x^2+y^2}$。

解：用代入法可得

$$\lim_{(x,y)\to(0,1)}\frac{1-xy}{x^2+y^2}=\frac{1-0\times 1}{0^2+1^2}=1$$

例7.11　求二重极限$\lim\limits_{(x,y)\to(0,10)}\dfrac{\sin xy}{x}$。

解：凑第一个重要极限，有

$$\lim_{(x,y)\to(0,10)}\frac{\sin xy}{x}=\lim_{(x,y)\to(0,10)}\frac{\sin xy}{xy}\cdot y=\lim_{(x,y)\to(0,10)}\frac{\sin xy}{xy}\cdot\lim_{(x,y)\to(0,10)} y=1\times 10=10$$

例7.12　求二重极限$\lim\limits_{(x,y)\to(1,1)}\dfrac{x^2y^2-1}{xy-1}$。

解：首先分解分子因式，再消去公因式可得

$$\lim_{(x,y)\to(1,1)}\frac{x^2y^2-1}{xy-1}=\lim_{(x,y)\to(1,1)}\frac{(xy+1)(xy-1)}{xy-1}=\lim_{(x,y)\to(1,1)}(xy+1)=1\times 1+1=2$$

课堂巩固 7.3

基础训练 7.3

求下列二重极限。

(1) $\lim\limits_{(x,y)\to(1,0)}\dfrac{\ln(x+e^y)}{\sqrt{x^2+y^2}}$　　(2) $\lim\limits_{(x,y)\to(0,0)}\dfrac{2x+y+1}{x^2+y^2+4}$

(3) $\lim\limits_{(x,y)\to(0,0)}\dfrac{\sin(x^2+y^2)}{x^2+y^2}$　　(4) $\lim\limits_{(x,y)\to(2,0)}\dfrac{\tan xy}{y}$

(5) $\lim\limits_{(x,y)\to(-1,2)}\dfrac{x^2y^2-4}{xy+2}$　　(6) $\lim\limits_{(x,y)\to(0,0)}\dfrac{2-\sqrt{xy+4}}{xy}$

提升训练 7.3

1. 求下列各极限。

(1) $\lim\limits_{\substack{x\to0\\y\to1}}\dfrac{1-xy}{x^2+y^2}$　　(2) $\lim\limits_{\substack{x\to0\\y\to0}}\dfrac{\sqrt{x+y+1}-1}{x+y}$

(3) $\lim\limits_{\substack{x\to0\\y\to0}}y\sin\dfrac{1}{xy}$　　(4) $\lim\limits_{\substack{x\to0\\y\to0}}(x^2+y^2)\sin\dfrac{1}{x^2+y^2}$

2. 证明函数 $f(x,y)=\dfrac{x^2y}{x^4+y^4}$ 在点(0,0)处的极限不存在。

7.4 偏导数

问题导入

在一元函数微分学中，通过研究函数对自变量的变化率引入了导数的概念。对于多元函数，同样需要讨论它的变化率。多元函数的自变量不止一个，因变量与自变量的关系与一元函数相比要复杂得多，我们主要讨论二元函数 $f(x,y)$ 在一个自变量保持定值的情况下，对另一个自变量的变化率，这就是偏导数。三元及以上多元函数的偏导数与二元函数类似。

知识归纳

7.4.1 二元函数的偏导数

对于二元函数 $z=f(x,y)$，由于自变量 x,y 独立，因此研究二元函数的变化率时，可

二元函数的偏导数

以将两个自变量分开考虑。如果x变化，将y看作常量，这样二元函数$z=f(x,y)$就成为关于x的一元函数，此时$z=f(x,y)$对x的导数称为二元函数z对x的偏导数。同样，如果y变化，将x看作常量，这样二元函数$z=f(x,y)$成为关于y的一元函数，此时$z=f(x,y)$对y的导数称为二元函数z对y的偏导数。于是得到二元函数的偏导数的定义。

【定义 7.5】 设函数$z=f(x,y)$在点(x_0,y_0)的某一邻域内有定义，当y取固定值y_0，而x在x_0处有增量Δx时，相应地函数有增量$f(x_0+\Delta x,y_0)-f(x_0,y_0)$。如果$\lim\limits_{\Delta x\to 0}\dfrac{f(x_0+\Delta x,y_0)-f(x_0,y_0)}{\Delta x}$存在，则称此极限值为函数$z=f(x,y)$在点$(x_0,y_0)$处对$x$的偏导数，记作

$$\left.\frac{\partial z}{\partial x}\right|_{\substack{x=x_0\\ y=y_0}},\quad \left.\frac{\partial f}{\partial x}\right|_{\substack{x=x_0\\ y=y_0}},\quad z_x\Big|_{\substack{x=x_0\\ y=y_0}},\quad 或 \quad f_x(x_0,y_0),\ z'_x\Big|_{\substack{x=x_0\\ y=y_0}},\quad 或 \quad f'_x(x_0,y_0)$$

即有

$$f_x(x_0,y_0)=\lim_{\Delta x\to 0}\frac{f(x_0+\Delta x,y_0)-f(x_0,y_0)}{\Delta x}$$

类似地，函数$z=f(x,y)$在点(x_0,y_0)处对y的偏导数为

$$\lim_{\Delta y\to 0}\frac{f(x_0,y_0+\Delta y)-f(x_0,y_0)}{\Delta y}$$

记作 $$\left.\frac{\partial z}{\partial y}\right|_{\substack{x=x_0\\ y=y_0}},\quad \left.\frac{\partial f}{\partial y}\right|_{\substack{x=x_0\\ y=y_0}},\quad z_y\Big|_{\substack{x=x_0\\ y=y_0}}\quad 或 \quad f_y(x_0,y_0),\quad z'_y\Big|_{\substack{x=x_0\\ y=y_0}}\quad 或 \quad f'_y(x_0,y_0)$$

即有

$$f_y(x_0,y_0)=\lim_{\Delta y\to 0}\frac{f(x_0,y_0+\Delta y)-f(x_0,y_0)}{\Delta y}$$

如果函数$z=f(x,y)$在区域D内每一点(x,y)处对x的偏导数都存在，则这个偏导数就是x,y的函数，称为函数$z=f(x,y)$对自变量x的偏导函数，记作

$$\frac{\partial z}{\partial x},\ \frac{\partial f}{\partial x},\ z_x \quad 或 \quad f_x(x,y),\ z'_x \quad 或 \quad f'_x(x,y)$$

类似地，函数$z=f(x,y)$对自变量y的偏导函数记作

$$\frac{\partial z}{\partial y},\ \frac{\partial f}{\partial y},\ z_y \quad 或 \quad f_y(x,y),\ z'_y \quad 或 \quad f'_y(x,y)$$

相关例题见例 7.13～例 7.17。

7.4.2 偏导数与连续的关系

在一元函数中，函数在一点可导，则函数在该点必连续。反之，函数在一点连续却未必在该点可导。但对于多元函数，即使它在某点处的各个偏导数都存在，也不能保证函数在该点处连续。例如，函数

$$f(x,y)=\begin{cases}\dfrac{xy}{x^2+y^2}, & x^2+y^2\neq 0\\ 0, & x^2+y^2=0\end{cases}$$

在(0,0)处的偏导数为

$$f_x(0,0)=\lim_{\Delta x\to 0}\frac{f(0+\Delta x,0)-f(0,0)}{\Delta x}=\lim_{\Delta x\to 0}0=0$$

$$f_y(0,0)=\lim_{\Delta y\to 0}\frac{f(0,0+\Delta y)-f(0,0)}{\Delta y}=\lim_{\Delta y\to 0}0=0$$

这说明函数$z=f(x,y)$在点(0,0)处的偏导数是存在的。但从7.3节例7.9中可知，该函数在(0,0)点处的极限不存在，从而函数在该点处不连续。由此可见，在二元函数中，偏导数存在但不能保证函数一定连续。

多元函数与一元函数的这种区别是由于多元函数连续性是由二重极限定义的，而多元函数的偏导数是由一元函数极限定义的。多元函数的偏导数存在，只能保证点(x,y)沿平行于坐标轴方向的直线趋向于点(x_0,y_0)时，函数$f(x,y)$趋于$f(x_0,y_0)$，但不能保证点(x,y)沿任何方向趋向于点(x_0,y_0)时，函数$f(x,y)$都趋近于函数值$f(x_0,y_0)$。

又如，函数$z=\sqrt{x^2+y^2}$在点(0,0)处连续，但函数$z=\sqrt{x^2+y^2}$在点(0,0)处的两个偏导数都不存在，即

$$\left.\frac{\partial z}{\partial x}\right|_{(0,0)}=\lim_{\Delta x\to 0}\frac{f(0+\Delta x,0)-f(0,0)}{\Delta x}=\lim_{\Delta x\to 0}\frac{\sqrt{(\Delta x)^2}-0}{\Delta x}=\lim_{\Delta x\to 0}\frac{|\Delta x|}{\Delta x}$$

$$\left.\frac{\partial z}{\partial y}\right|_{(0,0)}=\lim_{\Delta y\to 0}\frac{f(0,0+\Delta y)-f(0,0)}{\Delta y}=\lim_{\Delta y\to 0}\frac{\sqrt{(\Delta y)^2}-0}{\Delta y}=\lim_{\Delta y\to 0}\frac{|\Delta y|}{\Delta y}$$

由此可知，在二元函数中，函数连续但两个偏导数未必存在。所以一元函数中的“可导必连续”的结论在二元函数中是不成立的。而“连续未必一定有偏导数”，这一点与一元函数的连续未必可导相似。

另外，一元函数的导数$\dfrac{\mathrm{d}y}{\mathrm{d}x}$可看作函数的微分$\mathrm{d}y$与自变量的微分$\mathrm{d}x$之商，而偏导数的记号是一个整体记号，不能看作分子与分母之商，这是多元函数与一元函数的一个主要区别。

7.4.3　三元函数的偏导数

偏导数的概念可以推广到二元以上的多元函数。例如，对于三元函数$u=f(x,y,z)$，在点(x,y,z)处关于x,y,z的三个偏导数分别记作$f_x(x,y,z)$,$f_y(x,y,z)$,$f_z(x,y,z)$，且有

$$f_x(x,y,z)=\lim_{\Delta x\to 0}\frac{f(x+\Delta x,y,z)-f(x,y,z)}{\Delta x}$$

$$f_y(x,y,z)=\lim_{\Delta y\to 0}\frac{f(x,y+\Delta y,z)-f(x,y,z)}{\Delta y}$$

$$f_z(x,y,z)=\lim_{\Delta z\to 0}\frac{f(x,y,z+\Delta z)-f(x,y,z)}{\Delta z}$$

由偏导数定义可知，计算多元函数对某个自变量的偏导数，只需把函数看成关于这个自变量的一元函数，而把其余的自变量都视为常量，然后应用一元函数的求导公式及求导方法进行计算即可。

相关例题见例 7.18。

典型例题

例 7.13　已知二元函数 $z=f(x,y)$ 在点 (x_0,y_0) 处的偏导数都存在，求极限

$$\lim_{\Delta y\to 0}\frac{f(x_0,y_0+2\Delta y)-f(x_0,y_0)}{\Delta y}$$

解：根据偏导数的定义中 Δy 的任意性，有

$$\lim_{\Delta y\to 0}\frac{f(x_0,y_0+2\Delta y)-f(x_0,y_0)}{\Delta y}=2\lim_{\Delta y\to 0}\frac{f(x_0,y_0+2\Delta y)-f(x_0,y_0)}{2\Delta y}=2f_y(x_0,y_0)$$

二元函数偏导数+例题

例 7.14　设二元函数 $u=x^2+y^2$，求偏导数 $\frac{\partial u}{\partial x},\frac{\partial u}{\partial y}$。

解：把 y 看作常量，对 x 求导，得

$$\frac{\partial u}{\partial x}=\frac{\partial(x^2+y^2)}{\partial x}=\frac{\partial(x^2)}{\partial x}+\frac{\partial(y^2)}{\partial x}=2x+0=2x$$

同理，把 x 看作常量，对 y 求导，得

$$\frac{\partial u}{\partial y}=\frac{\partial(x^2+y^2)}{\partial y}=\frac{\partial(x^2)}{\partial y}+\frac{\partial(y^2)}{\partial y}=0+2y=2y$$

例 7.15　求 $z=x^2\sin y$ 的偏导数。

解：把 y 看作常量，对 x 求导，得

$$\frac{\partial u}{\partial x}=\frac{\partial(x^2\sin y)}{\partial x}=\frac{\partial(\sin y\cdot x^2)}{\partial x}=\sin y\frac{\partial(x^2)}{\partial x}=2x\sin y$$

同理，把 x 看作常量，对 y 求导，得

$$\frac{\partial u}{\partial y}=\frac{\partial(x^2\sin y)}{\partial y}=x^2\frac{\partial(\sin y)}{\partial y}=x^2\cos y$$

例 7.16　求 $f(x,y)=x^2+3xy+y^2$ 在点 $(1,2)$ 处的偏导数。

解：先求偏导数，得

$$f_x(x,y)=2x+3y\qquad f_y(x,y)=3x+2y$$

将 $(1,2)$ 代入上式，得

$$f_x(1,2)=2\times 1+3\times 2=8\qquad f_y(1,2)=3\times 1+2\times 2=7$$

例 7.17　求 $z=\ln(1+x^2+y^2)$ 在点 $(1,2)$ 处的偏导数。

解：先求偏导数，得

$$\frac{\partial z}{\partial x}=\frac{2x}{1+x^2+y^2} \qquad \frac{\partial z}{\partial y}=\frac{2y}{1+x^2+y^2}$$

将(1,2)代入上式,得

$$\left.\frac{\partial z}{\partial x}\right|_{\substack{x=1\\y=2}}=\frac{2\times1}{1+1^2+2^2}=\frac{1}{3} \qquad \left.\frac{\partial z}{\partial y}\right|_{\substack{x=1\\y=2}}=\frac{2\times2}{1+1^2+2^2}=\frac{2}{3}$$

例7.18　设三元函数$u=x^2+y^2+z^2$,求偏导数$\frac{\partial u}{\partial x},\frac{\partial u}{\partial y},\frac{\partial u}{\partial z}$。

解　把y,z看作常量,对x求导,得

$$\frac{\partial u}{\partial x}=\frac{\partial(x^2+y^2+z^2)}{\partial x}=2x$$

同理,把x,z看作常量,对y求导,得

$$\frac{\partial u}{\partial y}=\frac{\partial(x^2+y^2+z^2)}{\partial y}=2y$$

把x,y看作常量,对z求导,得

$$\frac{\partial u}{\partial z}=\frac{\partial(x^2+y^2+z^2)}{\partial z}=2z$$

应用案例

案例7.3　边际产量

某企业的生产函数为$Q=200K^{\frac{1}{2}}L^{\frac{2}{3}}$,其中$Q$是产量(单位:件),$K$是资本投入(单位:千元),$L$是劳动力投入(单位:千工时)。求当$L=8,K=9$时的边际产量,并解释其意义。

分析:柯布—道格拉斯生产函数为$Q=AK^{\alpha}L^{\beta}$,其中A,α,β为正常数,L为投入的劳动力数量,K为投入的资本数量,Q为产量。当劳动力投入保持不变而资本投入发生变化时,产量的变化率$\frac{\partial Q}{\partial K}$称为关于资本的边际产量。当资本投入保持不变而劳动力投入发生变化时,产量的变化率$\frac{\partial Q}{\partial L}$称为关于劳动力的边际产量。

解:

$$\frac{\partial Q}{\partial K}=100K^{-\frac{1}{2}}L^{\frac{2}{3}} \qquad \frac{\partial Q}{\partial L}=\frac{400}{3}K^{\frac{1}{2}}L^{-\frac{1}{3}}$$

当$L=8,K=9$时,$\frac{\partial Q}{\partial K}=100K^{-\frac{1}{2}}L^{\frac{2}{3}}=\frac{400}{3}$,则

$$\frac{\partial Q}{\partial L}=\frac{400}{3}K^{\frac{1}{2}}L^{-\frac{1}{3}}=200$$

当劳动力投入保持不变而资本投入发生变化时,产量的变化率$\frac{\partial Q}{\partial K}=100K^{-\frac{1}{2}}L^{\frac{2}{3}}=\frac{400}{3}$为关于资本的边际产量。

当资本投入保持不变而劳动力投入发生变化时,产量的变化率$\frac{\partial Q}{\partial L}=\frac{400}{3}K^{\frac{1}{2}}L^{-\frac{1}{3}}=200$为关于劳动力的边际产量。

案例7.4　边际成本与边际利润

某工厂生产甲、乙两种产品，当两种产品的产量分别为Q_1和Q_2时，总成本为

$$C(Q_1,Q_2)=3Q_1^2+2Q_1Q_2+5Q_2^2+10$$

（1）求每种产品的边际成本。

（2）当$Q_1=8,Q_2=8$时，求每种产品的边际成本。

（3）当出售两种产品的单价分别为80元和100元时，求每种产品的边际利润。

分析：有甲、乙两种产品，当两种产品的产量分别为Q_1和Q_2（单位：kg）时，总成本（单位：元）、总收益（单位：元）、总利润（单位：元）均为甲、乙两种产品产量Q_1,Q_2的二元函数，即总成本函数为$C(Q_1,Q_2)$、总收益函数为$R(Q_1,Q_2)$、总利润函数为$L(Q_1,Q_2)$。这些函数分别关于Q_1和Q_2的偏导数就是甲、乙两种产品的边际成本、边际收益和边际利润。

解：（1）甲产品的边际成本为

$$\frac{\partial C}{\partial Q_1}=6Q_1+2Q_2$$

乙产品的边际成本为

$$\frac{\partial C}{\partial Q_2}=2Q_1+10Q_2$$

（2）当$Q_1=8,Q_2=8$时，甲产品的边际成本为

$$\frac{\partial C}{\partial Q_1}=6Q_1+2Q_2=64$$

乙产品的边际成本为

$$\frac{\partial C}{\partial Q_2}=2Q_1+10Q_2=96$$

（3）总利润为

$$\begin{aligned}L(Q_1,Q_2)&=R(Q_1,Q_2)-C(Q_1,Q_2)\\&=80Q_1+100Q_2-(3Q_1^2+2Q_1Q_2+5Q_2^2+10)\end{aligned}$$

甲产品的边际利润为

$$\frac{\partial L}{\partial Q_1}=80-6Q_1-2Q_2$$

乙产品的边际利润为

$$\frac{\partial L}{\partial Q_2}=100-2Q_1-10Q_2$$

课堂巩固7.4

基础训练7.4

1. 已知二元函数$z=f(x,y)$在点(x_0,y_0)处的偏导数都存在，则$\lim\limits_{\Delta x\to 0}\dfrac{f(x_0-3\Delta x,y_0)-f(x_0,y_0)}{\Delta x}=$________。

2. 已知二元函数 $z=f(x,y)$ 在点 (x_0,y_0) 处的偏导数都存在，且 $\lim\limits_{\Delta x\to 0}\dfrac{f(x_0+5h,y_0)-f(x_0,y_0)}{h}=10$，则$f_x(x_0,y_0)=$________。

3. 已知$f(x,y)=x^2y^3$，求$f_x(0,1)$，$f_x(1,-1)$，$f_y(1,-2)$，$f_y(-1,-2)$。

提升训练7.4

1. 求$z=xy+x^2+y^3$在点$(1,2)$处的偏导数。

2. 计算下列二元函数在给定点处的偏导数。

(1) $z=2x^2+3y^3$，点$(2,1)$　　(2) $z=2x^2y^3$，点$(2,3)$

(3) $z=x^2+x\ln y$，点$(3,1)$　　(4) $z=\ln xy+\sin(x^2+y^2)$，点$(1,1)$

3. 设$z=x^y(x>0,x\neq 1)$，求证：$\dfrac{x}{y}\times\dfrac{\partial z}{\partial x}+\dfrac{1}{\ln x}\times\dfrac{\partial z}{\partial y}=2z$。

7.5 高阶偏导数

问题导入

在7.4节，我们学习了二元函数$f(x,y)$的偏导函数$f_x(x,y)$和$f_y(x,y)$，注意到偏导函数仍然是一个关于自变量x,y的二元函数，是否还可以继续求偏导数？

知识归纳

7.5.1 高阶偏导数的概念

高阶偏导数

【定义7.6】 设函数$z=f(x,y)$在区域D内有偏导数

$$\frac{\partial z}{\partial x}=f_x(x,y)\qquad \frac{\partial z}{\partial y}=f_y(x,y)$$

如果这两个函数$f_x(x,y)$及$f_y(x,y)$在D内仍然是x,y的函数，它们的偏导数也存在，则称其偏导数为函数$z=f(x,y)$的二阶偏导数。按照对自变量求导的顺序的不同，可得下列四个二阶偏导数：

$$\frac{\partial}{\partial x}\left(\frac{\partial z}{\partial x}\right)=\frac{\partial^2 z}{\partial x^2}=f_{xx}(x,y)\qquad \frac{\partial}{\partial y}\left(\frac{\partial z}{\partial x}\right)=\frac{\partial^2 z}{\partial x\partial y}=f_{xy}(x,y)$$

$$\frac{\partial}{\partial x}\left(\frac{\partial z}{\partial y}\right)=\frac{\partial^2 z}{\partial y\partial x}=f_{yx}(x,y)\qquad \frac{\partial}{\partial y}\left(\frac{\partial z}{\partial y}\right)=\frac{\partial^2 z}{\partial y^2}=f_{yy}(x,y)$$

其中$\dfrac{\partial^2 z}{\partial x\partial y}$或$f_{xy}$表示函数$z$先对$x$求偏导，然后对$y$求偏导；$\dfrac{\partial^2 z}{\partial y\partial x}$或$f_{yx}$表示函数$z$先对$y$求偏导，然后对$x$求偏导，这两个偏导数称为二阶混合偏导数。

类似地，可定义二元及二元以上多元函数的三阶、四阶及n阶偏导数。二阶及二阶以上的偏导数统称为高阶偏导数。

7.5.2 二阶混合偏导数的关系

一般情况下，二阶混合偏导数是不相等的，因为混合偏导数依赖于求导顺序。但例7.19中函数的两个二阶混合偏导数$\frac{\partial^2 z}{\partial y\partial x}$、$\frac{\partial^2 z}{\partial x\partial y}$相等并非偶然。事实上，我们有以下定理。

【定理7.1】 如果函数$z=f(x,y)$的两个二阶混合偏导数$\frac{\partial^2 z}{\partial y\partial x}$、$\frac{\partial^2 z}{\partial x\partial y}$在区域$D$内连续，则在该区域内必有$\frac{\partial^2 z}{\partial y\partial x}=\frac{\partial^2 z}{\partial x\partial y}$。

说明：二阶混合偏导数在连续的条件下与求导的顺序无关。一般情况下的大多数二元函数，其二阶混合偏导数都在函数的定义域内是连续的，因此它们的两个二阶混合偏导数相等。

相关例题见例7.19～例7.23。

典型例题

例7.19 设二元函数$z=x^3y-3x^2y^3$，求其二阶偏导数。

解：先求一阶偏导数，分别为

$$\frac{\partial z}{\partial x}=3x^2y-6xy^3 \qquad \frac{\partial z}{\partial y}=x^3-9x^2y^2$$

于是，由二阶偏导数定义得

$$\frac{\partial^2 z}{\partial x^2}=\frac{\partial}{\partial x}\left(\frac{\partial z}{\partial x}\right)=\frac{\partial}{\partial x}(3x^2y-6xy^3)=6xy-6y^3$$

$$\frac{\partial^2 z}{\partial x\partial y}=\frac{\partial}{\partial y}\left(\frac{\partial z}{\partial x}\right)=\frac{\partial}{\partial y}(3x^2y-6xy^3)=3x^2-18xy^2$$

$$\frac{\partial^2 z}{\partial y\partial x}=\frac{\partial}{\partial x}\left(\frac{\partial z}{\partial y}\right)=\frac{\partial}{\partial x}(x^3-9x^2y^2)=3x^2-18xy^2$$

$$\frac{\partial^2 z}{\partial y^2}=\frac{\partial}{\partial y}\left(\frac{\partial z}{\partial y}\right)=\frac{\partial}{\partial y}(x^3-9x^2y^2)=-18x^2y$$

例7.20 设$f(x,y)=x^3y^2-3xy^3-xy+1$，求$f_{xx}(2,1)$，$f_{xy}(1,1)$，$f_{yy}(3,1)$。

解：先求一阶偏导数，分别为

$$f_x(x,y)=3x^2y^2-3y^3-y \qquad f_y(x,y)=2x^3y-9xy^2-x$$

再求二阶偏导数，有

$$f_{xx}(x,y)=6xy^2 \qquad f_{yy}(x,y)=2x^3-18xy$$
$$f_{xy}(x,y)=f_{yx}(x,y)=6x^2y-9y^2-1$$

把给定的点代入对应的二阶偏导数，得

$$f_{xx}(2,1)=12 \qquad f_{xy}(1,1)=-4 \qquad f_{yy}(3,1)=0$$

例7.21　设二元函数$z=xy^2+\sin xy$，求其二阶偏导数。

解：先求一阶偏导数，分别为

$$\frac{\partial z}{\partial x}=y^2+y\cos xy \qquad \frac{\partial z}{\partial y}=2xy+x\cos xy$$

于是，由二阶偏导数定义得

$$\frac{\partial^2 z}{\partial x^2}=-y^2\sin xy$$
$$\frac{\partial^2 z}{\partial x\partial y}=\frac{\partial}{\partial y}\left(\frac{\partial z}{\partial x}\right)=2y+\cos xy-xy\sin xy$$
$$\frac{\partial^2 z}{\partial y^2}=2x-x^2\sin xy$$

例7.22　求函数$z=e^{x+2y}$的二阶偏导数。

解：先求一阶偏导数，分别为

$$\frac{\partial z}{\partial x}=e^{x+2y} \qquad \frac{\partial z}{\partial y}=2e^{x+2y}$$

再求二阶偏导数得

$$\frac{\partial^2 z}{\partial x^2}=e^{x+2y} \qquad \frac{\partial^2 z}{\partial x\partial y}=\frac{\partial^2 z}{\partial y\partial x}=2e^{x+2y} \qquad \frac{\partial^2 z}{\partial y^2}=4e^{x+2y}$$

例7.23　证明$z=\ln\sqrt{x^2+y^2}$满足方程$\frac{\partial^2 z}{\partial x^2}+\frac{\partial^2 z}{\partial y^2}=0$。

解：因为

$$z=\ln\sqrt{x^2+y^2}=\ln(x^2+y^2)^{\frac{1}{2}}=\frac{1}{2}\ln(x^2+y^2)$$

所以

$$\frac{\partial z}{\partial x}=\frac{x}{x^2+y^2} \qquad \frac{\partial z}{\partial y}=\frac{y}{x^2+y^2}$$

再求二阶偏导数得

$$\frac{\partial^2 z}{\partial x^2}=\frac{x^2+y^2-x\cdot 2x}{(x^2+y^2)^2}=\frac{y^2-x^2}{(x^2+y^2)^2}$$
$$\frac{\partial^2 z}{\partial y^2}=\frac{x^2+y^2-y\cdot 2y}{(x^2+y^2)^2}=\frac{x^2-y^2}{(x^2+y^2)^2}$$

显见$\frac{\partial^2 z}{\partial x^2}+\frac{\partial^2 z}{\partial y^2}=0$。

课堂巩固 7.5

基础训练 7.5

1. 设二元函数 $z=x\sin y+y\cos x$，求其二阶偏导数。
2. 设 $f(x,y)=x^2y^2+2x^2y+xy$，求 $f_{xx}(2,1)$，$f_{xy}(1,1)$，$f_{yy}(3,1)$。
3. 设二元函数 $z=\mathrm{e}^x+\mathrm{e}^y+\sin xy$，求其二阶偏导数。

提升训练 7.5

1. 设 $f(x,y)=y^x$，求 $\dfrac{\partial^2 f}{\partial x^2}$。
2. 设二元函数 $z=x^2+x\ln y$，求其二阶偏导数。
3. 设 $z=x\ln(xy)$，求 $\dfrac{\partial^3 z}{\partial x^2\partial y}$。
4. 设 $u=\sqrt{x^2+y^2+z^2}$，证明：$\dfrac{\partial^2 u}{\partial x^2}+\dfrac{\partial^2 u}{\partial y^2}+\dfrac{\partial^2 u}{\partial z^2}=\dfrac{2}{u}$。

7.6 全 微 分

问题导入

在定义二元函数的偏导数时，用到了下述两个增量

$$f(x+\Delta x,y)-f(x,y)$$
$$f(x,y+\Delta y)-f(x,y)$$

它们分别称为函数 $z=f(x,y)$ 在点 (x,y) 处对 x 的偏增量和对 y 的偏增量。而在许多实际问题中，我们还会遇到形如下面的全增量：

$$f(x+\Delta x,y+\Delta y)-f(x,y)$$

计算全增量比较复杂，与一元函数的情形相似，我们也希望用自变量的增量 Δx 和 Δy 的线性函数近似代替函数的全增量 Δz，从而把一元函数微分的概念推广到二元函数。这就产生了全微分的概念。

知识归纳

7.6.1 全微分的概念

全微分的概念

【定义 7.7】 若函数 $z=f(x,y)$ 在点 (x_0,y_0) 的全增量

$$\Delta z=f(x_0+\Delta x,y_0+\Delta y)-f(x_0,y_0)$$

可表示为

$$\Delta z = A\Delta x + B\Delta y + o(\rho)$$

其中$\rho = \sqrt{\Delta x^2 + \Delta y^2}$，$A$与$B$是与$\Delta x$和$\Delta y$无关的常数，则称函数$f(x,y)$在点$(x_0,y_0)$处可微，线性主部$A\Delta x + B\Delta y$称为$f(x,y)$在点$(x_0,y_0)$处的全微分，记为$\mathrm{d}z\big|_{(x_0,y_0)}$或$\mathrm{d}f(x,y)\big|_{(x_0,y_0)}$，即

$$\mathrm{d}z\big|_{(x_0,y_0)} = A\Delta x + B\Delta y$$

此时也称函数$f(x,y)$在点(x_0,y_0)处可微。

由全微分定义易知：

（1）$\mathrm{d}z$是自变量的增量Δx、Δy的线性函数；

（2）$\mathrm{d}z$与Δz之差是比$\rho = \sqrt{\Delta x^2 + \Delta y^2}$高阶的无穷小，从而$\mathrm{d}z \approx \Delta z$。

相关例题见例7.24～例7.27。

7.6.2　可微的必要条件和充分条件

在微分定义中仅知道A、B与Δx、Δy无关是不够的，A、B等于什么？二元函数可微与偏导数存在什么关系也需要知道。为此，下面讨论函数$z=f(x,y)$可微的条件。

【定理7.2】（可微的必要条件）　如果函数$z=f(x,y)$在点(x_0,y_0)处可微，则函数$f(x,y)$在该点的偏导数必定存在，且

$$f_x(x_0,y_0) = A \qquad f_y(x_0,y_0) = B$$

证明：设函数$z=f(x,y)$在点(x_0,y_0)处可微，则

$$\Delta z = A\Delta x + B\Delta y + o(\rho)$$

因为上式对任意的Δx、Δy都成立，所以当$\Delta y = 0$时上式也应成立，此时$\rho = |\Delta x|$，上式则变为

$$f(x_0+\Delta x, y_0) - f(x_0,y_0) = A\Delta x + o(|\Delta x|)$$

上式两边各除以Δx，再令$\Delta x \to 0$，即得

$$\lim_{\Delta x \to 0} \frac{f(x_0+\Delta x, y_0) - f(x_0,y_0)}{\Delta x} = A$$

从而偏导数$f_x(x_0,y_0)$存在，且等于A。同理可证$f_y(x_0,y_0) = B$。

【定理7.3】（可微的充分条件）　如果函数$z=f(x,y)$的偏导数$\dfrac{\partial z}{\partial x}$、$\dfrac{\partial z}{\partial y}$在点$(x_0,y_0)$处存在，且在$(x_0,y_0)$处连续，则函数在该点可微。

7.6.3　多元函数的全微分

以上关于二元函数全微分的定义，可以类似地推广到三元及三元以上的多元函数。例如，三元函数$u=f(x,y,z)$在点(x,y,z)处的全微分为

$$\mathrm{d}u = f_x\mathrm{d}x + f_y\mathrm{d}y + f_z\mathrm{d}z = \frac{\partial u}{\partial x}\mathrm{d}x + \frac{\partial u}{\partial y}\mathrm{d}y + \frac{\partial u}{\partial z}\mathrm{d}z$$

典型例题

例 7.24 求函数 $z=x^2y+y^2$ 的全微分。

解：先求一阶偏导数，分别为

$$\frac{\partial z}{\partial x}=2xy \qquad \frac{\partial z}{\partial y}=x^2+2y$$

于是，由全微分计算公式得

$$dz=2xy\,dx+(x^2+2y)dy$$

例 7.25 求函数 $z=e^{xy}$ 在(1,2)处的全微分。

解：先求一阶偏导数，分别为

$$z'_x(x,y)=ye^{xy} \qquad z'_y(x,y)=xe^{xy}$$

代入 $x=1,y=2$，得

$$z'_x(1,2)=2e^2 \qquad z'_y(1,2)=e^2$$

于是得 $z=e^{xy}$ 在(1,2)处的全微分为

$$dz\Big|_{(1,2)}=2e^2dx+e^2dy$$

例 7.26 设函数 $z=e^x\sin(x+y)$，求全微分 dz。

解：先求一阶偏导数，分别为

$$z'_x(x,y)=e^x\sin(x+y)+e^x\cos(x+y) \qquad z'_y(x,y)=e^x\cos(x+y)$$

于是得

$$dz=[e^x\sin(x+y)+e^x\cos(x+y)]dx+e^x\cos(x+y)dy$$

例 7.27 设函数 $u=xyz$，求全微分 du。

解：先求函数 $u=xyz$ 对自变量 x,y,z 的一阶偏导数，分别为

$$\frac{\partial u}{\partial x}=yz \qquad \frac{\partial u}{\partial y}=xz \qquad \frac{\partial u}{\partial z}=xy$$

于是得

$$du=\frac{\partial u}{\partial x}dx+\frac{\partial u}{\partial y}dy+\frac{\partial u}{\partial z}dz=yz\,dx+xz\,dy+xy\,dz$$

应用案例

案例 7.5 近似计算问题

假设一个圆柱体受压后发生形变，它的半径由 20cm 增大至 20.05cm，高度由 100cm 减少至 99cm，求此圆柱体体积变化的近似值。

解：设圆柱体的半径、高和体积分别为 r, h 和 V，则有 $V=\pi r^2h$，记 r, h 和 V 的改变量分别为 Δr, Δh 和 ΔV，于是

$$r=20 \qquad h=100 \qquad \Delta r=0.05 \qquad \Delta h=-1$$

$$\Delta V \approx \mathrm{d}v=V_r'\Delta r+V_h'\Delta h=2\pi rh\Delta r+\pi r^2\Delta h$$

$$=2\pi\times 20\times 100\times 0.05+20^2\times(-1)\pi=-200\pi(\mathrm{cm})^3$$

因此圆柱体在受压后体积约减小了$200\pi\mathrm{cm}^3$。

课堂巩固 7.6

基础训练 7.6

1. 求下列函数的全微分。

(1) $z=x^2y+xy^2$　　(2) $z=\ln(x^2+2xy)$

(3) $z=\mathrm{e}^{x^2+y^2}$　　(4) $z=xy^3$

(5) $z=\sin(1+x^2+y^2)$

2. 求函数$z=\dfrac{y}{x}$在点(2,1)处的全微分。

提升训练 7.6

1. 求函数$z=x^3+2x^2y-y^3$在点(1,2)处的全微分。

2. 在“充分”“必要”和“充分必要”三者中选择一个正确的选项填入下列空内。

(1) 函数$f(x,y)$在点(x_0,y_0)偏导数存在是$f(x,y)$在点(x_0,y_0)可微的______条件。

(2) 函数$f(x,y)$在点(x_0,y_0)可微是$f(x,y)$在点(x_0,y_0)连续且偏导数存在的______条件。

(3) 函数$f(x,y)$的一阶偏导数$f_x(x,y)$,$f_y(x,y)$在点(x_0,y_0)连续是$f(x,y)$在点(x_0,y_0)可微的______条件。

7.7　多元函数的极值

问题导入

在一元函数中,我们利用导数求函数的极值。多元函数也有极值与最大值、最小值等问题,其处理方法与一元函数相似。下面我们主要以二元函数讨论多元函数的极值问题。

知识归纳

7.7.1　二元函数极值的概念

【定义 7.8】 设二元函数$z=f(x,y)$在点(x_0,y_0)的某个邻域内有定义。对于该邻域

内异于(x_0,y_0)的任意点(x,y)，如果都满足不等式

$$f(x,y)<f(x_0,y_0)$$

则称函数$f(x,y)$在点(x_0,y_0)有极大值$f(x_0,y_0)$。

多元函数的极值

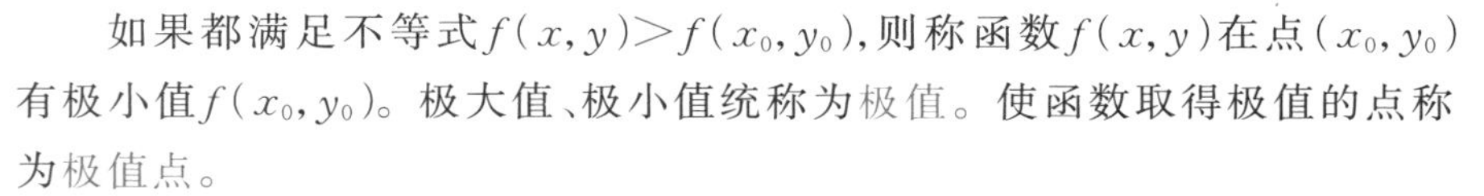

如果都满足不等式$f(x,y)>f(x_0,y_0)$，则称函数$f(x,y)$在点(x_0,y_0)有极小值$f(x_0,y_0)$。极大值、极小值统称为极值。使函数取得极值的点称为极值点。

例如，函数$z=\sqrt{x^2+y^2}$在点(0,0)处有极小值$z=0$；函数$z=-x^2-y^2$在点(0,0)处有极大值；函数$z=xy$在点(0,0)处既不取得极大值也不取得极小值。与一元函数一样，多元函数的极值也是一个局部的概念。

7.7.2 二元函数极值的判别法

【定理7.4】（极值存在的必要条件） 设函数$z=f(x,y)$在点(x_0,y_0)处具有偏导数，且在点(x_0,y_0)处有极值，则它在点(x_0,y_0)处的偏导数必然为零，即

$$f_x(x_0,y_0)=0 \qquad f_y(x_0,y_0)=0$$

注意：

(1) 与一元函数相似，使$f_x(x,y)=f_y(x,y)=0$成立的点，称为函数的驻点。

(2) 极值点不一定是驻点，因为偏导数不存在的点也可能是极值点。如函数$z=\sqrt{x^2+y^2}$在点(0,0)处取得极小值，但该点处的两个偏导数都不存在。

(3) 驻点也不一定是极值点。如点(0,0)是函数$z=xy$的驻点，但函数在该点并没有取得极值。这表明驻点是可偏导函数的极值点的必要条件而非充分条件。

【定理7.5】（极值存在的充分条件） 设函数$z=f(x,y)$在点(x_0,y_0)的某邻域内具有一阶及二阶连续偏导数，又$f_x(x_0,y_0)=0$，$f_y(x_0,y_0)=0$，令

$$f_{xx}(x_0,y_0)=A \qquad f_{xy}(x_0,y_0)=B \qquad f_{yy}(x_0,y_0)=C$$

则$f(x,y)$在(x_0,y_0)处是否取得极值的条件如下。

(1) $B^2-AC<0$时取得极值，当$A<0$时有极大值，当$A>0$时有极小值。

(2) $B^2-AC>0$时没有取得极值。

(3) $B^2-AC=0$时可能取得极值，也可能没有取得极值，需另作讨论。

根据定理7.5，把具有二阶连续偏导数的函数$z=f(x,y)$的极值的求法归纳如下。

第一步，解方程组$f_x(x,y)=0$，$f_y(x,y)=0$，求得一切实数解，即求得全部驻点。

第二步，对于每个驻点，求出二阶偏导数的值A，B，C。

第三步，确定出各驻点处B^2-AC的符号，按定理7.5的结论判断$f(x_0,y_0)$是否是极值，是极大值还是极小值。

相关例题见例7.28。

7.7.3 二元函数的最值

与一元函数类似，可以利用函数的极值求函数的最值。如果$f(x,y)$在有界闭区域

D上连续，则$f(x,y)$在D上必定能取得最大值和最小值。这种使函数取得最大值或最小值的点既可能在D的内部，也可能在D的边界上，因此只需求出$f(x,y)$在各驻点和偏导数不存在的点的函数值及在边界上的最大值和最小值，然后加以比较即可。

假定函数$f(x,y)$在有界闭区域D上连续，偏导数存在且只有有限个驻点，则求函数$f(x,y)$最大值和最小值的步骤如下。

第一步，求函数$f(x,y)$在D内的全部驻点的函数值。

第二步，求函数$f(x,y)$在D的边界上的最大值和最小值。

第三步，比较前两步得到的所有函数值，其中最大者为最大值，最小者为最小值。

在实际问题中，根据问题的性质，知道函数$f(x,y)$的最大值或最小值一定在D内取得，而函数$f(x,y)$在D内只有一个驻点，那么可以肯定该驻点处的函数值就是函数$f(x,y)$在D上的最大值或最小值。

相关例题见例7.29。

7.7.4 条件极值

在研究极值问题时，对于函数的自变量，除限制在函数的定义域内之外，没有其他附加条件，所以称为无条件极值。但是在一些实际的极值问题中，函数的自变量还会受到某些条件的限制。这就把问题归结为在附加条件的限制下求函数的极值，这类问题叫作条件极值。

对于有些问题，条件极值可以化为无条件极值，然后利用求无条件极值的方法解决。但是在很多情形下，要想将条件极值化为无条件极值，问题并不简单。为此，给出了一种直接求条件极值的方法，就是下面介绍的拉格朗日乘数法。

拉格朗日乘数法　设二元函数$z=f(x,y)$，$z=\varphi(x,y)$在所考虑的区域内有连续的一阶偏导数，且$\varphi_x(x,y)$和$\varphi_y(x,y)$不同时为零，求函数$z=f(x,y)$在条件$\varphi(x,y)=0$下的极值。

(1) 构造辅助函数(即拉格朗日函数)。

$$F(x,y)=f(x,y)+\lambda\varphi(x,y)\quad(\lambda\text{为常数，称为拉格朗日乘数})$$

(2) 解联立方程组。

$$\begin{cases}F_x(x,y)=0\\F_y(x,y)=0\\\varphi(x,y)=0\end{cases}$$

即

$$\begin{cases}f_x(x,y)+\lambda\varphi_x(x,y)=0\\f_y(x,y)+\lambda\varphi_y(x,y)=0\\\varphi(x,y)=0\end{cases}$$

得可能的极值点(x,y),即条件极值的驻点。

在实际问题中,这一驻点往往就是问题所求的极值点,或是最大(小)值点。

相关例题见例7.30。

典型例题

例7.28　求函数$z=f(x,y)=x^3+y^3-3xy$的极值。

多元函数极值+例题

解:首先计算$f_x(x,y)$,$f_y(x,y)$,并联立方程组

$$\begin{cases}f_x(x,y)=3x^2-3y=0\\f_y(x,y)=3y^2-3x=0\end{cases}$$

得全部驻点为(0,0)和(1,1)。

计算二阶偏导数,有

$$f_{xx}(x,y)=6x \qquad f_{xy}(x,y)=-3 \qquad f_{yy}(x,y)=6y$$

在点(0,0)处,有

$$A=f_{xx}(0,0)=0 \qquad B=f_{xy}(0,0)=-3 \qquad C=f_{yy}(0,0)=0$$

因为$B^2-AC=(-3)^2-0\times 0=9>0$,所以,点(0,0)不是极值点。

在点(1,1)处,有

$$A=f_{xx}(1,1)=6 \qquad B=f_{xy}(1,1)=-3 \qquad C=f_{yy}(1,1)=6$$

因为$B^2-AC=(-3)^2-6\times 6=-27<0$,且$A>0$,所以点(1,1)是极小值点,此时极小值为$f(1,1)=1^3+1^3-3\times 1\times 1=-1$。

注意:二元函数的极值点可能是驻点,也可能是偏导数中至少有一个不存在的点。因此,在考虑函数的极值问题时,除考虑函数的驻点外,如果有偏导数不存在的点,对这些点也应当加以考虑。

例7.29　某厂要用铁板做成一个体积为8m^3的有盖长方体箱子。问当长、宽、高各取多少时用料最省?

解:设箱子长为x m、宽为y m,则其高为$\frac{8}{xy}$m,此箱子所用材料的面积为

$$A=2\left(xy+y\cdot\frac{8}{xy}+x\cdot\frac{8}{xy}\right)=2\left(xy+\frac{8}{x}+\frac{8}{y}\right)\quad(x>0,y>0)$$

令$A'_x=2\left(y-\frac{8}{x^2}\right)=0$,$A'_y=2\left(x-\frac{8}{y^2}\right)=0$,得$x=2$,$y=2$。

根据题意知,箱子所用材料面积的最小值一定存在,并在区域$x>0$,$y>0$内取得,又因函数A在$x>0$,$y>0$内只有一个驻点,所以此驻点一定是函数A的最小值点,即当箱子的长为2m、宽为2m、高为$\frac{8}{2\times 2}=2$m时,箱子的用料最省。

例7.30　设生产某产品需要原料A和B，它们的单价分别为10元、15元，用x单位原料A和y单位原料B可生产$-x^2+20xy-8y^2$单位的该产品，现要以最低成本生产112单位的该产品，问原料A和原料B各需要多少？

分析：由题意可知，成本函数$C(x,y)=10x+15y$。该问题是求成本函数在条件$-x^2+20xy-8y^2=112$下的条件极值问题。利用拉格朗日乘数法计算。

解：令$F(x,y)=10x+15y+\lambda(-x^2+20xy-8y^2-112)$

解方程组$\begin{cases}\dfrac{\partial f}{\partial x}=10-2x\lambda+20y\lambda=0\\ \dfrac{\partial f}{\partial y}=15-16y\lambda+20x\lambda=0\\ -x^2+20xy-8y^2-112=0\end{cases}\Rightarrow y=2, y=-2$（舍去）$\Rightarrow x=4$。

这是实际应用问题，所以当原料A和原料B的用量分别为4单位、2单位时，成本最低。

应用案例

案例7.6　利润最大化问题

为销售产品设计了两种广告宣传方式，当两种广告费分别为x,y时，销售量是

$$S=\frac{200x}{5+x}+\frac{100y}{10+y}$$

若销售产品所得利润是销量的$\dfrac{1}{5}$减去广告费，现在有广告费25万元，应如何分配使广告产生的利润最大？最大利润是多少？

解：依题意，利润函数为$\dfrac{1}{5}S-25=\dfrac{40x}{5+x}+\dfrac{20y}{10+y}-25$，且$x+y=25$。

设$F(x,y)=\dfrac{40x}{5+x}+\dfrac{20y}{10+y}-25+\lambda(x+y-25)$，

令$\begin{cases}\dfrac{\partial F}{\partial x}=\dfrac{200}{(5+x)^2}+\lambda=0\\ \dfrac{\partial F}{\partial y}=\dfrac{200}{(10+y)^2}+\lambda=0\\ x+y=25\end{cases}$　得$\begin{cases}x=15\\ y=10\\ \lambda=-0.5\end{cases}$

故最大利润$=\dfrac{40\times 15}{5+15}+\dfrac{20\times 10}{10+10}-25=15$（万元）。

依题设存在最大利润，且驻点唯一，因此两种广告费分别投入15万元和10万元时利润最大，最大利润为15万元。

课堂巩固 7.7

基础训练 7.7

1．求函数$f(x,y)=x^2-12x+8y^2$的极值。

2．求函数$f(x,y)=x^3-y^3-4xy$的极值。

3．求函数$f(x,y)=x^3-y^3+3x^2+3y^2-9x$的极值。

提升训练 7.7

1．函数$f(x,y)=x^3+4x^2+2xy+y^2$的驻点为____________________。

2．求函数$f(x,y)=x^4+y^4-x^2-2xy-y^2$的极值。

3．求函数$z=xy$在条件$x+y=1$下的极值。

4．小王有200元，他决定用来购买计算机(磁)盘和录音磁带，设他购买x张(磁)盘、y盒录音磁带的效果函数为

$$U\left(x,y\right)=\ln x+\ln y$$

现每张(磁)盘8元，每盒录音磁带10元，问他如何分配200元可达到最佳效果？

总结提升 7

1．选择题。

(1) 空间中的点$(-1,2,3)$所在的卦限为(　　)。

A．第一卦限　　　　B．第二卦限

C．第三卦限　　　　D．第四卦限

(2) 点$(1,-1,1)$所在的曲面是(　　)。

A．$x^2+y^2-2z=0$　　　　B．$x^2-y^2=z$

C．$x^2+y^2+2z=0$　　　　D．$z=\ln(x^2+y^2)$

(3) 点$(1,1,1)$关于xOy平面的对称点是(　　)。

A．$(-1,1,1)$　　　　B．$(1,1,-1)$

C．$(-1,-1,-1)$　　　　D．$(1,-1,1)$

(4) 函数$f(x,y)=\dfrac{1}{\sqrt{x-y}}$的定义域为(　　)。

A．$\{(x,y)\mid x>y\}$　　　　B．$\{(x,y)\mid x\geqslant y\}$

C．$\{(x,y)\mid x<y\}$　　　　D．$\{(x,y)\mid x\leqslant y\}$

(5) 设函数$f(x,y)=\frac{xy}{x^2+y^2}$,则下列结论中不正确的是(　　)。

A. $f(1,0)=0$　　B. $f(0,1)=0$

C. $f(1,-1)=-\frac{1}{2}$　　D. $f(-1,-1)=-\frac{1}{2}$

(6) 设函数$z=f(x,y)$在点(x_0,y_0)处存在对x,y的偏导数,则$f_x(x_0,y_0)=$(　　)。

A. $\lim\limits_{\Delta y\to 0}\frac{f(x_0,y_0+\Delta y)-f(x_0,y_0)}{\Delta y}$　　B. $\lim\limits_{\Delta y\to 0}\frac{f(x_0,y_0-\Delta y)-f(x_0,y_0)}{\Delta y}$

C. $\lim\limits_{\Delta x\to 0}\frac{f(x_0+\Delta x,y_0)-f(x_0,y_0)}{\Delta x}$　　D. $\lim\limits_{\Delta x\to 0}\frac{f(x_0-\Delta x,y_0)-f(x_0,y_0)}{\Delta x}$

(7) 设函数$f(x,y)=x^2-y^2$,则$\frac{\partial f}{\partial x}+\frac{\partial f}{\partial y}=$(　　)。

A. $2x$　　B. $-2y$

C. $4x-4y$　　D. $2x-2y$

(8) 设函数$f(x+y,x-y)=x^2-y^2$,则$\frac{\partial z}{\partial x}+\frac{\partial z}{\partial y}=$(　　)。

A. $2x-2y$　　B. $x+y$

C. $2x+2y$　　D. $x-y$

(9) 函数$z=\frac{y}{x}$在$(1,1)$处的全微分$\mathrm{d}z\big|_{(1,1)}=$(　　)。

A. $\mathrm{d}x+\mathrm{d}y$　　B. $\mathrm{d}x-\mathrm{d}y$

C. $-\mathrm{d}x+\mathrm{d}y$　　D. $-\mathrm{d}x-\mathrm{d}y$

(10) 二元函数$z=x^3-y^3+3x^2+3y^2-9x$的极小值点为(　　)。

A. $(1,0)$　　B. $(1,2)$

C. $(-3,0)$　　D. $(-3,2)$

2. 填空题。

(1) 设$f(x,y)=\frac{xy}{x^2-y^2}$,则$f(2,1)=$________。

(2) 函数$z=\frac{1}{\sqrt{x+y+3}}$的定义域$D=$____________。

(3) $\lim\limits_{(x,y)\to(1,1)}(x^2+2y+1)=$________。

(4) 二元函数$z=f(x,y)$在点$P_0(x_0,y_0)$处连续,则$\lim\limits_{\substack{x\to x_0\\y\to y_0}}f(x,y)=$________。

(5) 设二元函数$z=f(x,y)$在点(x_0,y_0)处的两个偏导数均存在,则$\lim\limits_{\Delta x\to 0}\frac{f(x_0+\Delta x,y_0)-f(x_0,y_0)}{\Delta x}=$____________。

(6) 已知$z=f(x,y)=2x^2+3y^3$,则$f_x(2,2)=$____________。

（7）若函数$z=f(x,y)$的两个偏导数均存在且连续，则$dz=$____________________。

（8）函数$f(x,y)=x^3+4x^2+2xy+y^2$的驻点为____________________。

3．求点$M(x,y,z)$与x轴，xOy平面及原点的对称点坐标。

4．求函数$z=\sqrt{4-x^2-y^2}$的定义域。

5．已知$f(x,y)=3x+2y$，求$f[xy,f(x,y)]$。

6．求下列极限。

（1）$\lim\limits_{\substack{x\to 0\\ y\to 5}}\dfrac{\sin(xy)}{x}$　　（2）$\lim\limits_{\substack{x\to 0\\ y\to 0}}\dfrac{2-\sqrt{xy+4}}{xy}$

（3）$\lim\limits_{\substack{x\to 1\\ y\to 0}}\dfrac{\ln(x+e^y)}{x^2+y^2}$　　（4）$\lim\limits_{\substack{x\to 0\\ y\to 0}}\dfrac{1-\cos(x^2+y^2)}{(x^2+y^2)^2}$

7．证明下列函数的极限不存在。

（1）$\lim\limits_{\substack{x\to 0\\ y\to 0}}\dfrac{x-y}{x+y}$　　（2）$\lim\limits_{\substack{x\to 0\\ y\to 0}}\dfrac{xy+xy^2}{x^2+y^2}$

8．求下列函数的偏导数。

（1）$z=x^3y-y^3x$　　（2）$f(x,y)=2x+3y-1$

9．已知$z=x^8e^y$，求$z_x,z_y,z_{xy},z_{xx},z_{yy}$。

10．已知$u=(x+2y+3z)^{10}$，求$\dfrac{\partial u}{\partial x},\dfrac{\partial u}{\partial y},\dfrac{\partial u}{\partial z},\dfrac{\partial^2 u}{\partial y\partial z}$。

11．证明$z=\ln(x^2+y^2)$满足拉普拉斯方程$\dfrac{\partial^2 z}{\partial x^2}+\dfrac{\partial^2 z}{\partial y^2}=0$。

12．求下列各函数的全微分。

（1）$z=xy\ln y$　　（2）$z=\ln(xy+4z^4)$

（3）$z=xy+\dfrac{x}{y}$　　（4）$z=\dfrac{xy}{\sqrt{x^2+y^2}}$

13．求下列函数的极值。

（1）$z=1-x^2-y^2$　　（2）$z=2xy-3x^2-2y^2$

（3）$z=x^2-xy+y^2-2x+y$　　（4）$z=x^3+y^3-3xy$

14．某工厂生产A、B两种型号的产品，A型产品的售价是1000元/件，B型产品的售价是900元/件，生产A型产品x件和B型产品y件的总成本$C(x,y)=40000+200x+300y+3x^2+xy+3y^2$元，求A，B两种产品各生产多少件时，利润最大？

第8章 多元函数积分学

几何流形中的“怪物”

数学故事

莫比乌斯带(图 8.1)

如果我们把一个纸带顺时针旋转180°后再粘在一起,就会形成一条神奇的纸带——莫比乌斯带,它是人类历史上第一个被发现并加以研究的单面曲线,它是由德国数学家、天文学家莫比乌斯和约翰·李斯丁在1858年发现的。如果在这个纸带上放一只蚂蚁,那么它不用穿越纸带就可以爬到纸带上的任意位置;如果用彩笔在纸带的一面上涂色,是不可能画出一面红、一面蓝的效果的。

由于莫比乌斯带的特性,它越来越受到科学家的喜爱,莫比乌斯带在科学、艺术、工程、天文学、文学等方面都有广泛的应用。现代社会中也随处可见莫比乌斯带的影子,分子构造、金属雕刻、文学创作、建筑结构等。在艺术作品中,它常被认为是“无限循环”的象征,国际通用的循环再造标志就是一个绿色的、三角形的莫比乌斯带。在美国匹兹堡著名的肯尼森林游乐园里,就有一部“加强版”的云霄飞车——它的轨道被设计成一个莫比乌斯圈。中国科技馆的展品之一——“三叶扭结”就是由莫比乌斯带演变而成的,它是由一条三棱柱带经过三次盘绕,将其中的一端旋转120°后首尾相接,构成三面连通的单侧单边的三叶扭结造型。

图 8.1

莫比乌斯带是二维不可定向流形的重要例子,是数学家构造出的具体流形之一。它也成为拓扑学中最有趣的单侧曲面问题。

克莱因瓶(图 8.2)

两条莫比乌斯带沿着边缘粘起来就会形成一个克莱因瓶,克莱因瓶是一个具有延展性的瓶子,瓶颈处可以绕回并插入瓶身,形成无法区分瓶子内外的独特造型。克莱因瓶是1882年由德国数学家克莱因提出的概念瓶,他指出克莱因瓶存在于四维空间中,因此,莫比乌斯带可以在现实空间中造出来,但是却无法造出完美的克莱因瓶。在四维空间中,克莱因瓶的瓶颈不是穿过瓶身到达瓶底,而是绕过瓶身直达瓶底,中间没有任何物质的交叉。

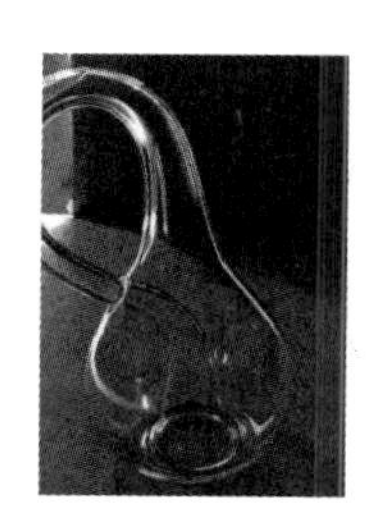

图 8.2

克莱因瓶是一个不可定向的二维紧流形，它的独特之处在于瓶子没有内外之分，如果想在瓶子上涂色，是无法涂出内外不一样的颜色的。

数学思想

微分几何是运用微积分的理论知识研究空间中几何图形性质的数学分支学科，分为古典微分几何和现代微分几何。古典微分几何专注研究空间的曲线和曲面，而现代微分几何研究更一般的空间——流形。

自牛顿和莱布尼茨创立微积分之后，人们一直将其应用在二维空间曲线的研究中，这是微分几何的萌芽，普通的几何学关注的是图形的整体特性，而微分几何学更关注曲线或者曲面上一点附近的属性。在数学家欧拉首次引入平面曲线的内在坐标概念后，科学家们开始研究曲线的内在集合。1785年，法国数学家蒙日写了第一本微分几何课本《分析在几何学上的应用》，将微积分的应用扩大到了对曲面的理解和研究中。1827年，高斯出版了《曲面的一般研究》，奠定了现代微分几何学的基础。高斯抓住了微分几何中最重要的概念和最根本性的内容，建立了曲面的内在几何学。1854年，黎曼在大学的就职演讲中深刻揭示了空间和几何之间的差别，同时认识到二次微分形式可以应用到流形上，从而开创了黎曼几何。1872年，克莱因发表了《埃尔朗根纲领》，成为几何学的指导原理，推动了几何学的发展，促进了射影微分几何、仿射微分几何、共形微分几何的建立。20世纪二三十年代，法国数学家卡坦建立起李群与微分几何之间的联系，从而为微分几何的发展奠定了重要基础。陈省身将卡坦的方法发扬光大，建立了微分几何与拓扑的联系，是微分几何的里程碑，因此，陈省身也被国际数学家誉为“微分几何之父”。20世纪30年代开始，苏步青和他的学生及苏联C. П. 菲尼科夫等进一步发展了射影微分几何。

近代，由于对高维空间的微分几何和对曲线、曲面整体性质的研究，使微分几何学同黎曼几何、拓扑学、变分学、李群代数等有了密切的关系，这些数学分支和微分几何互相渗透，已成为现代数学的中心问题之一。

数学人物

卡尔·弗里德里希·高斯(Carl Friedrich Gauss，1777—1855年，图8.3左)是德国数学家、天文学家和物理学家，被誉为历史上最伟大的数学家之一，和阿基米德、牛顿并列。高斯1777年出生于一个工匠家庭，幼年时的高斯是一个神童，他从小就喜欢数值计算，有一次数学老师出了一道题，将1到100加起来是多少？还在上小学的高斯在老师说完题目后很快就算出了正确答案5050。后来，布伦瑞克公爵注意到了他的天赋并资助他进入哥根廷大学学习。19岁的高斯就研究出了如何用尺规作出边数是素数的正多边形。在接下来的18年里，他用日记的形式记录下了他的许多发现和结论。他一生共发表著作300余篇，完成4项重大发明(回照器、光度计、电报、强磁针)，其研究遍布数学的各个领域，因此，高斯被誉为19世纪最伟大的数学家，有“数学王子”的美誉。

高斯22岁获博士学位,25岁当选圣彼得堡科学院外籍院士,30岁任哥廷根大学数学教授兼天文台台长。高斯在学生时代便开始了数论方面的研究,并开始撰写数学史上的经典著作《算术研究》,这本书一共分为7部分,包括三大核心、同余理论、齐式论及剩余论和二次互反律,它的问世结束了19世纪以前数论的无系统状态。高斯将前人在数论方面的杰出理论进行了系统的整合,并加以推广,将研究问题的方法进行了分类整理,并在此基础上提出许多新的方法。19世纪,德国著名数学史家莫里茨·康托对这本书给出了极高的评价:"高斯曾说'数学是科学的女皇,数论则是数学的女皇。'如果这是真理,我们还可以补充一点——《算术研究》是数论的宪章。"

真正让高斯声名鹊起的是天文学中对谷神星的运行轨迹的计算。1801年,意大利天文学家皮亚齐发现了谷神星(图8.3右),但是遗憾的是几个星期后它却消失了,于是皮亚齐将自己的观测数据发表出来,希望天文学家一起寻找。高斯正是利用他过人的计算能力,计算出了谷神星的运行轨道,并且在年底的时候这颗行星也在其计算的位置附近被找到。后来高斯将这种计算方法发表在《天体运动论》中,至今这种方法仍然被用来追踪卫星。高斯在天文学方面的研究不仅限于此,他在研究摄动问题和大地测量学等方面也有很高的理论成就。他生命最后十年的大部分工作都跟天文台有关,涉及新发现的小行星、对海王星的观测,以及许多当时天文学家非常感兴趣的课题。

19世纪30年代,高斯辞去了天文台的工作,进而转向物理学研究。他与年轻的朋友、物理学家威廉·韦伯合作发表了许多关于地磁学的成果。他和韦伯画出了世界上第一张地球磁场图,次年,这些位置得到美国科学家的证实。

在高斯的时代,几乎找不到可以跟他讨论和分享观点的挚友,每当他发现新的理论时会因为无法讨论而感到孤独。高斯不喜欢参加辩论,也不喜欢创立学派,但是高斯仍然有很多优秀的学生,其中黎曼、狄利克雷这些伟大的数学家都是高斯的学生。1855年,高斯辞世,享年78岁。由于高斯对科学的巨大贡献,科学领域中许多的著名理论或者研究都以高斯命名。例如,磁场的CGS制计量单位、月球上的坑洞,小行星1001又称为高斯星。1901年,德国建造了一艘名为"高斯"的船,并进行被称为"高斯号远征"的南极探险活动。2007年,高斯的半身像被移进瓦尔哈拉神殿。德国更是把高斯的肖像印在纸币上,用于纪念这位伟大的科学家。

图　8.3

8.1 二重积分的概念与性质

问题导入

在许多实际问题中，不仅需要一元函数的定积分，还需要各种不同形式的二元函数的积分。它是一元函数定积分的推广。

知识归纳

8.1.1 曲顶柱体的体积

设有一立体，它的底是xOy面上的闭区域D，它的侧面是以D的边界曲线为准线、母线平行于z轴的柱面，它的顶是曲面$z=f(x,y)$，这里$z=f(x,y)$在有界闭区域D上连续，且$f(x,y)\geqslant 0,(x,y)\in D$。这种立体叫作曲顶柱体(cylinder)，如图8.4所示。

我们知道，平顶柱体的高是不变的，它的体积只需用底面积乘以高就可得到。但是曲顶柱体的高$f(x,y)$是个变量，它的体积不能直接利用底面积乘以高来得到。如何求曲顶柱体的体积呢？我们可以仿照求曲面梯形面积的方法求曲顶柱体的体积。

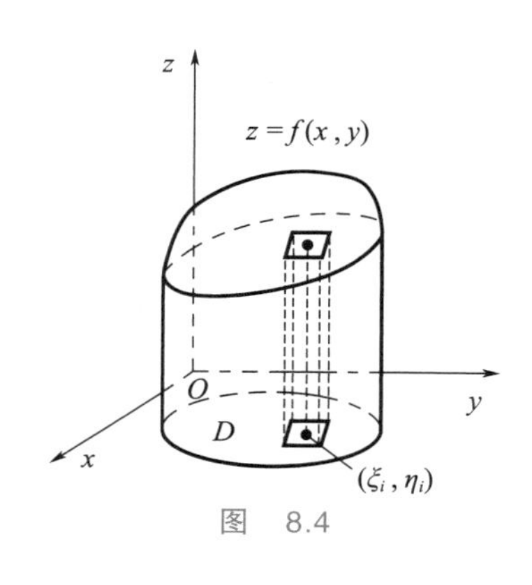

图 8.4

(1) 将区域D任意分成n个小区域$\Delta\sigma_1,\Delta\sigma_2,\cdots,\Delta\sigma_n$，其中$\Delta\sigma_i$表示第$i$个小区域$D_i(1\leqslant i\leqslant n)$，也表示第$i$个小区域$D_i$的面积。分别以这些小闭区域的边界曲线为准线，作母线平行于z轴的柱面，这些柱面把原来的曲顶柱体分为n个细曲顶柱体，如图8.4所示。当这些小曲顶柱体的直径(注：一个闭区域的直径指的是区域上任意两点间距离的最大值)很小时，由于$f(x,y)$连续，对同一个小闭区域来说，$f(x,y)$变化很小，这时细曲顶柱体可近似看成平顶柱体。

(2) 在每一个小闭区域$\Delta\sigma_i$中任取一点(ξ_i,η_i)，以$f(\xi_i,\eta_i)$为高，底为$\Delta\sigma_i$的平顶柱体的体积为

$$f(\xi_i,\eta_i)\Delta\sigma_i \qquad (i=1,2,\cdots,n)$$

n个平顶柱体体积之和为

$$\sum_{i=1}^{n}f(\xi_i,\eta_i)\Delta\sigma_i$$

可以认为是整个曲顶柱体体积的近似值。

(3) 令n个小区域的直径中的最大值(记作λ)趋于零,取上述和式的极限,所得的极限就是所求曲顶柱体的体积V,即

$$V=\lim_{\lambda\to 0}\sum_{i=1}^{n}f(\xi_i,\eta_i)\Delta\sigma_i$$

这种和式的极限就是二重积分。

8.1.2　二重积分的概念

二重积分的概念

【定义8.1】 设$f(x,y)$是有界闭区域上的连续函数,将闭区域D任意分成n个小区域$\Delta\sigma_1,\Delta\sigma_2,\cdots,\Delta\sigma_n$,其中$\Delta\sigma_i$表示第$i$个小区域$D_i(1\leqslant i\leqslant n)$,也表示第$i$个小区域$D_i$的面积。在每一个小闭区域$\Delta\sigma_i$中任取一点$(\xi_i,\eta_i)$,作乘积$f(\xi_i,\eta_i)\Delta\sigma_i(i=1,2,\cdots,n)$并作和$\sum\limits_{i=1}^{n}f(\xi_i,\eta_i)\Delta\sigma_i$,令$n$个小区域的直径中的最大值$\lambda$趋于零,如果该和式的极限总存在,则称此极限为函数$f(x,y)$在闭区域$D$上的二重积分,记作$\iint\limits_D f(x,y)\mathrm{d}\sigma$,即

$$\iint\limits_D f(x,y)\mathrm{d}\sigma=\lim_{\lambda\to 0}\sum_{i=1}^{n}f(\xi_i,\eta_i)\Delta\sigma_i$$

其中$f(x,y)$叫作被积函数,$f(x,y)\mathrm{d}\sigma$叫作被积表达式,$\mathrm{d}\sigma$叫作面积元素,x与y叫作积分变量,D叫作积分区域,$\sum\limits_{i=1}^{n}f(\xi_i,\eta_i)\Delta\sigma_i$叫作积分和。

说明:

(1) 根据定义,当积分和的极限存在时,称此极限为$f(x,y)$在闭区域D上的二重积分。此时称$f(x,y)$在闭区域D上是可积的。可以证明,如果函数$f(x,y)$在有界闭区域上连续,则$f(x,y)$在D上一定可积。

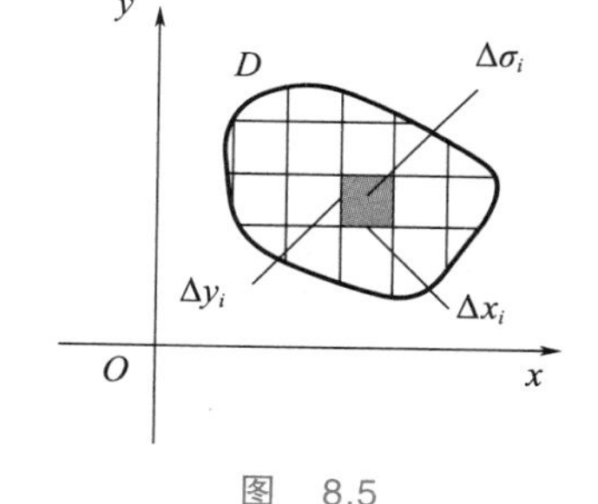

图　8.5

(2) 定义中对闭区域D的划分是任意的,如果在直角坐标系中,用平行于坐标轴的直线网来划分D,那么除包含边界点的一些小闭区域外,其他小区域都是矩形闭区域,如图8.5所示。于是小矩形闭区域$\Delta\sigma_i$的面积为

$$\Delta\sigma_i=x_iy_i\quad(i=1,2,\cdots,n)$$

可以证明,取极限后,面积元素为

$$\mathrm{d}\sigma=\mathrm{d}x\mathrm{d}y$$

所以在直角坐标系中,二重积分可记为

$$\iint\limits_D f(x,y)\mathrm{d}\sigma=\iint\limits_D f(x,y)\mathrm{d}x\mathrm{d}y$$

二重积分与一元函数的定积分具有类似的性质(证明从略)。

8.1.3 二重积分的性质

假设下面性质中涉及的函数均在D上可积。

性质1 常数因子可提到积分符号的外面，即

$$\iint_D kf(x,y)\mathrm{d}\sigma = k\iint_D f(x,y)\mathrm{d}\sigma \quad (k\text{为常数})$$

性质2 函数代数和的积分等于各函数积分的代数和，即

$$\iint_D [f(x,y)\pm g(x,y)]\mathrm{d}\sigma = \iint_D f(x,y)\mathrm{d}\sigma \pm \iint_D g(x,y)\mathrm{d}\sigma$$

此性质还可推广到有限多个函数的情形。

性质3（二重积分的可加性） 如果积分区域D被一曲线分成D_1和D_2两个区域，如图8.6所示，则

$$\iint_D f(x,y)\mathrm{d}\sigma = \iint_{D_1} f(x,y)\mathrm{d}\sigma + \iint_{D_2} f(x,y)\mathrm{d}\sigma$$

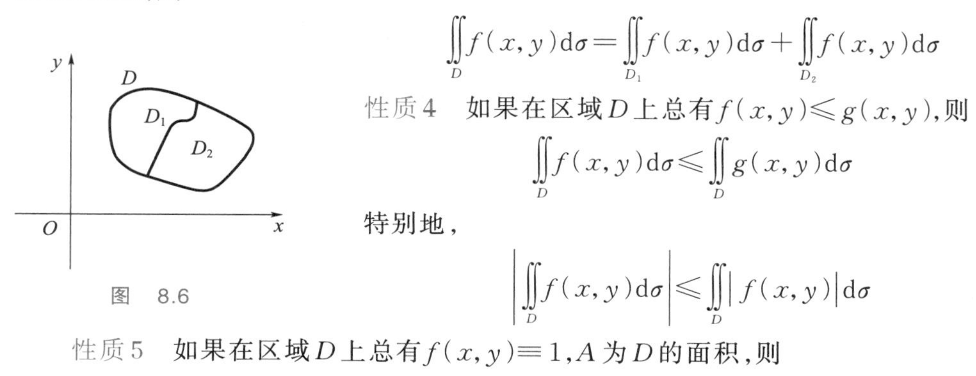

图 8.6

性质4 如果在区域D上总有$f(x,y)\leqslant g(x,y)$，则

$$\iint_D f(x,y)\mathrm{d}\sigma \leqslant \iint_D g(x,y)\mathrm{d}\sigma$$

特别地，

$$\left|\iint_D f(x,y)\mathrm{d}\sigma\right| \leqslant \iint_D |f(x,y)|\mathrm{d}\sigma$$

性质5 如果在区域D上总有$f(x,y)\equiv 1$，A为D的面积，则

$$\iint_D \mathrm{d}\sigma = A$$

性质6 设M和m分别为$f(x,y)$在闭区域D上的最大值和最小值，A为D的面积，则

$$mA \leqslant \iint_D f(x,y)\mathrm{d}\sigma \leqslant MA$$

性质7（二重积分的中值定理） 如果$f(x,y)$在闭区域D上连续，A为D的面积，则在D上至少存在一点(ξ,η)，使

$$\iint_D f(x,y)\mathrm{d}\sigma = f(\xi,\eta)A$$

从性质7中不难得出中值定理的几何意义：在闭区域D上以曲面$f(x,y)$为顶的曲顶柱体的体积，等于区域D上以某一点(ξ,η)的函数值$f(\xi,\eta)$为高的平顶柱体的体积。

相关例题见例8.1和例8.2。

典型例题

例8.1 比较$I_1=\iint_D (x+y)^2\mathrm{d}\sigma$和$I_2=\iint_D (x+y)^3\mathrm{d}\sigma$的大小，其中积分区域$D$是由

$(x-2)^2+(y-1)^2\leqslant 2$围成的区域。

解：积分区域D的边界为圆周$(x-2)^2+(y-1)^2=2$，它与x轴交于点(1,0)，与直线$x+y=1$相切，所以积分区域D位于直线上方，如图8.7所示。

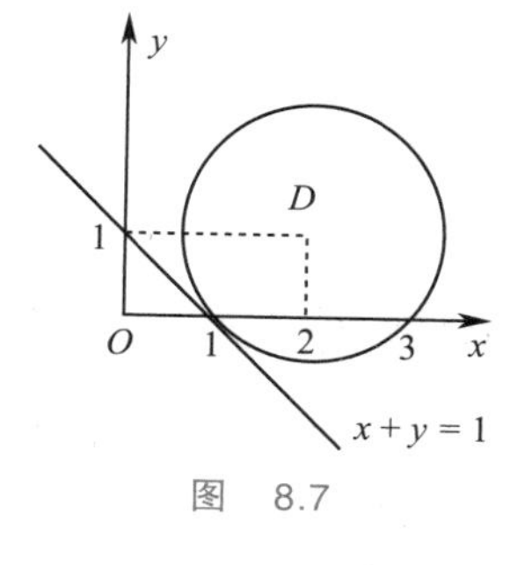

图　8.7

在积分区域D上，$x+y\geqslant 1$，从而$(x+y)^2\leqslant(x+y)^3$，根据二重积分的性质有

$$I_1=\iint_D(x+y)^2\mathrm{d}\sigma\leqslant I_2=\iint_D(x+y)^3\mathrm{d}\sigma$$

例8.2　不作计算，利用二重积分的性质，估计积分$I=\iint_D \mathrm{e}^{x^2+y^2}\mathrm{d}\sigma$的值，其中积分区域$D=\{(x,y)\mid x^2+y^2\leqslant 1\}$。

解：积分区域D的面积为$\sigma=\pi$，且在积分区域D上，$0\leqslant x^2+y^2\leqslant 1$，所以有

$$1=\mathrm{e}^0\leqslant \mathrm{e}^{x^2+y^2}\leqslant \mathrm{e}^1=\mathrm{e}$$

根据二重积分的性质有$\sigma\leqslant\iint_D \mathrm{e}^{x^2+y^2}\mathrm{d}\sigma\leqslant\sigma\cdot\mathrm{e}$，整理得

$$\pi\leqslant\iint_D \mathrm{e}^{x^2+y^2}\mathrm{d}\sigma\leqslant\pi\mathrm{e}$$

课堂巩固8.1

基础训练8.1

1．比较$I_1=\iint_D(x+y)^2\mathrm{d}\sigma$和$I_2=\iint_D(x+y)^3\mathrm{d}\sigma$的大小，其中积分区域$D$由$x$轴、$y$轴与直线$x+y=1$围成。

2．比较$I_1=\iint_D(x+y)^2\mathrm{d}\sigma$和$I_2=\iint_D(x+y)^3\mathrm{d}\sigma$的大小，其中积分区域$D$由$x$轴、$x=1$轴与直线$x+y=2$围成。

3．不作计算，利用二重积分的性质，估计积分$I=\iint_D(x^2+4y^2+9)\mathrm{d}\sigma$的值，其中积分区域$D=\{(x,y)\mid x^2+y^2\leqslant 4\}$。

提升训练8.1

1．比较$I_1=\iint_D\ln(x+y)\mathrm{d}\sigma$和$I_2=\iint_D[\ln(x+y)]^2\mathrm{d}\sigma$的大小，其中积分区域$D$是顶点在(1,0)、(1,1)、(2,0)的三角形区域。

2．比较$I_1=\iint_{D_1}(x^2+y^2)\mathrm{d}\sigma$和$I_2=\iint_{D_2}(x^2+y^2)\mathrm{d}\sigma$的大小，其中积分区域$D_1$由$|x|+|y|=1$围成，积分区域$D_2$由$x^2+y^2=1$围成。

8.2. 二重积分的计算

问题导入

虽然二重积分是用和式的极限定义的，但和定积分一样，只有少数被积函数和积分区域都特别简单的二重积分才能直接使用定义计算，而对一般的函数和区域，用定义将很难求出结果。

下面从几何方面讨论二重积分的计算。计算二重积分的基本思路是将其转化为两次单积分(即两次定积分)计算。在讨论中假定$f(x,y)\geqslant 0$。

知识归纳

8.2.1 二次积分的计算

二次积分的计算

1. 先对y后对x的二次积分

设函数$f(x,y)$在闭区域D上连续，如果积分区域D是由$x=a,x=b$与曲线$y=y_1(x),y=y_2(x)$所围成的，如图8.8所示，即

$$D=\{(x,y)\,|\,a\leqslant x\leqslant b,y_1(x)\leqslant y\leqslant y_2(x)\}$$

则二重积分$\iint\limits_D f(x,y)\mathrm{d}\sigma$是区域$D$上以曲面$z=f(x,y)$为顶的曲顶柱体的体积。这也是二重积分的几何意义。

图 8.8

为确定曲顶柱体的体积，可在x处用平行于yOz平面的平面截曲顶柱体。设截面面积为$A(x)$，而平行截面面积为$A(x)$的立体体积公式为

$$\int_a^b A(x)\mathrm{d}x$$

于是有

$$\iint\limits_D f(x,y)\mathrm{d}\sigma=\int_a^b A(x)\mathrm{d}x$$

由图8.9可知，$A(x)$是一个曲边梯形的面积。对固定的x，此曲边梯形的面积是由方程$z=f(x,y)$确定的y的一元函数的曲线，而底边沿着y轴方向从$y=y_1(x)$变到$y=y_2(x)$，由曲边梯形的面积公式得

$$A(x)=\int_{y_1(x)}^{y_2(x)}f(x,y)\mathrm{d}y$$

因此，

$$\iint\limits_D f(x,y)\mathrm{d}x\mathrm{d}y=\int_a^b\left[\int_{y_1(x)}^{y_2(x)}f(x,y)\mathrm{d}y\right]\mathrm{d}x$$

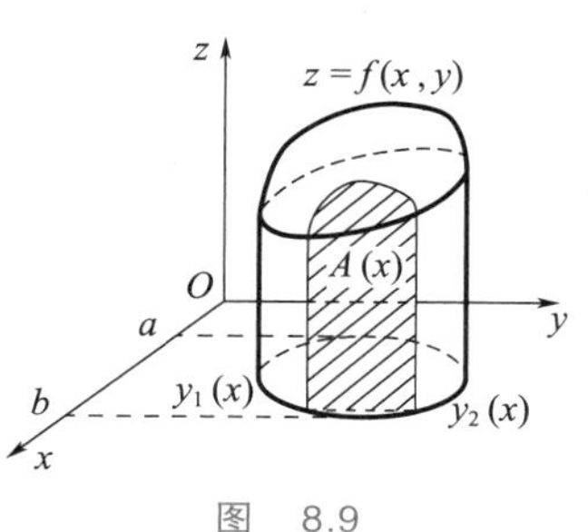

图 8.9

上式也通常写成

$$\iint_D f(x,y)\mathrm{d}x\mathrm{d}y=\int_a^b \mathrm{d}x\int_{y_1(x)}^{y_2(x)} f(x,y)\mathrm{d}y$$

右端的积分叫作先对y后对x的二次积分。于是,二重积分的计算就化为两次定积分来计算。第一次计算积分$A(x)=\int_{y_1(x)}^{y_2(x)} f(x,y)\mathrm{d}y$时,$y$是积分变量,把$x$看作常量;第二次积分时,$x$是积分变量。

如果没有$f(x,y)\geqslant 0$的假设,上面的式子也是成立的。

2. 先对x后对y的二次积分

类似地,如果积分区域为$D=\{(x,y)\mid c\leqslant y\leqslant d, x_1(y)\leqslant x\leqslant x_2(y)\}$,如图8.10所示,可以得到计算二重积分的另一种形式

$$\iint_D f(x,y)\mathrm{d}x\mathrm{d}y=\int_c^d \mathrm{d}y\int_{x_1(y)}^{x_2(y)} f(x,y)\mathrm{d}x$$

即将二重积分化为先对x积分后再对y积分的二次积分。

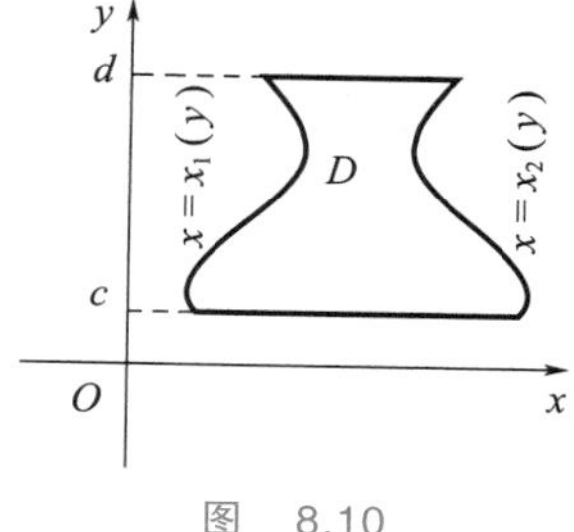

图　8.10

相关例题见例8.3～例8.8。

8.2.2　二重积分化为二次积分

我们称图8.8所示的平面域为X—型区域,其特点是穿过区域D内部且平行于y轴的直线与D的边界的交点不多于两个。类似地,我们称图8.10所示的平面域为Y—型区域,其特点是穿过区域D内部且平行于x轴的直线与D的边界的交点不多于两个。

在计算二重积分时,如果积分区域为X—型区域,即

$$D=\{(x,y)\mid a\leqslant x\leqslant b, y_1(x)\leqslant y\leqslant y_2(x)\}$$

则二重积分由如下公式计算:

$$\iint_D f(x,y)\mathrm{d}x\mathrm{d}y=\int_a^b \mathrm{d}x\int_{y_1(x)}^{y_2(x)} f(x,y)\mathrm{d}y$$

二重积分化为二次积分

如果积分区域为Y—型区域,即

$$D=\{(x,y)\mid c\leqslant y\leqslant d, x_1(y)\leqslant x\leqslant x_2(y)\}$$

则二重积分由如下公式计算:

$$\iint_D f(x,y)\mathrm{d}x\mathrm{d}y=\int_c^d \mathrm{d}y\int_{x_1(y)}^{x_2(y)} f(x,y)\mathrm{d}x$$

说明:

(1) 若D是矩形区域,即

$$D=\{(x,y)\mid a\leqslant x\leqslant b, c\leqslant y\leqslant d\}$$

则

$$\iint_D f(x,y)\mathrm{d}x\mathrm{d}y=\int_c^d \mathrm{d}y\int_a^b f(x,y)\mathrm{d}x=\int_a^b \mathrm{d}c\int_c^d f(x,y)\mathrm{d}y$$

（2）如果函数$f(x,y)=f_1(x)\cdot f_2(y)$可积，且区域

$$D=\{(x,y)\mid a\leqslant x\leqslant b,c\leqslant y\leqslant d\}$$

则

$$\iint\limits_D f(x,y)\mathrm{d}x\mathrm{d}y=\left(\int_a^b f_1(x)\mathrm{d}x\right)\left(\int_c^d f_2(y)\mathrm{d}y\right)$$

（3）如果平行于坐标轴的直线与区域D的边界线交点多于两个，则要将D分成几个小区域，使每个小区域的边界线与平行于坐标轴的直线的交点不多于两个，然后根据积分对积分区域具有可加性原则进行计算。

相关例题见例8.9～例8.12。

典型例题

例8.3 计算二次积分$\int_0^1\mathrm{d}x\int_0^2(x+4y^3)\mathrm{d}y$。

解：

$$\int_0^1\mathrm{d}x\int_0^2(x+4y^3)\mathrm{d}y=\int_0^1\left[\int_0^2(x+4y^3)\mathrm{d}y\right]\mathrm{d}x$$

$$=\int_0^1(xy+y^4)\Big|_0^2\mathrm{d}x$$

$$=\int_0^1(2x+16)\mathrm{d}x=(x^2+16x)\Big|_0^1=17$$

例8.4 计算二次积分$\int_0^1\mathrm{d}x\int_0^1\mathrm{e}^{x+y}\mathrm{d}y$。

解：

$$\int_0^1\mathrm{d}x\int_0^1\mathrm{e}^{x+y}\mathrm{d}y=\int_0^1\left(\int_0^1\mathrm{e}^{x+y}\mathrm{d}y\right)\mathrm{d}x=\int_0^1\left(\int_0^1\mathrm{e}^x\mathrm{e}^y\mathrm{d}y\right)\mathrm{d}x$$

$$=\int_0^1\left(\mathrm{e}^x\int_0^1\mathrm{e}^y\mathrm{d}y\right)\mathrm{d}x=\int_0^1\mathrm{e}^x(\mathrm{e}^y)\Big|_0^1\mathrm{d}x$$

$$=\int_0^1\mathrm{e}^x(\mathrm{e}-1)\mathrm{d}x=(\mathrm{e}-1)\int_0^1\mathrm{e}^x\mathrm{d}x=(\mathrm{e}-1)^2$$

例8.5 计算二次积分$\int_0^1\mathrm{d}x\int_{-\sqrt{x}}^{\sqrt{x}}y^2\mathrm{d}y$。

解：

$$\int_0^1\mathrm{d}x\int_{-\sqrt{x}}^{\sqrt{x}}y^2\mathrm{d}y=\int_0^1\left(\int_{-\sqrt{x}}^{\sqrt{x}}y^2\mathrm{d}y\right)\mathrm{d}x$$

$$=\int_0^1\left(\frac{1}{3}y^3\right)\Bigg|_{-\sqrt{x}}^{\sqrt{x}}\mathrm{d}x=\int_0^1\frac{2}{3}x^{\frac{3}{2}}\mathrm{d}x=\frac{4}{15}$$

例8.6 计算二次积分$\int_0^1\mathrm{d}x\int_x^{2x}(x+6y)\mathrm{d}y$。

解：

$$\int_0^1\mathrm{d}x\int_x^{2x}(x+6y)\mathrm{d}y=\int_0^1\left[\int_x^{2x}(x+6y)\mathrm{d}y\right]\mathrm{d}x$$

$$=\int_0^1\left(xy+6\cdot\frac{1}{2}y^2\right)\Bigg|_x^{2x}\mathrm{d}x$$

$$=\int_0^1 10x^2\mathrm{d}x=10\cdot\frac{1}{3}x^3\Big|_0^1=\frac{10}{3}$$

例8.7　**计算二次积分$\int_0^1\mathrm{d}y\int_0^2(x^2+4y^3)\mathrm{d}x$。**

解：

$$\int_0^1\mathrm{d}y\int_0^2(x^2+4y^3)\mathrm{d}x=\int_0^1\left(\int_0^2(x^2+4y^3)\mathrm{d}x\right)\mathrm{d}y$$

$$=\int_0^1\left(\frac{1}{3}x^3+4y^3\cdot x\right)\Bigg|_0^2\mathrm{d}y$$

$$=\int_0^1\left(\frac{8}{3}+8y^3\right)\mathrm{d}y=\left(\frac{8}{3}y+2y^4\right)\Bigg|_0^1=\frac{14}{3}$$

例8.8　**计算二次积分$\int_0^1\mathrm{d}y\int_y^{2y}xy\mathrm{d}x$。**

解：

$$\int_0^1\mathrm{d}y\int_y^{2y}xy\mathrm{d}x=\int_0^1\left(\int_y^{2y}xy\mathrm{d}x\right)\mathrm{d}y=\int_0^1\left(y\int_y^{2y}x\mathrm{d}x\right)\mathrm{d}y$$

$$=\int_0^1 y\left(\frac{1}{2}x^2\right)\Bigg|_y^{2y}\mathrm{d}y=\int_0^1\frac{3}{2}y^3\mathrm{d}y$$

$$=\left(\frac{3}{2}\cdot\frac{1}{4}y^4\right)\Bigg|_0^1=\frac{3}{8}$$

例8.9　**计算二重积分$\iint\limits_D \mathrm{e}^{x+y}\mathrm{d}x\mathrm{d}y$,其中区域$D$是由$x=0,x=1,y=0,y=1$围成的矩形,如图8.11所示。**

解：因为D是矩形区域,且$\mathrm{e}^{x+y}=\mathrm{e}^x\cdot\mathrm{e}^y$,所以

$$\iint\limits_D \mathrm{e}^{x+y}\mathrm{d}x\mathrm{d}y=\left(\int_0^1\mathrm{e}^x\mathrm{d}x\right)\left(\int_0^1\mathrm{e}^y\mathrm{d}y\right)=(\mathrm{e}-1)^2$$

例8.10　**计算$\iint\limits_D xy\mathrm{d}\sigma$,其中$D$是由直线$y=1,x=2$及$y=x$所围成的闭区域。**

解：先画出积分区域D的图形,如图8.12所示。D既是X—型区域,也是Y—型区域,因此可以用两种方法计算此二重积分。

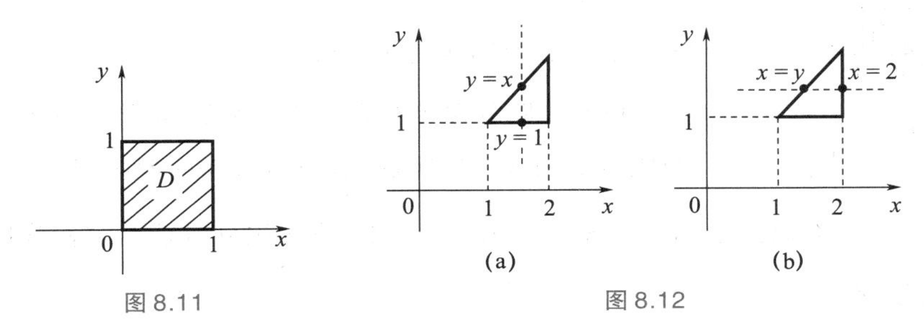

图8.11　　图8.12

解法1：由D的图形可知，D上的点的横坐标x的变动范围是区间[1,2]。在横坐标的变化区间[1,2]上任取定一点x，过这个定点x作平行于y轴且与y轴同向的射线，该射线穿过D的边界曲线$y=1$进入区域D，再经过D的另一边界曲线$y=x$从区域D穿出，如图8.12(a)所示，即区域D上的横坐标为x的平行于y轴的线段，该线段上的纵坐标从$y=1$变到$y=x$，利用X—型区域计算公式，得

$$\begin{aligned}\iint_D xy\mathrm{d}\sigma&=\iint_D xy\mathrm{d}x\mathrm{d}y=\int_1^2\mathrm{d}x\int_1^x xy\mathrm{d}y\\&=\int_1^2\left(x\cdot\frac{y^2}{2}\right)\Bigg|_1^x\mathrm{d}x=\int_1^2\left(\frac{x^3}{2}-\frac{x}{2}\right)\mathrm{d}x\\&=\left(\frac{x^4}{8}-\frac{x^2}{4}\right)\Bigg|_1^2=\frac{9}{8}\end{aligned}$$

解法2：由D的图形可知，D上的点的纵坐标y的变动范围是区间[1,2]。在纵坐标的变化区间[1,2]上任取定一点y，过这个定点y作平行于x轴且与x轴同向的射线，该射线穿过D的边界曲线$x=y$进入区域D，再经过D的边界曲线$x=2$从区域D穿出，如图8.12(b)所示，即区域D上的纵坐标为y的平行于x轴的线段，该线段上的横坐标从$x=y$变到$x=2$，利用Y—型区域计算公式，得

$$\begin{aligned}\iint_D xy\mathrm{d}\sigma&=\iint_D xy\mathrm{d}x\mathrm{d}y=\int_1^2\mathrm{d}y\int_y^2 xy\mathrm{d}x\\&=\int_1^2\left(y\cdot\frac{x^2}{2}\right)\Bigg|_y^2\mathrm{d}y=\int_1^2\left(2y-\frac{y^3}{2}\right)\mathrm{d}y\\&=\left(y^2-\frac{y^4}{8}\right)\Bigg|_1^2=\frac{9}{8}\end{aligned}$$

说明：计算二重积分，有时既可以将该二重积分化为先对x积分再对y积分的二次积分，也可以将该二重积分化为先对y积分再对x积分的二次积分（如果有必要，可将D拆成几个小区域）。但有时候，同一个问题积分顺序不同，计算二重积分的难易差别常常是很大的。

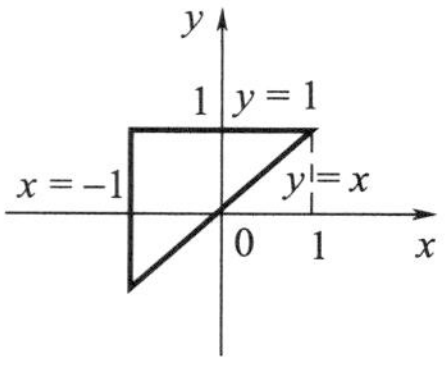

例8.11　计算$\iint_D y\sqrt{1+x^2-y^2}\,\mathrm{d}x\mathrm{d}y$，其中$D$是由直线$y=x$，$x=-1$及$y=1$所围成的闭区域。

图　8.13

解：积分区域D为简单的三角形区域，如图8.13所示。

D既可看成X—型区域，也可看成Y—型区域。因为被积函数$y\sqrt{1+x^2-y^2}$有因式y，且二次根号下有y^2，先对变量y积分时求不定积分比较简单，故先对y积分，有

$$\iint_D y\sqrt{1+x^2-y^2}\,dxdy=\int_{-1}^{1}dx\int_x^1 y\sqrt{1+x^2-y^2}\,dy$$
$$=-\frac{1}{3}\int_{-1}^{1}(1+x^2-y^2)^{\frac{3}{2}}\Big|_x^1\,dx$$
$$=-\frac{1}{3}\int_{-1}^{1}(|x^3|-1)\,dx=-\frac{2}{3}\int_0^1(x^3-1)\,dx=\frac{1}{2}$$

此题若是先对x积分，其内层积分的计算会非常麻烦(具体计算省略)。

上述几个例子说明，在将二重积分化为二次积分时，恰当地选择二次积分的顺序非常重要。积分顺序选择不当，会增加计算的难度，甚至无法得出答案。

例8.12　计算$\iint\limits_D\frac{\sin y}{y}dxdy$，其中$D$为直线$y=x$与抛物线$y=\sqrt{x}$所围成的区域。

解：积分区域D的图形如图8.14所示。

不难写出两种积分顺序下的二次积分

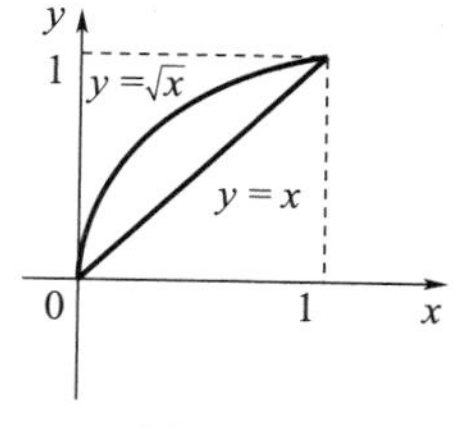

图　8.14

$$\iint_D\frac{\sin y}{y}dxdy=\int_0^1 dx\int_x^{\sqrt{x}}\frac{\sin y}{y}dy$$

以及
$$\iint_D\frac{\sin y}{y}dxdy=\int_0^1 dy\int_{y^2}^{y}\frac{\sin y}{y}dx$$

在两种顺序的二次积分中，虽然被积函数都是$\frac{\sin y}{y}$，但是$\int_x^{\sqrt{x}}\frac{\sin y}{y}dy$是积不出来的，因为函数$\frac{\sin y}{y}$的原函数不能用初等函数表示。

在另一个内层积分式$\int_{y^2}^{y}\frac{\sin y}{y}dx$中，在积分时，由于将$y$视为常数，故$\int_{y^2}^{y}\frac{\sin y}{y}dx$是很容易积出的。所以，此二重积分只能化为先对$x$积分再对$y$积分的二次积分，即

$$\iint_D\frac{\sin y}{y}dxdy=\int_0^1 dy\int_{y^2}^{y}\frac{\sin y}{y}dx=\int_0^1(y-y^2)\frac{\sin y}{y}dy$$
$$=\int_0^1(1-y)\sin y\,dy$$
$$=-\int_0^1(1-y)\,d\cos y$$
$$=-(1-y)\cos y\Big|_0^1+\int_0^1\cos y\,d(1-y)$$
$$=1-\sin 1$$

课堂巩固8.2

基础训练8.2

1. 计算下面的二次积分。

(1) $\int_0^1 dx\int_0^1 xe^y dy$　　　　(2) $\int_0^1 dx\int_0^1 xy\,dy$

(3) $\int_0^1 dx\int_x^{3x}(5x+y)dy$

(4) $\int_0^1 dx\int_{x^2}^{x}(x-2y)dy$

(5) $\int_0^1 dy\int_0^1(x+y)dx$

(6) $\int_0^1 dy\int_y^{y^2} xy^2dx$

(7) $\int_0^1 dy\int_0^{\frac{\pi}{2}}(\cos x+y)dx$

2. 计算二重积分$\iint\limits_D xy dx dy$,其中积分区域$D=\{(x,y)\mid 0\leqslant x\leqslant 2,0\leqslant y\leqslant 4\}$。

3. 计算二重积分$\iint\limits_D (x+y+1)dx dy$,其中积分区域$D$是由$y=0,y=2$和$x=0,x=1$所围成的闭区域。

4. 计算二重积分$\iint\limits_D (x+y)^2 dx dy$,其中积分区域$D$是由$y=1,y=0$和$x=0,x=1$所围成的闭区域。

提升训练 8.2

1. 计算下列二重积分。

(1) $\iint\limits_D y e^x d\sigma$,其中$D$是由直线$x=-1,x=2,y=0,y=1$所围成的区域。

(2) $\iint\limits_D \frac{x^2}{y^2}d\sigma$,其中$D$是由直线$x=3,y=x$及双曲线$xy=1$所围成的区域。

2. 改变下列二次积分的积分顺序。

(1) $\int_0^1 dy\int_0^y f(x,y)dx$。

(2) $\int_0^1 dy\int_0^{\sqrt{y}} f(x,y)dx+\int_1^2 dy\int_0^{2-y} f(x,y)dx$。

8.3 二重积分的应用

问题导入

在8.1节中,我们通过求曲顶柱体体积,引出了二重积分的概念。二重积分在几何、物理、力学、工程等方面有着具体的应用。这一节我们学习二重积分的简单应用。

知识归纳

8.3.1 二重积分的微元法

与一元函数定积分的微元法类似,若某个量Q分布在某个平面闭区域D上,假设量

Q对闭区域D具有可加性，可以按照以下步骤将Q表示为二重积分。

(1) 确定Q的分布区域D，即确定积分区域。

(2) 任取区域D中一个小区域$\mathrm{d}\sigma$，求出$\mathrm{d}\sigma$上ΔQ的近似值，即Q的微元$\mathrm{d}Q$，并将其表示为

$$\mathrm{d}Q=f(x,y)\mathrm{d}\sigma$$

这里$\mathrm{d}\sigma$与ΔQ的差是较$\mathrm{d}\sigma$的高阶无穷小。

(3) 对微元累加求和，可得

$$Q=\iint\limits_D f(x,y)\mathrm{d}\sigma$$

8.3.2　求平面图形的面积

当被积函数$f(x,y)\equiv 1$时，可得到由曲线所围成的平面图形D的面积计算公式如下：

(1) 一般表达式$S=\iint\limits_D \mathrm{d}\sigma$;

(2) 直角坐标系下表达式$S=\iint\limits_D \mathrm{d}x\mathrm{d}y$。

相关例题见例8.13。

8.3.3　求曲顶柱体的体积

二重积分的几何意义：如果$f(x,y)\geqslant 0$，则二重积分$\iint\limits_D f(x,y)\mathrm{d}\sigma$表示以曲面$z=f(x,y)$为顶，以积分区域$D$为底的曲顶柱体的体积。如果$f(x,y)\leqslant 0$，则二重积分$\iint\limits_D f(x,y)\mathrm{d}\sigma$的绝对值表示以曲面$z=f(x,y)$为顶，以积分区域$D$为底的曲顶柱体的体积，此时二重积分是负值。

求曲顶柱体的体积

因此，以曲面$z=f(x,y)$为顶，以积分区域D为底的曲顶柱体的体积公式为

$$V=\iint\limits_D |f(x,y)|\mathrm{d}\sigma=\iint\limits_D |f(x,y)|\mathrm{d}x\mathrm{d}y$$

相关例题见例8.14和例8.15。

8.3.4　求平面薄片的质量

设质量非均匀分布的薄片D位于平面xOy上，其质量分布的面密度为$\mu(x,y)$，则该薄片的质量元素为

$$\mathrm{d}m=\mu(x,y)\mathrm{d}\sigma$$

其中，$\mathrm{d}\sigma$为D的面积元素。由微元法可得平面薄片的质量为

$$m=\iint\limits_D \mathrm{d}m=\iint\limits_D \mu(x,y)\mathrm{d}\sigma=\iint\limits_D \mu(x,y)\mathrm{d}x\mathrm{d}y$$

于是得到平面薄片的重心坐标为

$$\bar{x}=\frac{\iint\limits_{D} x\cdot\mu(x,y)\mathrm{d}\sigma}{\iint\limits_{D}\mu(x,y)\mathrm{d}\sigma}\qquad \bar{y}=\frac{\iint\limits_{D} y\cdot\mu(x,y)\mathrm{d}\sigma}{\iint\limits_{D}\mu(x,y)\mathrm{d}\sigma}$$

如果薄片是均匀的，即$\mu(x,y)$为常数，则重心称为形心，其坐标为

$$\bar{x}=\frac{1}{S}\iint\limits_{D} x\mathrm{d}\sigma\qquad \bar{y}=\frac{1}{S}\iint\limits_{D} y\mathrm{d}\sigma$$

其中，$S=\iint\limits_{D}\mathrm{d}\sigma$为区域$D$的面积。

相关例题见例8.16。

典型例题

例8.13 求由$y=x$，$y=2x$，$x=1$所围成的平面图形的面积。

解：由题意可知，$D=\{(x,y)\mid 0\leqslant x\leqslant 1, x\leqslant y\leqslant 2x\}$，于是所围成的平面图形的面积为

$$S=\iint\limits_{D}\mathrm{d}x\mathrm{d}y=\int_{0}^{1}\mathrm{d}x\int_{x}^{2x}\mathrm{d}y=\int_{0}^{1}x\mathrm{d}x=\frac{1}{2}$$

例8.14 计算二重积分$\iint\limits_{D}\sqrt{1-x^{2}-y^{2}}\,\mathrm{d}x\mathrm{d}y$，其中$D=\{(x,y)\mid x^{2}+y^{2}\leqslant 1\}$。

解：由二重积分的几何意义可知，此二重积分表示半径为1的上半球的体积，因此

$$\iint\limits_{D}\sqrt{1-x^{2}-y^{2}}\,\mathrm{d}x\mathrm{d}y=\frac{1}{2}\times\frac{4}{3}\pi=\frac{2}{3}\pi$$

例8.15 计算以xOy平面上区域D为底，以$z=xy$为曲顶的曲顶柱体的体积，其中区域$D=\{(x,y)\mid 0\leqslant x\leqslant 1, 1\leqslant y\leqslant 2\}$。

解：由题意可知，所求曲顶柱体的体积为

$$V=\iint\limits_{D}xy\mathrm{d}x\mathrm{d}y=\int_{0}^{1}\mathrm{d}x\int_{1}^{2}xy\mathrm{d}y=\int_{0}^{1}\frac{3}{2}x\mathrm{d}x=\frac{3}{4}$$

例8.16 求平面图形$D=\{(x,y)\mid 0\leqslant x\leqslant 1, 0\leqslant y\leqslant\sqrt{x}\}$的形心。

解：由题意可知，平面图形D的面积为

$$S=\iint\limits_{D}\mathrm{d}x\mathrm{d}y=\int_{0}^{1}\mathrm{d}x\int_{0}^{\sqrt{x}}\mathrm{d}y=\int_{0}^{1}\sqrt{x}\,\mathrm{d}x=\frac{2}{3}$$

根据形心公式，有

$$\bar{x}=\frac{1}{S}\iint\limits_{D}x\mathrm{d}\sigma=\frac{1}{S}\iint\limits_{D}x\mathrm{d}x\mathrm{d}y=\frac{3}{2}\int_{0}^{1}\mathrm{d}x\int_{0}^{\sqrt{x}}x\mathrm{d}y=\frac{3}{2}\int_{0}^{1}x^{\frac{3}{2}}\mathrm{d}x=\frac{3}{5}$$

$$\bar{y}=\frac{1}{S}\iint_D y\mathrm{d}\sigma=\frac{1}{S}\iint_D y\mathrm{d}x\mathrm{d}y=\frac{3}{2}\int_0^1\mathrm{d}x\int_0^{\sqrt{x}}y\mathrm{d}y=\frac{3}{4}\int_0^1 x\mathrm{d}x=\frac{3}{8}$$

从而平面图形D的形心为$\left(\frac{3}{5},\frac{3}{8}\right)$。

课堂巩固8.3

基础训练8.3

1．求由$y=x$和$y=x^2$所围成的平面图形的面积。

2．计算以xOy平面上区域D为底，以$z=y^2$为曲顶的曲顶柱体的体积，其中区域$D=\{(x,y)\mid -2\leqslant x\leqslant 2,x^2\leqslant y\leqslant 4\}$。

3．求平面图形$D=\{(x,y)\mid 0\leqslant x\leqslant 1,0\leqslant y\leqslant 2x\}$的形心。

提升训练8.3

1．计算二重积分$\iint_D 2\mathrm{d}x\mathrm{d}y$，其中积分区域$D=\{(x,y)\mid 1\leqslant x^2+y^2\leqslant 16\}$。

2．计算以xOy平面上区域D为底，以$z=y+1$为曲顶的曲顶柱体的体积，其中区域D由x轴，$y=x$与$y=1$围成。

总结提升8

1．选择题。

（1）设区域D是由$y=x,y=0,x=1$及$x=2$围成的闭区域，则$\iint_D\mathrm{d}x\mathrm{d}y=$(　　)。

A．$\frac{1}{2}$　　　　B．$\frac{2}{3}$

C．1　　　　D．$\frac{3}{2}$

（2）已知$I_1=\iint\limits_{x^2+y^2\leqslant 1}|xy|\mathrm{d}x\mathrm{d}y$，$I_2=\iint\limits_{|x|+|y|\leqslant 1}|xy|\mathrm{d}x\mathrm{d}y$，则下列关系式中正确的是(　　)。

A．$I_1\geqslant I_2$　　　　B．$I_1\leqslant I_2$

C．$I_1=I_2$　　　　D．无法确定

（3）若$\iint_D\mathrm{d}x\mathrm{d}y=1$，则积分区域可以是(　　)。

A．由x轴，y轴及$x+y-2=0$围成的闭区域

B．由$x=1,x=2,y=2,y=4$围成的闭区域

C. 由$|x|=\frac{1}{2}$，$|y|=\frac{1}{2}$围成的闭区域

D. 由$|x+y|=1$，$|x-y|=1$围成的闭区域

（4）设区域D是由x轴，$x=1$及$y=x$围成的闭区域，则$\iint\limits_D xy\mathrm{d}x\mathrm{d}y=$（　　）。

A. $\frac{1}{2}$　　B. $\frac{1}{4}$　　C. $\frac{1}{6}$　　D. $\frac{1}{8}$

（5）$\int_0^1\mathrm{d}x\int_0^{1-x}f(x,y)\mathrm{d}y=$（　　）。

A. $\int_0^{1-x}\mathrm{d}y\int_0^1 f(x,y)\mathrm{d}y$　　B. $\int_0^1\mathrm{d}y\int_0^{1-x}f(x,y)\mathrm{d}x$

C. $\int_0^1\mathrm{d}y\int_0^1 f(x,y)\mathrm{d}x$　　D. $\int_0^1\mathrm{d}y\int_0^{1-y}f(x,y)\mathrm{d}x$

2. 判断题。

（1）二重积分$\iint\limits_D\mathrm{d}x\mathrm{d}y$表示以$D$为底，高为1的柱体的体积。（　　）

（2）若$D_1\supset D_2$，$f(x,y)>0$，则$\iint\limits_{D_1}f(x,y)\mathrm{d}x\mathrm{d}y>\iint\limits_{D_2}f(x,y)\mathrm{d}x\mathrm{d}y$。（　　）

（3）二重积分$\iint\limits_D\frac{u}{v}\mathrm{d}x\mathrm{d}y=\frac{\iint\limits_D u\mathrm{d}x\mathrm{d}y}{\iint\limits_D v\mathrm{d}x\mathrm{d}y}$。（　　）

（4）二重积分$\iint\limits_D(u\pm v)\mathrm{d}x\mathrm{d}y=\iint\limits_D u\mathrm{d}x\mathrm{d}y\pm\iint\limits_D v\mathrm{d}x\mathrm{d}y$。（　　）

（5）二重积分$\iint\limits_D ku\mathrm{d}x\mathrm{d}y=k\iint\limits_D u\mathrm{d}x\mathrm{d}y$（$k$为常数）。（　　）

（6）二重积分$\iint\limits_D uv\,\mathrm{d}x\mathrm{d}y=\left(\iint\limits_D u\mathrm{d}x\mathrm{d}y\right)\cdot\left(\iint\limits_D v\mathrm{d}x\mathrm{d}y\right)$。（　　）

3. 填空题。

（1）二重积分$\iint\limits_D f(x,y)\mathrm{d}x\mathrm{d}y$的值与________和____________有关。

（2）当函数$f(x,y)$在有界闭区域D上__________时，二重积分$\iint\limits_D f(x,y)\mathrm{d}x\mathrm{d}y$必定存在。

（3）D：$a\leqslant x\leqslant b$，$c\leqslant y\leqslant d$则$\iint\limits_D f(x,y)\mathrm{d}x\mathrm{d}y=$__________________，或=____________。

（4）若D：$\varphi_1(x)\leqslant y\leqslant\varphi_2(x)$，$a\leqslant x\leqslant b$，则$\iint\limits_D f(x,y)\mathrm{d}x\mathrm{d}y$____________。

（5）若$D:\psi_1(y)\leqslant x\leqslant \psi_2(y),c\leqslant y\leqslant d$,则$\iint\limits_D f(x,y)\mathrm{d}x\mathrm{d}y=$________________。

（6）设积分区域$D=\{(x,y)\mid |x|\leqslant a,|y|\leqslant a\}(a>0)$，若二重积分$\iint\limits_D \mathrm{d}x\mathrm{d}y=1$,则常数$a=$________________。

4．计算下列积分。

（1）$\int_1^{\mathrm{e}}\left(xy^2+\dfrac{x}{y}\right)\mathrm{d}y$　　（2）$\int_0^{\frac{\pi}{2}}(x\sin y+y\cos x)\mathrm{d}x$

（3）$\int_0^1\mathrm{d}x\int_x^{2x}(5x+y)\mathrm{d}y$　　（4）$\int_0^1\mathrm{d}y\int_y^{y^2}(2xy+y^2)\mathrm{d}x$

5．计算积分$I=\iint\limits_D \mathrm{e}^{x+y}\mathrm{d}x\mathrm{d}y$,其中$D$为由直线$x=0,x=1,y=0,y=1$所围成的区域。

6．计算积分$I=\iint\limits_D x^2y^2\mathrm{d}x\mathrm{d}y$,其中$D=\{(x,y)\mid 0\leqslant y\leqslant 1,0\leqslant x\leqslant 2\}$。

7．计算积分$I=\iint\limits_D y^2\mathrm{d}x\mathrm{d}y$,其中$D$是由$y=x,x=2$及$x$轴所围成的平面区域。

8．用二重积分表示以下列曲面为顶,区域D为底的曲顶柱的体积,并计算。

（1）$z=x+y+1$,区域D是长方形:$0\leqslant x\leqslant 1,0\leqslant y\leqslant 2$。

（2）$z=x^3$,区域D是由$y=\dfrac{1}{x},y=x,x=2$所围成的区域。

（3）$z=xy^2$,区域D是由$y=x^2,y=x$所围成的区域。

9．求由$y=2x,y=x^2$所围成的平面图形的面积。

10．计算以xOy平面上区域D为底,以$z=x+y+1$为曲顶的曲顶柱体的体积,其中区域D是由$x=0,x=1,y=0,y=2$所围成的区域。

第9章 常微分方程

最美数学之分形

数学故事

英国的海岸线长度

1967年，法国数学家曼德布罗特(Mandelbrot)在《科学》上发表题为“英国的海岸线有多长”的文章，在文章中他提到，“英国的海岸线有多长”这看上去是一个简单的问题，似乎测量一下就可以了。但实际情况是，海岸线往往是蜿蜒的、复杂的曲线图形，如果将海岸线截取其中的一小段，会发现一个有趣的现象，这一小段放大后的图像与整个海岸线的形状是相似的。并且，文中还提到，如果用不同的尺子测量会得到不同的结果。当我们用一把大刻度的尺子测量时，其中一些弯曲的、小的部分会被忽略，我们用的尺子的刻度越小，测量出的海岸线的长度就会越长。当测量的尺子的长度趋于0时，海岸线的长度可以趋于无穷大。

图形中的“怪物”——雪花曲线、谢尔宾斯基垫片和门格海绵

雪花曲线：取边长为1的等边三角形，将每条边三等分，然后截取中间的长度为$\frac{1}{3}$的线段，以它为边长向外再作正三角形，就形成了一个六角形；在六角形的六条边上三等分，然后截取中间的线段，并以此为边长向外作正三角形，便得到48条边的图形，一直重复以上步骤虽然不易画出图形，但是每条边上都有许许多多的三角形，这样的图形称为雪花曲线，也叫科赫(Koch)曲线。最终得到的曲线所围成的面积是有限的，但是曲线的周长却是无限的。

谢尔宾斯基垫片：取一个等边三角形，连接三边中点，将其分为四个小三角形，然后去掉中间的三角形。对其余的三个小三角形重复以上的步骤，连接各边中点，然后去掉中间的三角形，一直重复就得到了谢尔宾斯基垫片。该图形的特点是，最终得到的小三角形的个数是无穷的，但是大三角形的面积却是趋于0的。

门格海绵：从一个正方体开始，将正方体的每个面9等分，得到了27个小正方体，然后去掉每个面中心及正方体中心的7个小正方体。接下来，再对剩下的20个正方体重复这个过程，一直做下去，最后得到的图形中有无数个小正方体，但是大正方体的体积却趋近于0。

以上三个图形被称为几何图形中的“怪物”，但是它们也都拥有一个共同的特性，就是

局部形态和整体形态相似。

通过以上例子可以看到,客观世界中既存在三角形、圆形、正方形等规则图形,也存在着海岸线、雪花曲线、谢尔宾斯基垫片、门格海绵等不规则的复杂的图形,这些复杂的图形都具有共同的特性——自相似性,也就是无论用何种标度截取其中的一小部分,放大后都与整体具有相似的特征。

大自然中也有许多例子,树冠、花椰菜、鹦鹉螺、支气管、小肠绒毛、大脑皮层等,它们也都是具有自相似性的复杂图形,我们把这样的特征称为分形(fractal)。科学家也在此基础上建立了以分形特征为研究主题的数学理论——分形理论。分形理论成为非线性科学的前沿和重要分支,是近几年新兴的前沿科学领域,它与微分方程和系统理论都有密切的联系。分形理论发展至今,不仅在数学领域具有重要的研究意义,在社会学、经济学、管理学、医学、艺术等领域都具有广泛的应用价值。

图 9.1

分形几何(图9.1)不仅展示了数学的美,也揭示了世界的本质。现实中很多看似毫无规律的复杂现象背后也许都存在自相似性,我们对世界的认知是“有限”的,但客观世界却是“无限”的。利用分形的思想,我们可以利用“有限”的认知了解“无限”的世界,透过研究局部特性进而了解复杂的整体,也可以通过对整体的了解把控局部的特性。分形为我们研究自然界的复杂性和系统性开辟了一条道路,让我们从不同的角度认识客观世界。

数学思想

分形理论是研究复杂系统的有力工具,揭示了复杂系统中的部分和整体的关系,是近几年新兴的系统科学研究方法,丰富了系统科学的思想。

系统科学是研究系统的结构和功能关系、演化和调控规律的科学,是新兴的综合性、交叉性学科。系统科学主要研究客观世界中不同领域中的复杂系统,探讨系统的性质和规律,揭示系统的特性及其演化过程中的规律。因此,系统科学理论在数学、社会学、经济学、军事学、管理学和生物学等众多领域都具有广泛的应用。系统科学可分为狭义和广义两种:狭义的系统科学包括数学系统论、系统技术和系统哲学;广义的系统科学则涵盖系统论、信息论、控制论、协同学、运筹学、计算机科学、人工智能学等众多学科。

我国的系统科学内容和结构是由著名科学家钱学森提出的,他将中国的时代背景融入系统科学思想的发展过程中,形成了具有中国特色的中西文化交融的复杂系统思想,是当代系统思想的一种新范式和智慧结晶。钱学森的系统科学思想的形成和发展可以分为三个阶段:第一个阶段的标志是《工程控制论》和《组织管理的技术——系统工程》,开创了具有中国特色的系统工程理论方法和技术;第二个阶段是《一个科学新领域——开放的复杂巨系统及其方法论》的发表,标志着复杂巨系统理论的产生;第三个阶段是《以人为主发展大成智慧工程》的发表，对未来系统科学的深入研究和发展提出了要求，“要从系统工程、系统科学发展到大成智慧工程，要集信息和知识之大成，以此来解决现实生活中的复杂问题”。

数学人物

钱学森（图9.2）是中国现代史上伟大的科学家和思想家，为我国科学技术的发展作出了巨大贡献，特别是在火箭、导弹和航天事业等方面，更是做出了开创性的理论研究，被誉为“中国航天之父”。钱学森在进行科学研究时非常注重利用系统思维和系统科学的思想，开创了一套具有中国特色的系统工程理论方法和技术，建立了系统科学及其体系，开创了复杂巨系统科学与技术这一新的科学领域，并在此基础上，将综合集成思想和方法贯穿于工程、技术、科学等不同的领域，进行了跨学科、跨领域、跨层次的交叉科学研究。

图 9.2

钱学森从小思维缜密，他的同学曾回忆，在上小学时，他折的纸飞机飞得又远又稳，他已经习惯用科学的办法达成目的。钱学森在上中学时，各科成绩都非常好，他通过兴趣真正掌握和理解所学知识，因此，在报考大学时，他的数学老师、国文老师和美术老师都分别建议他报相关的学科，但是钱学森最后选择了上海交通大学的工程机械学院，学习铁道工程。“一·二八”事变后，日军对上海狂轰滥炸，钱学森抱着一颗抗日救国的心改学了航空工程，并考取了清华大学的公费留学生，留学美国学习航空工程。在美国求学过程中，钱学森认识到航空理论指导的重要性，因此他转学航空理论，并成为著名力学家冯·卡门教授的博士生。毕业后，钱学森在麻省理工学院任教，先后发表了《柱壳轴压屈曲》《工程控制论》等研究成果，反响强烈，但之后钱学森却遭受了无理拘禁和折磨。1955年，钱学森举家回到中国，之后便进入中国科学院工作，并且接到了国家研制导弹和火箭的任务。当时中国的导弹事业才刚起步，钱学森带领大家自力更生，为“两弹一星”的成功作出了巨大的贡献。从科研岗位退下的钱学森，在理论研究的道路上继续前行，尤其是在系统科学和系统思想方面，他认为“这些开创性的、全新的观点和理念，对社会意义和对现代科学技术发展的重要性，可能要远远超过我对中国‘两弹一星’的贡献”。

钱学森在系统科学领域的成就体现了科学的创新精神，他的科学成就和贡献来自他坚定的政治信仰与高尚的思想情操，“钱学森是一位名副其实的人民科学家，是中华民族的骄傲，也是中国人民的光荣”。

微分方程的起源约在17世纪末，为解决物理及天文学问题而产生，大约和微积分的发展同时。在18世纪中期，微分方程成为一门独立的学科，带动了许多学科的发展，其应用十分广泛，许多物理或化学的基本定律都可以写成微分方程的形式。在生物学及经济学中，微分方程也可作为许多复杂系统的数学模型。

9.1　微分方程概述

问题导入

在自然科学、生物科学与经济管理科学的很多实际问题中，常常需要寻求某些变量之间的函数关系。但是，变量间的函数关系大多数不能由实际问题的实际意义直接得到，而是要通过建立实际问题的数学模型并对模型求解才能得到。微分方程正是实际应用中经常遇到的数学模型。

引例　求曲线方程

求过点(2,3)且切线斜率是x的曲线方程。

分析：设曲线方程是$y=y(x)$，有

$$\begin{cases}\dfrac{\mathrm{d}y}{\mathrm{d}x}=x\\ y(2)=3\end{cases}$$

由$\dfrac{\mathrm{d}y}{\mathrm{d}x}=x$得$y=\int x\mathrm{d}x=\dfrac{x^2}{2}+C$(其中$C$是任意常数)。由$y(2)=3$得$C=1$。于是，所求曲线是

$$y=\frac{x^2}{2}+1$$

知识归纳

9.1.1　微分方程的基本概念

微分方程的基本概念

【定义9.1】　含有未知函数、未知函数的导数与自变量之间关系的方程，称为微分方程。微分方程中出现的未知函数的最高阶导数的阶数，称为微分方程的阶。

例如：引例中的$\dfrac{\mathrm{d}y}{\mathrm{d}x}=x$是一阶微分方程，$y''=xy$是二阶微分方程，$2y'''-xy'=\sin x$是三阶微分方程。

n阶微分方程的一般形式是

$$F(x,y,y',\cdots,y^{(n)})=0$$

9.1.2　微分方程的解

微分方程的解

【定义9.2】　如果把某个函数代入微分方程能使方程成为恒等式，则称此函数为微分方程的解。如果微分方程的解中所含相互独立的任意常数的个数与对应的微分方程的阶数相同，这样的解称为微分方程的通解。

通过附加条件确定通解中的任意常数而得到的解称为微分方程的特解。这种附加条件称为初始条件。

一般地，一阶微分方程的初始条件为

$$y\big|_{x=x_0}=y_0$$

其中，x_0,y_0为给定的常数。

一般地，n阶微分方程的初始条件为

$$y\big|_{x=x_0}=y_0 \qquad y'\big|_{x=x_0}=y_1,\cdots,y^{(n-1)}\big|_{x=x_0}=y_{n-1}$$

其中，$x_0,y_0,y_1,\cdots,y_{n-1}$为给定的常数。

n阶微分方程的初值问题常常记为

$$\begin{cases}F(x,y,y',\cdots,y^{(n-1)},y^{(n)})=0\\ y\big|_{x=x_0}=y_0,y'\big|_{x=x_0}=y_1,\cdots,y^{(n-1)}\big|_{x=x_0}=y_{n-1}\end{cases}$$

例如：引例中$y=\dfrac{x^2}{2}+C$（其中C是任意常数）是一阶微分方程$\dfrac{\mathrm{d}y}{\mathrm{d}x}=x$的通解，$y=\dfrac{x^2}{2}+1$则是其满足初始条件$y(2)=3$的特解。

注意：这里所说的相互独立的任意常数是指它们不能通过合并而使通解中的任意常数的个数减少。

相关例题见例9.1～例9.3。

9.1.3 微分方程的几何意义

【定义9.3】 从几何意义上来说，微分方程的一个特解对应着一条曲线，称为微分方程的一条积分曲线，而微分方程的通解对应着一簇曲线，称为微分方程的积分曲线族。

一阶微分方程的初值问题$\begin{cases}F(x,y,y')=0\\ y\big|_{x=x_0}=y_0\end{cases}$的几何意义：求微分方程通过点$(x_0,y_0)$的那条积分曲线。

二阶微分方程的初值问题$\begin{cases}F(x,y,y',y'')=0\\ y\big|_{x=x_0}=y_0,y'\big|_{x=x_0}=y_1\end{cases}$的几何意义：求微分方程通过点$(x_0,y_0)$，且在该点处切线斜率为$y_1$的那条积分曲线。

相关例题见例9.4。

典型例题

例9.1 验证$y=Cx^2$是微分方程$xy'=2y$的解。

证明：由于$y'=2Cx$，于是$xy'=x\cdot 2Cx=2Cx^2=2y$，因此$y=Cx^2$是微分方程$xy'=2y$的解。

例9.2 验证$y=C_1\cos x+C_2\sin x+x$是微分方程$y''+y=x$的解。

证明：由于

$$y' = -C_1 \sin x + C_2 \cos x + 1$$
$$y'' = -C_1 \cos x - C_2 \sin x$$

于是

$$y'' + y = -C_1 \cos x - C_2 \sin x + C_1 \cos x + C_2 \sin x + x = x$$

因此$y = C_1 \cos x + C_2 \sin x + x$是微分方程$y'' + y = x$的解。

例9.3　已知$y = C_1 \cos x + C_2 \sin x + x$是微分方程$y'' + y = x$的通解，求满足初始条件$y|_{x=0} = 1, y'|_{x=0} = 3$的特解。

解：将初始条件代入y, y'的表达式得

$$\begin{cases} C_1 \cos 0 + C_2 \sin 0 + 0 = 1 \\ -C_1 \sin 0 + C_2 \cos 0 + 1 = 3 \end{cases}$$

即

$$\begin{cases} C_1 = 1 \\ C_2 + 1 = 3 \end{cases}$$

解得$C_1 = 1, C_2 = 2$，故所求特解为

$$y = \cos x + 2\sin x + x$$

例9.4　已知一条平面曲线过点(0，1)，且其上任一点处切线的斜率等于该点横坐标的立方，求该曲线的方程。

解：设所求曲线方程为$y = f(x)$，根据导数的几何意义和题意可知，函数$y = f(x)$应该满足如下方程

$$\begin{cases} \dfrac{\mathrm{d}y}{\mathrm{d}x} = x^3 \\ y|_{x=0} = 1 \end{cases}$$

积分得

$$y = \int x^3 \mathrm{d}x = \frac{1}{4}x^4 + C$$

其中C为任意常数。将初始条件代入上式，得$C = 1$，故所求曲线方程为

$$y = \frac{1}{4}x^4 + 1$$

应用案例

案例9.1　人口问题

英国学者马尔萨斯(Malthus)认为人口的相对增长率为常数，即如果设t时刻人口数为$x(t)$，则人口增长速度$\frac{\mathrm{d}x}{\mathrm{d}t}$与人口总量$x(t)$成正比，从而建立了马尔萨斯模型

$$\begin{cases} \dfrac{\mathrm{d}x}{\mathrm{d}t} = ax \\ x(t_0) = x_0 \end{cases}$$

其中$a>0$，这是一个含有未知函数的一阶导数的模型。

案例9.2　货轮制动问题

货轮在平静的海面上以20m/s的速度行驶，当制动时，货轮加速度为-0.4m/s^2，求制动后货轮的运动规律。

解：设货轮开始制动后t秒内行驶了s米，欲求未知函数$s=s(t)$。已知加速度为

$$\frac{\mathrm{d}^2 s}{\mathrm{d}t^2}=-0.4$$

这是一个含有未知函数的二阶导数的模型。

课堂巩固9.1

基础训练9.1

1. 给出下列微分方程的阶数。

(1) $y''+y=0$　　(2) $x\left(y'\right)^2-2yy'+x=0$

(3) $xy'-2y=0$　　(4) $\frac{\mathrm{d}y}{\mathrm{d}x}=x^3$

2. 验证下列函数是否为相应的方程的解、通解或特解。

(1) $y=5x^2,\frac{\mathrm{d}y}{\mathrm{d}x}=\frac{2y}{x}$　　(2) $y=\sin 2x, y''+4y=0$

提升训练9.1

1. 给出下列各微分方程的阶数。

(1) $x(y')^2-2yy'+x=0$　　(2) $-4y'''+10y''+5y=0$

(3) $(7x-6y)\mathrm{d}x+(x+y)\mathrm{d}y=0$　　(4) $\frac{\mathrm{d}^2 s}{\mathrm{d}t^2}+\frac{\mathrm{d}s}{\mathrm{d}t}+s=0$

2. 验证$y=-\frac{1}{x-1}$是初值问题$\begin{cases}y''=2yy'\\ y|_{x=0}=1, y'|_{x=0}=1\end{cases}$的特解。

3. 一条平面曲线过点(1,3)，且其上任一点处切线的斜率等于$2x+1$，求曲线的方程。

9.2　分离变量法

问题导入

引例　广告利润问题

设某产品的利润L与广告费x的函数关系$L=L(x)$满足微分方程

$$\frac{\mathrm{d}L}{\mathrm{d}x}=k(N-L)$$

且$L(0)=L_0(0<L_0<N)$，其中k，N为已知正常数，试求利润L与广告费x的函数关系。

分析：要解决该问题，先分析其中微分方程的特点，发现该微分方程可以分解为

$$\frac{\mathrm{d}L}{N-L}=k\,\mathrm{d}x$$

的形式，这样方程的一边只含有变量L，另一边只含有变量x，两边分别积分，即可求出利润L与广告费x的函数关系。

知识归纳

9.2.1 可分离变量的微分方程

【定义9.4】 形如

可分离变量的微分方程

$$\frac{\mathrm{d}y}{\mathrm{d}x}=f(x)g(y)$$

的微分方程，称为可分离变量的微分方程。该方程的特点是等式右边可以分解成两个函数之积，其中一个仅是x的函数，另一个仅是y的函数。

对于可分离变量的微分方程，可将其进行变量分离变形为

$$\frac{\mathrm{d}y}{g(y)}=f(x)\mathrm{d}x,\quad g(y)\neq 0$$

然后将上式两端同时积分，可得原方程的通解为

$$\int\frac{\mathrm{d}y}{g(y)}=\int f(x)\mathrm{d}x+C\ (C\text{为任意常数})$$

相关例题见例9.5～例9.7。

9.2.2 齐次微分方程

【定义9.5】 形如

齐次微分方程

$$\frac{\mathrm{d}y}{\mathrm{d}x}=\varphi\left(\frac{y}{x}\right)$$

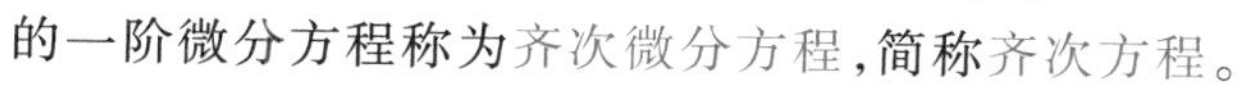

的一阶微分方程称为齐次微分方程，简称齐次方程。

求解齐次方程的常用方法是变量变化法，即通过变量变换将其化为可分离变量的微分方程，然后再求解的一种方法。下面分析具体求解过程。

设$u=\dfrac{y}{x}$，则

$$y=ux\qquad \frac{\mathrm{d}y}{\mathrm{d}x}=u+x\frac{\mathrm{d}u}{\mathrm{d}x}$$

代入原方程化简，得

$$x\frac{\mathrm{d}u}{\mathrm{d}x}=\varphi(u)-u$$

这是变量可分离方程，分离变量有

$$\frac{\mathrm{d}u}{\varphi(u)-u}=\frac{\mathrm{d}x}{x}$$

积分得

$$\int\frac{\mathrm{d}u}{\varphi(u)-u}=\int\frac{\mathrm{d}x}{x}$$

求出积分后，用$\frac{y}{x}$代替u，可以得到原方程的通解。

相关例题见例9.8。

典型例题

例9.5　求微分方程$\frac{\mathrm{d}y}{\mathrm{d}x}=2x$的通解。

解：分离变量得$\mathrm{d}y=2x\mathrm{d}x$，对两端进行积分可得到该微分方程的通解为

$$y=x^2+C$$

例9.6　求微分方程$\frac{\mathrm{d}y}{\mathrm{d}x}=-\frac{x}{y}$的通解。

解：分离变量得$y\mathrm{d}y=-x\mathrm{d}x$，对两端进行积分，可得

$$\frac{y^2}{2}=-\frac{x^2}{2}+C_1$$

整理可得

$$x^2+y^2=C$$

为微分方程的通解，这里$C=2C_1$。

例9.7　求方程$\frac{\mathrm{d}y}{\mathrm{d}x}=xy$的通解。

解：变量分离得$\frac{\mathrm{d}y}{y}=x\mathrm{d}x$，对方程两端分别积分，得

$$\int\frac{\mathrm{d}y}{y}=\int x\mathrm{d}x$$

即

$$\ln|y|=\frac{x^2}{2}+C$$

于是$y=C\mathrm{e}^{\frac{x^2}{2}}$（其中$C$是任意常数）为微分方程的通解。

例9.8　求$\frac{\mathrm{d}y}{\mathrm{d}x}=\frac{2y}{x}$的通解。

解：设$u=\frac{y}{x}$，则

$$y=ux\qquad\frac{\mathrm{d}y}{\mathrm{d}x}=u+x\frac{\mathrm{d}u}{\mathrm{d}x}$$

代入化简得$x\frac{\mathrm{d}u}{\mathrm{d}x}=u$。于是有$\frac{\mathrm{d}u}{u}=\frac{\mathrm{d}x}{x}$。积分得

$$\int \frac{\mathrm{d}u}{u} = \int \frac{\mathrm{d}x}{x}$$

解得

$$\ln|u| = \ln|x| + C_1$$

整理得，$u = Cx$。于是原方程的通解是 $y = Cx^2$（其中 C 是任意常数）。

应用案例

案例9.3　新产品推广问题

将某种新产品推向市场，t 时刻的销量是 $x(t)$，由于该产品性能良好，每个产品都是宣传品，所以 t 时刻产品销量的增长率 $\frac{\mathrm{d}x}{\mathrm{d}t}$ 与 $x(t)$ 成正比，同时，考虑到产品销量存在一定的市场容量 N，$\frac{\mathrm{d}x}{\mathrm{d}t}$ 与尚未购买该产品的潜在顾客 $N-x(t)$ 也成正比，于是有

$$\frac{\mathrm{d}x}{\mathrm{d}t} = kx(N-x)$$

其中，k 为比例常数（此方程称为逻辑斯谛方程，也是经济学科中常遇到的数学模型），试求解该微分方程。

解：变量分离模型，得

$$\frac{\mathrm{d}x}{x(N-x)} = k\mathrm{d}t$$

两边积分

$$\int \frac{\mathrm{d}x}{x(N-x)} = \int k\mathrm{d}t$$

得

$$\frac{x}{N-x} = C_1 \mathrm{e}^{kNt}$$

整理可得原微分方程的通解为

$$x(t) = \frac{C_1 N \mathrm{e}^{kNt}}{1 + C_1 \mathrm{e}^{kNt}} = \frac{N}{1 + C_2 \mathrm{e}^{-kNt}}$$

课堂巩固9.2

基础训练9.2

1. 求下列微分方程的通解。

(1) $\frac{\mathrm{d}y}{\mathrm{d}x} = 2xy$　　(2) $\frac{\mathrm{d}y}{\mathrm{d}x} = -\frac{y}{x}$　　(3) $\frac{\mathrm{d}y}{\mathrm{d}x} = \mathrm{e}^{2x-y}$

2. 求微分方程 $\frac{\mathrm{d}y}{\mathrm{d}x} = -\frac{x}{y}$ 满足初始条件 $y\big|_{x=3} = 4$ 的特解。

提升训练 9.2

求下列微分方程的通解。

（1）$\frac{\mathrm{d}y}{\mathrm{d}x}=\frac{y}{x}(\ln y-\ln x)$　　　　（2）$(x^2+y^2)\mathrm{d}x-xy\mathrm{d}y=0$

9.3　一阶线性微分方程

问题导入

引例　溶液混合问题

一容器内盛有 50 L 的溶液，其中含有 10 g 溶质，现将每升含溶质 2 g 的溶液以 5 L/min 的速度注入容器，并不断进行搅拌，使混合液迅速达到均匀，同时混合液以 3 L/min 的速度流出容器，问在任一时刻 t 容器中溶质的含量是多少？

分析：设 t 时刻容器中溶质含量为 x g，容器中溶质含量的变化率

$$\frac{\mathrm{d}x}{\mathrm{d}t}=\text{溶质流入容器的速度}-\text{溶质流出容器的速度}$$

根据问题条件，代入整理可以得到

$$\frac{\mathrm{d}x}{\mathrm{d}t}=10-\frac{3x}{50+2t}$$

这样的方程含有未知函数的导数，且未知函数的最高阶导数为一阶导数，此方程为一阶线性微分方程。

知识归纳

9.3.1　一阶齐次线性微分方程

一阶线性微分方程

【定义 9.6】　形如

$$\frac{\mathrm{d}y}{\mathrm{d}x}+P(x)y=0$$

的微分方程，称为一阶齐次线性微分方程。其中 $P(x)$ 是 x 的连续函数，“线性”是指未知函数 y 和它的导数 y' 都是一次的。上式变量分离后，可得其通解为

$$y=C\mathrm{e}^{-\int P(x)\mathrm{d}x}\ (C\text{为任意常数})$$

9.3.2　一阶非齐次线性微分方程

一阶非齐次线性微分方程

【定义 9.7】　形如

$$\frac{\mathrm{d}y}{\mathrm{d}x}+P(x)y=Q(x)$$

的微分方程，称为一阶非齐次线性微分方程。其中 $P(x)$、$Q(x)$ 是 x 的连续

函数,“线性”是指未知函数y和它的导数y'都是一次的。特别地,当$Q(x)=0$时,上式变为一阶齐次线性微分方程。

下面采用常数变易法求解一阶非齐次线性微分方程。

将一阶齐次线性微分方程的通解$y=Ce^{-\int P(x)dx}$中的常数C换为x的未知函数$C(x)$,即假设

$$y=C(x)e^{-\int P(x)dx}$$

是一阶非齐次线性微分方程的解,代入$\frac{dy}{dx}+P(x)y=Q(x)$可得

$$C(x)=\int Q(x)e^{\int P(x)dx}dx+C$$

于是得到一阶非齐次线性微分方程的解为

$$y=e^{-\int P(x)dx}\left[\int Q(x)e^{\int P(x)dx}dx+C\right]$$

相关例题见例9.9～例9.12。

典型例题

例9.9　求微分方程$\frac{dy}{dx}-3y=e^{2x}$的通解。

解法1:常数变易法。首先,计算对应齐次微分方程$\frac{dy}{dx}-3y=0$的通解。对齐次微分方程分离变量得$\frac{dy}{y}=3dx$,两边积分得到齐次微分方程的通解为

$$y=Ce^{3x}$$

其次,令原方程的通解为$y=C(x)e^{3x}$,代入原微分方程得$C'(x)=e^{-x}$,于是

$$C(x)=-e^{-x}+C$$

所以,原微分方程的通解为

$$y=e^{3x}(-e^{-x}+C)=-e^{2x}+Ce^{3x}\ (C为任意常数)$$

解法2:公式法。由题意知$P(x)=-3,Q(x)=e^{2x}$,代入公式得原方程的解为

$$\begin{aligned}y&=e^{-\int P(x)dx}\left[\int Q(x)e^{\int P(x)dx}dx+C\right]\\&=e^{-\int(-3)dx}\left[\int e^{2x}e^{\int(-3)dx}dx+C\right]\\&=e^{3x}\left(\int e^{2x}e^{-3x}dx+C\right)\\&=e^{3x}\left(\int e^{-x}dx+C\right)\\&=-e^{2x}+Ce^{3x}\end{aligned}$$

一阶非齐次线性微分方程(公式法)

例 9.10　求微分方程$\frac{dy}{dx}-\frac{2y}{x}=x^{\frac{5}{2}}$的通解。

解法 1：常数变易法。首先计算对应齐次微分方程$\frac{dy}{dx}-\frac{2y}{x}=0$的通解。对齐次微分方程分离变量，得$\frac{dy}{y}=\frac{2dx}{x}$，两边积分得

$$\ln|y|=2\ln|x|+\ln C$$

于是得到齐次微分方程的通解为

$$y=Cx^2$$

其次，令原方程的通解为$y=C(x)x^2$，代入原微分方程，得$C'(x)=x^{\frac{1}{2}}$，于是

$$C(x)=\frac{2}{3}x^{\frac{3}{2}}+C$$

所以，原微分方程的通解为

$$y=x^2\left(\frac{2}{3}x^{\frac{3}{2}}+C\right)\text{（}C\text{为任意常数）}$$

解法 2：公式法。由题$P(x)=-\frac{2}{x}$，$Q(x)=x^{\frac{5}{2}}$，代入公式得原方程的解为

$$\begin{aligned}y&=e^{-\int P(x)dx}\left[\int Q(x)e^{\int P(x)dx}dx+C\right]\\&=e^{-\int\left(-\frac{2}{x}\right)dx}\left[\int x^{\frac{5}{2}}e^{\int\left(-\frac{2}{x}\right)dx}dx+C\right]\\&=e^{2\ln x}\left(\int x^{\frac{5}{2}}e^{-2\ln x}dx+C\right)\\&=x^2\left(\int x^{\frac{1}{2}}dx+C\right)\\&=x^2\left(\frac{2}{3}x^{\frac{3}{2}}+C\right)\end{aligned}$$

例 9.11　求微分方程$xy'+y=e^x$的通解。

解：对应的齐次微分方程为

$$y'+\frac{1}{x}y=0$$

分离变量得

$$\frac{dy}{y}=-\frac{dx}{x}$$

两边积分得齐次微分方程的通解为$y=\frac{C}{x}$。

令$y=\frac{C(x)}{x}$是原方程的解，代入非齐次方程，得

$$C(x)=e^x+C$$

于是原方程的通解为

$$y=\frac{1}{x}(e^x+C)$$

例9.12　设$f(x)$为连续函数，且满足$f(x)=e^x+\int_0^x f(t)dt$，求$f(x)$。

解：方程两边对x求导，得

$$f'(x)=e^x+f(x)$$

整理得

$$f'(x)-f(x)=e^x$$

若记$y=f(x)$，则上式变为

$$y'-y=e^x$$

这是一阶线性非齐次微分方程，由求解公式得

$$y=f(x)=(x+C)e^x$$

又由题意知，$f(0)=1$，代入上式得$C=1$，于是有

$$f(x)=(x+1)e^x$$

课堂巩固9.3

基础训练9.3

1. 求下列微分方程的通解。

（1）$\frac{dy}{dx}+y=e^{-x}$　　（2）$y'-2xy=e^{x^2}\cos x$

2. 求微分方程$x\frac{dy}{dx}-2y=x^3e^x$满足初始条件$y|_{x=1}=0$的特解。

3. 求微分方程$xy'+y=3$满足初始条件$y|_{x=1}=0$的特解。

提升训练9.3

1. 求下列微分方程的通解。

（1）$\frac{dy}{dx}-\frac{2}{x}y=\frac{1}{2}x^2$　　（2）$y'+y=xe^x$　　（3）$y'+y\cos x=e^{-\sin x}$

2. 设$f(x)$为连续函数，且满足$f(x)=e^x+\int_0^x f(t)dt$，求$f(x)$。

3. 求微分方程$\frac{dy}{dx}+\frac{y}{x}=\sin x$的通解。

9.4 二阶常系数线性微分方程

问题导入

引例 质点运动规律

一质量为m的质点由静止开始沉入液体,当下沉时,液体的反作用力与下沉速度成正比,求此质点的运动规律。

分析:设质点的运动规律为$x=x(t)$,求解微分方程

$$\begin{cases} m\dfrac{d^2x}{dt^2}=mg-k\dfrac{dx}{dt} \\ x\big|_{t=0}=0, \quad \dfrac{dx}{dt}\Big|_{t=0}=0 \end{cases}$$

整理可得

$$\frac{d^2x}{dt^2}+\frac{k}{m}\cdot\frac{dx}{dt}=g \quad (k>0\text{为比例系数})$$

上述微分方程中含有未知函数的导数,且未知函数的最高阶导数为二阶导数,此方程为二阶常系数线性微分方程。

知识归纳

9.4.1 二阶常系数线性微分方程解的结构

二阶常系数微分方程的概念、解的性质和结构

线性微分方程是常微分方程中一类非常重要的方程,它在自然科学和工程技术中有极其广泛的应用。在9.3节中已经介绍了一阶线性微分方程,得到其通解公式。在实际应用中,还经常遇到高阶线性微分方程,为简明起见,重点讨论二阶线性微分方程,其他高阶线性微分方程有类似的结论。

1. 二阶常系数线性微分方程的概念

【定义9.8】 形如

$$y''+py'+qy=f(x)$$

的微分方程,称为二阶常系数线性微分方程。其中,p,q为实常数,$f(x)$为x的已知函数。当$f(x)\neq 0$时,称为二阶常系数非齐次线性微分方程;当$f(x)\equiv 0$时,称为二阶常系数齐次线性微分方程。

2. 二阶常系数线性微分方程解的性质

【定理9.1】 如果函数$y_1(x),y_2(x)$是二阶齐次线性微分方程的两个解,则$C_1y_1(x)+C_2y_2(x)$也是该方程的解。其中C_1,C_2是任意常数。

首先给出线性相关与线性无关的定义。设$y_1(x),y_2(x)$是定义在区间I上的两个函

数，如果存在两个不全为零的常数k_1,k_2，使当$x\in I$时有恒等式$k_1y_1(x)+k_2y_2(x)\equiv 0$成立，那么称$y_1(x),y_2(x)$在区间$I$上线性相关，否则称为线性无关。这个定义很容易推广到多个函数的情形。

例如：$1,x$在实数集$\mathbf{R}$上线性无关；$x,2x$在区间$[-1,1]$上线性相关。

【定理9.2】　如果函数$y_1(x),y_2(x)$是二阶齐次线性微分方程的两个线性无关的特解，那么$\bar{y}(x)=C_1y_1(x)+C_2y_2(x)$(其中$C_1,C_2$是任意常数)是该方程的通解。

【定理9.3】　如果$y^*(x)$是非齐次线性微分方程的一个特解，$\bar{y}(x)$是其对应的齐次线性微分方程的通解，那么非齐次线性微分方程的通解可表示为$y(x)=\bar{y}(x)+y^*(x)$。

9.4.2　二阶常系数齐次线性微分方程的解法

二阶常系数微分方程的解法

根据定理9.2，只要求出二阶常系数齐次线性微分方程的两个线性无关的特解，即可求出该方程的通解。那么，如何求这两个线性无关的特解呢？注意到方程$y''+py'+qy=0$左端的系数p,q为实常数，即$\boldsymbol{y'}$和$\boldsymbol{y''}$均为y的常数倍，自然可以想到，能充当特解的函数应该是这种类型的函数：$y=\mathrm{e}^{rx}$(r为常数)。

【定义9.9】　称$r^2+pr+q=0$为二阶常系数齐次线性微分方程$y''+py'+qy=0$的特征方程，它的根称为特征根。

由于特征方程是一元二次方程，根据特征根的特点，可分为以下三种情形。

1．有两个不等实根($\Delta>0$)

若有两个不等实根r_1,r_2，此时方程的特解可以表示为$y_1=\mathrm{e}^{r_1x},y_2=\mathrm{e}^{r_2x}$。

而

$$\frac{y_1}{y_2}=\mathrm{e}^{(r_1-r_2)x}\neq 常数$$

故$y_1=\mathrm{e}^{r_1x},y_2=\mathrm{e}^{r_2x}$是方程$y''+py'+qy=0$的两个线性无关的解，则通解是

$$y=C_1\mathrm{e}^{r_1x}+C_2\mathrm{e}^{r_2x}\quad (C_1,C_2为任意常数)$$

相关例题见例9.13。

2．有两个相等实根($\Delta=0$)

若有两个相等实根$r=r_1=r_2$，此时方程有一个特解$y_1=\mathrm{e}^{rx}$，容易知道$y_2=x\mathrm{e}^{rx}$也是方程的一个特解。

而

$$\frac{y_1}{y_2}=\frac{1}{x}\neq 常数$$

故$y_1=\mathrm{e}^{rx},y_2=x\mathrm{e}^{rx}$是方程$y''+py'+qy=0$的两个线性无关的解，则通解是

$$y=(C_1+C_2x)\mathrm{e}^{r_1x}\quad (C_1,C_2为任意常数)$$

相关例题见例9.14。

3. 有两个虚根($\Delta<0$)

若有两个虚根$r_{1,2}=\alpha\pm\beta\mathrm{i}$,此时$\mathrm{e}^{\alpha x}\cos\beta x$, $\mathrm{e}^{\alpha x}\sin\beta x$是方程$y''+py'+qy=0$的两个线性无关的解,则通解是

$$y=\mathrm{e}^{\alpha x}(C_1\cos\beta x+C_2\sin\beta x)\quad(C_1, C_2\text{为任意常数})$$

综上所述,求齐次方程的通解的步骤如下。

第一步,写出特征方程$r^2+pr+q=0$。

第二步,求出两个特征根r_1, r_2。

第三步,根据特征根的不同特点,写出方程的通解。

相关例题见例9.15。

*9.4.3 二阶常系数非齐次线性微分方程的解法

由定理9.3可知,求二阶常系数非齐次线性微分方程$y''+py'+qy=f(x)$的通解,归结为求它的一个特解$y^*(x)$及对应的齐次线性微分方程$y''+py'+qy=0$的通解$\overline{y}(x)$,然后取和式$y(x)=\overline{y}(x)+y^*(x)$即得非齐次线性微分方程的通解。前面已讲过求齐次线性微分方程的通解,现在剩下的问题是如何求非齐次线性微分方程的一个特解。

求非齐次线性微分方程$y''+py'+qy=f(x)$的一个特解的一个常用的有效方法是“待定系数法”。其基本思想是,用与方程$y''+py'+qy=f(x)$的非齐次项(也称自由项)$f(x)$形式相同但含有待定系数的函数作为该方程的特解,称为试解函数。然后将试解函数代入方程$y''+py'+qy=f(x)$,确定试解函数中的待定系数,从而求出该方程的一个特解。

自由项$f(x)$的常见形式有以下两类:

(1) $f(x)=\mathrm{e}^{\mu x}P_m(x)$;

(2) $f(x)=\mathrm{e}^{\mu x}(A\cos\omega x+B\sin\omega x)$。

其中μ, ω, A, B为常数,$P_m(x)$为x的m次多项式,即

$$P_m(x)=a_0x^m+a_1x^{m-1}+\cdots+a_{m-1}x+a_m\quad(a_0\neq 0)$$

当自由项$f(x)$为上述两类函数时,设试解函数的原则如表9.1所示。

表 9.1

$f(x)$的类型	取试解函数条件	试解函数y^*的形式
$f(x)=\mathrm{e}^{\mu x}P_m(x)$	μ不是特征根	$y^*=\mathrm{e}^{\mu x}Q_m(x)$
	μ是单特征根	$y^*=x\mathrm{e}^{\mu x}Q_m(x)$
	μ是重特征根	$y^*=x^2\mathrm{e}^{\mu x}Q_m(x)$
$f(x)=\mathrm{e}^{\mu x}(A\cos\omega x+B\sin\omega x)$	$\mu\pm\mathrm{i}\omega$不是特征根	$y^*=\mathrm{e}^{\mu x}(A_1\cos\omega x+A_2\sin\omega x)$
	$\mu\pm\mathrm{i}\omega$是特征根	$y^*=x\mathrm{e}^{\mu x}(A_1\cos\omega x+A_2\sin\omega x)$

注:$P_m(x)=a_0x^m+a_1x^{m-1}+\cdots+a_{m-1}x+a_m$为已知$m$次多项式;

$Q_m(x)=b_0x^m+b_1x^{m-1}+\cdots+b_{m-1}x+b_m$为待定$m$次多项式。

相关例题见例9.16。

典型例题

例9.13　求 $y''-y'-2y=0$ 的通解。

二阶常系数微分方程的求解+例 9.13~例 9.15

解：它的特征方程是

$$r^2-r-2=0$$

解得其两个特征根为 $r_1=-1, r_2=2$。

所以其通解是 $y=C_1\mathrm{e}^{-x}+C_2\mathrm{e}^{2x}$（其中 C_1, C_2 是任意常数）。

例9.14　求 $y''+2y'+y=0$ 的通解。

解：它的特征方程是

$$r^2+2r+1=0$$

解得其两个特征根为 $r_1=r_2=-1$。

所以其通解是 $y=(C_1+C_2x)\mathrm{e}^{-x}$（其中 C_1, C_2 是任意常数）。

例9.15　求 $y''-2y'+10y=0$ 的通解。

解：它的特征方程是

$$r^2-2r+10=0$$

解得其两个特征根为 $r_1=1+3\mathrm{i}, r_2=1-3\mathrm{i}$。

所以其通解是 $y=\mathrm{e}^x(C_1\cos 3x+C_2\sin 3x)$（其中 C_1, C_2 是任意常数）。

*例9.16　求微分方程 $y''-5y'+6y=x\mathrm{e}^{2x}$ 的通解。

解：该方程所对应的齐次方程为

$$y''-5y'+6y=0$$

它的特征方程为

$$r^2-5r+6=0$$

其两个特征根为 $r_1=2, r_2=3$，于是所给方程对应的齐次方程的通解为 $y=C_1\mathrm{e}^{2x}+C_2\mathrm{e}^{3x}$（其中 C_1, C_2 是任意常数）。

由于 $\mu=2$ 是特征方程的单根，所以设原方程的一个特解为

$$y^*=x(b_0x+b_1)\mathrm{e}^{2x}$$

把它代入原方程，消去 e^{2x}，化简后可得

$$-2b_0x+2b_0-b_1=x$$

比较上式两端同次幂的系数得

$$\begin{cases}-2b_0=1\\2b_0-b_1=0\end{cases}$$

从而求出 $b_0=-\dfrac{1}{2}, b_1=-1$。于是求得原方程的一个特解为

$$y^*=x\left(-\frac{1}{2}x-1\right)\mathrm{e}^{2x}$$

因此原方程的通解是

$$y=C_1\mathrm{e}^{2x}+C_2\mathrm{e}^{3x}-\frac{1}{2}(x^2+2x)\mathrm{e}^{2x}$$

应用案例

*案例9.4　市场均衡价格模型

求解该节引例中的问题。

解：根据题意，由$D(P)=S(P)$得微分方程

$$3P''+3P'+P=4$$

其对应的齐次微分方程的特征方程为$3r^2+3r+1=0$，解得其共轭复根为

$$r_{1,2}=-\frac{1}{2}\pm\frac{\sqrt{3}}{6}\mathrm{i}$$

于是对应齐次方程的通解为

$$P(t)=\mathrm{e}^{-\frac{1}{2}t}\left(C_1\cos\frac{\sqrt{3}}{6}t+C_2\sin\frac{\sqrt{3}}{6}t\right)$$

由于原方程右端为常数4，因此设特解为

$$P^*=C$$

代入原方程可得$C=4$，因此原方程的通解为

$$P(t)=\mathrm{e}^{-\frac{1}{2}t}\left(C_1\cos\frac{\sqrt{3}}{6}t+C_2\sin\frac{\sqrt{3}}{6}t\right)+4$$

代入初始条件$P|_{t=0}=5,P'|_{t=0}=\frac{1}{2}$，可得$C_1=1,C_2=2\sqrt{3}$。因此该商品的价格函数为

$$P(t)=\mathrm{e}^{-\frac{1}{2}t}\left(\cos\frac{\sqrt{3}}{6}t+2\sqrt{3}\sin\frac{\sqrt{3}}{6}t\right)+4$$

课堂巩固9.4

基础训练9.4

1．求下列微分方程的通解。

（1）$y''-4y'-5y=0$　　（2）$y''+2y'+y=0$

（3）$y''-4y'+13y=0$

2．求微分方程$y''+3y'+2y=0$满足初始条件$y'|_{x=0}=1,y|_{x=0}=1$的特解。

提升训练9.4

1．求下列二阶微分方程的通解。

（1）$y''-y=0$　　（2）$y''-y'=0$　　（3）$y''+y=0$

*2．求下列二阶微分方程的通解。

（1）$y''+9y'=x-4$　　（2）$2y''+y'-y=2\mathrm{e}^x$

9.5　微分方程的应用

问题导入

常微分方程有着丰富且深刻的实际背景，它从生产实践与科学技术中产生，同时又成为分析问题和解决问题的工具。微分方程模型在经济管理、社会科学等很多领域都有应用，前面已经讨论了常微分方程的求解方法，本节通过例题说明微分方程模型在经济管理中的应用。

知识归纳

9.5.1　数学建模的思想

数学建模是指对现实世界的一个特定对象，为了某种特定目的，做出的一些重要的简化和假设，运用适当的数学工具得到一个数学结构，通过它解释特定现象的现实性态、预测对象的未来状况、提供处理对象的优化决策和控制、设计满足需要的产品等。

数学是在实际应用的需求中产生的，要解决实际问题就必须建立数学模型，从此意义上讲，数学建模和数学一样有古老的历史。例如，欧几里得几何就是一个古老的数学模型，牛顿万有引力定律也是数学建模的一个典范。今天，数学以空前的广度和深度向其他科学技术领域渗透，很多领域需要数学量化，建立数学模型。特别是随着新技术、新工艺的蓬勃兴起，以及计算机的普及和广泛使用，数学建模被赋予了更为重要的意义。

9.5.2　微分方程模型

在建立数学建模时，微分方程是最常见的一种。自然科学、工程、经济、医学、体育、生物、社会等学科中的许多系统，有时很难找到该系统有关变量之间的直接关系——函数表达式，却容易找到这些变量和它们的微小增量或变化率之间的关系式，这时往往采用微分关系式来描述即建立微分方程模型。

一般地，建立微分方程模型的方法可归纳如下。

(1) 列方程。分析实际问题，利用数学、力学、物理、化学等学科中的定理或许多经过实践或实验检验的规律或定律，例如，牛顿运动定律、物质放射性的规律、曲线的切线性质等建立问题的微分方程，并写出相应的初始条件。

(2) 解方程。根据微分方程的类型、特点，对微分方程进行求解。

(3) 解释问题。根据所求的解，分析和解释相关问题的实际意义，讨论某些性质和预测一些现象。

因此原方程的通解是

$$y=C_1e^{2x}+C_2e^{3x}-\frac{1}{2}(x^2+2x)e^{2x}$$

相关例题见例9.17～例9.20。

典型例题

例9.17　酒精检测模型。现规定司机驾车时血液中的酒精含量不能超过80%(mg/mL)。现有一起交通事故，在事故发生三小时后，测得司机血液中的酒精含量是56%(mg/mL)；又过了两个小时后，测得司机血液中的酒精含量为40%(mg/mL)。试判断事故发生时，司机是否违反了相关的规定。

解：设$x(t)$为时刻t的血液中酒精的浓度，则依平衡原理时间间隔$[t,t+\Delta t]$内，酒精浓度的改变量$\Delta x=x(t)\cdot\Delta t$，即

$$x(t+\Delta t)-x(t)=-kx(t)\Delta t$$

其中，$k>0$为比例常数，式前负号表示浓度随时间的推移是递减的，两边除以Δt，并令$\Delta t\to 0$，则得到

$$\frac{dx}{dt}=-kx$$

且满足$x(3)=56$，$x(5)=40$及$x(0)=x_0$。

容易求得通解为$x(t)=ce^{-kt}$，代入$x(0)=x_0$，得到

$$x(t)=x_0e^{-kt}$$

则$x_0=x(0)$为所求。又由$x(3)=56$，$x(5)=40$，代入$x(0)=x_0$，可得

$$\begin{cases}x_0e^{-3k}=56\\x_0e^{-5k}=40\end{cases}\Rightarrow e^{2k}=\frac{56}{40}\Rightarrow k=0.17$$

将$k=0.17$代入得$x_0e^{-3\times 0.17}=56\Rightarrow x_0=56\cdot e^{3\times 0.17}\approx 93.25>80$。

所以事故发生时，司机血液中的酒精浓度已超出规定。

例9.18　价格调整模型。设某商品在时刻t的售价为p，社会对该商品的需求函数和供给函数分别是

$$Q(p)=a-bp\qquad S(p)=c+dp$$

其中，a,b,c,d均为正常数。假定t时刻的价格p对时间t的变化率与该商品在这一时刻的超额需求量$Q(p)-S(p)$成正比（比例常数$k>0$），求：

(1) 供需相等时的价格p_e（称为均衡价格）；

(2) 价格函数$p(t)$的表达式。

解：(1) 由$Q(p)=S(p)$，得$p_e=\dfrac{a-c}{b+d}$。

(2) 由题意有

$$\frac{dp}{dt}=k[Q(p)-S(p)]$$

即

$$\frac{\mathrm{d}p}{\mathrm{d}t}+k(b+d)p=k(a-c)=k(b+d)p_e$$

为简便起见，设$\lambda=k(b+d)$，则上式成为

$$\frac{\mathrm{d}p}{\mathrm{d}t}+\lambda p=\lambda p_e$$

这是一阶非齐次线性微分方程，其通解为

$$p(t)=p_e+C\mathrm{e}^{-\lambda t}$$

假设初始价格$p(0)=p_0$，代入上式便得$C=p_0-p_e$，从而可得$p(t)$的表达式为

$$p(t)=p_e+(p_0-p_e)\mathrm{e}^{-\lambda t}$$

由于$\lambda>0$，因此当$t\to+\infty$时，$p(t)\to p_e$，即随着时间的推移，价格$p(t)$将趋近于均衡价格p_e。这就是亚当·斯密提出的著名的“看不见的手”调节市场的思想。

例9.19　广告利润模型。设某产品的利润L与广告费x的函数关系$L=L(x)$满足微分方程

$$\frac{\mathrm{d}L}{\mathrm{d}x}=k(N-L)$$

且$L(0)=L_0(0<L_0<N)$，其中k,N为已知正常数，试求利润L与广告费x的函数关系。

解：分离变量，得

$$\frac{\mathrm{d}L}{N-L}=k\mathrm{d}x$$

两边同时积分，得

$$-\ln(N-L)=kx+C_1$$

即

$$N-L=\mathrm{e}^{-(kx+C_1)}=C\mathrm{e}^{-kx}$$

其中，$C=\mathrm{e}^{-C_1}$。故所求利润L与广告费x的函数关系为

$$L=N-C\mathrm{e}^{-kx}$$

由$L(0)=L_0$，得$C=N-L_0$，于是有

$$L=N-(N-L_0)\mathrm{e}^{-kx}$$

根据题设$0<L_0<N$，k,N为已知正常数，所以

$$N>(N-L_0)\mathrm{e}^{-kx}>0$$

由此分析，得

$$0<L<N$$

所以，微分方程$\frac{\mathrm{d}L}{\mathrm{d}x}=k(N-L)$中，$\frac{\mathrm{d}L}{\mathrm{d}x}>0$，即$L$是$x$的单调增函数，且$\lim\limits_{x\to+\infty}L(x)=N$，即利润$L$随广告费$x$增加而趋于常数$N$。

例9.20　边际问题模型。设某产品的边际成本函数为

$$C'(q)=9q^2+8q+14$$

固定成本为50，求总成本函数$C(q)$。

解：由题意得

$$\frac{\mathrm{d}C(q)}{\mathrm{d}q}=9q^2+8q+14$$

分离变量得

$$\mathrm{d}C(q)=(9q^2+8q+14)\mathrm{d}q$$

两边积分得

$$C(q)=3q^3+4q^2+14q+C$$

又 $C(0)=50$,所以 $C=50$,故总成本函数为

$$C(q)=3q^3+4q^2+14q+50$$

应用案例

案例9.5　logistic回归模型

logistic方程是一种在许多领域有着广泛应用的数学模型。下面借助树的增长来建立模型。

一棵小树刚栽下去时长得比较慢,渐渐地,小树长高了而且长得越来越快,几年不见,绿荫底下已经可乘凉了;但长到某一高度后,它的生长速度趋于稳定,然后再慢慢降下来,这一现象具有普遍性。现在我们来建立这种现象的数学模型。

如果假设树的生长速度与它目前的高度成正比,则显然不符合两端尤其是后期的生长情形,因为树不可能越长越快;但是如果假设树的生长速度正比于最大高度与目前高度的差,则又明显不符合中间一段的生长过程。折中一下,假定它的生长速度既与目前的高度,又与最大高度与目前高度的差成正比。

设树生长的最大高度为 H(m),在 t(年)时的高度为 $h(t)$,则有

$$\frac{\mathrm{d}h(t)}{\mathrm{d}t}=kh(t)[H-h(t)]$$

其中,$k>0$ 是比例常数。这个方程为logistic方程。它是可分离变量的一阶微分方程。

下面求解上述方程。分离变量得

$$\frac{\mathrm{d}h}{h(H-h)}=k\mathrm{d}t$$

两边积分

$$\int\frac{\mathrm{d}h}{h(H-h)}=\int k\mathrm{d}t$$

得

$$\frac{1}{H}[\ln h-\ln(H-h)]=kt+C_1$$

即

$$\frac{h}{H-h}=\mathrm{e}^{kHt+C_1H}=C_2\mathrm{e}^{kHt}$$

故所求通解为

$$h(t)=\frac{C_2H\mathrm{e}^{kHt}}{1+C_2\mathrm{e}^{kHt}}=\frac{H}{1+C\mathrm{e}^{-kHt}}\qquad\left(\text{其中}C=\frac{1}{C_2}=\mathrm{e}^{-C_1H}\text{为正常数}\right)$$

函数$h(t)$的图像称为logistic曲线，它的图形是S形，一般也称为S曲线，如图9.3所示。可以看出，它基本符合我们描述的树的生长情形。另外还可以算得

$$\lim_{t\to\infty} h(t)=H$$

这说明树的生长有一个限制，因此也称为限制性生长模式。

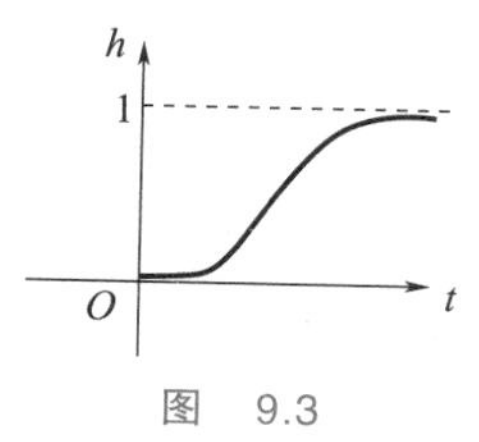

图　9.3

Logistic的中文音译名是“逻辑斯谛”。“逻辑”的解释是“客观事物发展的规律性”，因此许多现象本质上都符合这种S规律。除了生物种群的繁殖外，还有信息的传播、新技术的推广、传染病的扩散及某些商品的销售等。例如流感的传染，在任其自然发展(例如初期未引起人们注意)的阶段，可以设想它的速度既正比于得病的人数，又正比于未传染到的人数。开始时患病的人数不多，因此传染速度较慢，但随着健康人与患者的接触，受传染的人越来越多，传染的速度也越来越快。最后，传染速度自然而然地渐渐降低，因为已经没有那么多人可被感染了。

案例9.6　长沙马王堆一号墓葬年代推测

1972年8月，湖南长沙出土了马王堆一号墓，出土时因墓中的女尸虽历经几千年而未腐烂轰动世界，但这座墓葬到底是哪个年代？至今有多少年？科学家经过测算和进一步考证，确定马王堆一号墓的主人是汉代长沙国丞相利仓的夫人辛追。那么，科学家们是用什么方法来测定的呢？

分析：大气层在宇宙射线不断作用下所产生的中子与氧气作用生成了^{14}C(^{12}C同位素)，^{14}C具有放射性，并且遵循放射性元素的衰变规律(放射性元素任意时刻的衰变速度与该时刻放射性元素的质量成正比)。^{14}C进一步被氧化成二氧化碳，二氧化碳被植物所吸收，而动物又以植物为食物，于是放射性^{14}C就被带到了各种动植物体内。对于放射性^{14}C来说，不论是存在于空气中还是生物体内，都在不断地衰变。由于活着的生物通过新陈代谢不断地摄取^{14}C，使生物体内的^{14}C与空气中的^{14}C有相同的含量；一旦生物死亡，随着新陈代谢的停止，尸体中的^{14}C就会因衰变而逐渐减少，因此根据^{14}C衰变减少的变化情况就可以断定生物死亡的时间。

经测定，出土的木炭标本中的平均原子衰变速度为37.37次/min，^{14}C的半衰期为5730年。

设m_0表示该墓下葬时木炭标本中^{14}C的含量，$m(t)$表示该墓出土时木炭标本中^{14}C的含量，T表示^{14}C的半衰期。根据衰变规律，有

$$\frac{\mathrm{d}m}{\mathrm{d}t}=-km$$

其中，$k>0$为比例常数。式前的负号表示放射性元素的质量随时间的推移是递减的。其通解为$m(t)=C\mathrm{e}^{-kt}$。

由于放射性元素的半衰期往往是已知的，于是可以利用半衰期确定上式中的比例常数k，即$\frac{m_0}{2}=m_0\mathrm{e}^{-kT}$，解得$k=\frac{\ln 2}{T}$。因此可得

$$t=\frac{T}{\ln 2}\ln\frac{m_0}{m(t)}$$

将$\frac{\mathrm{d}m}{\mathrm{d}t}=-km$改写为$m'(t)=-km(t)$，则令$t=0$，得

$$m'(0)=-km(0)=-km_0$$

上面两式相除，得 $\frac{m'(0)}{m'(t)}=\frac{m_0}{m(t)}$，故

$$t=\frac{T}{\ln 2}\ln\frac{m'(0)}{m'(t)}$$

$m'(0)$虽然表示的是下葬时木炭标本中^{14}C的衰变速度，但考虑到宇宙射线的强度在数千年变化不会很大，因此可以认为现代生物体内^{14}C的衰变速度与马王堆墓葬时代生物体内^{14}C的衰变速度相等，即可以用新砍伐烧成的木炭中^{14}C的平均原子衰变速度37.37次/min代替$m'(0)$。再将$m(t)=29.78$次/min，$T=5730$代入原式，求得$t\approx 2036$，从而推断出马王堆一号墓迄今有2036年左右。

本例结合放射性元素的衰变规律，通过建立数学模型来测定文物及地质的年代，这种方法已经被考古、地质方面的专家广泛采用。

课堂巩固9.5

基础训练9.5

1. 将100℃的某物体置于温度为20℃的环境中散热，10分钟后测得该物体温度为80℃，求该物体温度的变化规律。

2. 已知某产品的销售量为q时，收入变化率为$R'(q)=100-2q$，求销售量为20时的总收入。

总结提升9

1. 选择题。

(1) 下列微分方程中，(　　)是一阶微分方程。

A. $(y-xy')^2=x^2yy''$　　B. $(y'')^2+5(y')^4-y^5+x^7=0$

C. $(x^2-y^2)\mathrm{d}x+(x^2+y^2)\mathrm{d}y=0$　　D. $xy''+y'+y=0$

(2) 下列微分方程中，属于二阶微分方程的是(　　)。

A. $y\mathrm{d}x-(y^3-x)\mathrm{d}y=0$　　B. $(y')^2-y'=0$

C. $\frac{\mathrm{d}y}{\mathrm{d}x}=x^2$　　D. $y''-2y'-3y=0$

(3) 一阶微分方程$y\mathrm{d}x-(y^3-x)\mathrm{d}y=0$是(　　)。

A. 可分离变量方程　　B. 齐次方程

C. 线性齐次方程　　D. 线性非齐次方程

(4) 微分方程$xy'=y$的通解是(　　)。

A. $y=Cx$　　B. $y=\frac{C}{x}$

C. $y=Cx^2$　　D. $y=C\sqrt{x}$

(5) 微分方程$x\ln x\cdot y''=y'$的通解是(　　)。

A. $y=C_1x\ln x+C_2$　　B. $y=C_1x(\ln x-1)+C_2$

C. $y=x\ln x$　　D. $y=C_1x(\ln x-1)+2$

(6) 微分方程$y\ln x\mathrm{d}x+x\ln y\mathrm{d}y=0$满足初始条件$y|_{x=\mathrm{e}}=\mathrm{e}$的特解是(　　)。

A. $\ln x^2+\ln y^2=0$　　B. $\ln x^2+\ln y^2=2$

C. $\ln^2x-\ln^2y=0$　　D. $\ln^2x-\ln^2y=2$

(7) 已知y_1,y_2是二阶非齐次线性微分方程$y''+py'+qy=f(x)$的两个特解，则以下选项中，(　　)是其对应齐次线性微分方程的解。

A. y_1+y_2　　B. y_1-y_2　　C. $2y_1$　　D. $2y_2$

(8) 通解为$y=C_1+C_2\mathrm{e}^{-x}$的微分方程是(　　)。

A. $y''+y'=0$　　B. $y''-y'=0$

C. $y''+y=0$　　D. $y''-y=0$

2. 填空题。

(1) $y''+2y'+3y=0$是________阶________系数线性微分方程。

(2) 以$3x^2$为斜率，过点$(0,1)$的曲线方程为$y=$________________。

(3) 微分方程$y'+2xy=x$的通解求解过程如下。

① 先求齐次微分方程$y'+2xy=0$的通解。由$\dfrac{\mathrm{d}y}{\mathrm{d}x}=-2xy$分离变量得$\dfrac{\mathrm{d}y}{y}=$____，两边积分$\ln|y|=-x^2+C_1$，则$y=C\mathrm{e}^{-x^2}$($C$为任意常数)。

② 再求非齐次微分方程$y'+2xy=x$的通解。设通解为$y=C(x)\mathrm{e}^{-x^2}$，代入方程，整理得$C'(x)\mathrm{e}^{-x^2}=$________，从而得$C'(x)=x\mathrm{e}^{x^2}$，解出$\mathrm{C}(x)=$________，因此$y=$________为方程$y'+2xy=x$的通解。

(4) 设$y_1=\mathrm{e}^{2x},y_2=\mathrm{e}^{5x}$均为二阶常系数齐次线性微分方程的解，则该微分方程为________________。

(5) 设$y_1=\mathrm{e}^{2x},y_2=\mathrm{e}^{5x}$均为二阶常系数齐次线性微分方程的解，则该微分方程的通解为________________。

3. 判断题。

(1) $y-\cos x=y'$是一阶线性微分方程。(　　)

(2) $y'-2y^2-\ln x=0$是二阶微分方程。(　　)

(3) $y_1=\mathrm{e}^x$和$y_2=\mathrm{e}^{2x}$都是微分方程$y''-3y'+2y=0$的解。(　　)

(4) $y=x$是微分方程$y''+y'=1$的一个解。(　　)

(5) 一阶微分线性方程$\dfrac{\mathrm{d}y}{\mathrm{d}x}+P(x)y=Q(x)$的通解公式是$y=\mathrm{e}^{-\int P(x)\mathrm{d}x}\left(\int Q(x)\,\mathrm{e}^{\int P(x)\mathrm{d}x}\mathrm{d}x+C\right)$。(　　)

4. 指出下列微分方程的阶数，并说明其是否为线性微分方程。

（1）$xy'^2-2yy'+x=0$　　（2）$y''+y'-10y=3x^2$

（3）$y^{(5)}+\cos y+4x=0$　　（4）$y^{(4)}-5x^2y'=0$

5. 验证下列各题中各阶数是否是所给微分方程的通解或特解。

（1）$y''+y'=1, y=x$　　（2）$y''+y'=0, y=C_1+C_2e^{-x}$

（3）$y''+y'=x, y=x^2$　　（4）$\begin{cases} y'+y=1+x \\ y(0)=1 \end{cases}, y=e^{-x}+x$

6. 求解下列常微分方程。

（1）$\dfrac{dy}{dx}=x^2y^2$　　（2）$\dfrac{dy}{dx}=(1+x+x^2)y$，且 $y(0)=e$

（3）$\dfrac{dy}{dx}=e^x, y(0)=2$　　（4）$3x^2+5x-5y'=0$

（5）$y'=\dfrac{\cos x}{3y^2+e^y}$　　（6）$y'=10^{x+y}$

7. 求解下列方程的通解。

（1）$y'+ay=b\sin x$（其中 a, b 为常数）　　（2）$y'+y=e^{-x}$

（3）$y'\cos x+y\sin x=1$　　（4）$y'+\dfrac{1-2x}{x^2}y=1$

8. 求下列微分方程的通解。

（1）$\dfrac{dy}{dx}=\dfrac{y}{x}+\tan\dfrac{y}{x}$　　（2）$(x^2+y^2)dx-xydy=0$

（3）$y''-9y=0$　　（4）$y''-4y'=0$

（5）$y''+4y'+13y=0$　　（6）$2y''+y'+\dfrac{1}{8}y=0$

9. 求一曲线方程，该曲线通过原点，且在点 (x, y) 处的切线斜率等于 $2x+y$。

10. 求下列初值问题的解。

（1）$y''-4y'+3y=0, y(0)=6, y'(0)=10$

（2）$4y''+4y'+y=0, y(0)=2, y'(0)=0$

（3）$y'-y=2xe^{2x}, y(0)=1$

11. 求微分方程 $y''+y'-2y=0$ 满足初始条件 $y'|_{x=0}=0, y|_{x=0}=3$ 的特解。

12. 已知某工厂每月生产某种产品的边际成本为 $C'(q)=2+\dfrac{7}{\sqrt[3]{q^2}}$，且固定成本是5000元，求总成本 C 与月产量 q 的函数关系。

13. 我国2008年国民生产总值为300670亿元，如果我国能保持每年8%的增长率，问2013年我国的国民生产总值是多少？

第10章 无穷级数

棋盘上的麦粒——无穷级数

数学故事

希萨棋盘麦粒问题是非常著名的几何级数问题。传说古印度的舍罕王酷爱思维游戏，当时的宰相也就是国际象棋的发明者希萨•班•达依尔将其发明的国际象棋献给舍罕王，舍罕王非常喜欢，为了奖励他，舍罕王便答应满足达依尔的一个要求。

聪明的希萨想出了著名的棋盘麦粒问题(图10.1)：他请求陛下按照棋盘的格子来赏赐麦粒，但是要求是，第1个小格1粒，第2个小格2粒，第3个小格4粒，第4个小格8粒，……，以后每一个小格的麦粒数都比前一个小格的麦粒数增加一倍，以此类推到64格。

国王觉得这个要求太简单了，就答应了，于是命人按照要求准备麦粒。但是，准备麦粒的大臣大惊失色，因为，当放到16个方格时，需要32768粒大约1千克的大米，当放到第20个方格时，需要524288粒大米，已经是满满一推车的大米。大米速度增长之快，让国王和大臣们始料未及。这样下去，填满64格共需要多少大米呢？

下面，我们来计算一下。

第1格：1粒。

第2格：$1\times 2=1\times 2^1=2$粒。

第3格：$1\times 2\times 2=1\times 2^2=4$粒。

第4格：$1\times 2\times 2\times 2=1\times 2^3=8$粒。

……

第16格：$1\times 2\times 2\times \cdots\cdots \times 2$(15个2)$=1\times 2^{15}=32768$粒。

……

第20格：$1\times 2\times 2\times \cdots\cdots \times 2$(19个2)$=1\times 2^{19}=524288$粒。

……

填满64格所需要的麦粒总数为

$$2^0+2^1+2^2+\cdots+2^{15}+\cdots+2^{19}+\cdots+2^{63}=\sum_{i=0}^{63}2^i=2^{64}-1$$

这个结果是个20位的十进制的数，足足有18446744073709551615粒小麦。如果将希萨所得的小麦装进运货的火车，那么火车的长度可以绕地球一千圈。故事的结局是国王无法支付给达依尔这么多的谷粒。

我们观察这个和，它是一个公比为2的等比数列的64项和，如果取这个等比数列的无穷项进行求和，这个和式就是典型的无穷级数问题，这个无穷级数最终的结果是无穷，并且它的和趋于无穷的速度非常快。

图 10.1

数学思想

无穷级数来源于科学家对有限和无限的讨论。从古希腊时期开始，著名的芝诺悖论中就有阿基里斯永远追不上乌龟的悖论，这个问题于17世纪由格雷戈在其《几何著作》中得到了证明，无穷级数 $1+\frac{1}{2}+\frac{1}{4}+\frac{1}{8}+\cdots$ 的和是有限的。这就是最初的几何级数，几何级数也称为等比级数，是对等比数列中的各项求和。亚里士多德和阿基米德都得出了结论，当公比小于1时，几何级数都是有和的；但是由于对无穷和无限这个概念的回避，当时并没有讨论公比大于1的情况，因此也没有给出无穷和级数的概念。

14世纪，欧洲著名的神学家和数学家奥雷姆对无穷和级数做了大量的研究，并得到结论：当公比大于1时，几何级数的和是无穷的，这就是最初的无穷和级数，这种级数的和趋于无穷的速度是非常快的。他还研究了另一种无穷和级数，虽然级数的项在逐渐减小，但是最后级数的和却是无穷的，只不过趋于无穷的速度比较慢，这样的级数叫作调和级数。例如，$1+\frac{1}{2}+\frac{1}{3}+\frac{1}{4}+\cdots$，虽然这个级数的发散速度远远比不上棋盘麦粒级数，但是仍然会在无穷项后变为无穷大，如果给出具体数字，这个级数的前 10^{43} 项的和还不到100。

到了17—18世纪，无穷级数逐渐发展为一种数量工具，各种无穷级数的求和问题不断涌现。法国的数学家韦达给出了无穷级数的求和公式，门戈里在研究图形的倒数的求和问题时，也证明了调和级数的发散性；伯努利家族中的两兄弟雅各布·伯努利和约翰·伯努利分别给出了不同的证明方法。1821年，柯西在其《分析教程》中首次给出了级数收敛的精确含义，并给出了柯西收敛准则。这个结论一公开，便引起了很大的反响。随后又出现了一系列的收敛判别方法，至此，无穷级数理论基本建立。

在近代数学的发展过程中，数学家们发现发散级数也有许多发展和利用的空间，于是19世纪末20世纪初，一个新的研究方向诞生——对发散级数的“求和问题”，这种求和不是常规意义上的求和，而是将发散级数的前 n 项进行函数逼近，并提出发散级数的“可和性”，从而更新了无穷级数问题。

从无穷级数的发展史中可以看出，任何数学理论的诞生都不是一帆风顺的，无穷级数的发展经历了萌芽、尝试、发展和创新的不同阶段，经历了从逃避到发展和利用的过程，它需要无数的数学家的坚持和创新，也需要不同背景、不同文化的碰撞和共鸣。

数学人物

数学史上有很多兄弟数学家，但是却没有一个家族能像伯努利家族(图10.2)一样，这个家族中先后出现了十多位数学家和物理学家，其中有4人当选为法兰西学院的院士。在数学领域，这个家族的历史要从雅各布•伯努利和约翰•伯努利说起，他们都是莱布尼茨的学生，他们曾向莱布尼茨建议使用“积分”这个名字，雅各布•伯努利还建议在函数的极值点，导数可以取“无穷小值”等。雅各布•伯努利很早就对无穷级数感兴趣，他痴迷于垛积数的倒数级数，也证明了调和级数的发散性。雅各布•伯努利非常注重与同时代数学家之间的交流，因此他十分熟悉当时的流行问题，除无穷级数外，他和他的弟弟约翰•伯努利在微分方程、对数螺线、概率论等方面也都有重要的成就。在微分方程方面，雅各布•伯努利提出了著名的“伯努利方程”；为表达对对数螺线的热爱，雅各布•伯努利曾要求将这条神奇的螺线刻在他的墓碑上；在概率论上，雅各布•伯努利提出了著名的连续复利问题，并出版了经典的概率论著作《猜度术》，这是概率论领域最早的一部著作。

伯努利兄弟的父亲对他们起初的未来规划是希望约翰•伯努利成为一名商人或者医生，但是博士毕业后的约翰•伯努利却对微积分兴趣浓厚，他没有出版微分学相关的著作，却将有关积分学的教科书收录在他出版的《全集》里，在此期间他还论述了许多数学分析的前沿理论，赢得了巨大的声望，因此，在他哥哥雅各布•伯努利去世后，他顶替了哥哥的位置。约翰•伯努利的另一成就是他培养了大批的数学家，其中包括18世纪最著名的数学家欧拉、瑞士数学家克莱姆、法国数学家洛必塔，以及他自己的儿子丹尼尔和侄子尼古拉二世等。

值得一提的是，约翰•伯努利有三个孩子，尼古拉斯三世、丹尼尔和约翰二世，他们全都担任过数学教授，其中最出名的是丹尼尔，他在流体力学中的“伯努利原理”和在概率论中的“数学预期”和“道德预期”之间、“物质财富”和“道德财富”之间的区分都被大家所熟知。

图　10.2

10.1　数项级数的概念和性质

问题导入

加法运算、求和运算是我们经常用到的运算，这些求和主要涉及有限个数的和。然而，把无穷多的数加在一起是否有意义呢？它们的和又是什么？

在实际生活中经常会遇到无穷多个数的和，例如一个循环小数0.363636…可记为

$$a_1 = 0.36 = 36 \times \left(\frac{1}{100}\right)^1$$

$$a_2 = 0.0036 = 36 \times \left(\frac{1}{100}\right)^2$$

$$a_3 = 0.000036 = 36 \times \left(\frac{1}{100}\right)^3$$

$$\cdots$$

$$a_n = 0.0000\cdots 36 = 36 \times \left(\frac{1}{100}\right)^n$$

$$\cdots$$

则 $\underbrace{0.363636\cdots36}_{n\text{个}36} = a_1 + a_2 + a_3 + \cdots + a_n$。

如果n无限大，那么无穷多个数相加的情形为

$$a_1 + a_2 + a_3 + \cdots + a_n + \cdots$$

这样的和存在吗？类似的还有庄子提到的“一尺之棰，日取其半，万世不竭”，也就是将长度为一尺的木棍，每天截下已有的一半，日日这样截下去，如果将截下的部分长度“加”起来，则为

$$\frac{1}{2} + \frac{1}{4} + \frac{1}{8} + \cdots + \frac{1}{2^n} + \cdots$$

它们的和是否存在？

再如$1 + (-1) + 1 + (-1) + \cdots$是否存在？

从上述例子可以看出，无穷项求和可能存在，也可能不存在，那满足什么条件它们的和存在？如果存在，和是多少？在这一章中，我们将回答这些问题。

知识归纳

10.1.1　数项级数概述

数项级数的概念和性质+无穷级数的发展

1. 数项级数的定义

【定义 10.1】　设把给定数列$\{u_n\}$各项依次相加得到的表达式

$$u_1 + u_2 + \cdots + u_n + \cdots$$

数项级数的概念和性质+数项级数的定义

称为数项级数，简称级数，记为$\sum\limits_{n=1}^{\infty}u_n$，即

$$\sum_{n=1}^{\infty}u_n=u_1+u_2+\cdots+u_n+\cdots$$

其中u_1叫作级数的首项，第u_n项叫作通项，也叫作一般项。

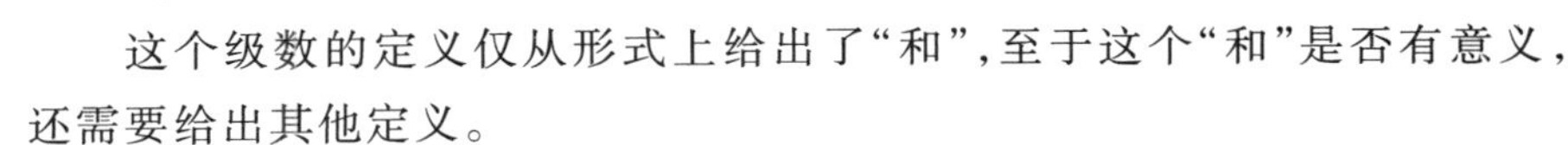

这个级数的定义仅从形式上给出了“和”，至于这个“和”是否有意义，

还需要给出其他定义。

2. 级数前n项部分和的定义

把级数$\sum\limits_{n=1}^{\infty}u_n$的前$n$项之和

$$u_1+u_2+\cdots+u_n$$

称为该级数的前n项部分和，记为s_n，即

$$s_n=u_1+u_2+\cdots+u_n$$

当n依次取1,2,3,… 时，它们构成了新的数列$\{s_n\}$，即

$$s_1=u_1,\quad s_2=u_1+u_2,\quad s_3=u_1+u_2+u_3,\quad \cdots,\quad s_n=u_1+u_2+\cdots+u_n,\quad \cdots$$

称该数列为级数$\sum\limits_{n=1}^{\infty}u_n$的部分和数列。

根据部分和数列是否有极限，我们给出级数$\sum\limits_{n=1}^{\infty}u_n$收敛与发散的概念。

3. 数项级数收敛的定义

【定义10.2】 当n无限增大时，如果级数$\sum\limits_{n=1}^{\infty}u_n$的部分和数列$\{s_n\}$有极限$s$，即

$$\lim_{n\to\infty}s_n=s$$

则称级数$\sum\limits_{n=1}^{\infty}u_n$收敛，这时极限$s$称为级数$\sum\limits_{n=1}^{\infty}u_n$的和，并记为

$$s=u_1+u_2+u_3+\cdots+u_n+\cdots$$

如果部分和数列$\{s_n\}$没有极限，则称级数$\sum\limits_{n=1}^{\infty}u_n$发散。

如果级数$\sum\limits_{n=1}^{\infty}u_n$收敛于$s$，则其部分和$s_n$是级数$\sum\limits_{n=1}^{\infty}u_n$的和$s$的近似值，它们的差

$$r_n=s-s_n=u_{n+1}+u_{n+2}+\cdots+u_{n+k}+\cdots$$

称为级数$\sum\limits_{n=1}^{\infty}u_n$的余项。由于$\lim\limits_{n\to\infty}s_n=s$，根据极限性质显然$\lim\limits_{n\to\infty}r_n=0$，而$|r_n|$是用$s_n$近似代替$s$所产生的误差。

注意：定义10.2不仅给出了无穷级数“和”的定义，还给出了判断“和”存在的方法。

(1) 根据定义，级数$\sum\limits_{n=1}^{\infty}u_n$与部分和数列$\{s_n\}$同时收敛或同时发散。

(2) 级数收敛时，$\sum\limits_{n=1}^{\infty}u_n=\lim\limits_{n\to\infty}s_n=s$。

（3）发散的级数$\sum_{n=1}^{\infty}u_n$没有“和”。

相关例题见例10.1～例10.3。

10.1.2 数项级数的性质

性质1　设k为任意常数，如果级数$\sum_{n=1}^{\infty}u_n$收敛于和s，那么级数$\sum_{n=1}^{\infty}ku_n$也收敛，且其和等于ks，即

$$\sum_{n=1}^{\infty}ku_n=k\sum_{n=1}^{\infty}u_n=ks$$

当$k\neq 0$，如果级数$\sum_{n=1}^{\infty}u_n$发散，那么$\sum_{n=1}^{\infty}ku_n$也发散。

证明：设级数$\sum_{n=1}^{\infty}u_n$和级数$\sum_{n=1}^{\infty}ku_n$的前n项部分和分别为s_n,σ_n，则

$$\begin{aligned}\sigma_n&=k\cdot u_1+k\cdot u_2+\cdots+k\cdot u_n\\&=k\cdot(u_1+u_2+\cdots+u_n)=k\cdot s_n\end{aligned}$$

于是，$\lim\limits_{n\to\infty}\sigma_n=\lim\limits_{n\to\infty}k\cdot s_n=k\cdot\lim\limits_{n\to\infty}s_n$。当$\lim\limits_{n\to\infty}s_n$时，$\lim\limits_{n\to\infty}\sigma_n$也收敛，同时有

$$\sum_{n=1}^{\infty}ku_n=k\sum_{n=1}^{\infty}u_n=ks$$

当$k\neq 0$时，如果$\lim\limits_{n\to\infty}\sigma_n$与$\lim\limits_{n\to\infty}s_n$都不存在，那么级数$\sum_{n=1}^{\infty}u_n$和级数$\sum_{n=1}^{\infty}ku_n$都发散。

性质2　设有级数$\sum_{n=1}^{\infty}u_n$和$\sum_{n=1}^{\infty}v_n$分别收敛于s与σ，则级数$\sum_{n=1}^{\infty}(u_n\pm v_n)$也收敛，且收敛于$s\pm\sigma$，即

$$\sum_{n=1}^{\infty}(u_n\pm v_n)=\sum_{n=1}^{\infty}u_n\pm\sum_{n=1}^{\infty}v_n=s\pm\sigma$$

性质2的证明方法与性质1相似，读者可当作练习自己完成。根据性质1和性质2，可以得到以下结论。

（1）若$\sum_{n=1}^{\infty}u_n$和$\sum_{n=1}^{\infty}v_n$收敛，则

$$\sum_{n=1}^{\infty}(u_n\pm v_n)=\sum_{n=1}^{\infty}u_n\pm\sum_{n=1}^{\infty}v_n$$

$$\sum_{n=1}^{\infty}u_n\pm\sum_{n=1}^{\infty}v_n=\sum_{n=1}^{\infty}(u_n\pm v_n)$$

（2）若级数$\sum_{n=1}^{\infty}u_n$收敛，而级数$\sum_{n=1}^{\infty}v_n$发散，则级数$\sum_{n=1}^{\infty}(u_n\pm v_n)$必发散。

（3）若级数$\sum_{n=1}^{\infty}u_n$和$\sum_{n=1}^{\infty}v_n$均发散，那么$\sum_{n=1}^{\infty}(u_n\pm v_n)$可能收敛，也可能发散。

例如,如果$u_n=1$,$v_n=-1$,则级数$\sum\limits_{n=1}^{\infty}u_n$和级数$\sum\limits_{n=1}^{\infty}v_n$显然是发散的,但是

$$\sum_{n=1}^{\infty}(u_n+v_n)=0$$

即它们的和是收敛的。

相关例题见例10.4。

性质3　在一个级数中添加、去掉或改变有限项时,不会影响级数的敛散性;在收敛时,级数的收敛值会发生改变。

证明:级数记为

$$u_1+u_2+\cdots+u_k+u_{k+1}+u_{k+2}+\cdots+u_{k+n}+\cdots$$

其中该级数的前n项部分和记为s_n,则去掉前k项后得到的新级数为

$$u_{k+1}+u_{k+2}+\cdots+u_{k+n}+\cdots,$$

那么,该新级数的前n项部分和为

$$\sigma_n=u_{k+1}+u_{k+2}+\cdots+u_{k+n}=s_{k+n}-s_k$$

其中s_{k+n}是原级数的前$k+n$项和,而s_k是原级数的前k项之和(显然它是一个常数)。故当$n\to\infty$时,σ_n与s_{k+n}有相同的收敛性。当其收敛时,其收敛的和有以下关系

$$\sigma=s-s_k$$

其中$\sigma=\lim\limits_{n\to\infty}\sigma_n$,$s=\lim\limits_{n\to\infty}s_n$,$s_k=\sum\limits_{i=1}^{k}u_i$。

类似地,可以证明在级数的前面增加有限项、改变有限项,也不会改变级数的收敛性。

因此,根据性质3可以得到,一个级数的敛散性与有限项的值无关,添加、去掉或改变有限项的值只会影响收敛级数的和。

性质4　收敛级数中任意加括号之后得到的新级数仍收敛于原来收敛级数的和。

请读者当作练习自己完成证明。需要注意的是,性质4是建立在级数收敛的情况下才成立的。针对本章开始提到的问题,级数$1+(-1)+1+(-1)+\cdots$和是否存在?我们可以发现,不同的加括号方式下,级数的敛散性不同,因此可知,该级数发散。

性质5(级数收敛的必要条件)　级数$\sum\limits_{n=1}^{\infty}u_n$收敛的必要条件是$\lim\limits_{n\to\infty}u_n=0$。

证明:设级数$\sum\limits_{n=1}^{\infty}u_n$的部分和$s_n$收敛于$s$,它的一般项$u_n$可以表示为

$$u_n=s_n-s_{n-1}$$

等式两边求极限得

$$\lim_{n\to\infty}(s_n-s_{n-1})=\lim_{n\to\infty}s_n-\lim_{n\to\infty}s_{n-1}=s-s=0$$

注意:(1)如果级数的一般项满足$\lim\limits_{n\to\infty}u_n=0$,那么不一定推出$\sum\limits_{n=1}^{\infty}u_n$收敛。

(2)如果级数$\sum\limits_{n=1}^{\infty}u_n$收敛,那么一定推出一般项满足$\lim\limits_{n\to\infty}u_n=0$。

相关例题见例10.5。

典型例题

例 10.1　填空题。

（1）级数 $\sum_{n=1}^{\infty}\frac{1}{9}\left(\frac{1}{3}\right)^{n-1}$ 的通项为________________。

（2）级数 $\frac{1}{2}+\frac{2}{3}+\frac{3}{4}+\cdots$ 的通项为________________。

（3）级数 $1-\frac{1}{4}+\frac{1}{9}-\frac{1}{16}+\cdots$ 的通项为________________。

解：（1）该级数的通项为 $u_n=\frac{1}{9}\left(\frac{1}{3}\right)^{n-1}$。

（2）该级数的通项为 $u_n=\frac{n}{n+1}$。

（3）该级数的通项为 $u_n=(-1)^{n-1}\frac{1}{n^2}$。

例 10.2　写出下列级数的部分和 s_n，并判断其是否收敛。如果收敛，求和。

数项级数的概念和性质+例 10.2

（1）$1+2+3+\cdots+n+\cdots$

（2）$\frac{1}{1\cdot 2}+\frac{1}{2\cdot 3}+\frac{1}{3\cdot 4}+\cdots+\frac{1}{n(n+1)}+\cdots$

（3）$\sum_{n=1}^{\infty}\frac{1}{n(n+2)}$

解：（1）该级数的部分和为

$$s_n=1+2+3+\cdots+n=\frac{(1+n)n}{2}$$

由于 $\lim_{n\to\infty}s_n=\lim_{n\to\infty}\frac{(1+n)n}{2}=+\infty$，因此 $\{s_n\}$ 极限不存在，即该级数发散。

（2）该级数的部分和为

$$\begin{aligned}s_n=\sum_{k=1}^{n}\frac{1}{k(k+1)}&=\frac{1}{1\cdot 2}+\frac{1}{2\cdot 3}+\frac{1}{3\cdot 4}+\cdots+\frac{1}{n(n+1)}\\&=\left(1-\frac{1}{2}\right)+\left(\frac{1}{2}-\frac{1}{3}\right)+\left(\frac{1}{3}-\frac{1}{4}\right)+\cdots+\left(\frac{1}{n}-\frac{1}{n+1}\right)\\&=1-\frac{1}{n+1}\end{aligned}$$

由于

$$\lim_{n\to\infty}s_n=\lim_{n\to\infty}\left(1-\frac{1}{n+1}\right)=1$$

因此，$\{s_n\}$ 存在极限为 1，所以该级数收敛且和为 1。

（3）该级数的部分和为

$$s_n=\sum_{k=1}^{n}\frac{1}{k(k+2)}=\frac{1}{1\cdot 3}+\frac{1}{2\cdot 4}+\frac{1}{3\cdot 5}+\cdots+\frac{1}{n(n+2)}$$
$$=\frac{1}{2}\cdot\left[\left(1-\frac{1}{3}\right)+\left(\frac{1}{2}-\frac{1}{4}\right)+\left(\frac{1}{3}-\frac{1}{5}\right)+\cdots+\left(\frac{1}{n}-\frac{1}{n+2}\right)\right]$$
$$=\frac{1}{2}\cdot\left(\frac{1}{1}+\frac{1}{2}-\frac{1}{n+1}-\frac{1}{n+2}\right)=\frac{3}{4}-\frac{1}{2(n+1)}-\frac{1}{2(n+2)}$$

从而

$$\lim_{n\to\infty}s_n=\lim_{n\to\infty}\left[\frac{3}{4}-\frac{1}{2(n+1)}-\frac{1}{2(n+2)}\right]=\frac{3}{4}$$

因此，级数$\sum_{n=1}^{\infty}\frac{1}{n(n+2)}$收敛，且和为$\frac{3}{4}$。

例10.3　讨论等比级数（又称为几何级数）

$$\sum_{k=0}^{\infty}a\,q^k=a+aq+aq^2+\cdots+aq^n+\cdots(a\neq 0)$$

的敛散性。

数项级数的概念和性质+例 10.3

解：（1）当$|q|=1$时。

若$q=1$，则该级数的部分和

$$s_n=\sum_{k=0}^{n-1}a\cdot 1^k=a+a+a+\cdots+a=n\cdot a\to\infty\,(n\to\infty)$$

若$q=-1$，则该级数的部分和为

$$s_n=\sum_{k=0}^{n-1}(-1)^k\cdot a=a-a+a-a+\cdots+(-1)^{n-2}a+(-1)^{n-1}a$$

可以看出$\lim_{n\to\infty}s_{2n}=0$，$\lim_{n\to\infty}s_{2n+1}=a$，二者不相符，$\lim_{n\to\infty}s_n$极限不存在。因此，当$|q|=1$时，等比级数是发散的。

（2）当$|q|\neq 1$时，该级数的部分和为

$$s_n=\sum_{k=0}^{n-1}a\,q^k=a+aq+aq^2+\cdots+aq^{n-1}=\frac{a-aq^n}{1-q}$$

若$|q|<1$，因为$\lim_{n\to\infty}q^n=0$，所以$\lim_{n\to\infty}s_n=\frac{a}{1-q}$，即等比级数收敛，且和为$\frac{a}{1-q}$。

若$|q|>1$，因为$\lim_{n\to\infty}q^n=\infty$，从而$\lim_{n\to\infty}s_n=\infty$，即当$|q|>1$时该等比级数发散。

综上所述，当$|q|\geqslant 1$时，级数$\sum_{k=0}^{\infty}a\,q^k$发散；当$|q|<1$时，级数$\sum_{k=0}^{\infty}a\,q^k$收敛，且和为$\frac{a}{1-q}$。

注意：几何级数是一类非常著名的级数，它在判断无穷级数的收敛性、求和问题等方面有着广泛的应用。挪威数学家阿贝尔（Niels Henrik Abel）曾经说过："除几何级数外，数学中不存在任何一种它的和已被严格确定的无穷级数。"

例 10.4　求级数$\sum\limits_{n=1}^{\infty}\left[\frac{1}{n(n+2)}+\frac{1}{2^n}\right]$的和。

解：根据例 10.2 的(3)的计算结果有

$$\sum_{n=1}^{\infty}\frac{1}{2^n}=1$$

和

$$\sum_{n=1}^{\infty}\frac{1}{n(n+2)}=\frac{3}{4}$$

再由性质 1 可得

$$\sum_{n=1}^{\infty}\left[\frac{1}{n(n+2)}+\frac{1}{2^n}\right]=1+\frac{3}{4}=\frac{7}{4}$$

例 10.5　判断调和级数$\sum\limits_{n=1}^{\infty}\frac{1}{n}$的敛散性。

证明：假设级数$\sum\limits_{n=1}^{\infty}\frac{1}{n}$收敛于$s$，则部分和$s_n$满足

$$\lim_{n\to\infty}s_n=s$$

同时部分和s_{2n}满足

$$\lim_{n\to\infty}s_{2n}=s$$

因此有$\lim\limits_{n\to\infty}(s_{2n}-s_n)=0$。另一方面，

$$s_{2n}-s_n=\frac{1}{n+1}+\frac{1}{n+2}+\cdots+\frac{1}{n+n}>\frac{1}{n+n}+\frac{1}{n+n}+\cdots+\frac{1}{n+n}=\frac{n}{n+n}=\frac{1}{2}$$

即$\lim\limits_{n\to\infty}(s_{2n}-s_n)\neq 0$。

综上所述，前后矛盾，所以级数$\sum\limits_{n=1}^{\infty}\frac{1}{n}$发散。

应用案例

案例 10.1　用级数思想研究一个循环小数

一个循环小数 0.363636…，可记$a_1=0.36=36\times\left(\frac{1}{100}\right)^1$，$a_2=0.0036=36\times\left(\frac{1}{100}\right)^2$，$a_3=0.000036=36\times\left(\frac{1}{100}\right)^3$，…，$a_n=0.0000\cdots36=36\times\left(\frac{1}{100}\right)^n$，…，则$\underbrace{0.363636\cdots36}_{n个36}=a_1+a_2+a_3+\cdots+a_n$。

如果n无限大，那么无穷多个数相加的情形为

$$0.36363636\cdots=\sum_{n=1}^{\infty}a_n=\sum_{n=1}^{\infty}36\times\left(\frac{1}{100}\right)^n=36\sum_{n=1}^{\infty}\left(\frac{1}{100}\right)^n$$

可以发现该级数是几何级数，公比 $q=\frac{1}{100}$，部分和为

$$s_n=36\times\frac{\frac{1}{100}\left[1-\left(\frac{1}{100}\right)^n\right]}{1-\frac{1}{100}}=36\times\frac{1-\left(\frac{1}{100}\right)^n}{99}$$

两边求极限得：$\lim\limits_{n\to\infty}s_n=\lim\limits_{n\to\infty}36\times\frac{1-\left(\frac{1}{100}\right)^n}{99}=\frac{36}{99}$，即该级数的和是$\frac{36}{99}$。

而$\frac{36}{99}=0.36363636\cdots$，即用级数思想印证了无限循环小数可以化成分数。

案例10.2　截木棍问题

将长度为一尺的木棍，每天截下一半，日日这样截下去，如果将截下的部分长度“加”起来，有

$$\frac{1}{2}+\frac{1}{4}+\frac{1}{8}+\cdots+\frac{1}{2^n}+\cdots$$

由等比级数的结论可知，该级数收敛且其和为1。

此外，我们知道调和级数$\sum\limits_{n=1}^{\infty}\frac{1}{n}$是发散的，当$n$越来越大时，调和级数的通项变得越来越小，但它们的和非常缓慢地增大，且超过任何有限值。以下几个数据有助于更好地理解这个级数：该级数的前1000项和约为7.485；前100万项和约为14.357；前10亿项和约为21；前10000亿项和约为28；要使这个级数的前若干项的和超过100，必须至少把10^{43}项加起来。更有学者估计过，如果我们试图在一个很长的纸带上写下这个级数，直到它的和超过100，即使每个项只占1毫米长的纸带，也必须使用10^{43}毫米长的纸带，这大约为10^{25}光年。但是宇宙的已知尺寸估计只有10^{12}光年。调和级数的某些特性至今仍未得到解决。

课堂巩固10.1

基础训练10.1

1. 已知级数的一般项，写出该级数。

(1) $u_n=\frac{2n}{1+n^2}$　　(2) $u_n=\frac{n-1}{2^n}$　　(3) $u_n=\frac{(-2)^n}{3^n}$

2. 写出下列级数的一般项。

(1) $\frac{1}{2}+\frac{1}{4}+\frac{1}{6}+\frac{1}{8}+\cdots$　　(2) $\frac{1}{2}-\frac{1}{4}+\frac{1}{6}-\frac{1}{8}+\cdots$

(3) $\frac{1}{2}+\frac{2}{3}+\frac{3}{4}+\frac{4}{5}+\cdots$　　(4) $\frac{a}{3}-\frac{a^2}{5}+\frac{a^3}{7}-\frac{a^4}{9}+\cdots$

3. 已知级数$\sum\limits_{n=1}^{\infty}(-1)^{n-1}\left(\frac{4}{5}\right)^n$，则$u_1=$____，$u_2=$____，$u_3=$____，$u_n=$____；$s_1=$____，$s_2=$____，$s_3=$____，$s_n=$____。

4．如果级数 $\sum_{n=1}^{\infty} u_n$ 收敛，则 $\lim_{n\to\infty} u_n=$____，$\lim_{n\to\infty}(u_n^2+2u_n+3)=$____。

5．如果级数 $\sum_{n=1}^{\infty} u_n=s$，求 $\sum_{n=1}^{\infty}(2u_n+u_{n+1})$。

6．如果 $|x|<1$，求级数 $\sum_{n=1}^{\infty} x^n$ 的和。

7．用级数收敛和发散的定义判断下列级数的敛散性。如果收敛，求其和。

(1) $\sum_{n=1}^{\infty}\frac{1}{n(n+1)}$　　(2) $1+\sqrt{2}+\sqrt{3}+\sqrt{4}+\cdots+\sqrt{n}+\cdots$

(3) $\sum_{n=1}^{\infty}\left(\frac{1}{\sqrt{n+1}}-\frac{1}{\sqrt{n}}\right)$

提升训练 10.1

判断下列级数的敛散性。如果收敛，求其和。

(1) $\sum_{n=1}^{\infty}\frac{1}{3n}$　　(2) $\sum_{n=1}^{\infty}\frac{1}{(5n-4)(5n+1)}$

(3) $\sum_{n=1}^{\infty}\frac{1}{n(n+1)(n+2)}$　　(4) $\sum_{n=1}^{\infty}\frac{2n-1}{2^n}$

10.2　正项级数及其敛散性

问题导入

一般情况下，利用级数的部分和的极限是否存在来判断该级数是否收敛并不容易，是否存在更行之有效的方法来判断级数的敛散性呢？

在数项级数中，有一类重要而特殊的级数——正项级数，在研究其他类型的级数时，常常用到正项级数的相关结论。

知识归纳

10.2.1　正项级数的定义

正项级数的定义

【定义 10.3】　若级数 $\sum_{n=1}^{\infty} u_n$ 中的每一项都是非负的，即 $u_n\geqslant 0, i=1,2,3,\cdots$，则称级数 $\sum_{n=1}^{\infty} u_n$ 为正项级数。

【定理 10.1】　正项级数 $\sum_{n=1}^{\infty} u_n$ 收敛的充分必要条件：它的部分和数列 $\{s_n\}$ 有界。

注意：

(1) 正项级数$\sum_{n=1}^{\infty}u_n$的每一项都是正数，则部分和满足$s_1\leqslant s_2\leqslant\cdots\leqslant s_n\leqslant\cdots$，显然$\{s_n\}$是单调增加的。

(2) 如果正项级数$\sum_{n=1}^{\infty}u_n$收敛，那么$\lim\limits_{n\to+\infty}s_n$存在，即存在一个正数$M$满足$s_n\leqslant M$，即$\{s_n\}$有界。

相关例题见例10.6。

10.2.2　正项级数的敛散性

【定理10.2】(比较判别法)　设$\sum_{n=1}^{\infty}u_n$和$\sum_{n=1}^{\infty}v_n$都是正项级数，且$u_n\leqslant v_n\ (n=1,2,\cdots)$。

(1) 若$\sum_{n=1}^{\infty}v_n$收敛，则$\sum_{n=1}^{\infty}u_n$也收敛；

(2) 若$\sum_{n=1}^{\infty}u_n$发散，则$\sum_{n=1}^{\infty}v_n$也发散。

比较判别法

证明：设s_n和t_n分别表示$\sum_{n=1}^{\infty}u_n$和$\sum_{n=1}^{\infty}v_n$的部分和，由$u_n\leqslant v_n$得$s_n\leqslant t_n$。

(1) 若$\sum_{n=1}^{\infty}v_n$收敛，则t_n有界，所以s_n有界，级数$\sum_{n=1}^{\infty}u_n$收敛。

(2) 若$\sum_{n=1}^{\infty}u_n$发散，则s_n无界，所以t_n无界，级数$\sum_{n=1}^{\infty}v_n$发散。

相关例题见例10.7～例10.10。

【定理10.3】(比值判别法，又称达朗贝尔判别法)　若正项级数$\sum_{n=1}^{\infty}u_n$满足

$$\lim_{n\to\infty}\frac{u_{n+1}}{u_n}=\rho$$

比值判别法

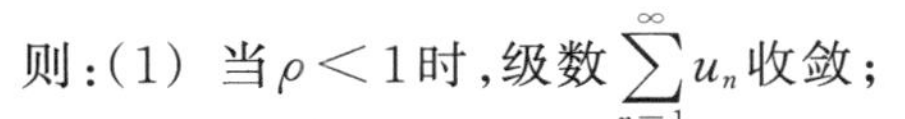

则：(1) 当$\rho<1$时，级数$\sum_{n=1}^{\infty}u_n$收敛；

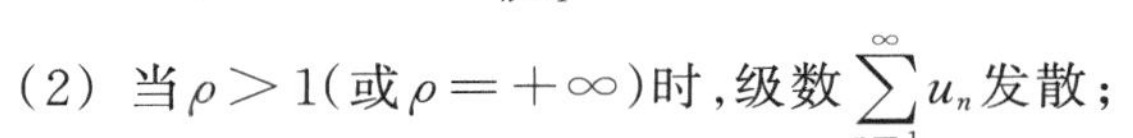

(2) 当$\rho>1$(或$\rho=+\infty$)时，级数$\sum_{n=1}^{\infty}u_n$发散；

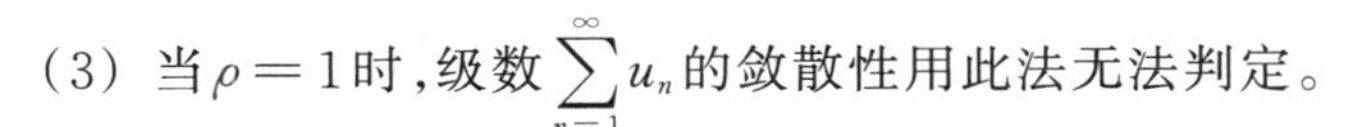

(3) 当$\rho=1$时，级数$\sum_{n=1}^{\infty}u_n$的敛散性用此法无法判定。

相关例题见例10.11。

典型例题

例10.6　判断级数$\sum_{n=1}^{\infty}\frac{1}{n!}$的敛散性。

解：因为

$$s_n=\sum_{i=1}^{n}\frac{1}{i!}=1+\frac{1}{2!}+\frac{1}{3!}+\cdots+\frac{1}{n!}<1+\frac{1}{2}+\frac{1}{2\times 2}+\cdots+\frac{1}{2^{n-1}}=\sum_{i=0}^{n-1}\frac{1}{2^i}$$

可以看出，$1+\frac{1}{2}+\frac{1}{2\times 2}+\cdots+\frac{1}{2^{n-1}}$ 是以 $\frac{1}{2}$ 为公比的等比数列的前 n 项之和，根据等比数列求和公式，得

$$1+\frac{1}{2}+\frac{1}{2\times 2}+\cdots+\frac{1}{2^{n-1}}=\frac{1-\frac{1}{2^n}}{1-\frac{1}{2}}=2\times\left(1-\frac{1}{2^n}\right)\leqslant 2$$

因此，

$$s_n=\sum_{i=1}^{n}\frac{1}{i!}=1+\frac{1}{2!}+\frac{1}{3!}+\cdots+\frac{1}{n!}<1+\frac{1}{2}+\frac{1}{2\times 2}+\cdots+\frac{1}{2^{n-1}}\leqslant 2$$

即部分和数列的上界为2。显然该级数为正项级数，所以根据定理1，级数 $\sum_{n=1}^{\infty}\frac{1}{n!}$ 是收敛的。

例10.7　讨论 p 一级数

$$\sum_{n=1}^{\infty}\frac{1}{n^p}=1+\frac{1}{2^p}+\frac{1}{3^p}+\cdots+\frac{1}{n^p}+\cdots$$

的敛散性，其中 $p>0$。

解：(1) 若 $0<p\leqslant 1$，则 $n^p\leqslant n$，可得 $\frac{1}{n^p}\geqslant\frac{1}{n}$。又因调和级数 $\sum_{n=1}^{\infty}\frac{1}{n}$ 发散，由比较判别法可知 $\sum_{n=1}^{\infty}\frac{1}{n^p}$ 发散。

(2) 若 $p>1$，对于满足 $0<n-1\leqslant x\leqslant n$ 的 x（其中 $n\geqslant 2$），则有

$$(n-1)^p\leqslant x^p\leqslant n^p$$

继而得

$$\frac{1}{x^p}\geqslant\frac{1}{n^p}$$

根据积分 $\frac{1}{n^p}<\int_{n-1}^{n}\frac{\mathrm{d}x}{x^p}$，且前 n 项和有

$$s_n=1+\frac{1}{2^p}+\frac{1}{3^p}+\cdots+\frac{1}{n^p}$$

$$s_n<1+\int_{1}^{2}\frac{\mathrm{d}x}{x^p}+\cdots+\int_{n-1}^{n}\frac{\mathrm{d}x}{x^p}<1+\int_{1}^{+\infty}\frac{\mathrm{d}x}{x^p}$$

$$s_n<1+\frac{1}{p-1}$$

由级数的性质可得 $\sum_{n=1}^{\infty}\frac{1}{n^p}$ 也收敛。

综上讨论，当 $0<p\leqslant 1$ 时，p 一级数 $\sum_{n=1}^{\infty}\frac{1}{n^p}$ 是发散的；当 $p>1$ 时，p 一级数 $\sum_{n=1}^{\infty}\frac{1}{n^p}$ 是收敛的。

注意：p一级数是一个很重要的级数，在解题中往往充当比较判别法的比较对象，其他的比较对象还有几何级数等。

例10.8　判断下列级数的敛散性。

(1) $\sum_{n=1}^{\infty}\frac{1}{n^{\frac{2}{3}}}$　　(2) $\sum_{n=1}^{\infty}\frac{8}{n^5}$

解：(1) 根据p一级数的结论，由于$p=\frac{2}{3}<1$，因此可以得到该级数发散。

(2) 根据p一级数的结论，由于$p=5>1$，因此可以得到该级数收敛。

例10.9　判别下列级数的敛散性。

(1) $\sum_{n=1}^{\infty}\frac{n}{n^2-2}$　　(2) $\sum_{n=1}^{\infty}\ln\left(1+\frac{1}{n^2}\right)$

解：(1) 因

$$\frac{n}{n^2-2}>\frac{n}{n^2}=\frac{1}{n}$$

且调和级数$\sum_{n=1}^{\infty}\frac{1}{n}$发散，故级数$\sum_{n=1}^{\infty}\frac{n}{n^2-2}$发散。

(2) 当$x>0$时，有$\ln(1+x)<x$，因此

$$\ln\left(1+\frac{1}{n^2}\right)<\frac{1}{n^2}$$

且根据p一级数的结论 $\sum_{n=1}^{\infty}\frac{1}{n^2}$收敛，故级数$\sum_{n=1}^{\infty}\ln\left(1+\frac{1}{n^2}\right)$收敛。

例10.10　讨论正项级数$\sum_{n=1}^{\infty}\frac{1}{1+a^n}$ $(a>0)$的敛散性。

解：(1) 当$a>1$时，级数$\sum_{n=1}^{\infty}\frac{1}{1+a^n}$的通项为

$$\frac{1}{1+a^n}<\frac{1}{a^n}$$

而$\sum_{n=1}^{\infty}\frac{1}{a^n}$是一个公比为$\frac{1}{a}$的等比级数，且$\left|\frac{1}{a}\right|<1$，则$\sum_{n=1}^{\infty}\frac{1}{a^n}$收敛，故级数$\sum_{n=1}^{\infty}\frac{1}{1+a^n}$收敛。

(2) 当$a=1$时，级数$\sum_{n=1}^{\infty}\frac{1}{1+a^n}$的通项为

$$\frac{1}{1+a^n}=\frac{1}{2}$$

且$\sum_{n=1}^{\infty}\frac{1}{2}$发散，故级数$\sum_{n=1}^{\infty}\frac{1}{1+a^n}$也发散。

(3) 当 $0<a<1$ 时，级数$\sum_{n=1}^{\infty}\frac{1}{1+a^n}$的通项为

$$\frac{1}{1+a^n}>\frac{1}{2}$$

而$\sum_{n=1}^{\infty}\frac{1}{2}$发散，故级数性质$\sum_{n=1}^{\infty}\frac{1}{1+a^n}$也发散。

例 10.11　判定下列级数的敛散性。

(1) $\sum_{n=1}^{\infty}\frac{1}{n!}$　　(2) $\sum_{n=1}^{\infty}\frac{n^n}{n!}$　　(3) $\sum_{n=1}^{\infty}\frac{1}{(2n-1)\cdot 2n}$

解：(1) 因级数通项$u_n=\frac{1}{n!}$，其比值极限为

$$\rho=\lim_{n\to\infty}\frac{u_{n+1}}{u_n}=\lim_{n\to\infty}\frac{\frac{1}{(n+1)!}}{\frac{1}{n!}}=\lim_{n\to\infty}\frac{1}{n+1}=0<1$$

由比值判别法知级数$\sum_{n=1}^{\infty}\frac{1}{n!}$是收敛的。

(2) 因级数通项$u_n=\frac{n^n}{n!}$，则

$$\rho=\lim_{n\to\infty}\frac{u_{n+1}}{u_n}=\lim_{n\to\infty}\frac{(n+1)^{n+1}\cdot n!}{n^n\cdot(n+1)!}=\lim_{n\to\infty}\left(1+\frac{1}{n}\right)^n=\mathrm{e}>1$$

由比值判别法知级数$\sum_{n=1}^{\infty}\frac{n^n}{n!}$是发散的。

(3) 因级数通项$u_n=\frac{1}{(2n-1)\cdot 2n}$，则

$$\rho=\lim_{n\to\infty}\frac{u_{n+1}}{u_n}=\lim_{n\to\infty}\frac{(2n-1)\cdot 2n}{2n\cdot(2n+1)}=1$$

用比值判别法无法确定该级数的敛散性。

值得注意的是，因为$2n>2n-1\geqslant n$，可得$(2n-1)\cdot 2n>n^2$，即

$$\frac{1}{(2n-1)\cdot 2n}<\frac{1}{n^2}$$

又因级数$\sum_{n=1}^{\infty}\frac{1}{n^2}$收敛，由比较判别法知级数$\sum_{n=1}^{\infty}\frac{1}{(2n-1)\cdot 2n}$是收敛的。

应用案例

案例 10.3　慢性病患者长期服药后体内药量问题

心脑血管疾病是老年常见的慢性疾病，患者每天需要按时定量服药，以防病情加重。某一患者每天服用某种药物，按医嘱服用0.05mg，设体内的药物每天有20%通过代谢排掉，问长期服药后患者体内药量维持在什么水平？

解：服药第1天，患者体内药量为

$$a_1=0.05\text{mg}$$

服药第2天，患者体内药量为

$$a_2=0.05+0.05(1-20\%)\text{mg}=0.05\left(1+\frac{4}{5}\right)\text{mg}$$

服药第3天，患者体内药量为

$$a_3 = 0.05 + 0.05\left(1+\frac{4}{5}\right)(1-20\%) = 0.05\left[1+\frac{4}{5}+\left(\frac{4}{5}\right)^2\right]\text{mg}$$

以此类推，长期看来，患者体内药量符合

$$\sum_{n=0}^{\infty} 0.05 \times \left(\frac{4}{5}\right)^n$$

利用正项级数的思想可以看出上式是等比级数，公比 $q=\frac{4}{5}<1$，因此该级数收敛且和为0.25，也就是说长期服药后患者体内药量维持在0.25mg。

课堂巩固10.2

基础训练10.2

1. 用比较判别法判定下列级数的敛散性。

(1) $\sum_{n=1}^{\infty} \frac{1}{\sqrt{n^3+n}}$　　(2) $\sum_{n=1}^{\infty} \frac{2n+1}{3n^2}$　　(3) $\sum_{n=1}^{\infty} \frac{1}{\sqrt{n^2+n+1}}$

(4) $\sum_{n=1}^{\infty} \sin\frac{2\pi}{3^n}$　　(5) $\sum_{n=1}^{\infty} \frac{2n+1}{\sqrt{n^5+2n+1}}$　　(6) $\sum_{n=1}^{\infty} \ln\left(1+\frac{1}{n^3}\right)$

2. 用比值判别法判定下列级数的敛散性。

(1) $\sum_{n=1}^{\infty} \frac{1}{10^n}$　　(2) $\sum_{n=1}^{\infty} \frac{n!}{10^n}$　　(3) $\sum_{n=1}^{\infty} \frac{n!}{(2n)!}$

(4) $\sum_{n=1}^{\infty} n\times\left(\frac{1}{2}\right)^n$　　(5) $\sum_{n=1}^{\infty} \frac{n2^n}{3^n}$　　(6) $\sum_{n=1}^{\infty} \frac{2^n}{n^{10}}$

3. 判断下列级数的敛散性。

(1) $\sum_{n=1}^{\infty} \frac{4n}{(n+1)(n+2)}$　　(2) $\sum_{n=1}^{\infty} \sqrt{\frac{1+n}{1+n^3}}$

(3) $\sum_{n=1}^{\infty} \frac{1}{3^n-n^3}$　　(4) $\sum_{n=1}^{\infty} n^3 \sin\frac{\pi}{3^n}$

4. 如果正项级数 $\sum_{n=1}^{\infty} u_n$ 和 $\sum_{n=1}^{\infty} v_n$ 都发散，判断下列级数是否发散。

(1) $\sum_{n=1}^{\infty} (u_n+v_n)$　　(2) $\sum_{n=1}^{\infty} (u_n-v_n)$　　(3) $\sum_{n=1}^{\infty} u_n v_n$

提升训练10.2

1. 判断正项级数的收敛性。

(1) $\sum_{n=1}^{\infty} 2^n \ln\left(1+\frac{1}{3^n}\right)$　　(2) $\sum_{n=1}^{\infty} \frac{1\times3\times5\times\cdots\times(2n-1)}{3^n\times n!}$

2. 证明 $\lim\limits_{n\to\infty} \frac{n^n}{(n!)^2}=0$。

10.3　交错级数与任意项级数

问题导入

目前已经学过了正项级数及其判别方法，一般情况下级数的形式多样化，如级数的各项不一定是全正或全负，有可能出现部分是正数、部分是负数，因此，本节需要进一步讨论一般项级数的敛散性，这里的一般项级数称为任意项级数。首先讨论一种特殊的级数——交错级数的敛散性，然后再讨论几种其他级数。

知识归纳

10.3.1　交错级数

【定义 10.4】 若级数形式如下：

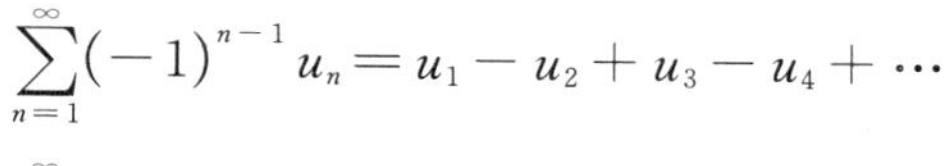

$$\sum_{n=1}^{\infty}(-1)^{n-1}u_n=u_1-u_2+u_3-u_4+\cdots$$

交错级数的定义

或

$$\sum_{n=1}^{\infty}(-1)^{n}u_n=-u_1+u_2-u_3+u_4-\cdots$$

其中 $u_1,u_2,u_3,u_4,\cdots$，都是正数，称该级数为交错级数。

注意：两个级数从形式上看只差一个负号，不影响它们的敛散性，因此下面只讨论 $\sum_{n=1}^{\infty}(-1)^{n-1}u_n$ 这一形式。

判断交错级数的敛散性，其负号对级数敛散性的影响不起绝对性的作用，我们只需要研究 u_n 是否满足下列定理的条件即可。

【定理 10.4】（交错级数审敛法，又称莱布尼茨定理） 如果交错级数 $\sum_{n=1}^{\infty}(-1)^{n-1}u_n$ 满足条件：

(1) $u_n\geqslant u_{n+1},n=1,2,\cdots$；

(2) $\lim_{n\to\infty}u_n=0$，

则交错级数 $\sum_{n=1}^{\infty}(-1)^{n-1}u_n$ 收敛，且收敛和 $s\leqslant u_1$，其余项 r_n 的绝对值 $|r_n|\leqslant u_{n+1}$。

证明：(1)先证明 $\lim_{n\to\infty}s_{2n}$ 存在。

根据交错级数的概念，记和式 s_{2n} 为以下两种形式：

$$s_{2n}=(u_1-u_2)+(u_3-u_4)+\cdots+(u_{2n-1}-u_{2n})\geqslant 0$$

$$s_{2n}=u_1-(u_2-u_3)-(u_4-u_5)+\cdots-(u_{2n-1}-u_{2n-1})-u_{2n}\leqslant u_1$$

由第一种形式可以看出，数列$\{s_{2n}\}$是单调增加的；由第二种形式可以看出，$\{s_{2n}\}$有界。因此，根据单调有界数列必有极限的定理可以判断，数列$\{s_{2n}\}$的极限存在，记为s，即有

$$\lim_{n\to\infty} s_{2n}=s,\ \text{且} s\leqslant u_1$$

（2）再证明$\lim\limits_{n\to\infty} s_{2n+1}=s$。

由于$s_{2n+1}=s_{2n}+u_{2n+1}$，且$\lim\limits_{n\to\infty} u_n=0$，因此有

$$\lim_{n\to\infty} u_{2n+1}=0$$

从而

$$\lim_{n\to\infty} s_{2n+1}=\lim_{n\to\infty}(s_{2n}+u_{2n+1})=\lim_{n\to\infty} s_{2n}+\lim_{n\to\infty} u_{2n+1}=s$$

因此，级数的前偶数项和与前奇数项和均收敛到s，故级数$\sum\limits_{n=1}^{\infty}(-1)^{n-1}u_n$收敛，且收敛和$s\leqslant u_1$。

（3）最后证明$|r_n|\leqslant u_{n+1}$。

余项$r_n=s-s_n=\pm(u_{n+1}-u_{n+2}+\cdots)$，其绝对值为

$$|r_n|=u_{n+1}-(u_{n+2}-u_{n+3}+\cdots)\leqslant u_{n+1}$$

证明完毕。

相关例题见例10.12～例10.14。

10.3.2　任意项级数

1. 任意项级数的定义

任意项级数的定义

【定义10.5】　如级数$\sum\limits_{n=1}^{\infty}u_n$中的每一项$u_n(n=1,2,\cdots)$为任意实数，则称该级数为任意项级数。

对于该级数，我们可以构造一个正项级数$\sum\limits_{n=1}^{\infty}|u_n|$，通过级数$\sum\limits_{n=1}^{\infty}|u_n|$的敛散性来推断级数$\sum\limits_{n=1}^{\infty}u_n$的敛散性。

2. 绝对收敛和条件收敛的定义

【定义10.6】　（1）如果级数$\sum\limits_{n=1}^{\infty}|u_n|$收敛，则称级数$\sum\limits_{n=1}^{\infty}u_n$绝对收敛；

（2）如果级数$\sum\limits_{n=1}^{\infty}|u_n|$发散，而级数$\sum\limits_{n=1}^{\infty}u_n$收敛，则称级数$\sum\limits_{n=1}^{\infty}u_n$条件收敛。

【定理10.5】　如果级数$\sum\limits_{n=1}^{\infty}|u_n|$收敛，则级数$\sum\limits_{n=1}^{\infty}u_n$也收敛。

证明：设级数$\sum\limits_{n=1}^{\infty}|u_n|$收敛，一方面令

$$v_n=\frac{1}{2}(u_n+|u_n|)\quad(n=1,2,\cdots)$$

显然v_n非负，且$v_n\leqslant|u_n|$，由比较判别法知正项级数$\sum\limits_{n=1}^{\infty}v_n$收敛，从而$\sum\limits_{n=1}^{\infty}2v_n$也收敛。另一方面，$u_n=2v_n-|u_n|$，则由级数性质知级数$\sum\limits_{n=1}^{\infty}u_n=\sum\limits_{n=1}^{\infty}(2v_n-|u_n|)$收敛。

相关例题见例10.15～例10.17。

典型例题

例10.12　判断交错级数$1-\frac{1}{2}+\frac{1}{3}-\frac{1}{4}+\cdots+(-1)^n\frac{1}{n}+\cdots$的敛散性。

解：显然$u_n=\frac{1}{n}\geqslant u_{n+1}=\frac{1}{n+1}$，且$\lim\limits_{n\to\infty}u_n=\lim\limits_{n\to\infty}\frac{1}{n}=0$，由莱布尼茨定理可以判定该交错级数收敛。

例10.13　判断交错级数$\sum\limits_{n=1}^{\infty}(-1)^n\frac{1}{n^2}$的敛散性。

解：级数$\sum\limits_{n=1}^{\infty}(-1)^n\frac{1}{n^2}$的通项$u_n$满足

$$u_n=\frac{1}{n^2}<\frac{1}{(n+1)^2}=u_{n+1}$$

且

$$\lim_{n\to\infty}u_n=\lim_{n\to+\infty}\frac{1}{n^2}=0$$

由莱布尼茨定理可知，交错级数$\sum\limits_{n=1}^{\infty}(-1)^n\frac{1}{n^2}$收敛。

例10.14　判断级数$\sum\limits_{n=1}^{\infty}(-1)^{n-1}\frac{n}{10^n}$的敛散性。

解：

$$\frac{u_{n+1}}{u_n}=\frac{\frac{n+1}{10^{n+1}}}{\frac{n}{10^n}}=\frac{1}{10}\times\frac{n+1}{n}$$

由于$\frac{1}{10}\times\frac{n+1}{n}=\frac{1}{10}\times\left(1+\frac{1}{n}\right)<1(n=2,3,4,\cdots)$，得$u_{n+1}<u_n$。$\lim\limits_{n\to\infty}u_n=\lim\limits_{n\to\infty}\frac{n}{10^n}=0$，由莱布尼茨定理知该交错级数收敛。

例10.15　判断$\sum\limits_{n=1}^{\infty}(-1)^{n-1}\frac{1}{n}$是绝对收敛还是条件收敛。

解：由于级数$\sum\limits_{n=1}^{\infty}|u_n|=\sum\limits_{n=1}^{\infty}\frac{1}{n}$为发散的调和级数，又由例10.12得$\sum\limits_{n=1}^{\infty}(-1)^{n-1}\frac{1}{n}$收敛。因此该级数条件收敛。

例 10.16　判断$\sum_{n=1}^{\infty}(-1)^{n-1}\frac{n}{10^n}$的敛散性。

解：由于级数$\sum_{n=1}^{\infty}|u_n|=\sum_{n=1}^{\infty}\frac{n}{10^n}$，根据比值判别法，加绝对值后得级数收敛，因此该级数绝对收敛。

例 10.17　判断级数$\sum_{n=1}^{\infty}(-1)^{n-1}\frac{1}{\sqrt{n}}$的敛散性。

解：因级数$\sum_{n=1}^{\infty}\frac{1}{\sqrt{n}}$是$p=\frac{1}{2}$的$p$－级数，故该级数发散。

又因为交错级数$\sum_{n=1}^{\infty}(-1)^{n-1}\frac{1}{\sqrt{n}}$满足：

$$u_n=\frac{1}{\sqrt{n}}>u_{n+1}=\frac{1}{\sqrt{n+1}}$$

$$\lim_{n\to\infty}u_n=\lim_{n\to\infty}\frac{1}{\sqrt{n}}=0$$

根据莱布尼茨定理可知其是收敛的，且根据定义，级数$\sum_{n=1}^{\infty}(-1)^{n-1}\frac{1}{\sqrt{n}}$不是绝对收敛的，而是条件收敛的。

注意：判断任意项级数的敛散性时，首先用正项级数的方法判断是否绝对收敛，如果不是绝对收敛的，若该级数为交错级数，可以再用莱布尼茨定理进行判断。

课堂巩固 10.3

基础训练 10.3

1. 判断下列级数的敛散性。如果收敛，判断是绝对收敛还是条件收敛。

(1) $\frac{1}{\ln 2}-\frac{1}{\ln 3}+\frac{1}{\ln 4}-\frac{1}{\ln 5}+\cdots$　　(2) $\sum_{n=1}^{\infty}\frac{(-1)^n}{n(n+1)}$

(3) $\sum_{n=1}^{\infty}\frac{(-1)^n(2n+1)^2}{2^n}$　　(4) $\sum_{n=1}^{\infty}\frac{\sin(n\alpha)}{n^2}, \alpha\in(-\infty,+\infty)$

2. 若级数$\sum_{n=1}^{\infty}u_n$和$\sum_{n=1}^{\infty}v_n$绝对收敛，证明下列级数也绝对收敛。

(1) $\sum_{n=1}^{\infty}(u_n\pm v_n)$　　(2) $\sum_{n=1}^{\infty}ku_n$

提升训练 10.3

判断下列级数的敛散性。如果收敛，判断是绝对收敛还是条件收敛。

(1) $\sum_{n=1}^{\infty}(-1)^n\sin\frac{1}{n}$　　(2) $\sum_{n=1}^{\infty}(-1)^n\frac{n}{3^n}$　　(3) $\sum_{n=1}^{\infty}\frac{\sqrt{n}}{n+1}$

10.4 幂级数

问题导入

前面所讨论的是数项级数，它们是一些离散的、有规律的数值组成的级数，但也可能会遇到级数的每一项都是由函数组成的情况。例如，$u_1(x), u_2(x), \cdots, u_n(x), \cdots$，当自变量取确定值时，它们又变成了我们熟悉的数项级数，那么，一系列函数是否可以组成级数呢？它们的收敛性和什么相关？它们的敛散性是否受自变量的取值影响呢？这一节中，我们将讨论函数项级数的问题。

知识归纳

10.4.1 函数项级数概述

函数项级数的定义

1. 函数项级数的定义

【定义 10.7】 设函数序列

$$u_1(x), u_2(x), \cdots, u_n(x), \cdots$$

是定义域在区间I上的函数列，由该函数列构成的表达式

$$\sum_{n=1}^{\infty} u_n(x) = u_1(x) + u_2(x) + \cdots + u_n(x) + \cdots$$

称作函数项级数。而

$$s_n(x) = u_1(x) + u_2(x) + \cdots + u_n(x)$$

称为该函数项级数的前n项部分和。

例如，下面是两个函数项级数：

(1) $\sum_{n=1}^{\infty} \frac{x^n}{n} = x + \frac{x^2}{2} + \frac{x^3}{3} + \cdots + \frac{x^n}{n} + \cdots$；

(2) $\sum_{n=1}^{\infty} \frac{(x-1)^n}{2^n \times n} = \frac{(x-1)}{2} + \frac{(x-1)^2}{2^2 \times 2} + \cdots + \frac{(x-1)^n}{2^n \times n} + \cdots$。

2. 函数项级数收敛点和发散点的定义

当自变量取定值$x_0 \in I$时，函数项级数变为数项级数

$$\sum_{n=1}^{\infty} u_n(x_0) = u_1(x_0) + u_2(x_0) + \cdots + u_n(x_0) + \cdots$$

如果$\sum_{n=1}^{\infty} u_n(x_0)$收敛，则称函数项级数$\sum_{n=1}^{\infty} u_n(x)$在点$x_0$处收敛，点$x_0$是函数项级数$\sum_{n=1}^{\infty} u_n(x)$的收敛点。如果$\sum_{n=1}^{\infty} u_n(x_0)$发散，则称函数项级数$\sum_{n=1}^{\infty} u_n(x)$在点$x_0$处发散，点$x_0$

是函数项级数$\sum_{n=1}^{\infty}u_n(x)$的发散点。

3. 函数项级数收敛域和发散域的定义

函数项级数的全体收敛点的集合称为它的收敛域;函数项级数$\sum_{n=1}^{\infty}u_n(x)$的全体发散点的集合称为它的发散域。

4. 函数项级数的和函数的概念

设函数项级数$\sum_{n=1}^{\infty}u_n(x)$的收敛域为$D$,则对$D$内任意一点$x$,$\sum_{n=1}^{\infty}u_n(x)$收敛,其收敛的和自然依赖于$x$,即其收敛的和应为$x$的函数,记为$s(x)$;称函数$s(x)$为函数项级数$\sum_{n=1}^{\infty}u_n(x)$的和函数。$s(x)$的定义域就是级数的收敛域,并记为

$$s(x)=u_1(x)+u_2(x)+\cdots+u_n(x)+\cdots$$

则在收敛域D上有$\lim_{n\to\infty}s_n(x)=s(x)$。把$r_n(x)=s(x)-s_n(x)$叫作函数项级数$\sum_{n=1}^{\infty}u_n(x)$的余项,对收敛域内的每一点$x$,有$\lim_{n\to\infty}r_n(x)=0$。

由以上定义可知,函数项级数在区域上的敛散性问题是指在该区域上的每一点的敛散性,因此其实质还是数项级数的敛散性问题。因此,仍可以用数项级数的审敛法判别函数项级数的敛散性。

相关例题见例10.18。

10.4.2 幂级数概述

幂级数的定义

【定义10.8】 形如$\sum_{n=0}^{\infty}a_nx^n=a_0+a_1x+a_2x^2+\cdots+a_nx^n+\cdots$的函数项级数称为幂级数,其中常数$a_0,a_1,a_2,\cdots,a_n,\cdots$称作幂级数的系数。

注意:幂级数的表示形式也可以是

$$\sum_{n=0}^{\infty}a_n(x-x_0)^n=a_0+a_1(x-x_0)+a_2(x-x_0)^2+\cdots+a_n(x-x_0)^n+\cdots$$

它是幂级数的一般形式,作变量代换$t=x-x_0$即可把它化成定义中的形式。因此,在以后的讨论中,为不失一般性,用定义中的形式作为主要的讨论对象。

【定理10.6】(阿贝尔定理) (1)若幂级数在点x_0处$\sum_{n=0}^{\infty}a_nx_0^n(x_0\neq 0)$收敛,则对于满足不等式$|x|<|x_0|$的一切$x$,幂级数$\sum_{n=0}^{\infty}a_nx^n$绝对收敛;(2)若幂级数在点$x_0$处$\sum_{n=0}^{\infty}a_nx_0^n(x_0\neq 0)$发散,则对于满足不等式$|x|>|x_0|$的一切$x$,幂级数$\sum_{n=0}^{\infty}a_nx^n$发散。

证明:(1) 先设$x_0\neq 0$是幂级数$\sum_{n=0}^{\infty}a_nx^n$的收敛点,即级数$\sum_{n=0}^{\infty}a_nx_0^n$收敛,则级数的通项满足$\lim_{n\to\infty}a_nx_0^n=0$,由收敛数列的性质——有界性,存在一个正数$M$使$|a_nx_0^n|\leqslant M(n=0,1,2,\cdots)$。

又因为幂级数$\sum_{n=0}^{\infty}a_n x^n$的通项满足

$$|a_n x^n|=\left|a_n x_0^n\cdot\frac{x^n}{x_0^n}\right|=|a_n x_0^n|\cdot\left|\frac{x}{x_0}\right|^n\leqslant M\cdot\left|\frac{x}{x_0}\right|^n$$

则当$|x|<|x_0|$，即$\left|\frac{x}{x_0}\right|<1$时，等比级数$\sum_{n=0}^{\infty}M\cdot\left|\frac{x}{x_0}\right|^n$收敛，由比较判别法可知级数$\sum_{n=0}^{\infty}|a_n x^n|$收敛，故幂级数$\sum_{n=0}^{\infty}a_n x^n$绝对收敛。

（2）用反证法证明。

因级数$\sum_{n=0}^{\infty}a_n x_0^n$发散，假设另有一点$x_1$满足$|x_1|>|x_0|$，使级数$\sum_{n=0}^{\infty}a_n x_1^n$收敛，则根据(1)的结论，级数$\sum_{n=0}^{\infty}a_n x_0^n$也应收敛，这与定理的已知条件相矛盾，故结论(2)成立。

阿贝尔定理很好地说明了幂级数的敛散性的结构：定理的结论表明，如果幂级数$\sum_{n=0}^{\infty}a_n x^n$在$x=x_0\neq0$处收敛，则可断定在开区间$(-|x_0|,|x_0|)$内的任何$x$处，幂级数$\sum_{n=0}^{\infty}a_n x^n$必收敛；如果幂级数$\sum_{n=0}^{\infty}a_n x^n$在$x=x_0\neq0$处发散，则可断定在闭区间$[-|x_0|,|x_0|]$外的任何$x$处，幂级数$\sum_{n=0}^{\infty}a_n x^n$必发散。更进一步，可以得到幂级数的发散点不可能位于原点与收敛点之间（因原点必是幂级数的收敛点）。

对于一个幂级数$\sum_{n=0}^{\infty}a_n x^n$，可以用下面的方法寻找其收敛域与发散域。首先从原点出发，沿着数轴向右寻找，找到使幂级数收敛和发散的临界点正数R。当x属于$(0,R)$上时，幂级数收敛；当x大于R时，幂级数发散。类似地，在原点左侧有相似的结果，如图10.3所示。

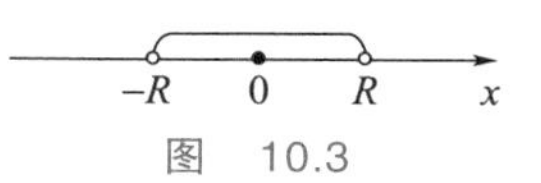

图 10.3

由此可得到以下重要定理。

【定理10.7】 如果幂级数$\sum_{n=0}^{\infty}a_n x^n$不是仅在一点收敛，也不是在整个数轴上都收敛，则必存在一个确定的正数R，使得

（1）当$|x|<R$时，幂级数$\sum_{n=0}^{\infty}a_n x^n$绝对收敛；

（2）当$|x|>R$时，幂级数$\sum_{n=0}^{\infty}a_n x^n$发散；

（3）当$x=\pm R$时，幂级数$\sum_{n=0}^{\infty}a_n x^n$可能收敛，也可能发散。

我们把此正数R称作幂级数的收敛半径，$(-R,R)$为幂级数的收敛区间。

幂级数在$x=\pm R$处的收敛性决定了收敛域，即收敛区间与收敛端点的并集是幂级数的收敛域。

特别地，如果幂级数只在 $x=0$ 处收敛，则规定收敛半径 $R=0$，此时的收敛域中只有一个点 $x=0$；如果幂级数对一切 x 都收敛，则规定收敛半径 $R=+\infty$，此时的收敛域为 $(-\infty, +\infty)$。

下面给出幂级数收敛半径的求解方法。

【定理10.8】　设幂级数 $\sum\limits_{n=0}^{\infty} a_n x^n$ 的所有系数 $a_n \neq 0$，且系数满足

$$\lim_{n\to\infty}\left|\frac{a_{n+1}}{a_n}\right|=\rho$$

则：(1) 当 $\rho \neq 0$ 时，该幂级数的收敛半径 $R=\dfrac{1}{\rho}$；

(2) 当 $\rho=0$ 时，该幂级数的收敛半径 $R=+\infty$；

(3) 当 $\rho=+\infty$ 时，该幂级数的收敛半径 $R=0$。

证明略。

相关例题见例10.19和例10.20。

下面不加证明地给出幂级数的一些运算性质及分析性质。

性质1(加法和减法运算)　设幂级数 $\sum\limits_{n=0}^{\infty} a_n x^n$ 及 $\sum\limits_{n=0}^{\infty} b_n x^n$ 的收敛区间分别为 $(-R_1, R_1)$ 与 $(-R_2, R_2)$，则当 $|x|<R$ 时

$$\sum_{n=0}^{\infty} a_n x^n \pm \sum_{n=0}^{\infty} b_n x^n = \sum_{n=0}^{\infty}(a_n \pm b_n) x^n$$

其中 $R=\min\{R_1, R_2\}$。

性质2(乘法运算)　设幂级数 $\sum\limits_{n=0}^{\infty} a_n x^n$ 及 $\sum\limits_{n=0}^{\infty} b_n x^n$ 的收敛区间分别为 $(-R_1, R_1)$ 与 $(-R_2, R_2)$，则当 $|x|<R$ 时

$$\left(\sum_{n=0}^{\infty} a_n x^n\right)\cdot\left(\sum_{n=0}^{\infty} b_n x^n\right)=\sum_{n=0}^{\infty} c_n x^n$$

其中 $R=\min\{R_1, R_2\}$，$c_n=a_0 b_n+a_1 b_{n-1}+\cdots+a_n b_0$。

性质3(连续性)　幂级数 $\sum\limits_{n=0}^{\infty} a_n x^n$ 的和函数 $s(x)$ 在收敛域 D 上连续。

性质4(求导运算)　幂级数 $\sum\limits_{n=0}^{\infty} a_n x^n$ 的和函数 $s(x)$ 在收敛区间 $(-R, R)$ 内可导，且有逐项求导公式

$$s'(x)=\left(\sum_{n=0}^{\infty} a_n x^n\right)'=\sum_{n=0}^{\infty}(a_n x^n)'=\sum_{n=1}^{\infty} n\cdot a_n x^{n-1} \qquad x\in(-R, R)$$

性质5(积分运算)　幂级数 $\sum\limits_{n=0}^{\infty} a_n x^n$ 的和函数 $s(x)$ 在收敛区间 $(-R, R)$ 内可积，且有逐项积分公式

$$\int_0^x s(x)\mathrm{d}x=\int_0^x\left(\sum_{n=0}^{\infty} a_n x^n\right)\mathrm{d}x=\sum_{n=0}^{\infty}\int_0^x a_n x^n \mathrm{d}x=\sum_{n=0}^{\infty}\frac{a_n}{n+1} x^{n+1} \qquad x\in(-R, R)$$

典型例题

例10.18　讨论函数项级数

$$\sum_{n=0}^{\infty} x^n = 1 + x + x^2 + \cdots + x^n + \cdots$$

的敛散性。

解：根据几何级数的敛散性，当$|x|<1$时，函数项级数$\sum\limits_{n=0}^{\infty} x^n$收敛且收敛于$\dfrac{1}{1-x}$；当$|x|\geqslant 1$时，函数项级数$\sum\limits_{n=0}^{\infty} x^n$发散。

因此，该函数项级数的收敛域为$(-1,1)$，发散域为$(-\infty,\ -1)\cup(1,\ +\infty)$。

在$(-1,1)$内，级数$\sum\limits_{n=0}^{\infty} x^n$的和函数为$\dfrac{1}{1-x}$。

例10.19　求下列幂级数的收敛半径和收敛域。

(1) $\sum\limits_{n=1}^{\infty} \dfrac{1}{n}(-1)^n x^n = -x + \dfrac{1}{2}x^2 - \cdots + \dfrac{1}{n}(-1)^n x^n + \cdots$

(2) $\sum\limits_{n=0}^{\infty} \dfrac{x^n}{n!} = 1 + x + \dfrac{x^2}{2!} + \dfrac{x^3}{3!} + \cdots + \dfrac{x^n}{n!} + \cdots$

(3) $\sum\limits_{n=0}^{\infty} n!\ x^n = 1 + x + 2!\ x^2 + \cdots + n!\ x^n + \cdots$

解：(1) 根据定理10.8，有

$$\rho = \lim_{n\to\infty}\left|\frac{a_{n+1}}{a_n}\right| = \lim_{n\to\infty}\frac{\dfrac{1}{n+1}}{\dfrac{1}{n}} = \lim_{n\to\infty}\frac{n}{n+1} = 1$$

所以该幂级数的收敛半径$R=\dfrac{1}{\rho}=1$，幂级数在区间$(-1,1)$内绝对收敛。

当$x=1$时，

$$\sum_{n=1}^{\infty}\frac{(-1)^n}{n} = -1 + \frac{1}{2} - \frac{1}{3} + \cdots + \frac{(-1)^n}{n} + \cdots$$

为收敛的交错级数。

当$x=-1$时，

$$\sum_{n=1}^{\infty}\frac{1}{n} = 1 + \frac{1}{2} + \frac{1}{3} + \cdots + \frac{1}{n} + \cdots$$

为发散的调和级数。

综上所述，该级数的收敛域为$(-1,1]$。

(2) $u_n = \dfrac{1}{n!}$，根据定理有

$$\rho=\lim_{n\to\infty}\left|\frac{a_{n+1}}{a_n}\right|=\lim_{n\to\infty}\frac{\frac{1}{(n+1)!}}{\frac{1}{(n)!}}=\lim_{n\to\infty}\frac{1}{n+1}=0$$

因此，该幂级数的收敛半径 $R=+\infty$，其收敛域为$(-\infty,+\infty)$。

（3）$u_n=n!$，根据定理有

$$\rho=\lim_{n\to\infty}\left|\frac{a_{n+1}}{a_n}\right|=\lim_{n\to\infty}\frac{(n+1)!}{(n)!}=\lim_{n\to\infty}(n+1)=+\infty$$

因此，该幂级数的收敛半径 $R=0$，只在$x=0$处收敛。

例 10.20　求幂级数$\sum_{n=1}^{\infty}(-1)^n\frac{2^n}{\sqrt{n}}\left(x-\frac{1}{2}\right)^n$的收敛半径、收敛区间与收敛域。

解：因$u_n(x)=(-1)^n\frac{2^n}{\sqrt{n}}\left(x-\frac{1}{2}\right)^n$，则

$$\lim_{n\to\infty}\left|\frac{u_{n+1}(x)}{u_n(x)}\right|=\lim_{n\to\infty}\frac{2\sqrt{n}}{\sqrt{n+1}}\left|x-\frac{1}{2}\right|=2\left|x-\frac{1}{2}\right|$$

由比值判别法的结果：$\rho=2$，收敛半径$R=\frac{1}{2}$，$\left(x-\frac{1}{2}\right)$在$\left(-\frac{1}{2},\frac{1}{2}\right)$上收敛，即当$0<x<1$时，幂级数收敛；当$x<0$或$x>1$时，幂级数发散。

在左端点$x=0$处幂级数成为$\sum_{n=1}^{\infty}(-1)^n\frac{2^n}{\sqrt{n}}\left(-\frac{1}{2}\right)^n=\sum_{n=1}^{\infty}\frac{1}{\sqrt{n}}$，显然它是发散的；在右端点$x=1$处幂级数成为$\sum_{n=1}^{\infty}(-1)^n\frac{2^n}{\sqrt{n}}\left(1-\frac{1}{2}\right)^n=\sum_{n=1}^{\infty}(-1)^n\frac{1}{\sqrt{n}}$，它是收敛的。

故该幂级数的收敛半径为$R=\frac{1}{2}$，收敛区间为$(0,1)$，收敛域为$(0,1]$。

课堂巩固 10.4

基础训练 10.4

1. 求下列幂级数的收敛域。

（1）$x+\frac{x^2}{\sqrt{2}}+\frac{x^3}{\sqrt{3}}+\cdots+\frac{x^n}{\sqrt{n}}+\cdots$　　（2）$x+\frac{x^2}{2!}+\frac{x^3}{3!}+\cdots+\frac{x^n}{n!}+\cdots$

（3）$x-2x^2+3x^3+\cdots(-1)^{n-1}nx^n$　　（4）$\sum_{n=1}^{\infty}\frac{x^n}{2^n\cdot n}$

（5）$\sum_{n=1}^{\infty}\frac{2^n}{(n^2+1)}x^n$　　（6）$\sum_{n=1}^{\infty}\frac{n}{(n^2+1)}x^n$

2. 求$\sum_{n=1}^{\infty}\frac{1}{2n-1}x^{2n-1}$的和函数。

提升训练 10.4

1．求$\sum_{n=1}^{\infty}\frac{2n-1}{2^n}x^{2n-2}$的收敛域、和函数。

2．求$\sum_{n=1}^{\infty}\frac{1}{n}x^{n+1}$的和函数，并求级数$\sum_{n=1}^{\infty}\frac{1}{n}\cdot\frac{1}{2^{n+1}}$。

*10.5　函数的幂级数展开

问题导入

在10.4节我们学习了幂级数的相关知识，了解到幂级数$\sum_{n=0}^{\infty}a_n x^n$在其收敛域中存在和函数 $s(x)$。那么，反过来，如果给定一个函数 $f(x)$，是否存在一个幂级数的和函数恰好是$f(x)$呢？也就是说，函数$f(x)$是否可以展开成幂级数的形式呢？当满足什么条件时，$f(x)$才能展开成幂级数呢？本节我们学习函数的幂级数展开。

知识归纳

10.5.1　泰勒级数

函数的幂级数展开

1．泰勒级数的定义

泰勒中值定理提到：如果函数 $f(x)$ 在包含 x_0 的区间(a,b)内有直到$(n+1)$阶导数，则当$x\in(a,b)$时，$f(x)$可以展开成关于$(x-x_0)$的一个n阶泰勒公式为

$$f(x)=f(x_0)+f'(x_0)(x-x_0)+\frac{f''(x_0)}{2!}(x-x_0)^2+\cdots+\frac{f^n(x_0)}{n!}(x-x_0)^n+R_n(x)$$

其中记 n次多项式$p_n(x)$为

$$p_n(x)=f(x_0)+f'(x_0)(x-x_0)+\frac{f''(x_0)}{2!}(x-x_0)^2+\cdots+\frac{f^n(x_0)}{n!}(x-x_0)^n$$

$R_n(x)$是拉格朗日型余项，其形式为

$$R_n(x)=\frac{f^{(n+1)}(\xi)}{(n+1)!}(x-x_0)^{n+1}\quad（\xi在x与x_0之间取值）$$

这样，函数$f(x)$可以用多项式 $s_n(x)$近似表示，误差不超过$|R_n(x)|$。

【定义10.9】　如果函数$f(x)$在包含 x_0 的某个邻域内具有任意阶的导数，则称下列

幂级数

$$\sum_{k=0}^{\infty}\frac{f^{(k)}(x_0)}{k!}(x-x_0)^k=f(x_0)+\frac{f'(x_0)}{1!}(x-x_0)+\frac{f''(x_0)}{2!}(x-x_0)^2+\cdots+\frac{f^{(n)}(x_0)}{n!}(x-x_0)^n+\cdots$$

为函数$f(x)$的泰勒级数。

显然，当 $x=x_0$ 时，$\sum_{k=0}^{\infty}\frac{f^{(k)}(x_0)}{k!}(x-x_0)^k=f(x_0)$。但是，当 $x\neq x_0$ 时，$\sum_{k=0}^{\infty}\frac{f^{(k)}(x_0)}{k!}(x-x_0)^k$是否收敛？如果收敛，是否收敛于$f(x)$？

定理10.9回答了这两个问题。

【定理10.9】 设函数$f(x)$在点x_0的某个邻域 $U(x_0)$ 内具有任意阶导数，则$f(x)$在$U(x_0)$内的泰勒级数收敛于$f(x)$的充分必要条件是对$U(x_0)$内的一切x都有，

$$\lim_{n\to\infty}R_n(x)=\lim_{n\to\infty}\frac{f^{(n+1)}(\xi)}{(n+1)!}(x-x_0)^{n+1}=0$$

证明：由泰勒中值定理可知

$$f(x)=\sum_{k=0}^{n}\frac{f^{(k)}(x_0)}{k!}(x-x_0)^k+R_n(x)$$

两边令$n\to\infty$，有

$$f(x)=\lim_{n\to\infty}\left[\sum_{k=0}^{n}\frac{f^{(k)}(x_0)}{k!}(x-x_0)^k+R_n(x)\right] \quad ①$$

(1) 必要性。如果$\sum_{k=0}^{\infty}\frac{f^{(k)}(x_0)}{k!}(x-x_0)^k$在$U(x_0)$内收敛于$f(x)$，即

$$\lim_{n\to\infty}\left[\sum_{k=0}^{n}\frac{f^{(k)}(x_0)}{k!}(x-x_0)^k\right]=f(x) \quad ②$$

则①与②两式比较，可得$\lim_{n\to\infty}R_n(x)=0$。

(2) 充分性。如果在$U(x_0)$上$\lim_{n\to\infty}R_n(x)=0$，则由①式可得

$$\lim_{n\to\infty}\left[\sum_{k=0}^{n}\frac{f^{(k)}(x_0)}{k!}(x-x_0)^k\right]=\sum_{k=0}^{\infty}\frac{f^{(k)}(x_0)}{k!}(x-x_0)^k=f(x)$$

因此，当$\lim_{n\to\infty}R_n(x)=0$时，函数$f(x)$的泰勒级数$\sum_{k=0}^{\infty}\frac{f^{(k)}(x_0)}{k!}(x-x_0)^k$的和函数就是$f(x)$。证明完毕。

2. 麦克劳林级数的定义

特别地，当 $x=0$时，称幂级数

$$\sum_{k=0}^{\infty}\frac{f^{(k)}(0)}{k!}x^k=f(0)+\frac{f'(0)}{1!}x+\frac{f''(0)}{2!}x^2+\cdots+\frac{f^{(n)}(0)}{n!}x^n+\cdots$$

为函数$f(x)$的麦克劳林级数。

注意：

(1) 如果函数$f(x)$能展成x的幂级数，则其展开式是唯一存在的，且恰是$f(x)$的麦克劳林级数，即函数$f(x)$的麦克劳林展开式是唯一的。

(2) 如果函数$f(x)$在$x=0$处的各阶导数都存在，这时可以求出麦克劳林级数，然而其麦克劳林级数未必收敛，即使收敛也未必收敛到函数$f(x)$。

下面将着重讨论函数的麦克劳林展开。

10.5.2 函数展开成幂级数的方法

1. 直接展开法

通过直接计算各阶导数，将函数$f(x)$展开成麦克劳林级数。具体步骤如下。

第一步：计算出各阶导数$f^{(n)}(0)$，$n=1,2,3,\cdots$；若函数的某阶导数不存在，则不能展开。

第二步：写出对应的麦克劳林级数

$$f(0)+\frac{f'(0)}{1!}x+\frac{f''(0)}{2!}x^2+\cdots+\frac{f^{(n)}(0)}{n!}x^n+\cdots$$

并求出其收敛半径R，得到收敛区间$(-R,R)$。

第三步：证明当$x\in(-R,R)$时，对应函数的拉格朗日型余项

$$R_n(x)=\frac{f^{(n+1)}(\theta\cdot x)}{(n+1)!}x^{n+1}\quad(0<\theta<1)$$

在$n\to\infty$时，是否趋向于零。若$\lim\limits_{n\to\infty}R_n(x)=0$，则该函数的麦克劳林展开式收敛，并且和函数为$f(x)$；若$\lim\limits_{n\to\infty}R_n(x)\neq 0$，则该函数无法展开成麦克劳林级数。

相关例题见例10.21和例10.22。

注意：直接展开求函数在$x=0$的幂级数存在以下难点：①不容易求出函数的高阶导数$f^{(n)}(0)$；②不容易讨论麦克劳林展开式的余项的极限为0。

因此，下面讨论另外一种方法——函数幂级数的间接展开法。

2. 间接展开法

它山之石可以攻玉。所谓函数幂级数的间接展开法，即综合应用一些已知的函数的幂级数展开式、幂级数的运算性质（主要指加减运算）、分析性质（指逐项求导和逐项求积），将所给函数展开成幂级数。

相关例题见例10.23～例10.26。

下面列出几个常见函数的麦克劳林公式，方便大家使用。

(1) $\mathrm{e}^x=1+\dfrac{x}{1!}+\dfrac{x^2}{2!}+\cdots+\dfrac{x^n}{n!}+\cdots\quad(-\infty<x<+\infty)$。

(2) $\sin x=\dfrac{x}{1!}-\dfrac{x^3}{3!}+\dfrac{x^5}{5!}\cdots+(-1)^{n-1}\dfrac{x^{2n-1}}{(2n-1)!}+\cdots\quad x\in(-\infty,+\infty)$。

(3) $\cos x=1-\dfrac{x^2}{2!}+\dfrac{x^4}{4!}\cdots+(-1)^{n-1}\dfrac{x^{2n-2}}{(2n-2)!}+\cdots\quad x\in(-\infty,+\infty)$。

(4) $\ln(1+x)=x-\frac{x^2}{2}+\frac{x^3}{3}-\cdots+(-1)^n\frac{x^{n+1}}{n+1}+\cdots\quad x\in(-1,1]$。

(5) $\arctan x=x-\frac{1}{3}x^3+\frac{1}{5}x^5-\cdots+(-1)^n\frac{x^{2n+1}}{2n+1}+\cdots\quad x\in[-1,1]$。

(6) $\frac{1}{1+x}=\frac{1}{1-(-x)}=1-x+x^2-x^3+\cdots+(-1)^n x^n+\cdots\quad x\in(-1,1)$。

注意：在掌握间接展开法求 $f(x)$ 麦克劳林展开式后，只需把幂级数 $\sum_{n=0}^{\infty}a_n(x-x_0)^n$ 中的 $(x-x_0)$ 看作幂级数 $\sum_{n=0}^{\infty}a_n t^n$ 中的 t；或作变换 $x-x_0=t$，可得

$$f(x)=f(t+x_0)=\sum_{n=0}^{\infty}a_n t^n=\sum_{n=0}^{\infty}a_n(x-x_0)^n$$

相关例题见例10.27和例10.28。

典型例题

例10.21　将函数 $f(x)=\mathrm{e}^x$ 展开成麦克劳林级数。

解：第一步，由 $f^{(n)}(x)=\mathrm{e}^x$ 得 $f^{(n)}(0)=1,n=1,2,3,\cdots$；那么对应 e^x 的麦克劳林级数为

$$1+\frac{x}{1!}+\frac{x^2}{2!}+\cdots+\frac{x^n}{n!}+\cdots$$

第二步，由比值判别法得

$$\rho=\lim_{n\to\infty}\left|\frac{a_{n+1}}{a_n}\right|=\lim_{n\to\infty}\left|\frac{\frac{1}{(n+1)!}}{\frac{1}{n!}}\right|=\lim_{n\to\infty}\frac{1}{n+1}=0$$

故收敛半径 $R=+\infty$，收敛区间为 $(-\infty,+\infty)$。

第三步，对于任意 $x\in(-\infty,+\infty)$，e^x 的麦克劳林级数的余项为

$$|R_n(x)|=\left|\frac{\mathrm{e}^{\theta\cdot x}}{(n+1)!}\cdot x^{n+1}\right|\leqslant \mathrm{e}^{|x|}\cdot\frac{|x|^{n+1}}{(n+1)!}\quad(0<\theta<1)$$

其中 $\mathrm{e}^{|x|}$ 是与 n 无关的有限数，考虑参考幂级数 $\sum_{n=1}^{\infty}\frac{|x|^{n+1}}{(n+1)!}$ 的敛散性。由比值判别法，有

$$\lim_{n\to\infty}\left|\frac{u_{n+1}(x)}{u_n(x)}\right|=\lim_{n\to\infty}\left|\frac{\frac{|x|^{n+2}}{(n+2)!}}{\frac{|x|^{n+1}}{(n+1)!}}\right|=\lim_{n\to\infty}\frac{|x|}{n+2}=0<1$$

故级数 $\sum_{n=1}^{\infty}\frac{|x|^{n+1}}{(n+1)!}$ 收敛。由级数收敛的必要条件可知

$$\lim_{n\to\infty}\frac{|x|^{n+1}}{(n+1)!}=0$$

因此$\lim\limits_{n\to\infty}R_n(x)=0$。

综上所述，函数$f(x)=e^x$可展开成如下麦克劳林级数：

$$e^x=1+\frac{x}{1!}+\frac{x^2}{2!}+\cdots+\frac{x^n}{n!}+\cdots\quad(-\infty<x<+\infty)$$

例 10.22　将函数$f(x)=\sin x$在$x=0$处展开成幂级数。

解：第一步，因$f^{(n)}(x)=\sin\left(x+n\cdot\frac{\pi}{2}\right)$，$n=0,1,2,\cdots$，有

$$f^{(n)}(0)=\sin\left(n\cdot\frac{\pi}{2}\right)=\begin{cases}0, & n=0,2,4,\cdots\\(-1)^{\frac{n-1}{2}}, & n=1,3,5,\cdots\end{cases}$$

于是得对应于$\sin x$在$x=0$处的幂级数为

$$\frac{x}{1!}-\frac{x^3}{3!}+\frac{x^5}{5!}-\cdots+(-1)^{n-1}\frac{x^{2n-1}}{(2n-1)!}+\cdots$$

第二步，利用比值判别法，易求出该幂级数的收敛半径为$R=+\infty$。

第三步，又对任意的$x\in(-\infty,+\infty)$，该幂级数的拉格朗日余项$R_n(x)$满足

$$|R_n(x)|=\left|(-1)^n\cdot\frac{\sin\left(\theta x+\frac{n\pi}{2}\right)}{(n+1)!}\cdot x^{n+1}\right|\leqslant\frac{|x|^{n+1}}{(n+1)!}\quad(0<\theta<1)$$

因对任意的$x\in(-\infty,+\infty)$，级数$\sum\limits_{n=0}^{\infty}\frac{|x|^{n+1}}{(n+1)!}$收敛，由级数收敛的必要条件知，$\lim\limits_{n\to\infty}\frac{|x|^{n+1}}{(n+1)!}=0$。故$\lim\limits_{n\to\infty}R_n(x)=0$。

综上所述，$\sin x$在$x=0$处的展开式为

$$\sin x=\frac{x}{1!}-\frac{x^3}{3!}+\frac{x^5}{5!}-\cdots+(-1)^{n-1}\frac{x^{2n-1}}{(2n-1)!}+\cdots\quad x\in(-\infty,+\infty)$$

例 10.23　将函数$f(x)=\cos x$展开成x的幂级数。

解：由例 10.22 知，$\sin x$展开成x的幂级数为

$$\sin x=\frac{x}{1!}-\frac{x^3}{3!}+\frac{x^5}{5!}\cdots+(-1)^{n-1}\frac{x^{2n-1}}{(2n-1)!}+\cdots\quad x\in(-\infty,+\infty)$$

由幂级数的性质，两边关于x逐项求导，即得$\cos x$展开成x的幂级数为

$$\cos x=1-\frac{x^2}{2!}+\frac{x^4}{4!}\cdots+(-1)^{n-1}\frac{x^{2n-2}}{(2n-2)!}+\cdots\quad x\in(-\infty,+\infty)$$

例 10.24　将函数$f(x)=\ln(1+x)$展开成x的幂级数。

解：因$f'(x)=\frac{1}{1+x}$，由例 10.18 得

$$\frac{1}{1+x}=\frac{1}{1-(-x)}=1-x+x^2-x^3+\cdots+(-1)^nx^n+\cdots\quad x\in(-1,1)$$

利用幂级数的性质，对上式从 0 到x逐项积分可得

$$\ln(1+x)=x-\frac{x^2}{2}+\frac{x^3}{3}-\cdots+(-1)^n\frac{x^{n+1}}{n+1}+\cdots$$

且当$x=1$时，交错级数

$$1-\frac{1}{2}+\frac{1}{3}-\cdots+(-1)^n\frac{1}{n+1}+\cdots$$

是收敛的。

综上所述，可得$\ln(1+x)$关于x的幂级数的展开式为

$$\ln(1+x)=x-\frac{x^2}{2}+\frac{x^3}{3}-\cdots+(-1)^n\frac{x^{n+1}}{n+1}+\cdots \quad x\in(-1,1]$$

例10.25　将函数$f(x)=4^{x+1}$展开成x的幂级数。

解：因$4^{x+1}=4\cdot e^{x\ln 4}$，利用$e^x$的展开式得

$$4^{x+1}=4\cdot\left[1+\frac{(x\ln 4)}{1!}+\frac{(x\ln 4)^2}{2!}+\cdots+\frac{(x\ln 4)^n}{n!}+\cdots\right]$$

$$=4+8\ln 2\cdot x+\frac{2^4(\ln 2)^2}{2!}x^2+\cdots+\frac{2^{n+2}(\ln 2)^n}{n!}x^n+\cdots \quad x\in(-\infty,+\infty)$$

例10.26　将函数$f(x)=\arctan x$展开成x的幂级数。

解：因$(\arctan x)'=\dfrac{1}{1+x^2}$，而函数$\dfrac{1}{1+x^2}$的幂级数展开式为

$$\frac{1}{1+x^2}=1+(-x^2)+(-x^2)^2+\cdots+(-x^2)^n+\cdots \quad x\in(-1,1)$$

对上式两边从0到x逐项积分得

$$\arctan x=\int_0^x\frac{1}{1+x^2}\mathrm{d}x=x-\frac{1}{3}x^3+\frac{1}{5}x^5-\cdots+(-1)^n\frac{x^{2n+1}}{2n+1}+\cdots \quad x\in(-1,1)$$

因为当$x=1$时，级数$\sum\limits_{n=0}^{\infty}(-1)^n\dfrac{1}{2n+1}$是收敛的；当$x=-1$时，级数

$$\sum_{n=0}^{\infty}\frac{(-1)^{3n+1}}{2n+1}=\sum_{n=0}^{\infty}\frac{(-1)^{n+1}}{2n+1}$$

是收敛的，所以$\arctan x$在$x\in(-1,1]$上的幂级数展开式为

$$\arctan x=x-\frac{1}{3}x^3+\frac{1}{5}x^5-\cdots+(-1)^n\frac{x^{2n+1}}{2n+1}+\cdots \quad x\in[-1,1]$$

例10.27　把$f(x)=\dfrac{1}{4-x}$展开成$x+2$的幂级数。

解：首先，将函数变形

$$f(x)=\frac{1}{4-x}=\frac{1}{6-(x+2)}=\frac{1}{6}\cdot\frac{1}{1-\dfrac{x+2}{6}}$$

由
$$\frac{1}{1-t}=\sum_{n=0}^{\infty}t^n=1+t+t^2+\cdots+t^n+\cdots \quad t\in(-1,1)$$

其次，令$t=\dfrac{x+2}{6}$，代入上式得

$$\frac{1}{1-\dfrac{x+2}{6}}=\sum_{n=0}^{\infty}\left(\frac{x+2}{6}\right)^n \quad \frac{x+2}{6}\in(-1,1)$$

$$f(x)=\frac{1}{4-x}=\frac{1}{6}\cdot\frac{1}{1-\frac{x+2}{6}}=\frac{1}{6}\sum_{n=0}^{\infty}\left(\frac{x+2}{6}\right)^n \quad \frac{x+2}{6}\in(-1,1)$$

最后，$$f(x)=\frac{1}{4-x}=\sum_{n=0}^{\infty}\frac{(x+2)^n}{6^{n+1}} \quad 其中x\in(-8,4)。$$

例 10.28　把$f(x)=\sin x$展开成 $x-\frac{\pi}{4}$的幂级数。

解：首先，$\sin x=\sin\left[\frac{\pi}{4}+\left(x-\frac{\pi}{4}\right)\right]$，根据两角和差公式得

$$\sin x=\sin\left[\frac{\pi}{4}+\left(x-\frac{\pi}{4}\right)\right]=\sin\frac{\pi}{4}\cos\left(x-\frac{\pi}{4}\right)+\cos\frac{\pi}{4}\sin\left(x-\frac{\pi}{4}\right)$$
$$=\frac{\sqrt{2}}{2}\cos\left(x-\frac{\pi}{4}\right)+\frac{\sqrt{2}}{2}\sin\left(x-\frac{\pi}{4}\right)$$

其次，利用$\sin x$和$\cos x$的展开式

$$\sin x=\frac{x}{1!}-\frac{x^3}{3!}+\frac{x^5}{5!}\cdots+(-1)^{n-1}\frac{x^{2n-1}}{(2n-1)!}+\cdots \quad x\in(-\infty,+\infty),$$
$$\cos x=1-\frac{x^2}{2!}+\frac{x^4}{4!}\cdots+(-1)^{n-1}\frac{x^{2n-2}}{(2n-2)!}+\cdots \quad x\in(-\infty,+\infty)$$

用$\left(x-\frac{\pi}{4}\right)$整体替换 x，得

$$\sin\left(x-\frac{\pi}{4}\right)=\left(x-\frac{\pi}{4}\right)-\frac{\left(x-\frac{\pi}{4}\right)^2}{3!}+\frac{\left(x-\frac{\pi}{4}\right)^5}{5!}-\cdots \quad \left(x-\frac{\pi}{4}\right)\in(-\infty,+\infty),$$
$$\cos\left(x-\frac{\pi}{4}\right)=1-\frac{\left(x-\frac{\pi}{4}\right)^2}{2!}+\frac{\left(x-\frac{\pi}{4}\right)^4}{4!}-\cdots \quad \left(x-\frac{\pi}{4}\right)\in(-\infty,+\infty)。$$

两式相加，最后整合将$f(x)=\sin x$展开成 $x-\frac{\pi}{4}$的幂级数

$$\sin x=\frac{\sqrt{2}}{2}\left[1+\left(x-\frac{\pi}{4}\right)-\frac{\left(x-\frac{\pi}{4}\right)^2}{2!}-\frac{\left(x-\frac{\pi}{4}\right)^3}{3!}+\cdots\right] \quad x\in(-\infty,+\infty)。$$

应用案例

在将函数展开成幂级数后，函数可以在其收敛域中利用幂级数展开式的前n项和求其近似值。

案例 10.4　求近似值

求 $e^{0.1}$的近似值，要求误差不超过 10^{-10}。

解：根据e^x的麦克劳林展开式

$$e^x=1+\frac{x}{1!}+\frac{x^2}{2!}+\cdots+\frac{x^n}{n!}+\cdots \quad (-\infty<x<+\infty)$$

令 $x=0.1$ 代入得

$$e^{0.1}=1+0.1+\frac{0.1^2}{2!}+\cdots$$

若取右端级数的前 n 项和 s_n 作为 $e^{0.1}$ 的近似值，则

$$\begin{aligned}
r_n=|e^{0.1}-s_n|&=\frac{1}{n!}\times 0.1^n+\frac{1}{(n+1)!}\times 0.1^{n+1}+\frac{1}{(n+2)!}\times 0.1^{n+2}+\cdots\\
&=\frac{1}{n!}\times 0.1^n\left[1+\frac{1}{(n+1)}\times 0.1+\frac{1}{(n+1)(n+2)}\times 0.1^2+\cdots\right]\\
&<\frac{1}{n!}\times 0.1^n\left(1+\frac{1}{n}\times 0.1+\frac{1}{n^2}\times 0.1^2+\cdots\right)\\
&<\frac{0.1^n}{(n-1)(n-1)!}
\end{aligned}$$

当 $n=7$ 时，$r_7=|e^{0.1}-s_7|<\dfrac{0.1^7}{6\times 6!}<10^{-10}$。于是

$$e^{0.1}\approx s_7=1+0.1+\frac{1}{2!}\times 0.1^2+\cdots+\frac{1}{6!}\times 0.1^6=1.1051709181$$

课堂巩固 10.5

基础训练 10.5

1．将下列函数展开成麦克劳林级数。

(1) $f(x)=e^{-x}$　　(2) $f(x)=\ln(1-x)$　　(3) $f(x)=\ln(3+x)$

2．将函数 $f(x)=\dfrac{1}{x}$ 展开成 $(x-1)$ 的幂级数。

提升训练 10.5

1．求 $\ln 2$ 的近似值。

2．求 $e^{0.2}$ 的近似值。

总结提升 10

1．选择题。

(1) 设 $0\leqslant a_n<\dfrac{1}{n}\ (n=1,2,\cdots)$，则收敛的级数为(　　)。

A. $\sum\limits_{n=1}^{\infty}a_n$　　B. $\sum\limits_{n=1}^{\infty}(-1)^n a_n$

C. $\sum\limits_{n=1}^{\infty}\sqrt{a_n}$　　D. $\sum\limits_{n=1}^{\infty}(-1)^n a_n^2$

（2）设$\sum_{n=1}^{\infty}a_n$条件收敛，则下列命题中不正确的是(　　)。

A. $\sum_{n=1}^{\infty}|a_n|$发散　　B. $\lim_{n\to\infty}a_n=0$

C. $\sum_{n=1}^{\infty}a_n$收敛　　D. $\sum_{n=1}^{\infty}|a_n|$收敛

（3）设$\sum_{n=1}^{\infty}a_n(x+3)^n$在$x=-3$处收敛，则级数在$x=0$处(　　)。

A. 发散　　B. 条件收敛

C. 绝对收敛　　D. 不确定收敛性

（4）下列命题中正确的是(　　)。

A. $\sum_{n=1}^{\infty}|a_n|$收敛，则$\sum_{n=1}^{\infty}a_n$必收敛

B. $\sum_{n=1}^{\infty}|a_n|$发散，则$\sum_{n=1}^{\infty}a_n$必发散

C. $\sum_{n=1}^{\infty}a_n$收敛，则$\sum_{n=1}^{\infty}|a_n|$必收敛

D. $\sum_{n=1}^{\infty}a_n$发散，则$\sum_{n=1}^{\infty}|a_n|$的敛散性不定

（5）下列级数中(　　)是发散级数

A. $\sum_{n=1}^{\infty}\left(\frac{1}{2}\right)^n$　　B. $\sum_{n=1}^{\infty}(3)^n$　　C. $\sum_{n=1}^{\infty}\frac{(-1)^n}{n}$　　D. $\sum_{n=1}^{\infty}\frac{1}{n^4}$

（6）正项级数$\sum_{n=1}^{\infty}a_n$收敛的充分必要条件是(　　)。

A. $\lim_{n\to\infty}a_n=0$　　B. 数列$\{a_n\}$单调且有界

C. 部分和数列有上界　　D. $\lim_{n\to\infty}\frac{a_{n+1}}{a_n}<1$

（7）级数$\sum_{n=1}^{\infty}a_n$收敛，则以下表述中正确的是(　　)。

A. $\sum_{n=1}^{\infty}|a_n|$收敛　　B. $\sum_{n=1}^{\infty}(-1)^n a_n$收敛

C. $\sum_{n=1}^{\infty}a_n a_{n+1}$收敛　　D. $\sum_{n=1}^{\infty}\frac{a_n+a_{n+1}}{2}$收敛

（8）幂级数$\sum_{n=1}^{\infty}a_n x^n$在$x=-2$处收敛，则以下表述中正确的是(　　)。

A. 级数在$x=\frac{3}{2}$处绝对收敛　　B. 级数在$x=\frac{3}{2}$处条件收敛

C. 级数在$x=\frac{3}{2}$处发散　　D. 级数在$x=\frac{3}{2}$处敛散性不确定

2．填空题。

（1）$\lim\limits_{n\to\infty} a_n$发散，则$\sum\limits_{n=1}^{\infty} a_n$一定是__________的（收敛还是发散）。

（2）当$p\in$__________时，$\sum\limits_{n=1}^{\infty}\frac{1}{n^p}$收敛。

（3）幂级数$\sum\limits_{n=1}^{\infty} ax^n$的收敛域为__________。

（4）幂级数$\sum\limits_{n=1}^{\infty}\frac{x^n}{n^2}$的收敛域半径为__________。

（5）幂级数$\sum\limits_{n=1}^{\infty}\frac{(x-1)^n}{2^n\cdot n}$的收敛域半径为__________，收敛域为__________。

（6）函数$f(x)=\frac{1}{x-1}$在$x=0$处的幂级数展开式为________________。

3．判断下列级数的敛散性。

（1）$\sum\limits_{n=1}^{\infty}\frac{2n-1}{n^3+1}$　　（2）$\sum\limits_{n=1}^{\infty}\frac{3^n}{3^n-2^n}$

（3）$\sum\limits_{n=1}^{\infty}\frac{1}{(2n-1)(2n+1)}$　　（4）$\sum\limits_{n=1}^{\infty}\frac{n!}{n^n}$

（5）$\sum\limits_{n=1}^{\infty}\frac{1}{n\sqrt[n]{n}}$　　（6）$\sum\limits_{n=1}^{\infty} n^2\left(1-\cos\frac{1}{n}\right)$

4．判断下列级数是绝对收敛、条件收敛，还是发散的。

（1）$\sum\limits_{n=1}^{\infty}\frac{\sin x}{n\sqrt{n+1}}$　　（2）$\sum\limits_{n=1}^{\infty}\frac{\sin\frac{n\pi}{5}}{5^n}$

（3）$\sum\limits_{n=1}^{\infty}\frac{(-1)^n}{\ln(n)}$　　（4）$\sum\limits_{n=1}^{\infty}\frac{\sin(na)}{(n+1)^2}$

5．求下列级数的收敛域。

（1）$\sum\limits_{n=1}^{\infty}\frac{(-1)^n x^n}{n}$　　（2）$\sum\limits_{n=1}^{\infty}\frac{(x-1)^n}{2^n}$

（3）$\sum\limits_{n=1}^{\infty}\frac{2^n x^n}{n^2+1}$

6．求下列级数的收敛域及和函数。

（1）$\sum\limits_{n=1}^{\infty}(n+1)x^n$　　（2）$\sum\limits_{n=1}^{\infty}\frac{x^{2n+1}}{2n+1}$

7．求$\sum\limits_{n=1}^{\infty}\frac{x^n}{2^n}$的和函数。

8．将下列函数展开成麦克劳林级数，并写出其收敛域。

（1）$f(x)=\frac{e^x+e^{-x}}{2}$　　（2）$f(x)=2^x$

参考文献

[1] 彭红军,张伟,李媛.微积分:经济管理类[M].2版.北京:机械工业出版社,2013.

[2] 周誓达.微积分:经济类与管理类[M].4版.北京:中国人民大学出版社,2018.

[3] 陶金瑞.高等数学[M].2版.北京:机械工业出版社,2015.

[4] 邓云辉.高等数学[M].北京:机械工业出版社,2017.

[5] 顾静相.经济数学基础[M].4版.北京:高等教育出版社,2014.

[6] 侯风波.高等数学[M].5版.北京:高等教育出版社,2018.

[7] 云连英.微积分应用基础[M].3版.北京:高等教育出版社,2014.

[8] 胡国胜.经济数学基础与应用[M].4版.北京:科学出版社,2004.

[9] 曾庆柏.应用高等数学[M].2版.北京:高等教育出版社,2014.

[10] STEWART J.微积分[M].张乃岳,译.6版.北京:中国人民大学出版社,2014.

[11] 李心灿,徐兵,蔡燧林.高等数学[M].4版.北京:高等教育出版社,2017.

[12] 李天民.现代管理会计学[M].上海:立信会计出版社,2018.

[13] 宋承先,许强.现代西方经济学[M].上海:复旦大学出版社,2004.

[14] 孙茂竹,支晓强,戴璐.管理会计学[M].9版.北京:中国人民大学出版社,2020.

[15] 赵树嫄.经济应用数学基础(一):微积分[M].4版.北京:中国人民大学出版社,2016.

[16] 李鹏奇.世界上最大的旅馆——希尔伯特旅馆[J].数学通报,2001(9):44-45.

[17] 陈汉君,杨蕊.近二十年我国数学问题提出研究知识图谱分析[J].数学通报,2020,59(6):12-15.

[18] 李文林.数学史概论[M].3版.北京:高等教育出版社,2011.

[19] 莫里斯·克莱因.古今数学思想[M].张理京,等译.上海:上海科学技术出版社,2009.

[20] 张奠宙.中国近现代数学的发展[M].石家庄:河北科学技术出版社,2010.

[21] 顾沛."数学文化"课与大学生文化素质教育[J].中国大学教学,2007(4):6-7.

[22] 黎琼,等.微积分发展史[J].科教导刊(上旬刊),2011,372(6):267-268.

[23] 王能超.千古绝技"割圆术":刘徽的大智慧[M].2版.武汉:华中科技大学出版社,2003.

[24] 吴文俊.《九章算术》与刘徽[M].北京:北京师范大学出版社,1982.

[25] 营孟珊,王钥,韩树新,等.浅谈柯西对数学的贡献[J].教育教学论坛,2018,383(41):209-210.

[26] 王渝生.中国近代科学的先驱:李善兰[M].北京:科学出版社,1983.

[27] 陈仁政.温度计的前世今生[J].百科知识,2020(16):11-16.

[28] 原海川.法拉第发现电磁感应定律的几个关键[J].晋城职业技术学院学报,2014(4):87-89.

[29] 康彩苹.浅谈微积分中的反例[J].数学学习与研究,2015(11):82,84.

[30] 徐飞,孙启贵,邓欣,等.科学大师启蒙文库:牛顿[M].上海:上海交通大学出版社,2007.

[31] 吕塔·赖默尔,维尔贝特·赖默尔,等.数学我爱你:大数学家的故事[M].欧阳绛,译.哈尔滨:哈尔滨工业大学出版社,2008.

[32] DUNHAM W.微积分的历程:从牛顿到勒贝格[M].李伯民,汪军,张怀勇,译.北京:人民邮电出版社,2010.

[33] 周霞，葛丽艳，张现强．数学史融入定积分概念教学的案例设计[J]. 大学数学，2018，34(3)：115-120.

[34] 陈跃．从历史的角度来讲微积分[J]. 高等数学研究，2005，8(6)：47-50.

[35] 游兆和．辩证法本质辨识——论唯物辩证法与唯心辩证法对立的意义[J]. 清华大学学报(哲学社会科学版)，2014，29(5)：90-95，177.

[36] 周明儒．从欧拉的数学直觉谈起[M]. 北京：高等教育出版社，2009.

[37] 卡尔·B.博耶．数学史(上)[M].北京：中央编译出版社，2012.

[38] 卡尔·B.博耶．数学史(下)[M].北京：中央编译出版社，2012.

[39] 王树禾．数学思想史[M].北京：国防工业出版社，2003.

[40] 克利福德·皮寇弗．数学之书[M].陈以礼，译．重庆：重庆大学出版社，2015.

[41] 于景元．一代宗师　百年难遇——钱学森系统科学思想和系统科学成就[J]. 系统工程理论与实践，2011，31(专刊1).

[42] 韦程东，高扬，陈志强．在常微分方程教学中融入数学建模思想的探索与实践[J]. 数学的实践与认识，2008，38(20)：6.

[43] 任辛喜．偏微分方程理论起源[D]. 西北大学，2005.

[44] 高剑平．论分形理论的系统科学思想[J]. 学术论坛，2006(8)：4.

[45] 肯尼思·法尔科内．分形几何：数学基础及其应用[M]. 曾文曲，刘世耀，戴连贵，高古阳，译．北京：人民邮电出版社，2007.

[46] 吴大任．微分几何讲义[M].北京：人民教育出版社，1979.

[47] 刘建新．从高斯到黎曼的内蕴微分几何学发展[D].西北大学，2018.

[48] 田廷彦．高斯——数学家之王(三)[J]. 初中生数学学习，2001(Z5)：16-19，61.

[49] 陈家平．莫比乌斯带与克莱因瓶[J]. 数学大世界：初中版，2011(12)：1.

[50] 张济忠．分形[M].2版．北京：清华大学出版社，2011.

[51] 赫尔曼．数学恩仇录[M].上海：复旦大学出版社，2009.

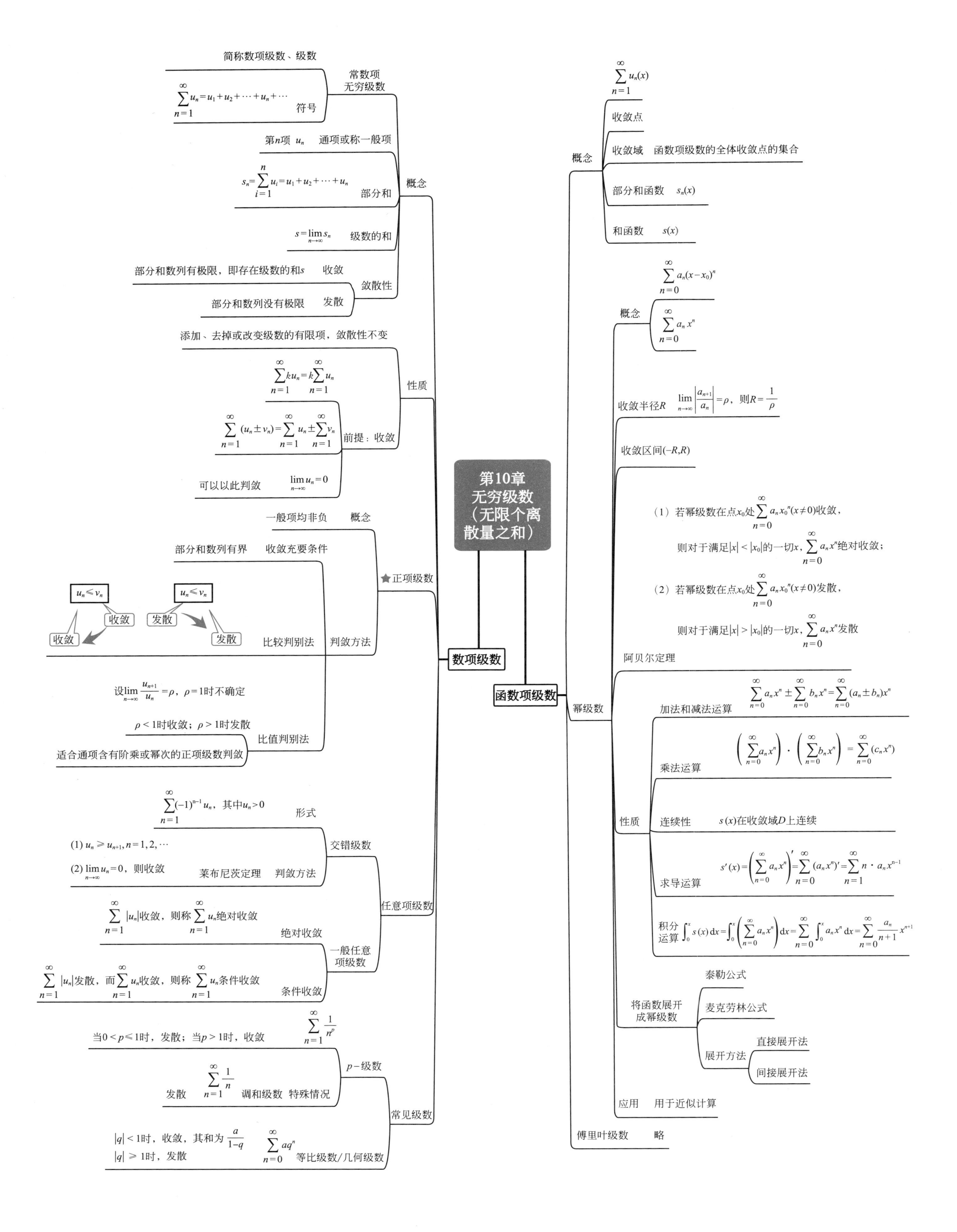

第10章 无穷级数（无限个离散量之和）
数项级数
概念
常数项无穷级数
简称数项级数、级数
$\sum_{n=1}^{\infty} u_n = u_1 + u_2 + \cdots + u_n + \cdots$ 符号
第n项 u_n 通项或称一般项
$s_n = \sum_{i=1}^{n} u_i = u_1 + u_2 + \cdots + u_n$ 部分和
$s = \lim_{n\to\infty} s_n$ 级数的和
敛散性
部分和数列有极限，即存在级数的和s 收敛
部分和数列没有极限 发散
性质
添加、去掉或改变级数的有限项，敛散性不变
$\sum_{n=1}^{\infty} k u_n = k \sum_{n=1}^{\infty} u_n$
$\sum_{n=1}^{\infty} (u_n \pm v_n) = \sum_{n=1}^{\infty} u_n \pm \sum_{n=1}^{\infty} v_n$ 前提：收敛
可以以此判敛 $\lim_{n\to\infty} u_n = 0$
正项级数
一般项均非负 概念
部分和数列有界 收敛充要条件
判敛方法
比较判别法
$u_n \leqslant v_n$ 收敛 收敛
$u_n \leqslant v_n$ 发散 发散
比值判别法
设$\lim_{n\to\infty} \frac{u_{n+1}}{u_n} = \rho$，$\rho = 1$时不确定
$\rho < 1$时收敛；$\rho > 1$时发散
适合通项含有阶乘或幂次的正项级数判敛
任意项级数
交错级数
$\sum_{n=1}^{\infty} (-1)^{n-1} u_n$，其中$u_n > 0$ 形式
(1) $u_n \geqslant u_{n+1}, n = 1, 2, \cdots$
(2) $\lim_{n\to\infty} u_n = 0$，则收敛 莱布尼茨定理 判敛方法
一般任意项级数
$\sum_{n=1}^{\infty} |u_n|$收敛，则称$\sum_{n=1}^{\infty} u_n$绝对收敛 绝对收敛
$\sum_{n=1}^{\infty} |u_n|$发散，而$\sum_{n=1}^{\infty} u_n$收敛，则称$\sum_{n=1}^{\infty} u_n$条件收敛 条件收敛
常见级数
p-级数
$\sum_{n=1}^{\infty} \frac{1}{n^p}$ 当$0 < p \leqslant 1$时，发散；当$p > 1$时，收敛
发散 $\sum_{n=1}^{\infty} \frac{1}{n}$ 调和级数 特殊情况
等比级数/几何级数 $\sum_{n=0}^{\infty} aq^n$
$|q| < 1$时，收敛，其和为$\frac{a}{1-q}$
$|q| \geqslant 1$时，发散
函数项级数
概念
$\sum_{n=1}^{\infty} u_n(x)$
收敛点
收敛域 函数项级数的全体收敛点的集合
部分和函数 $s_n(x)$
和函数 $s(x)$
幂级数
概念
$\sum_{n=0}^{\infty} a_n (x - x_0)^n$
$\sum_{n=0}^{\infty} a_n x^n$
收敛半径R $\lim_{n\to\infty} \left|\frac{a_{n+1}}{a_n}\right| = \rho$，则$R = \frac{1}{\rho}$
收敛区间$(-R, R)$
阿贝尔定理
（1）若幂级数在点x_0处$\sum_{n=0}^{\infty} a_n x_0^n (x \neq 0)$收敛，
则对于满足$|x| < |x_0|$的一切x，$\sum_{n=0}^{\infty} a_n x^n$绝对收敛；
（2）若幂级数在点x_0处$\sum_{n=0}^{\infty} a_n x_0^n (x \neq 0)$发散，
则对于满足$|x| > |x_0|$的一切x，$\sum_{n=0}^{\infty} a_n x^n$发散
性质
加法和减法运算 $\sum_{n=0}^{\infty} a_n x^n \pm \sum_{n=0}^{\infty} b_n x^n = \sum_{n=0}^{\infty} (a_n \pm b_n) x^n$
乘法运算 $\left(\sum_{n=0}^{\infty} a_n x^n\right) \cdot \left(\sum_{n=0}^{\infty} b_n x^n\right) = \sum_{n=0}^{\infty} (c_n x^n)$
连续性 $s(x)$在收敛域D上连续
求导运算 $s'(x) = \left(\sum_{n=0}^{\infty} a_n x^n\right)' = \sum_{n=0}^{\infty} (a_n x^n)' = \sum_{n=1}^{\infty} n \cdot a_n x^{n-1}$
积分运算 $\int_0^x s(x)\,dx = \int_0^x \left(\sum_{n=0}^{\infty} a_n x^n\right) dx = \sum_{n=0}^{\infty} \int_0^x a_n x^n\,dx = \sum_{n=0}^{\infty} \frac{a_n}{n+1} x^{n+1}$
将函数展开成幂级数
泰勒公式
麦克劳林公式
展开方法
直接展开法
间接展开法
应用 用于近似计算
傅里叶级数 略

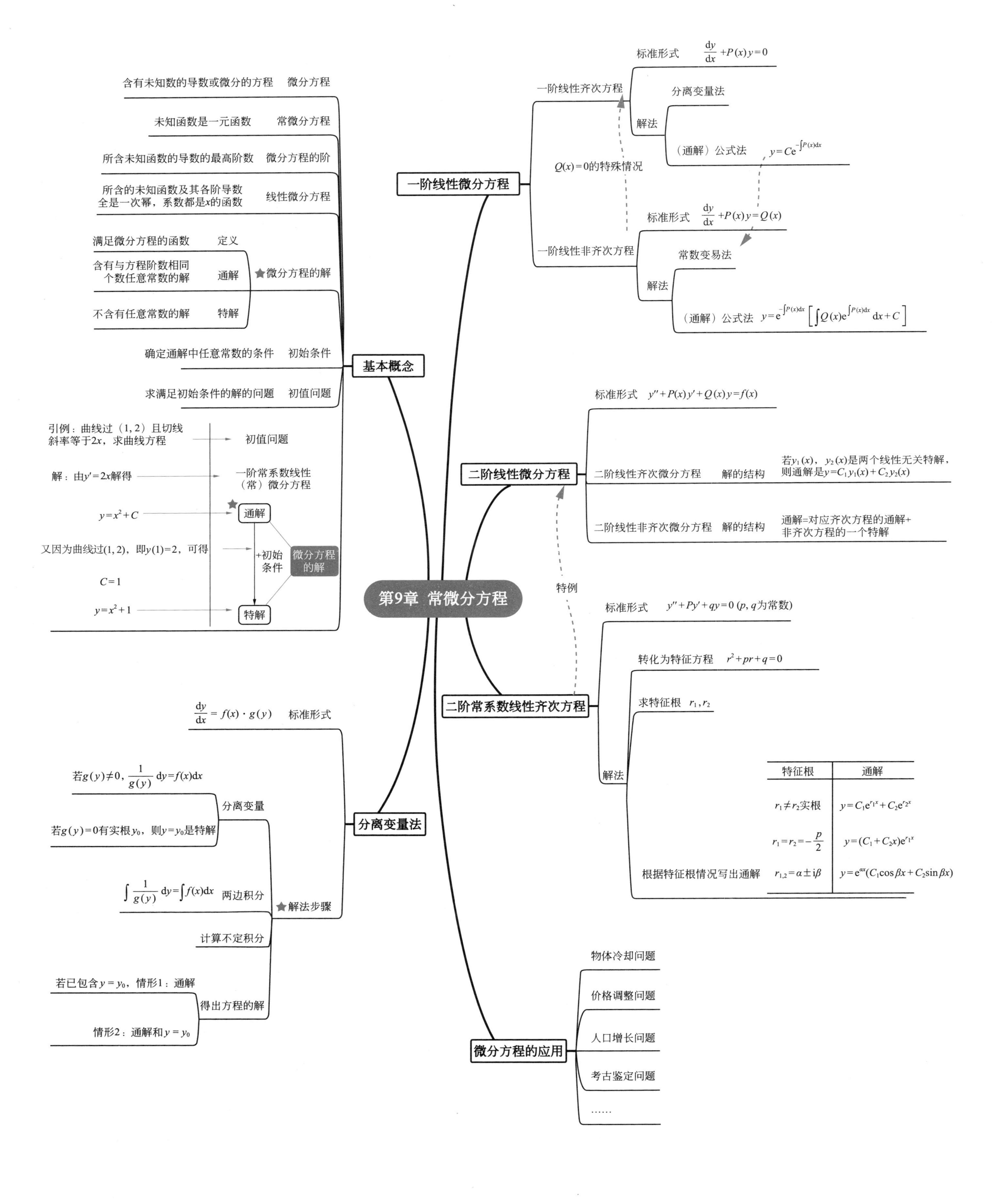

第9章 常微分方程
基本概念
含有未知数的导数或微分的方程 微分方程
未知函数是一元函数 常微分方程
所含未知函数的导数的最高阶数 微分方程的阶
所含的未知函数及其各阶导数全是一次幂，系数都是x的函数 线性微分方程
满足微分方程的函数 定义
★微分方程的解
含有与方程阶数相同个数任意常数的解 通解
不含有任意常数的解 特解
确定通解中任意常数的条件 初始条件
求满足初始条件的解的问题 初值问题
引例：曲线过（1，2）且切线斜率等于2x，求曲线方程
初值问题
解：由$y'=2x$解得
一阶常系数线性（常）微分方程
$y=x^2+C$
通解
又因为曲线过(1, 2)，即$y(1)=2$，可得
+初始条件
微分方程的解
$C=1$
$y=x^2+1$
特解
分离变量法
$\frac{dy}{dx}=f(x)\cdot g(y)$ 标准形式
若$g(y)\neq 0$，$\frac{1}{g(y)}dy=f(x)dx$
分离变量
若$g(y)=0$有实根y_0，则$y=y_0$是特解
★解法步骤
$\int\frac{1}{g(y)}dy=\int f(x)dx$ 两边积分
计算不定积分
若已包含$y=y_0$，情形1：通解
得出方程的解
情形2：通解和$y=y_0$
一阶线性微分方程
一阶线性齐次方程
标准形式 $\frac{dy}{dx}+P(x)y=0$
解法
分离变量法
（通解）公式法 $y=Ce^{-\int P(x)dx}$
$Q(x)=0$的特殊情况
一阶线性非齐次方程
标准形式 $\frac{dy}{dx}+P(x)y=Q(x)$
常数变易法
（通解）公式法 $y=e^{-\int P(x)dx}\left[\int Q(x)e^{\int P(x)dx}dx+C\right]$
二阶线性微分方程
标准形式 $y''+P(x)y'+Q(x)y=f(x)$
二阶线性齐次微分方程 解的结构
若$y_1(x)$，$y_2(x)$是两个线性无关特解，则通解是$y=C_1y_1(x)+C_2y_2(x)$
二阶线性非齐次微分方程 解的结构
通解=对应齐次方程的通解+非齐次方程的一个特解
特例
二阶常系数线性齐次方程
标准形式 $y''+Py'+qy=0$ (p, q为常数)
转化为特征方程 $r^2+pr+q=0$
求特征根 r_1, r_2
解法
根据特征根情况写出通解
特征根 | 通解
$r_1\neq r_2$实根 | $y=C_1e^{r_1x}+C_2e^{r_2x}$
$r_1=r_2=-\frac{p}{2}$ | $y=(C_1+C_2x)e^{r_1x}$
$r_{1,2}=\alpha\pm i\beta$ | $y=e^{\alpha x}(C_1\cos\beta x+C_2\sin\beta x)$
微分方程的应用
物体冷却问题
价格调整问题
人口增长问题
考古鉴定问题
……

第8章 多元函数积分学（以二重积分为主）

记为：$\iint_D f(x,y)\,\mathrm{d}x\mathrm{d}y$

- 积分符号
- 积分域
- 被积函数
- 被积表达式
- 积分变量

引入：求曲顶柱体的体积

- 几何意义　注意函数符号
  - （1）若在D上$f(x,y)\geqslant 0$，则表示以区域D为底，以$f(x,y)$为曲顶的曲顶柱体的体积，即 $$\iint_D f(x,y)\,\mathrm{d}x\mathrm{d}y=V$$
  - （2）若在D上$f(x,y)\leqslant 0$，则上述曲顶柱体在Oxy面的下方，二重积分的值是负的 $$\iint_D f(x,y)\,\mathrm{d}x\mathrm{d}y=-V$$
- 性质　线性性质，类似定积分；帮助计算

计算：转化为求二次积分

- 复习一元函数定积分
  - 牛顿—莱布尼茨公式　$\int_a^b f(x)\,\mathrm{d}x=F(x)\big|_a^b=F(b)-F(a)$
  - 背熟积分公式
  - 利用线性性质，直接积分法
  - 注意积分变量
- 二次积分　积分两次
  - ★ 先内后外，逐层击破　内外层积分
    - $\int_a^b\left(\int_c^d f(x,y)\,\mathrm{d}y\right)\mathrm{d}x=\int_a^b\mathrm{d}x\int_c^d f(x,y)\,\mathrm{d}y$（$\int_c^d f(x,y)\,\mathrm{d}y$：内层积分；$\int_a^b \cdots \mathrm{d}x$：外层积分）
  - ★ 对谁积分，其他为常　内外层积分的两种形式
    - ① $\int_a^b\mathrm{d}x\int_c^d f(x,y)\,\mathrm{d}y=\int_a^b\left(\int_c^d f(x,y)\,\mathrm{d}y\right)\mathrm{d}x$
    - ② $\int_a^b\mathrm{d}x\int_{y_1(x)}^{y_2(x)} f(x,y)\,\mathrm{d}y=\int_a^b\left(\int_{y_1(x)}^{y_2(x)} f(x,y)\,\mathrm{d}y\right)\mathrm{d}x$
    - 注意：内层积分的积分限可以是函数（外层积分的积分变量的函数）
    - 注意：1. 每层的积分可求　2. 积分下限 < 积分上限
- 二重积分
  - 分清区域，化为二次　需要确定：积分顺序与积分限　确定依据
    - $\iint_D f(x,y)\,\mathrm{d}x\mathrm{d}y=\int_a^b\left(\int_c^d f(x,y)\,\mathrm{d}y\right)\mathrm{d}x$　矩形区域
  - ① D:矩形区域　先后随意，不必画图
  - ② D:X型区域　先y后x
  - ③ D:Y型区域　先x后y

应用

- 求体积　结合二重积分的概念导入
- 物理应用
- ……

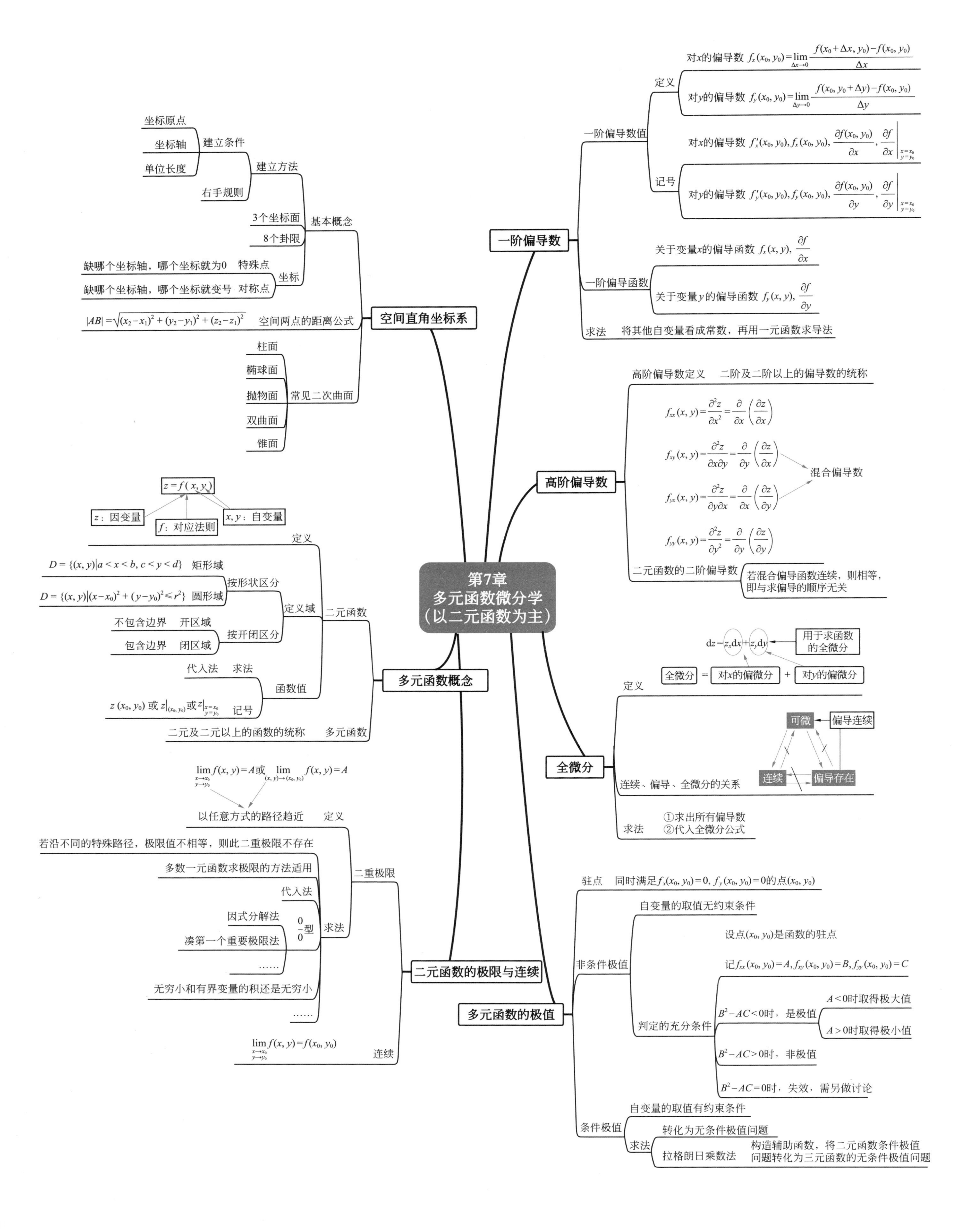

第7章
多元函数微分学
（以二元函数为主）
一阶偏导数
一阶偏导数值
定义
对x的偏导数 $f_x(x_0,y_0)=\lim\limits_{\Delta x\to 0}\frac{f(x_0+\Delta x,y_0)-f(x_0,y_0)}{\Delta x}$
对y的偏导数 $f_y(x_0,y_0)=\lim\limits_{\Delta y\to 0}\frac{f(x_0,y_0+\Delta y)-f(x_0,y_0)}{\Delta y}$
记号
对x的偏导数 $f'_x(x_0,y_0), f_x(x_0,y_0), \frac{\partial f(x_0,y_0)}{\partial x}, \frac{\partial f}{\partial x}\bigg|_{\substack{x=x_0\\y=y_0}}$
对y的偏导数 $f'_y(x_0,y_0), f_y(x_0,y_0), \frac{\partial f(x_0,y_0)}{\partial y}, \frac{\partial f}{\partial y}\bigg|_{\substack{x=x_0\\y=y_0}}$
一阶偏导函数
关于变量x的偏导函数 $f_x(x,y), \frac{\partial f}{\partial x}$
关于变量y的偏导函数 $f_y(x,y), \frac{\partial f}{\partial y}$
求法 将其他自变量看成常数，再用一元函数求导法
高阶偏导数
高阶偏导数定义 二阶及二阶以上的偏导数的统称
$f_{xx}(x,y)=\frac{\partial^2 z}{\partial x^2}=\frac{\partial}{\partial x}\left(\frac{\partial z}{\partial x}\right)$
$f_{xy}(x,y)=\frac{\partial^2 z}{\partial x\partial y}=\frac{\partial}{\partial y}\left(\frac{\partial z}{\partial x}\right)$
$f_{yx}(x,y)=\frac{\partial^2 z}{\partial y\partial x}=\frac{\partial}{\partial x}\left(\frac{\partial z}{\partial y}\right)$
$f_{yy}(x,y)=\frac{\partial^2 z}{\partial y^2}=\frac{\partial}{\partial y}\left(\frac{\partial z}{\partial y}\right)$
混合偏导数
二元函数的二阶偏导数 若混合偏导函数连续，则相等，即与求偏导的顺序无关
全微分
定义
$dz=z_x dx+z_y dy$
用于求函数的全微分
全微分 = 对x的偏微分 + 对y的偏微分
连续、偏导、全微分的关系
可微
偏导连续
连续
偏导存在
求法 ①求出所有偏导数 ②代入全微分公式
多元函数的极值
驻点 同时满足$f_x(x_0,y_0)=0$, $f_y(x_0,y_0)=0$的点(x_0,y_0)
非条件极值
自变量的取值无约束条件
设点(x_0,y_0)是函数的驻点
记$f_{xx}(x_0,y_0)=A, f_{xy}(x_0,y_0)=B, f_{yy}(x_0,y_0)=C$
判定的充分条件
$B^2-AC<0$时，是极值
$A<0$时取得极大值
$A>0$时取得极小值
$B^2-AC>0$时，非极值
$B^2-AC=0$时，失效，需另做讨论
条件极值
自变量的取值有约束条件
求法
转化为无条件极值问题
拉格朗日乘数法 构造辅助函数，将二元函数条件极值问题转化为三元函数的无条件极值问题
空间直角坐标系
基本概念
建立方法
建立条件
坐标原点
坐标轴
单位长度
右手规则
3个坐标面
8个卦限
坐标
缺哪个坐标轴，哪个坐标就为0 特殊点
缺哪个坐标轴，哪个坐标就变号 对称点
$|AB|=\sqrt{(x_2-x_1)^2+(y_2-y_1)^2+(z_2-z_1)^2}$ 空间两点的距离公式
常见二次曲面
柱面
椭球面
抛物面
双曲面
锥面
多元函数概念
$z=f(x,y)$
z：因变量
f：对应法则
x,y：自变量
二元函数
定义
定义域
按形状区分
$D=\{(x,y)|a<x<b, c<y<d\}$ 矩形域
$D=\{(x,y)|(x-x_0)^2+(y-y_0)^2\leqslant r^2\}$ 圆形域
按开闭区分
不包含边界 开区域
包含边界 闭区域
函数值
代入法 求法
$z(x_0,y_0)$ 或 $z|_{(x_0,y_0)}$或$z|_{\substack{x=x_0\\y=y_0}}$ 记号
二元及二元以上的函数的统称 多元函数
二元函数的极限与连续
二重极限
$\lim\limits_{\substack{x\to x_0\\y\to y_0}}f(x,y)=A$或$\lim\limits_{(x,y)\to(x_0,y_0)}f(x,y)=A$
以任意方式的路径趋近 定义
若沿不同的特殊路径，极限值不相等，则此二重极限不存在
求法
多数一元函数求极限的方法适用
代入法
$\frac{0}{0}$型
因式分解法
凑第一个重要极限法
……
无穷小和有界变量的积还是无穷小
……
连续
$\lim\limits_{\substack{x\to x_0\\y\to y_0}}f(x,y)=f(x_0,y_0)$

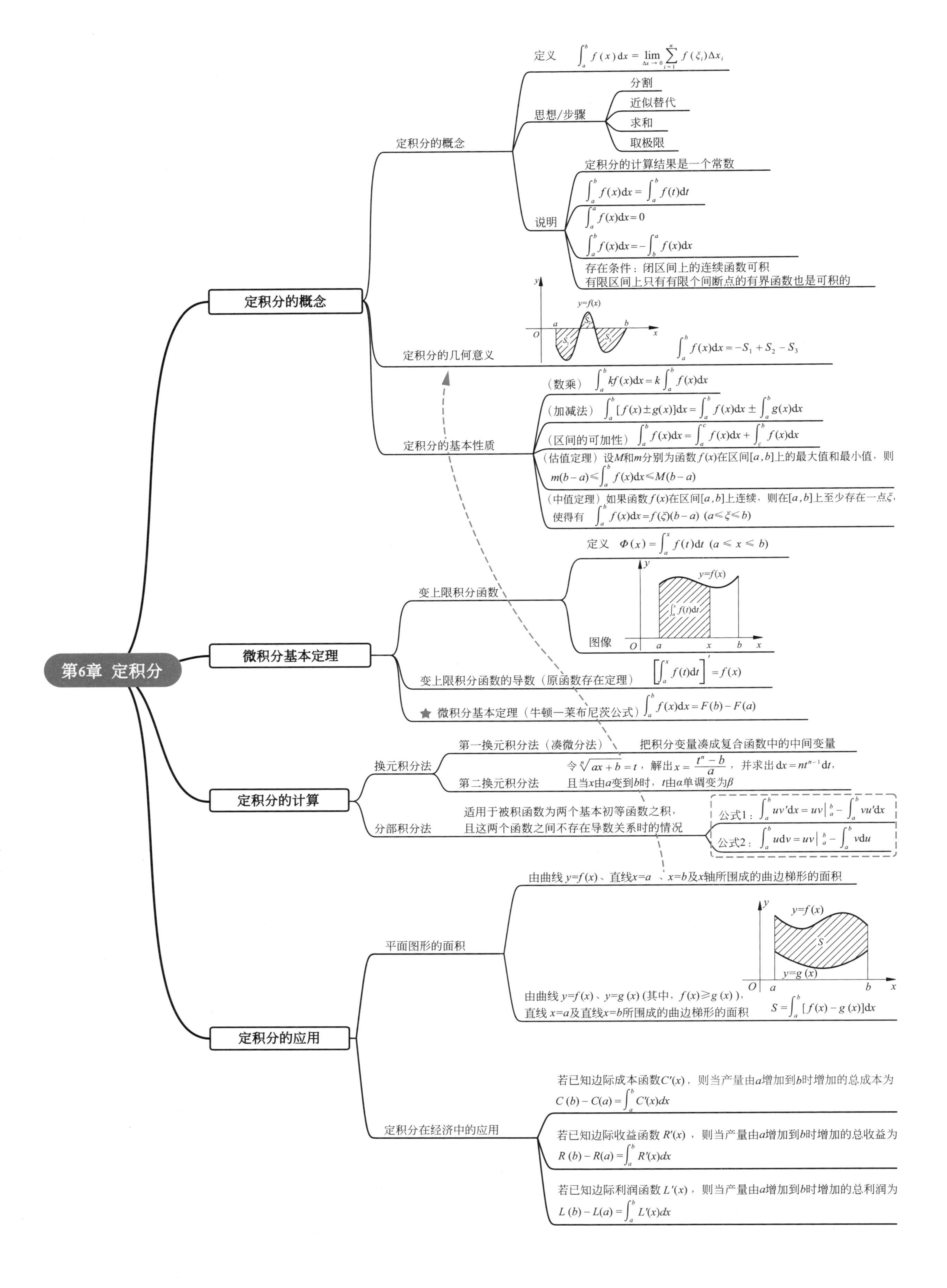

第6章 定积分
定积分的概念
定积分的概念
定义 $\int_a^b f(x)\mathrm{d}x=\lim_{\Delta x\to 0}\sum_{i=1}^{n} f(\xi_i)\Delta x_i$
思想/步骤
分割
近似替代
求和
取极限
说明
定积分的计算结果是一个常数
$\int_a^b f(x)\mathrm{d}x=\int_a^b f(t)\mathrm{d}t$
$\int_a^a f(x)\mathrm{d}x=0$
$\int_a^b f(x)\mathrm{d}x=-\int_b^a f(x)\mathrm{d}x$
存在条件：闭区间上的连续函数可积
有限区间上只有有限个间断点的有界函数也是可积的
定积分的几何意义
$y=f(x)$
$\int_a^b f(x)\mathrm{d}x=-S_1+S_2-S_3$
定积分的基本性质
（数乘） $\int_a^b kf(x)\mathrm{d}x=k\int_a^b f(x)\mathrm{d}x$
（加减法） $\int_a^b [f(x)\pm g(x)]\mathrm{d}x=\int_a^b f(x)\mathrm{d}x\pm\int_a^b g(x)\mathrm{d}x$
（区间的可加性） $\int_a^b f(x)\mathrm{d}x=\int_a^c f(x)\mathrm{d}x+\int_c^b f(x)\mathrm{d}x$
（估值定理）设M和m分别为函数$f(x)$在区间$[a,b]$上的最大值和最小值，则 $m(b-a)\leqslant\int_a^b f(x)\mathrm{d}x\leqslant M(b-a)$
（中值定理）如果函数$f(x)$在区间$[a,b]$上连续，则在$[a,b]$上至少存在一点ξ，使得有 $\int_a^b f(x)\mathrm{d}x=f(\xi)(b-a)$ $(a\leqslant\xi\leqslant b)$
微积分基本定理
变上限积分函数
定义 $\Phi(x)=\int_a^x f(t)\mathrm{d}t$ $(a\leqslant x\leqslant b)$
图像
$y=f(x)$
$\int_a^x f(t)\mathrm{d}t$
变上限积分函数的导数（原函数存在定理） $\left[\int_a^x f(t)\mathrm{d}t\right]'=f(x)$
微积分基本定理（牛顿—莱布尼茨公式） $\int_a^b f(x)\mathrm{d}x=F(b)-F(a)$
定积分的计算
换元积分法
第一换元积分法（凑微分法） 把积分变量凑成复合函数中的中间变量
第二换元积分法 令$\sqrt[n]{ax+b}=t$，解出$x=\frac{t^n-b}{a}$，并求出$\mathrm{d}x=nt^{n-1}\mathrm{d}t$，且当$x$由$a$变到$b$时，$t$由$\alpha$单调变为$\beta$
分部积分法
适用于被积函数为两个基本初等函数之积，且这两个函数之间不存在导数关系时的情况
公式1：$\int_a^b uv'\mathrm{d}x=uv\big|_a^b-\int_a^b vu'\mathrm{d}x$
公式2：$\int_a^b u\mathrm{d}v=uv\big|_a^b-\int_a^b v\mathrm{d}u$
定积分的应用
平面图形的面积
由曲线$y=f(x)$、直线$x=a$ 、$x=b$及x轴所围成的曲边梯形的面积
$y=f(x)$
$y=g(x)$
由曲线$y=f(x)$、$y=g(x)$（其中，$f(x)\geqslant g(x)$），直线$x=a$及直线$x=b$所围成的曲边梯形的面积
$S=\int_a^b[f(x)-g(x)]\mathrm{d}x$
定积分在经济中的应用
若已知边际成本函数$C'(x)$，则当产量由a增加到b时增加的总成本为 $C(b)-C(a)=\int_a^b C'(x)dx$
若已知边际收益函数$R'(x)$，则当产量由a增加到b时增加的总收益为 $R(b)-R(a)=\int_a^b R'(x)dx$
若已知边际利润函数$L'(x)$，则当产量由a增加到b时增加的总利润为 $L(b)-L(a)=\int_a^b L'(x)dx$

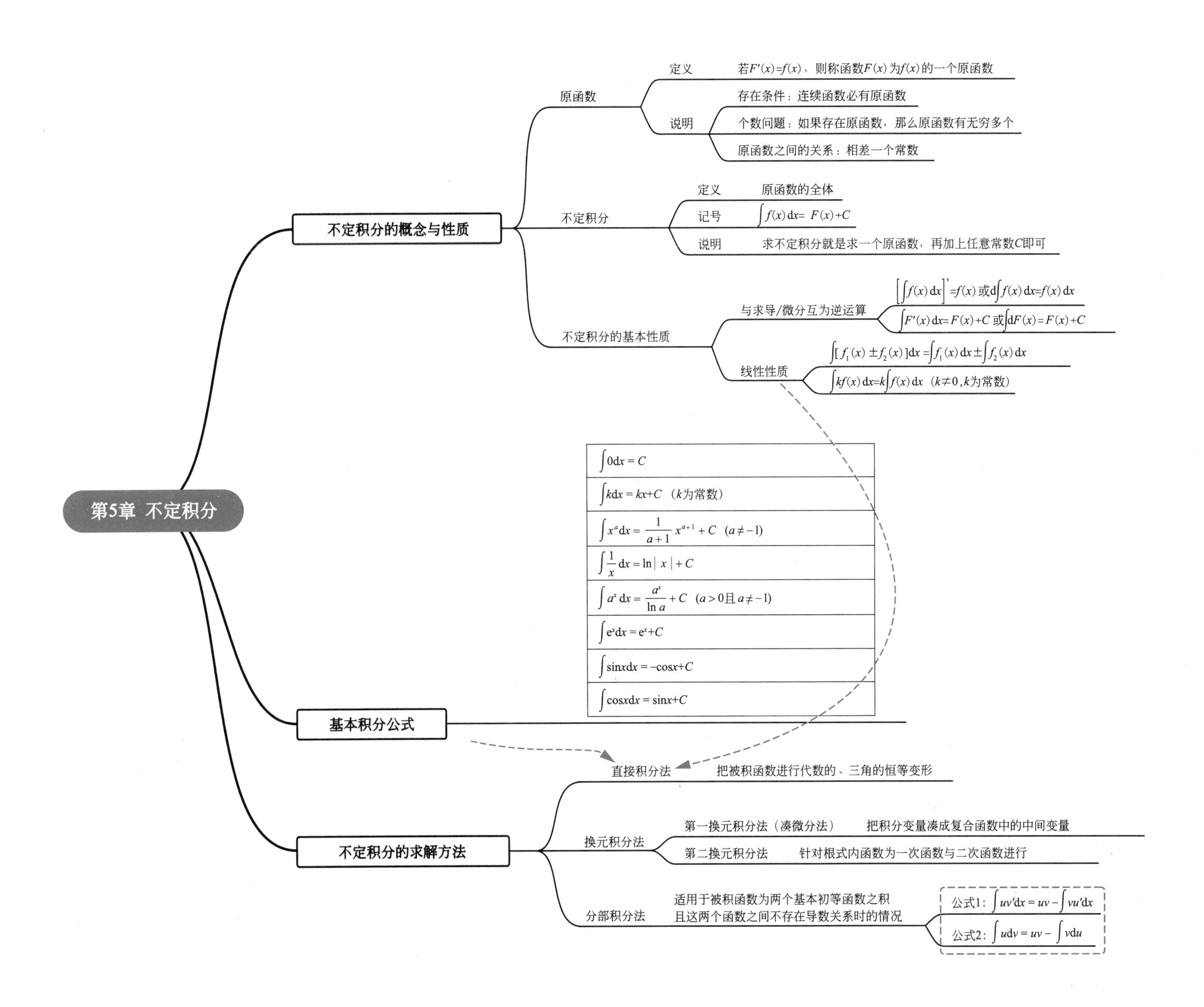

第5章 不定积分
不定积分的概念与性质
原函数
定义
若$F'(x)=f(x)$，则称函数$F(x)$为$f(x)$的一个原函数
说明
存在条件：连续函数必有原函数
个数问题：如果存在原函数，那么原函数有无穷多个
原函数之间的关系：相差一个常数
不定积分
定义
原函数的全体
记号
$\int f(x)dx = F(x)+C$
说明
求不定积分就是求一个原函数，再加上任意常数C即可
不定积分的基本性质
与求导/微分互为逆运算
$\left[\int f(x)dx\right]'=f(x)$或$d\int f(x)dx=f(x)dx$
$\int F'(x)dx=F(x)+C$或$\int dF(x)=F(x)+C$
线性性质
$\int[f_1(x)\pm f_2(x)]dx=\int f_1(x)dx\pm\int f_2(x)dx$
$\int kf(x)dx=k\int f(x)dx$ （$k\neq 0$，k为常数）
基本积分公式
$\int 0dx=C$
$\int kdx=kx+C$ （k为常数）
$\int x^a dx=\frac{1}{a+1}x^{a+1}+C$ （$a\neq -1$）
$\int \frac{1}{x}dx=\ln|x|+C$
$\int a^x dx=\frac{a^x}{\ln a}+C$ （$a>0$且$a\neq -1$）
$\int e^x dx=e^x+C$
$\int \sin x dx=-\cos x+C$
$\int \cos x dx=\sin x+C$
不定积分的求解方法
直接积分法
把被积函数进行代数的、三角的恒等变形
换元积分法
第一换元积分法（凑微分法）
把积分变量凑成复合函数中的中间变量
第二换元积分法
针对根式内函数为一次函数与二次函数进行
分部积分法
适用于被积函数为两个基本初等函数之积
且这两个函数之间不存在导数关系时的情况
公式1：$\int uv'dx=uv-\int vu'dx$
公式2：$\int udv=uv-\int vdu$

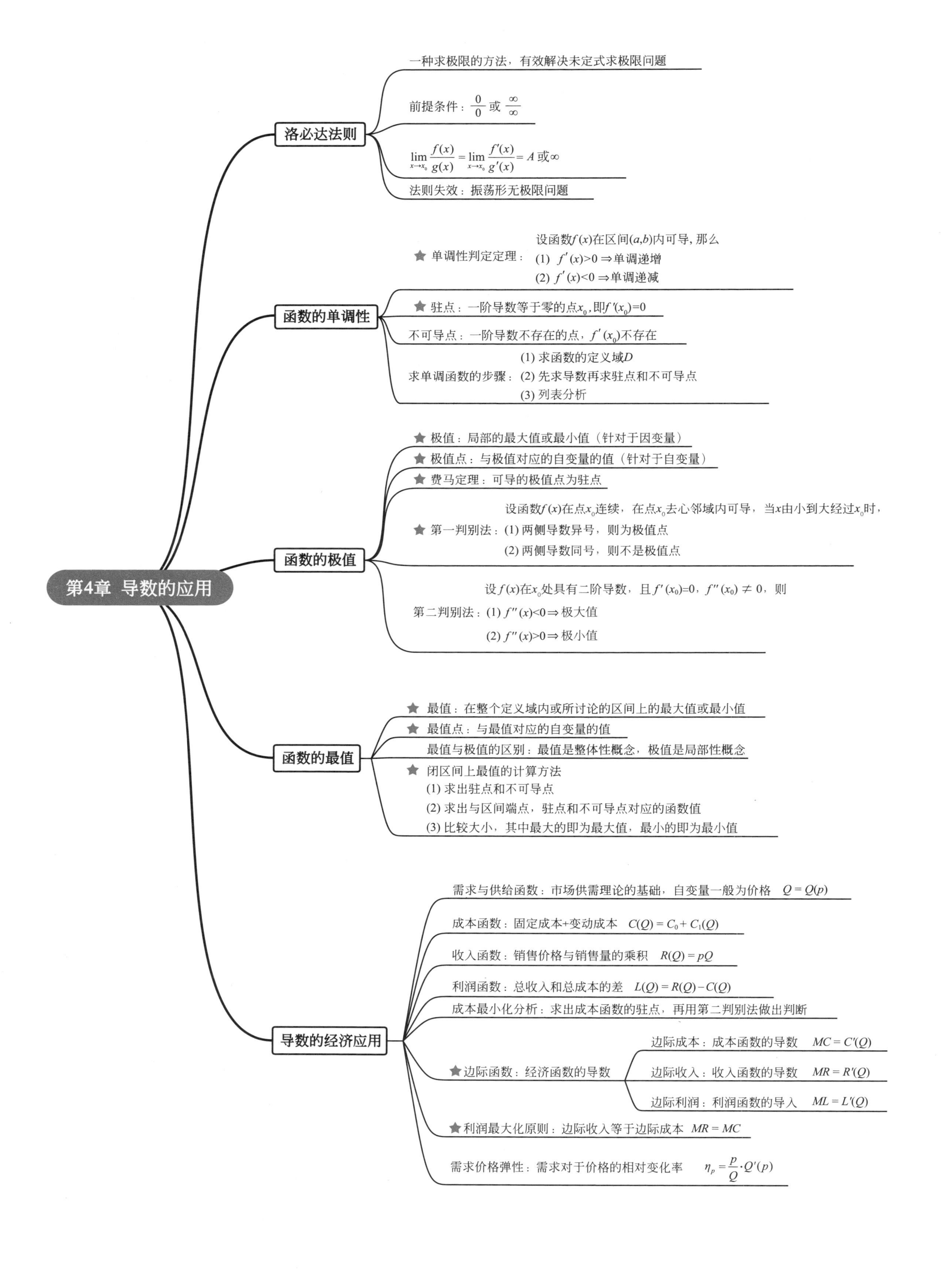
第4章 导数的应用
洛必达法则
一种求极限的方法，有效解决未定式求极限问题
前提条件：$\frac{0}{0}$ 或 $\frac{\infty}{\infty}$
$\lim\limits_{x\to x_0}\frac{f(x)}{g(x)}=\lim\limits_{x\to x_0}\frac{f'(x)}{g'(x)}=A$ 或 ∞
法则失效：振荡形无极限问题
函数的单调性
单调性判定定理：设函数 $f(x)$ 在区间 (a,b) 内可导，那么 (1) $f'(x)>0\Rightarrow$ 单调递增 (2) $f'(x)<0\Rightarrow$ 单调递减
驻点：一阶导数等于零的点 x_0，即 $f'(x_0)=0$
不可导点：一阶导数不存在的点，$f'(x_0)$ 不存在
求单调函数的步骤：(1) 求函数的定义域 D (2) 先求导数再求驻点和不可导点 (3) 列表分析
函数的极值
极值：局部的最大值或最小值（针对于因变量）
极值点：与极值对应的自变量的值（针对于自变量）
费马定理：可导的极值点为驻点
第一判别法：设函数 $f(x)$ 在点 x_0 连续，在点 x_0 去心邻域内可导，当 x 由小到大经过 x_0 时，(1) 两侧导数异号，则为极值点 (2) 两侧导数同号，则不是极值点
第二判别法：设 $f(x)$ 在 x_0 处具有二阶导数，且 $f'(x_0)=0$，$f''(x_0)\neq 0$，则 (1) $f''(x)<0\Rightarrow$ 极大值 (2) $f''(x)>0\Rightarrow$ 极小值
函数的最值
最值：在整个定义域内或所讨论的区间上的最大值或最小值
最值点：与最值对应的自变量的值
最值与极值的区别：最值是整体性概念，极值是局部性概念
闭区间上最值的计算方法
(1) 求出驻点和不可导点
(2) 求出与区间端点，驻点和不可导点对应的函数值
(3) 比较大小，其中最大的即为最大值，最小的即为最小值
导数的经济应用
需求与供给函数：市场供需理论的基础，自变量一般为价格 $Q=Q(p)$
成本函数：固定成本+变动成本 $C(Q)=C_0+C_1(Q)$
收入函数：销售价格与销售量的乘积 $R(Q)=pQ$
利润函数：总收入和总成本的差 $L(Q)=R(Q)-C(Q)$
成本最小化分析：求出成本函数的驻点，再用第二判别法做出判断
边际函数：经济函数的导数
边际成本：成本函数的导数 $MC=C'(Q)$
边际收入：收入函数的导数 $MR=R'(Q)$
边际利润：利润函数的导入 $ML=L'(Q)$
利润最大化原则：边际收入等于边际成本 $MR=MC$
需求价格弹性：需求对于价格的相对变化率 $\eta_p=\frac{p}{Q}\cdot Q'(p)$

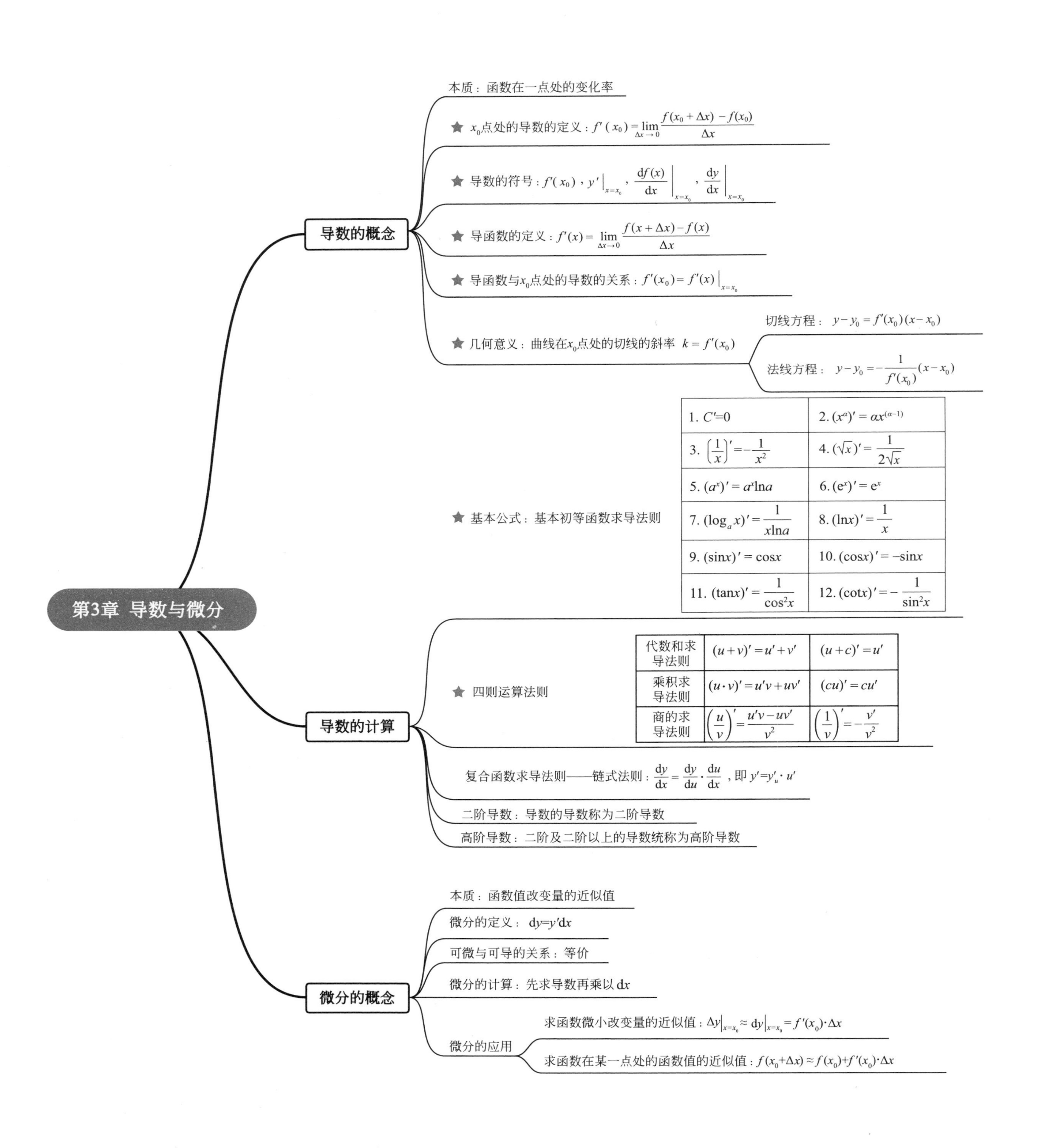

第3章 导数与微分
导数的概念
本质：函数在一点处的变化率
x_0点处的导数的定义：$f'(x_0)=\lim\limits_{\Delta x\to 0}\frac{f(x_0+\Delta x)-f(x_0)}{\Delta x}$
导数的符号：$f'(x_0)$，$y'\big|_{x=x_0}$，$\frac{df(x)}{dx}\big|_{x=x_0}$，$\frac{dy}{dx}\big|_{x=x_0}$
导函数的定义：$f'(x)=\lim\limits_{\Delta x\to 0}\frac{f(x+\Delta x)-f(x)}{\Delta x}$
导函数与x_0点处的导数的关系：$f'(x_0)=f'(x)\big|_{x=x_0}$
几何意义：曲线在x_0点处的切线的斜率 $k=f'(x_0)$
切线方程： $y-y_0=f'(x_0)(x-x_0)$
法线方程： $y-y_0=-\frac{1}{f'(x_0)}(x-x_0)$
基本公式：基本初等函数求导法则
1. $C'=0$
2. $(x^{\alpha})'=\alpha x^{(\alpha-1)}$
3. $\left(\frac{1}{x}\right)'=-\frac{1}{x^2}$
4. $(\sqrt{x})'=\frac{1}{2\sqrt{x}}$
5. $(a^x)'=a^x\ln a$
6. $(e^x)'=e^x$
7. $(\log_a x)'=\frac{1}{x\ln a}$
8. $(\ln x)'=\frac{1}{x}$
9. $(\sin x)'=\cos x$
10. $(\cos x)'=-\sin x$
11. $(\tan x)'=\frac{1}{\cos^2 x}$
12. $(\cot x)'=-\frac{1}{\sin^2 x}$
导数的计算
四则运算法则
代数和求导法则 $(u+v)'=u'+v'$ $(u+c)'=u'$
乘积求导法则 $(u\cdot v)'=u'v+uv'$ $(cu)'=cu'$
商的求导法则 $\left(\frac{u}{v}\right)'=\frac{u'v-uv'}{v^2}$ $\left(\frac{1}{v}\right)'=-\frac{v'}{v^2}$
复合函数求导法则——链式法则：$\frac{dy}{dx}=\frac{dy}{du}\cdot\frac{du}{dx}$，即 $y'=y'_u\cdot u'$
二阶导数：导数的导数称为二阶导数
高阶导数：二阶及二阶以上的导数统称为高阶导数
微分的概念
本质：函数值改变量的近似值
微分的定义： $dy=y'dx$
可微与可导的关系：等价
微分的计算：先求导数再乘以 dx
微分的应用
求函数微小改变量的近似值：$\Delta y\big|_{x=x_0}\approx dy\big|_{x=x_0}=f'(x_0)\cdot\Delta x$
求函数在某一点处的函数值的近似值：$f(x_0+\Delta x)\approx f(x_0)+f'(x_0)\cdot\Delta x$

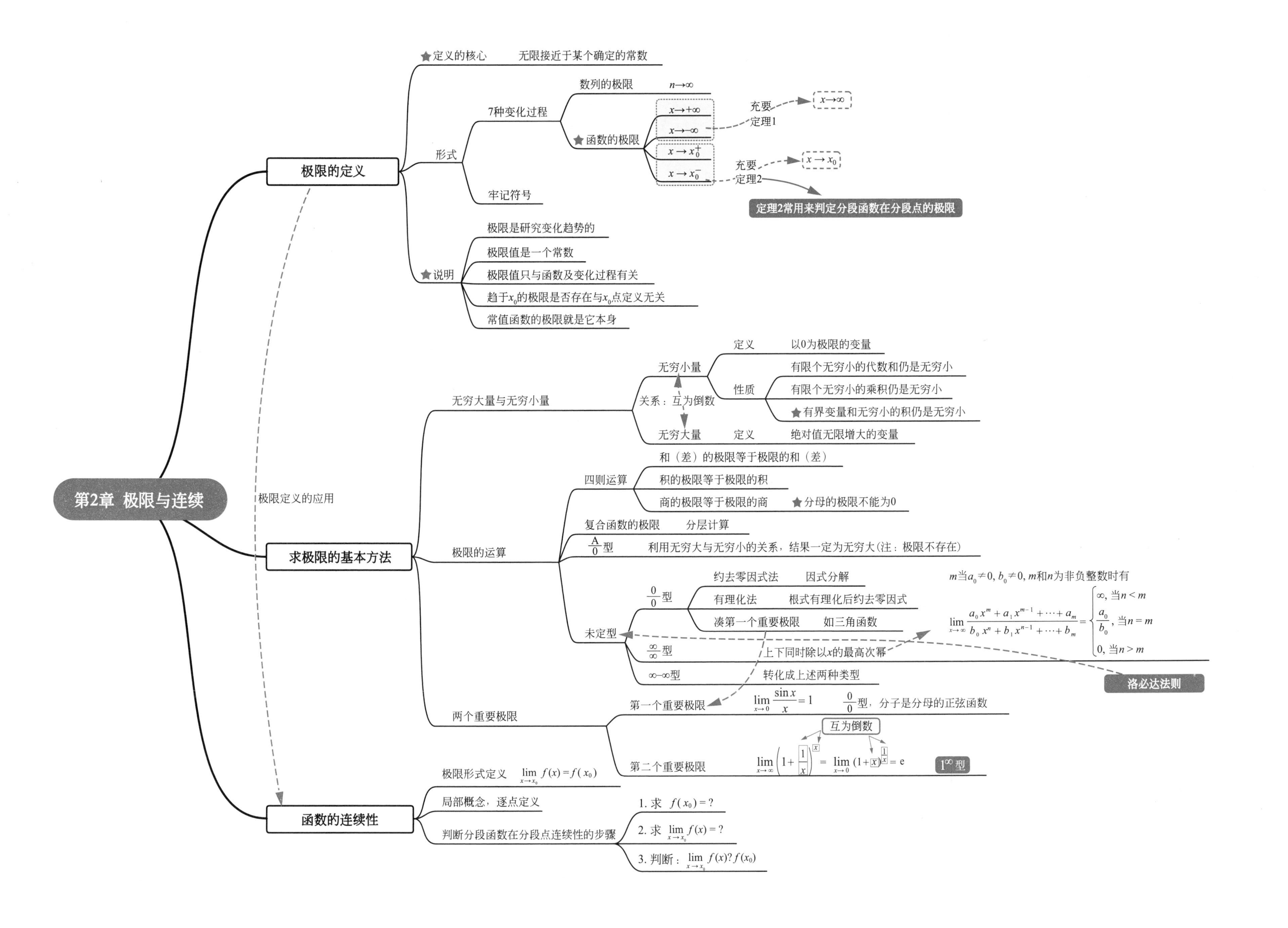

第2章 极限与连续
极限的定义
定义的核心
无限接近于某个确定的常数
形式
7种变化过程
数列的极限
$n\to\infty$
函数的极限
$x\to+\infty$
$x\to-\infty$
$x\to x_0^+$
$x\to x_0^-$
充要
定理1
$x\to\infty$
充要
定理2
$x\to x_0$
定理2常用来判定分段函数在分段点的极限
牢记符号
说明
极限是研究变化趋势的
极限值是一个常数
极限值只与函数及变化过程有关
趋于x_0的极限是否存在与x_0点定义无关
常值函数的极限就是它本身
极限定义的应用
求极限的基本方法
无穷大量与无穷小量
无穷小量
定义
以0为极限的变量
性质
有限个无穷小的代数和仍是无穷小
有限个无穷小的乘积仍是无穷小
有界变量和无穷小的积仍是无穷小
关系：互为倒数
无穷大量
定义
绝对值无限增大的变量
极限的运算
四则运算
和（差）的极限等于极限的和（差）
积的极限等于极限的积
商的极限等于极限的商
分母的极限不能为0
复合函数的极限
分层计算
$\frac{A}{0}$型
利用无穷大与无穷小的关系，结果一定为无穷大(注：极限不存在)
未定型
$\frac{0}{0}$型
约去零因式法
因式分解
有理化法
根式有理化后约去零因式
凑第一个重要极限
如三角函数
$\frac{\infty}{\infty}$型
上下同时除以x的最高次幂
$\infty-\infty$型
转化成上述两种类型
m当$a_0\neq0, b_0\neq0, m$和n为非负整数时有
$\lim\limits_{x\to\infty}\frac{a_0x^m+a_1x^{m-1}+\cdots+a_m}{b_0x^n+b_1x^{n-1}+\cdots+b_m}=\begin{cases}\infty, 当n<m\\ \frac{a_0}{b_0}, 当n=m\\ 0, 当n>m\end{cases}$
洛必达法则
两个重要极限
第一个重要极限
$\lim\limits_{x\to0}\frac{\sin x}{x}=1$
$\frac{0}{0}$型，分子是分母的正弦函数
第二个重要极限
互为倒数
$\lim\limits_{x\to\infty}\left(1+\frac{1}{x}\right)^{x}=\lim\limits_{x\to0}(1+x)^{\frac{1}{x}}=e$
1^{∞}型
函数的连续性
极限形式定义
$\lim\limits_{x\to x_0}f(x)=f(x_0)$
局部概念，逐点定义
判断分段函数在分段点连续性的步骤
1. 求 $f(x_0)=?$
2. 求 $\lim\limits_{x\to x_0}f(x)=?$
3. 判断：$\lim\limits_{x\to x_0}f(x)?f(x_0)$

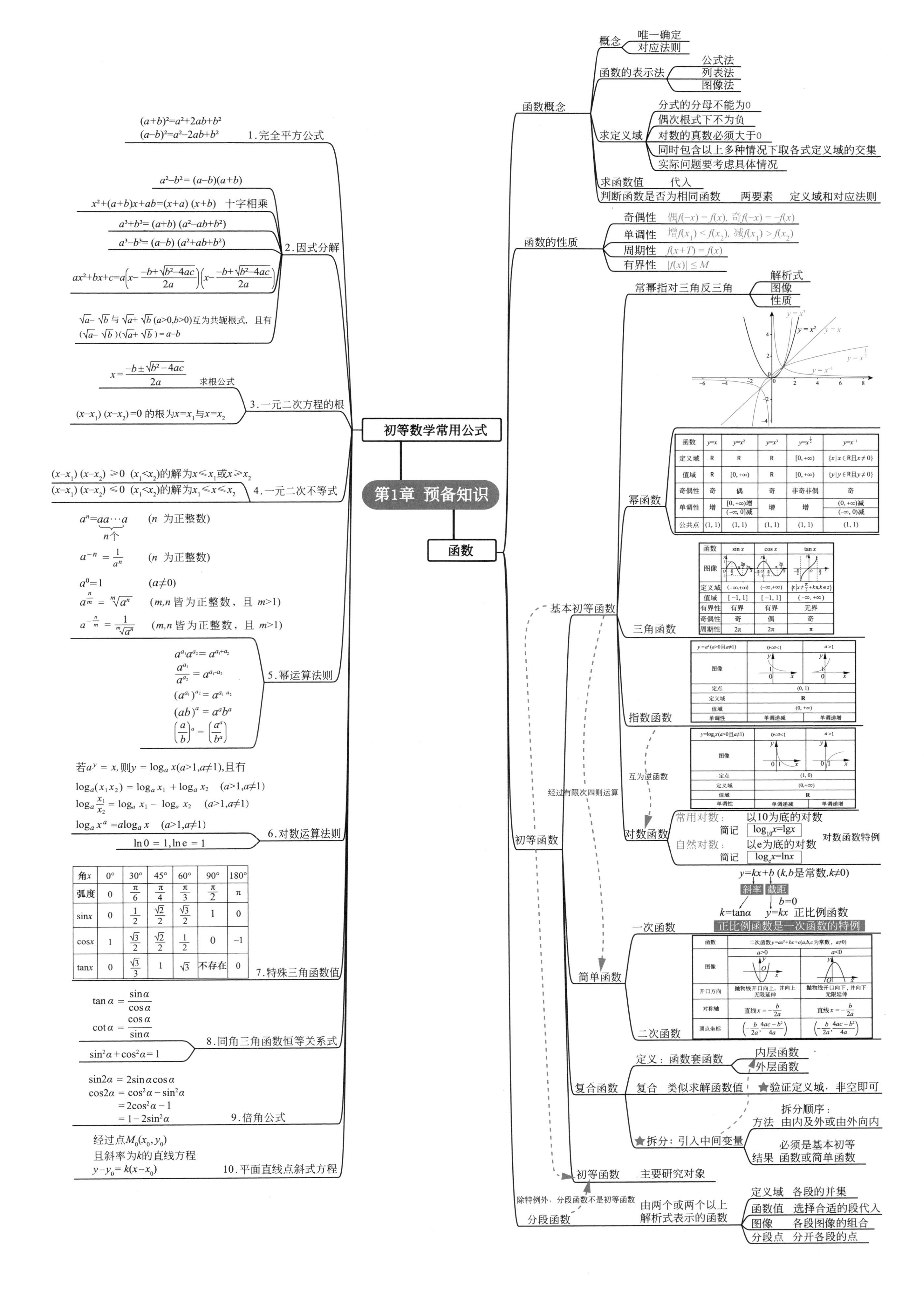

第1章 预备知识
初等数学常用公式
1.完全平方公式
$(a+b)^2=a^2+2ab+b^2$
$(a-b)^2=a^2-2ab+b^2$
2.因式分解
$a^2-b^2=(a-b)(a+b)$
$x^2+(a+b)x+ab=(x+a)(x+b)$ 十字相乘
$a^3+b^3=(a+b)(a^2-ab+b^2)$
$a^3-b^3=(a-b)(a^2+ab+b^2)$
$ax^2+bx+c=a\left(x-\frac{-b+\sqrt{b^2-4ac}}{2a}\right)\left(x-\frac{-b+\sqrt{b^2-4ac}}{2a}\right)$
$\sqrt{a}-\sqrt{b}$ 与 $\sqrt{a}+\sqrt{b}$ $(a>0,b>0)$ 互为共轭根式，且有 $(\sqrt{a}-\sqrt{b})(\sqrt{a}+\sqrt{b})=a-b$
3.一元二次方程的根
$x=\frac{-b\pm\sqrt{b^2-4ac}}{2a}$ 求根公式
$(x-x_1)(x-x_2)=0$ 的根为 $x=x_1$ 与 $x=x_2$
4.一元二次不等式
$(x-x_1)(x-x_2)\geqslant 0$ $(x_1<x_2)$ 的解为 $x\leqslant x_1$ 或 $x\geqslant x_2$
$(x-x_1)(x-x_2)\leqslant 0$ $(x_1<x_2)$ 的解为 $x_1\leqslant x\leqslant x_2$
5.幂运算法则
$a^n=\underbrace{aa\cdots a}_{n个}$ （n 为正整数）
$a^{-n}=\frac{1}{a^n}$ （n 为正整数）
$a^0=1$ $(a\neq 0)$
$a^{\frac{n}{m}}=\sqrt[m]{a^n}$ （m,n 皆为正整数，且 $m>1$）
$a^{-\frac{n}{m}}=\frac{1}{\sqrt[m]{a^n}}$ （m,n 皆为正整数，且 $m>1$）
$a^{a_1}a^{a_2}=a^{a_1+a_2}$
$\frac{a^{a_1}}{a^{a_2}}=a^{a_1-a_2}$
$(a^{a_1})^{a_2}=a^{a_1a_2}$
$(ab)^a=a^ab^a$
$\left(\frac{a}{b}\right)^a=\left(\frac{a^a}{b^a}\right)$
6.对数运算法则
若 $a^y=x$，则 $y=\log_a x$ $(a>1,a\neq 1)$，且有
$\log_a(x_1x_2)=\log_a x_1+\log_a x_2$ $(a>1,a\neq 1)$
$\log_a\frac{x_1}{x_2}=\log_a x_1-\log_a x_2$ $(a>1,a\neq 1)$
$\log_a x^a=a\log_a x$ $(a>1,a\neq 1)$
$\ln 0=1,\ln e=1$
7.特殊三角函数值
角x | 0° | 30° | 45° | 60° | 90° | 180°
弧度 | 0 | $\frac{\pi}{6}$ | $\frac{\pi}{4}$ | $\frac{\pi}{3}$ | $\frac{\pi}{2}$ | π
$\sin x$ | 0 | $\frac{1}{2}$ | $\frac{\sqrt{2}}{2}$ | $\frac{\sqrt{3}}{2}$ | 1 | 0
$\cos x$ | 1 | $\frac{\sqrt{3}}{2}$ | $\frac{\sqrt{2}}{2}$ | $\frac{1}{2}$ | 0 | −1
$\tan x$ | 0 | $\frac{\sqrt{3}}{3}$ | 1 | $\sqrt{3}$ | 不存在 | 0
8.同角三角函数恒等关系式
$\tan\alpha=\frac{\sin\alpha}{\cos\alpha}$
$\cot\alpha=\frac{\cos\alpha}{\sin\alpha}$
$\sin^2\alpha+\cos^2\alpha=1$
9.倍角公式
$\sin 2\alpha=2\sin\alpha\cos\alpha$
$\cos 2\alpha=\cos^2\alpha-\sin^2\alpha=2\cos^2\alpha-1=1-2\sin^2\alpha$
10.平面直线点斜式方程
经过点 $M_0(x_0,y_0)$
且斜率为 k 的直线方程
$y-y_0=k(x-x_0)$
函数
函数概念
概念 唯一确定 对应法则
函数的表示法 公式法 列表法 图像法
求定义域
分式的分母不能为0
偶次根式下不为负
对数的真数必须大于0
同时包含以上多种情况下取各式定义域的交集
实际问题要考虑具体情况
求函数值 代入
判断函数是否为相同函数 两要素 定义域和对应法则
函数的性质
奇偶性 偶 $f(-x)=f(x)$，奇 $f(-x)=-f(x)$
单调性 增 $f(x_1)<f(x_2)$，减 $f(x_1)>f(x_2)$
周期性 $f(x+T)=f(x)$
有界性 $|f(x)|\leqslant M$
初等函数
基本初等函数
常幂指对三角反三角 解析式 图像 性质
幂函数
$y=x^3$ $y=x^2$ $y=x$ $y=x^{\frac{1}{2}}$ $y=x^{-1}$
函数 | $y=x$ | $y=x^2$ | $y=x^3$ | $y=x^{\frac{1}{2}}$ | $y=x^{-1}$
定义域 | R | R | R | $[0,+\infty)$ | $\{x\mid x\in R且x\neq 0\}$
值域 | R | $[0,+\infty)$ | R | $[0,+\infty)$ | $\{y\mid y\in R且y\neq 0\}$
奇偶性 | 奇 | 偶 | 奇 | 非奇非偶 | 奇
单调性 | 增 | $[0,+\infty)$增 $(-\infty,0]$减 | 增 | 增 | $(0,+\infty)$减 $(-\infty,0)$减
公共点 | (1, 1) | (1, 1) | (1, 1) | (1, 1) | (1, 1)
三角函数
函数 | $\sin x$ | $\cos x$ | $\tan x$
定义域 | $(-\infty,+\infty)$ | $(-\infty,+\infty)$ | $\{x\mid x\neq\frac{\pi}{2}+k\pi,k\in z\}$
值域 | [−1, 1] | [−1, 1] | $(-\infty,+\infty)$
有界性 | 有界 | 有界 | 无界
奇偶性 | 奇 | 偶 | 奇
周期性 | 2π | 2π | π
指数函数
$y=a^x(a>0且a\neq 1)$ | $0<a<1$ | $a>1$
定点 (0, 1)
定义域 R
值域 $(0,+\infty)$
单调性 单调递减 单调递增
互为逆函数
对数函数
$y=\log_a x(a>0且a\neq 1)$ | $0<a<1$ | $a>1$
定点 (1, 0)
定义域 $(0,+\infty)$
值域 R
单调性 单调递减 单调递增
常用对数：以10为底的对数 简记 $\log_{10}x=\lg x$
自然对数：以e为底的对数 简记 $\log_e x=\ln x$
对数函数特例
经过有限次四则运算
简单函数
一次函数
$y=kx+b$ （k,b 是常数，$k\neq 0$）
斜率 截距
$k=\tan\alpha$ $b=0$ $y=kx$ 正比例函数
正比例函数是一次函数的特例
二次函数
函数 | 二次函数 $y=ax^2+bx+c$（a,b,c 为常数，$a\neq 0$）
图像 | $a>0$ | $a<0$
开口方向 | 抛物线开口向上，并向上无限延伸 | 抛物线开口向下，并向下无限延伸
对称轴 | 直线 $x=-\frac{b}{2a}$ | 直线 $x=-\frac{b}{2a}$
顶点坐标 | $\left(-\frac{b}{2a},\frac{4ac-b^2}{4a}\right)$ | $\left(-\frac{b}{2a},\frac{4ac-b^2}{4a}\right)$
复合函数
定义：函数套函数 内层函数 外层函数
复合 类似求解函数值 ★验证定义域，非空即可
★拆分：引入中间变量
方法 拆分顺序：由内及外或由外向内
结果 必须是基本初等函数或简单函数
初等函数 主要研究对象
除特例外，分段函数不是初等函数
分段函数
由两个或两个以上解析式表示的函数
定义域 各段的并集
函数值 选择合适的段代入
图像 各段图像的组合
分段点 分开各段的点